高等学校教材·材料科学与工程

钢的热处理

（原理和工艺）

（第 5 版）

胡光立　谢希文　编著

西北工业大学出版社

西安

【内容简介】 本书是根据原航空工业部教材编审室审定的教学大纲,在国防工业出版社 1985 年出版的《钢的热处理(原理和工艺)》教材的基础上重新修订而成,主要阐述有关钢的热处理的基本原理和工艺,并适当反映了近年来国内外在这方面的某些新理论、新成果和新发展。

本书是高等工科院校金属材料及热处理专业的教材,也可供从事金属材料及热处理工作的工程技术人员参考。

图书在版编目(CIP)数据

钢的热处理/胡光立,谢希文编著. —5 版. —西安:西北工业大学出版社,2016.8
(2018.7 重印)

ISBN 978 - 7 - 5612 - 4940 - 6

Ⅰ.①钢… Ⅱ.①胡… ②谢… Ⅲ.①钢—热处理—高等学校—教材 Ⅳ.①TG161

中国版本图书馆 CIP 数据核字(2016)第 181302 号

出版发行:西北工业大学出版社
通信地址:西安市友谊西路 127 号   邮编:710072
电   话:(029) 88493844
网   址:www.nwpup.com
印 刷 者:兴平市博闻印务有限公司
开   本:787 mm×1 092 mm   1/16
印   张:20.375   插页:1
字   数:488 千字
版   次:2016 年 8 月第 5 版   2018 年 7 月第 2 次印刷
定   价:48.00 元

前　言

本书的第 1 版（即 1993 年修订版）是根据原航空工业部教材编审室 1983 年 9 月审定的《钢的热处理（原理和工艺）》教学大纲，在国防工业出版社 1985 年出版的同名教材（胡光立、李崇谟、吴锁春编著）的基础上重新修订而成的。之后于 1996 年对教材作了改版（即第 2 版），但随后几年经多次重复印刷后发现其插图质量有所下降，而目前该书的需求量亦不少，故于 2010 年决定予以必要的改进，并作适当修订（即第 3 版）。继第 4 版后，本版（即第 5 版）对部分内容又作了一定更新，并改正了不符合《量和单位》国家标准（GB 3100—3102—93）和《金属拉伸实验方法国家标准（GB288—87）》规定的内容和差错。

"钢的热处理"是金属材料及热处理专业的必修课程之一，课程应安排在学生学完"金属学原理"课程，完成专业认识实习并初步掌握某些热处理基础知识之后进行。

根据"打好基础、精选内容、逐步更新、利于教学"的原则，结合近年来教学实践的经验，并考虑到读者对原同名教材的意见和建议，我们从本书第 1 版起，在原同名教材的基础上，对内容作了适当的修改和重写，并增设了"金属固态相变概论"一章，以更好地适应初学者的认识规律；同时也力图体现"原理与工艺相结合"的特点，在加强阐述热处理基本原理的前提下，注意紧密联系实际。但由于篇幅的限制，未能将新近发展起来的某些热处理工艺如离子沉积、电子束热处理等一一编入。

本书不仅可供高等工科院校金属材料及热处理专业学生学习"钢的热处理"课程时使用，也可供从事金属材料及热处理工作的工程技术人员参考。

全书共分十章，其中第 2 章、第 3 章及第 8 章由北京航空航天大学谢希文编写；其余各章由西北工业大学胡光立编写。全书由胡光立主编，西安交通大学刘静华教授主审。在编写过程中，还得到许多同志的热情帮助和大力支持，在此一并表示衷心感谢。

应当特别提醒读者注意：在前几版的教材中，对钢的成分中各种添加元素（如碳和合金元素等）的含量通常以其重量百分数［即％（重量）］或原子百分数［即％（原子）］表示，现均分别改称为质量分数（％）或摩尔分数（％），并也可以分别用符号 $w(\%)$ 或 $x(\%)$ 表示。此外，在本书第 1 版出版时，其中参考文献的格式是按照当时的要求列出的，该形式已不符合现在的规范；但由于这些参考文献发表/出版的时间较早，欲使大多数条目信息达到完善尚存在一定困难。因此，在本次修订中，仍沿用原格式，供读者了解。特此说明。

由于水平所限，加之修订时间仓促，书中的错误和缺点仍在所难免，敬希广大师生和读者批评指正。

编著者

2016 年 5 月

目　　录

第1章 金属固态相变概论

金属热处理是将固态金属（包括纯金属和合金）通过特定的加热和冷却方法,使之获得工程技术上所需性能的一种工艺过程的总称。热处理之所以能获得这样的效果,是因为固态金属在温度（也包括压力）改变时,其组织和结构会发生变化（通称为固态相变）,如能根据其变化规律,采取特定的加热与冷却方法,以控制相变过程,便可获得所需的组织、结构和性能。可见,固态相变理论是施行金属热处理的理论依据和实践基础。

金属固态相变的类型很多,有许多金属在不同条件下可能会发生几种不同类型的转变。根据固态相变类型随外界条件不同而引起的变化,可大体上将其分为两大范畴:其一为平衡转变;其二为不平衡转变。本章将扼要介绍金属固态相变的主要类型、特点以及形核与长大方面的基本知识。

1.1 金属固态相变的主要类型

1.1.1 平衡转变

固态金属在缓慢加热或冷却时发生的能获得符合相图所示平衡组织的相变称为平衡转变。固态金属发生的平衡转变主要有以下几种。

（一）同素异构转变和多型性转变

纯金属在温度和压力变化时,由某一种晶体结构转变为另一种晶体结构的过程称为同素异构转变。铁、钛、钴、锡等纯金属都会发生这种转变。在固溶体中发生的由一种晶体结构转变为另一种晶体结构的过程则称为多型性转变。钢在加热或冷却时发生的铁素体向奥氏体或奥氏体向铁素体的转变即属这种转变。

（二）平衡脱溶沉淀

设 $A-B$ 二元合金具有如图 1-1 所示的相图,当成分为 K 的合金被加热到 t_1 温度时,β 相将全部溶入 α 相中而成为单一的固溶体。若自 t_1 温度缓慢冷却,当冷至固溶度曲线 MN 以下温度时,β 相又将逐渐析出,这一过程称为平衡脱溶沉淀。其特点是新相的成分与结构始终与母相的不同;随着新相的析出,母相的成分和体积分数将不断变化,但母相不会消失。钢在冷却时,二次渗碳体从奥氏体中析出,即属这种转变。

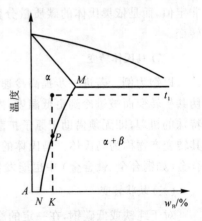

图 1-1 具有脱溶沉淀的 $A-B$
二元合金相图

（三）共析转变

合金在冷却时由一个固相同时分解为两个不同的固相的转变称为共析转变,可以用反应式 $\gamma \to \alpha + \beta$ 表示。共析转变生成的两个相的成分和结构都与原母相(反应相)不同。钢在冷却时由奥氏体转变为珠光体(铁素体与渗碳体的混合物),即属这种转变。

（四）调幅(或增幅)分解

某些合金在高温下为均匀的单一固溶体,待冷却至某一温度范围时,将分解成为两种与原固溶体的结构相同,而成分却明显不同的微区的转变称为调幅(或增幅)分解,可以用反应式 $\alpha \to \alpha_1 + \alpha_2$ 表示。其特点是:在转变初期,新形成的两个微区之间并无明显的界面和成分的突变,但通过上坡扩散,最终使一均匀固溶体变为一个不均匀固溶体。

（五）有序化转变

固溶体(包括以中间相为基的固溶体)中,各组元原子的相对位置从无序到有序(指长程有序)的转变过程称为有序化转变。在 Cu-Zn,Cu-Au,Mn-Ni,Fe-Ni,Ti-Ni 等 60 多种合金系中都可发生这种转变。

1.1.2　不平衡转变

固态金属在快速加热或冷却时,由于平衡转变受到抑制,可能发生某些不平衡转变而得到在相图上不能反映的不平衡(或介稳)组织。固态金属发生的不平衡转变主要有以下几种:

（一）伪共析转变

以钢为例。当奥氏体以较快冷速被过冷到 GS 和 ES 的延长线以下温度时(如图 1-2 中虚线所示),将从奥氏体中同时析出铁素体和渗碳体。从这一转变过程和转变产物的组成相来看,与钢中共析转变(即珠光体转变)相同,但其组成相的相对量(或转变产物的平均成分)却并非定值,而是依奥氏体的碳质量分数而变,故称为伪共析转变。

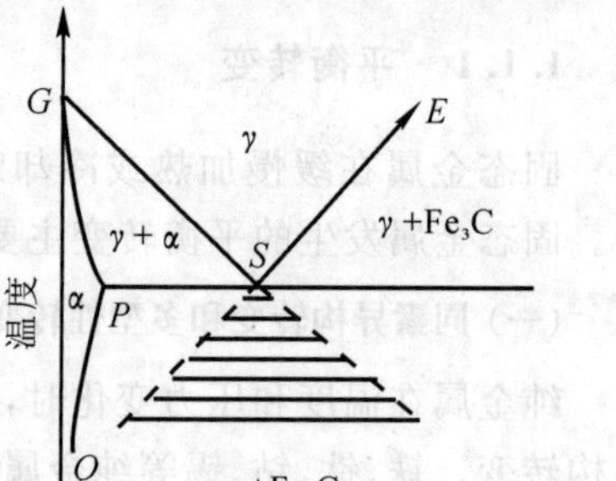

（二）马氏体转变

以钢为例。若进一步提高冷速,使奥氏体来不及进行

图 1-2　Fe-Fe₃C 相图(左下角)

伪共析转变而被过冷到更低温度,由于在低温下铁和碳原子都难于扩散,这时奥氏体便以一种特殊的机理,即无须借助于原子扩散的方式将 γ 点阵改组为 α 点阵,这种相变称为马氏体转变,其转变产物称为马氏体。马氏体的成分与母相奥氏体的相同。除 Fe-C 合金外,在许多其他合金(如铜合金、钛合金)中也能发生马氏体转变。

（三）块状转变

对于纯铁或低碳钢,在一定的冷速下 γ 相或奥氏体可以转变为与之具有相同成分而形貌呈块状的 α 相。这种块状新相的长大是通过原子的短程扩散使新、母相间的非共格界面推移而实现的。这种相变在新相的形貌上和与母相的界面结构上均与马氏体转变不同,称为块状转变。这种转变在 Cu-Zn,Cu-Ga 合金中也存在。

（四）贝氏体转变

以钢为例。当奥氏体被过冷至珠光体转变和马氏体转变之间的温度范围时，由于铁原子已难于扩散，而碳原子尚具有一定扩散能力，故出现一种不同于马氏体转变的的独特的不平衡转变，称为贝氏体转变，又称为中温转变。其转变产物的组成相是 α 相和碳化物，但 α 相的碳质量分数和形态，以及碳化物的形态和分布等均与珠光体的不同，称为贝氏体。

（五）不平衡脱溶沉淀

如图 1-1 所示，若合金 K 自 t_1 温度采取快冷，则 β 相来不及析出，待冷到室温时便得到一过饱和固溶体 α'。如在室温或低于 MN 线的温度下，溶质原子尚具有一定扩散能力，则在上述温度停留期间，过饱和固溶体 α' 便会自发地发生分解，从中逐渐析出新相，但这种新相在析出的初级阶段，在成分和结构上均与平衡沉淀相有所不同，这种相变称为不平衡脱溶沉淀（也称为时效）。在低碳钢和铝、镁等有色合金中会发生这种转变。

综上所述，尽管金属固态相变的类型很多，但就相变过程的实质来说，其变化不外乎以下三个方面：① 结构；② 成分；③ 有序化程度。有些转变只具有某一种变化，而有些转变则同时兼有两种或三种变化。例如，同素异构转变、多型性转变、马氏体转变、块状转变等只有结构上的变化；调幅分解只有成分上的变化；有序化转变只有有序化程度的变化；而共析转变、贝氏体转变、脱溶沉淀等则兼有结构和成分的变化；等等。

由于不同的转变可以获得不同的转变产物，即不同的组织和结构，因此，同一种金属或合金通过不同的热处理便可获得不同的性能。

1.2　金属固态相变的主要特点

金属固态相变与液态金属结晶一样，其相变的驱动力也是新相与母相的自由能差，而且大多数固态相变（除调幅分解外）都是通过形核与长大过程来实现的，并遵循结晶过程的一般规律。但由于相变是在固态这一特定条件下进行的，故又有其自身的一系列特点。

1.2.1　相界面

金属固态相变时，新相与母相之间的界面与金属凝固过程中液-固相界面不同，它是两种晶体的界面，但与一般晶粒边界也不尽相同。根据界面上两相原子在晶体学上匹配程度的不同，可分为共格界面、半共格界面和非共格界面等三类，如图 1-3 所示。

（一）共格界面

当界面上的原子所占位置恰好是两相点阵的共有位置时，两相在界面上的原子可以一对一地相互匹配（见图 1-3(a)）。这种界面叫做共格界面。只有对称孪晶界才是理想的共格界面。实际上，两相点阵总有一定差别，或者是点阵结构不同，或者是点阵参数不同，因此两相界面要完全共格，在界面附近就必将产生弹性应变。

（二）半共格界面

界面上弹性应变能的大小取决于两相界面上原子间距 a_α，a_β 的相对差值，即错配度 $\delta\left(\delta = \dfrac{a_\beta - a_\alpha}{a_\beta}\right)$。显然，$\delta$ 愈大，弹性应变能便愈大。当 δ 增大到一定程度时，便难以继续维持完全共格,这样就会在界面上产生一些刃型位错,以补偿原子间距差别过大的影响,使界面弹性应变能降低。在这种界面上两相原子变为部分地保持匹配(见图1-3(b)),故称为半(或部分)共格界面。

(三)非共格界面

当两相界面处的原子排列差异很大,即错配度很大时,其原子间的匹配关系便不再维持(见图1-3(c))。这种界面称为非共格界面。

以上所介绍的几种不同结构的界面具有不同的界面能。由于界面上原子排列的不规则性会导致界面能升高,因此,非共格界面能最高,半共格界面能次之,而共格界面能最低。与此相关,界面结构的不同,对新相的形核、长大过程以及相变后的组织形态等都将产生很大影响。

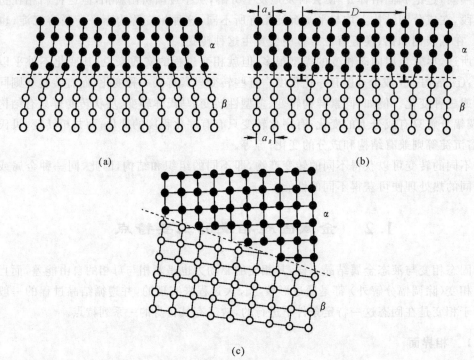

图1-3　固态相变时界面结构示意图

(a)共格界面;　(b)半共格界面;　(c)非共格界面

1.2.2　两相间的晶体学关系(取向关系与惯习面)

在许多情况下,固态相变时新相与母相间往往存在一定的取向关系,而且新相往往又是在母相一定的晶面族上形成,这种晶面称为惯习面,它通常以母相的晶面指数来表示。惯习面的存在意味着在该晶面上新相和母相的原子排列很相近,能较好地匹配,有助于减少两相间的界面能。惯习面的存在也表明新相与母相间存在一定的晶体学取向关系的必然性,因为两相的晶体各自相对于惯习面的取向关系是确定的,因而它们彼此间的取向关系也就确定了,结果在两相中便存在着彼此保持平行关系的低指数(密排)晶面和晶向。例如,钢中发生马氏体转变时,马氏体总是在奥氏体的$\{111\}_\gamma$晶面上形成,所以$\{111\}_\gamma$就是惯习面;同时马氏体中的密排面$\{011\}_{\alpha'}$与奥氏体中的密排面$\{111\}_\gamma$相平行,马氏体中的密排方向$\langle111\rangle_{\alpha'}$与奥氏体中

的密排方向$\langle 0\,1\,1\rangle_\gamma$相平行。这种晶体学关系可记为

$$\{0\,1\,1\}_{\alpha'}\parallel\{1\,1\,1\}_\gamma;\qquad \langle 1\,1\,1\rangle_{\alpha'}\parallel\langle 0\,1\,1\rangle_\gamma$$

　　不难看出,虽然取向关系与惯习面是两个不同的概念,但它们之间却存在着一定的内在联系。

　　一般说来,当新相与母相间为共格或半共格界面时,两相之间必然存在一定的晶体学取向关系;若两相间无一定的取向关系,则其界面必定为非共格界面。但有时两相间虽然存在一定的晶体学取向关系,也未必都具有共格或半共格界面,这可能是由于新相在长大过程中,其界面的共格或半共格性已遭到破坏所致。

1.2.3　应变能

　　前已述及,在许多情况下,固态相变时新相与母相界面上的原子由于要强制性地实行匹配,以建立共格或半共格联系,在界面附近区域内将产生应变能,也称为共格应变能。显然,这种共格应变能以共格界面为最大,半共格界面次之,而非共格界面为零。此外,由于新相和母相的比容往往不同,故新相形成时的体积变化将受到周围母相的约束而产生弹性应变能,称为比容差应变能 E_s。这种比容差应变能的大小与新相的几何形状有关。图 1-4 表示在新相、母相间为非共格界面的情况下,比容差应变能(相对值)与新相几何形状之间的关系。由图可知,圆盘状新相所引起的比容差应变能最小,针状的次之,而球状的最大。

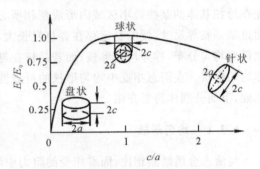

图 1-4　新相几何形状对比容差应变能
（相对值的）的影响

E_s—新相单位质量应变能；
E_0—球状新相单位质量应变能

　　由共格应变能和比容差应变能所组成的应变能与界面能的总和构成了固态相变的阻力。可见,与液态金属结晶过程相比,固态相变的阻力是较大的。但是,在固态相变阻力中,应变能与界面能究竟何者为主,须视具体条件而定。例如,若过冷度很大时,新相的临界晶核尺寸便很小,使单位体积新相的表面积很大,从而导致界面能增大而居主要地位。这时两相间倾向于形成共格或半共格界面,以降低界面能。但要使界面能的降低足以超过由于形成共格或半共格界面所引起的应变能的增加,则必须降低应变能,故新相倾向于形成盘状(或薄片状)。相反,若过冷度很小时,新相的临界晶核尺寸较大,使单位体积新相表面积减小,于是便使界面能减少而居于次要地位。这样,两相间倾向于形成非共格界面,以降低应变能(此时该应变能仅含比容差应变能)。这时若两相的比容差很小,该项应变能的影响不大,则新相倾向于形成球状以降低界面能;若两相比容差较大,则新相倾向于形成针状以兼顾降低界面能和比容差应变能。

1.2.4　晶体缺陷的作用

　　与液态金属不同,固态金属中存在各种晶体缺陷如位错、空位、晶界和亚晶界等。在缺陷周围,点阵有畸变,储存着畸变能。这样,在固态相变时便释放出来作为相变驱动力的组成部分,因此新相往往在缺陷处优先形核,从而提高形核率;此外,晶体缺陷对晶核的生长和组元扩散过程也有促进作用。总之,晶体缺陷的存在对固态相变具有显著影响。

1.2.5　形成过渡相

过渡相也称中间亚稳相,是指成分或结构,或者成分和结构二者都处于新相与母相之间的一种亚稳状态的相。在固态相变中,有时新相与母相在成分、结构上差别较大,故形成过渡相便成为减少相变阻力的重要途径之一。这是因为过渡相在成分、结构上更接近于母相,两相间易于形成共格或半共格界面,以减少界面能,从而降低形核功,使形核易于进行。但是过渡相的自由能高于平衡相的自由能,故在一定条件下仍有继续转变为平衡相的可能。例如,钢中马氏体回火时,往往先形成与马氏体基体保持共格的 ε 碳化物(过渡相),随回火温度升高或回火时间延长,ε 碳化物有可能转变成与基体呈非共格关系的渗碳体。

1.3　固态相变时的形核

绝大多数固态相变(除调幅分解外)都是通过形核与长大过程完成的。形核过程往往是先在母相基体的某些微小区域内形成新相所必需的成分与结构,称为核胚;若这种核胚的尺寸超过某一临界尺寸,便能稳定存在并自发长大,即成为新相晶核。若晶核在母相基体中无择优地任意均匀分布,称为均匀形核;而若晶核在母相基体中某些区域择优地不均匀分布,则称为非均匀形核。在固态相变中均匀形核的可能性很小,但有关它的理论却是讨论非均匀形核的基础,下面分别作简要介绍。

1.3.1　均匀形核

与液态金属结晶相比,固态相变的阻力中增加了一项应变能。按经典形核理论,系统自由能总变化为

$$\Delta G = \Delta g_V V + \sigma S + EV = \Delta G_V + \Delta G_S + \Delta G_E \tag{1-1}$$

式中　ΔG —— 系统自由能变化;

　　V —— 新相体积;

　　Δg_V —— 单位体积新相与母相的自由能差;

　　σ —— 新相、母相间单位面积界面能(简称比界面能或表面张力);

　　E —— 新相单位体积应变能。

式(1-1)中 $\Delta g_V V$(即 ΔG_V)项为体自由能差即相变驱动力,当低于平衡转变温度时,Δg_V 为负值;σS(即 ΔG_S)和 EV(即 ΔG_E)项为相变阻力。可见,只有当 $|\Delta g_V V| > \sigma S + EV$ 时,才能使 $\Delta G < 0$,即形核成为可能。由式(1-1)可导出固态相变时的临界形核功为

$$\Delta G^* = \frac{16\pi\sigma^3}{3(\Delta g_V + E)^2} \tag{1-2}$$

可见,由于存在应变能,将使临界形核功增大。

与金属凝固过程相似,固态相变均匀形核时的形核率可以用下式表示

$$\dot{N} = N\upsilon \exp\left(-\frac{Q + \Delta G^*}{kT}\right) \tag{1-3}$$

式中　$\dot{N}$ —— 形核率;

　　N —— 单位体积母相中的原子数;

υ —— 原子振动频率；

Q —— 原子扩散激活能；

k —— 玻尔兹曼常数；

T —— 相变温度（K）。

由于固态下 Q 值较大，且固态相变时 ΔG^* 值也较高，故与液态凝固过程相比，固态相变的均匀形核率要小得多。

1.3.2　非均匀形核

前已指出，母相中的晶体缺陷可以作为形核位置，因此，金属固态相变主要依赖于非均匀形核，其系统自由能总变化为

$$\Delta G = \Delta g_{\mathrm{V}}V + \sigma S + EV + \Delta G_{\mathrm{d}} \tag{1-4}$$

式（1-4）与式（1-1）相比，多了一项 ΔG_{d}，它表示非均匀形核时由于晶体缺陷消失而释放出的能量。因此，$\Delta g_{\mathrm{V}}V + \Delta G_{\mathrm{d}}$ 是相变驱动力（均为负值），这将导致临界形核功的降低，从而大大促进形核过程。下面说明各种晶体缺陷对形核的具体作用。

（一）空位

空位可通过加速扩散过程或释放自身能量提供形核驱动力而促进形核。此外，空位群亦可凝聚成位错而促进形核。

（二）位错

位错可通过多种形式促进形核：① 新相在位错线上形核，可借形核处位错线消失时所释放出来的能量作为相变驱动力，以降低形核功；② 新相形核时位错并不消失，而是依附于新相界面上构成半共格界面上的位错部分，以补偿错配，从而降低应变能，使形核功降低；③ 溶质原子在位错线上偏聚（形成柯氏气氛），使溶质质量分数增高，便于满足新相形成时所需的成分（浓度）条件，使新相晶核易于形成；④ 位错线可作为扩散的短路通道，降低扩散激活能，从而加速形核过程；⑤ 位错可分解形成由两个分位错与其间的层错组成的扩散位错，使其层错部分作为新相的核胚而有利于形核（详见 4.2 节）。

（三）晶界

大角晶界具有高的界面能，在晶界形核时可使界面能释放出来作为相变驱动力，以降低形核功。因此，固态相变时，晶界往往是形核的重要基地。晶界形核时，新相与母相的某一个晶粒有可能形成共格或半共格界面，以降低界面能，减少形核功。这时共格的一侧往往呈平直界面，新相与母相间具有一定的取向关系。但大角晶界两侧的晶粒通常无对称关系，故

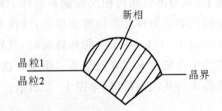

图 1-5　晶界形核时一侧为共格界面的晶核形状

晶核一般不可能同时与两侧晶粒都保持共格关系，而是一侧为共格，另一侧为非共格。为了降低界面能，非共格一侧往往呈球冠形，如图 1-5 所示。

1.4 固态相变时的晶核长大

1.4.1 新相长大机理

继新相形核之后，便开始晶核的长大过程。新相晶核的长大，实质上是界面向母相方向的迁移。依固态相变类型和晶核界面结构的不同，其晶核长大机理也不同。

有些固态相变，如共析转变、脱溶转变、贝氏体转变等，由于其新、母相的成分不同，新相晶核的长大必须依赖于溶质原子在母相中作长程扩散，使相界面附近的成分符合新相的要求；而有些固态相变，如同素异构转变、块状转变和马氏体转变等，其新、母相的成分相同，界面附近的原子只须作短程扩散，甚至完全不须扩散亦可使新相晶核长大。

在实际合金中，新相晶核的界面结构出现完全共格的情况极少，即使界面上原子匹配良好，其界面上也难免存在一定数量的夹杂，故通常所见的大都是半共格和非共格两种界面。这两种界面有着不同的迁移机理。

(一) 半共格界面的迁移

例如马氏体转变，其晶核的长大是通过半共格界面上靠母相一侧的原子以切变的方式来完成的，其特点是大量的原子有规则地沿某一方向作小于一个原子间距的迁移，并保持各原子间原有的相邻关系不变，如图1-6所示。这种晶核长大过程也称为协同型长大或位移式长大。由于该相变中原子的迁移都小于一个原子间距，故又称为无扩散型相变。

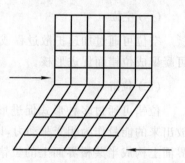

图1-6 切变长大模型

除上述切变机理外，人们还对晶核长大过程提出了另一设想，即认为通过半共格界面上界面位错的运动，可使界面作法向迁移，从而实现晶核长大。

界面的可能结构如图1-7所示。其中如图1-7(a)所示为平界面，即界面位错处于同一平面上，其刃型位错的柏氏矢量 b 平行于界面。在此情况下，若界面沿法线方向迁移，这些界面位错就必须攀移才能随界面移动，这在无外力作用或无足够高的温度下是难以实现的。但若呈如图1-7(b)所示的阶梯界面时，其界面位错分布于各个阶梯状界面上，这就相当于刃型位错的柏氏矢量 b 与界面呈某一角度。这样，位错的滑移运动就可使台阶发生侧向迁移，从而造成界面沿其法向推进，如图1-8所示。这种晶核长大方式称为台阶式长大。

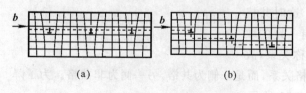

(a)   (b)

图1-7 半共格界面的可能结构
(a) 平界面； (b) 阶梯界面

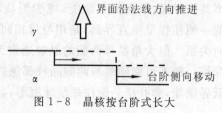

界面沿法线方向推进

台阶侧向移动

图1-8 晶核按台阶式长大
的示意图

(二) 非共格界面的迁移

在许多情况下,晶核与母相间呈非共格界面,这种界面处原子排列紊乱,形成一无规则排列的过渡薄层。在这种界面上原子移动的步调不是协同的,亦即原子的移动无一定的先后顺序,相对位移距离不等,其相邻关系也可能变化。随母相原子不断地以非协同方式向新相中转移,界面便沿其法向推进,从而使新相逐渐长大。这就是非协同型长大。但是也有人认为,在非共格界面的微观区域中,也可能呈现台阶状结构,如图 1-9 所示。这种台阶平面是原子排列最密的晶面,台阶高度约相当于一个原子层,通过原子从母相台阶端部向新相台阶上转移,便使新相台阶发生侧向移动,从而引起界面推进,使新相长大。由于这种非共格界面的迁移是通过界面扩散进行的,而不论相变时新相与母相的成分是否相同,因此这种相变又称为扩散型相变。

但应指出,固态相变不一定都属于单纯的扩散型或无扩散型。例如,钢中贝氏体转变,既具有扩散型相变特征,又具有无扩散型相变特征;也可以说,既符合半共格界面的迁移机理,又具有溶质原子的扩散行为。

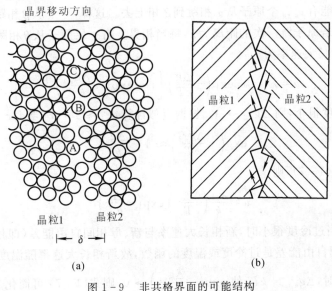

图 1-9　非共格界面的可能结构

(a) 原子不规则排列的过渡薄层;　(b) 台阶式非共格界面

1.4.2　新相长大速率

新相长大速率决定于界面迁移速度。对于无扩散型相变,如马氏体转变,由于界面迁移是通过点阵切变完成的,不须原子扩散,故具有很高的长大速率。但对于扩散型相变来说,由于界面迁移须借助于原子的短程或长程扩散,故新相的长大速率相对较低。下面将对扩散型相变中新相长大时无成分变化和有成分变化的两种情况作简要讨论。

(一) 无成分变化的新相长大

令母相为 β,新相为 α,两者成分相同。当母相中的原子通过短程扩散越过相界面进入新相中时便导致相界面向母相中迁移,使新相逐渐长大。显然,其长大速率受界面扩散(短程扩散)所控制。

图 1-10 表示原子在 α 相和 β 相中的自由能水平。可见，β 相的一个原子越过相界跳到 α 相上所需的激活能为 Δg。振动原子中能够具有这一激活能的概率应为 $\exp\left(-\dfrac{\Delta g}{kT}\right)$。若原子振动频率为 ν_0，则 β 相的原子能够越界跳到 α 相上的频率 $\nu_{\beta\to\alpha}$ 为

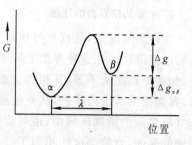

$$\nu_{\beta\to\alpha} = \nu_0 \exp\left(-\frac{\Delta g}{kT}\right) \tag{1-5}$$

图 1-10　原子在 α 相和 β 相中的自由能水平和越过相界的激活能

这意味着在单位时间里将有 $\nu_{\beta\to\alpha}$ 个原子从 β 相跳到 α 相上去。同理，α 相中的原子也可能越界跳到 β 相上去，但其所需的激活能应为 $\Delta g + \Delta g_{\alpha\beta}$，其中 $\Delta g_{\alpha\beta}$ 为 β 相与 α 相间的自由能差。因此，α 相的一个原子能够越界跳到 β 相上去的概率 $\nu_{\alpha\to\beta}$ 应为

$$\nu_{\alpha\to\beta} = \nu_0 \exp\left(-\frac{\Delta g + \Delta g_{\alpha\beta}}{kT}\right) \tag{1-6}$$

亦即单位时间里可能有 $\nu_{\alpha\to\beta}$ 个原子从 α 相跳到 β 相上去。这样，原子从 β 相跳到 α 相的净频率为 $\nu = \nu_{\beta\to\alpha} - \nu_{\alpha\to\beta}$。若原子跳一次的距离为 λ，每当相界上有一层原子从 β 相跳到 α 相上后，α 相便增厚 λ，则 α 相的长大速率为

$$u = \lambda\nu = \lambda\nu_0 \exp\left(-\frac{\Delta g}{kT}\right)\left[1 - \exp\left(-\frac{\Delta g_{\alpha\beta}}{kT}\right)\right] \tag{1-7}$$

若相变时过冷度很小，则 $\Delta g_{\alpha\beta} \to 0$。根据近似计算，$e^x \approx 1 + x$（当 $|x|$ 很小时），故

$$\exp\left(-\frac{\Delta g_{\alpha\beta}}{kT}\right) \approx 1 - \frac{\Delta g_{\alpha\beta}}{kT} \tag{1-8}$$

将式（1-8）代入式（1-7），则

$$u = \frac{\lambda\nu_0}{k}\left(\frac{\Delta g_{\alpha\beta}}{T}\right)\exp\left(-\frac{\Delta g}{kT}\right) \tag{1-9}$$

由式（1-9）可知，当过冷度很小时，新相长大速率与新、母相间自由能差（即相变驱动力）成正比。但实际上，相间自由能差是过冷度或温度的函数，故新相长大速率随温度降低而增大。

当过冷度很大时，$\Delta g_{\alpha\beta} \gg kT$，使 $\exp\left(-\dfrac{\Delta g_{\alpha\beta}}{kT}\right) \to 0$，则式（1-7）可简化为

$$u = \lambda\nu_0 - \exp\left(-\frac{\Delta g}{kT}\right) \tag{1-10}$$

由式（1-10）可知，当过冷度很大时，新相长大速率则随温度降低呈指数函数减小。

综上所述，在整个相变温度范围内，新相长大速率随温度降低呈现先增后减的规律，如图 1-11 所示。

（二）有成分变化的新相长大

当新相与母相的溶质元素质量分数不同时，新相的长大必须通过溶质原子的长程扩散来实现，故其长大速率受扩散所控制。生成新相时其溶质元素质量分数的变化有两种情况：一种是新相 α 中溶质元素的质量分数 w_B^α 低于原始母相 β 中的质量分数 $w_B^{\beta(\infty)}$；另一种则恰恰相反，前者高于后者，如图 1-12 所示。设相界面上处于平衡的新相和母相的溶质元素质量分数分别为 w_B^α 和 w_B^β。由于 w_B^α 小于或大于 $w_B^{\beta(\infty)}$，故在界面附近的母相 β 中存在一定的浓度梯度（也可

称为质量分数梯度）。在这一浓度梯度的推动下，将引起溶质原子在母相内扩散，以降低其浓度差，结果便破坏了相界上的浓度平衡（w_B^α 和 w_B^β）。为了恢复相界上的浓度平衡，就必须通过相间扩散，使新相长大。新相长大过程需要溶质原子由相界扩散到母相一侧远离相界的地区（见图 1-12(a)），或者由母相一侧远离相界的地区扩散到相界处（见图 1-12(b)）。在这种情况下，相界的迁移速度即新相的长大速率将由溶质原子的扩散速度所控制。设在 dt 时间内相界向 β 相一侧推移 dx 距离，则新增的 α 相单位面积界面所需的溶质量为 $|\,w_B^\beta - w_B^\alpha\,|\,dx$。这部分溶质是依靠溶质原子在 β 相中的扩散提供的。设溶质原子在 α 相中的扩散系数为 D，并假定其不随位置、时间和质量分数而变化；又界面附近在 β 相中的浓度梯度为 $\left(\dfrac{\partial w_B^\beta}{\partial x}\right)_{x_0}$。由 Fick 第一定律可知，扩散通量为 $D\left(\dfrac{\partial w_B^\beta}{\partial x}\right)_{x_0}dt$，故有

$$|\,w_B^\beta - w_B^\alpha\,|\,dx = D\left(\frac{\partial w_B^\beta}{\partial x}\right)_{x_0}dt$$

则

$$u = \frac{dx}{dt} = \frac{D}{|\,w_B^\beta - w_B^\alpha\,|}\left(\frac{\partial w_B^\alpha}{\partial x}\right)_{x_0} \tag{1-11}$$

这表明新相的长大速率与溶质原子的扩散系数和其在界面附近母相中的浓度梯度成正比，而与两相在界面上的平衡浓度之差成反比。

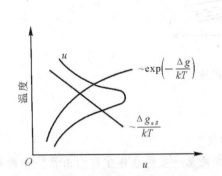

图 1-11　新相长大速率与温度的关系

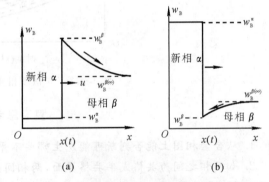

图 1-12　新相生长过程中新相与母相的溶质元素质量分数的变化
(a) 新相中溶质元素质量分数低于母相；
(b) 新相中溶质元素质量分数高于母相

1.5　固态相变动力学

由 1.3 和 1.4 节已知，固态相变的形核率和晶核长大速率都是转变温度的函数，而固态相变的速率又是形核率和晶核长大速率的函数，因此固态相变的速率必然与温度（或过冷度）密切相关。目前还没有一个能精确反映各类固态相变速率与温度之间关系的数学表达式。

对于扩散型固态相变，若形核率和长大速率都随时间而变，在一定过冷度下的等温转变动力学可用下述 Avrami 方程来描述

$$F_V = 1 - \exp(1 - bt^n) \tag{1-12}$$

式中　F_V —— 转变量（体积分数）；

b—— 常数；

t—— 时间。

若形核率随时间而减少，取 $3 \leqslant n \leqslant 4$；若形核率随时间而增加，取 $n > 4$。

在实际工作中，人们通常采用一些物理方法测出在不同温度下从转变开始到转变不同量，以至转变终了时所需的时间，做出"温度-时间-转变量"曲线，通常称为等温转变曲线，缩写为 TTT(Temperature - Time - Transformation) 或 IT(Isothermal Transformation) 曲线，如图 1-13 所示。这是扩散型相变的典型等温转变曲线。该曲线表明，在转变开始前需一段孕育期，随转变温度从高到低变化时，孕育期先缩短，转变加速；随后，孕育期又增长，转变过程也减慢。当温度很低时，扩散型相变可能被抑制，而转化为无扩散型相变。

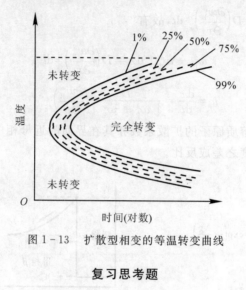

图 1-13　扩散型相变的等温转变曲线

复习思考题

1. 从合金相图上能否判断可能发生哪些不平衡转变？

2. 如两相之间为共格或半共格界面，两相间是否肯定呈一定的晶体学取向关系？如两相间呈一定的晶体学取向关系，两相间的界面是否一定是共格或半共格界面？为什么？

3. 固态相变时形成新相的形状与过冷度大小有何关系？

4. 金属固态相变有哪些主要特征？哪些因素构成相变阻力？哪些因素构成相变驱动力？

5. 晶界和晶体缺陷对金属固态相变的形核有何影响？

6. 试说明固态相变的等温转变动力学曲线的意义。

参 考 文 献

［1］　费豪文 J D. 物理冶金学基础. 卢光熙，等，译. 上海：上海科学技术出版社，1980.

［2］　胡赓祥，钱苗根. 金属学. 上海：上海科学技术出版社，1980.

［3］　汪复兴. 金属物理. 北京：机械工业出版社，1981.

［4］　刘国勋. 金属学原理. 北京：冶金工业出版社，1979.

［5］　戚正风. 金属热处理原理. 北京：机械工业出版社，1987.

［6］　Poter D V. Phase Transformation in Metals and Alloys, Van Nostrand Reinhold (UK)Co. Ltd. , 1982.

第 2 章　钢的加热转变

任何热处理均以加热为其第一步。对于钢的大多数热处理工艺,奥氏体的形成及奥氏体晶粒的大小对随后冷却时奥氏体的转变特点和转变产物的组织与性能都有显著影响。本章将讨论钢在加热时的转变。

2.1　奥氏体的形成

2.1.1　奥氏体的性能

奥氏体是碳在 $\gamma-Fe$ 中的间隙固溶体,具有面心立方结构。由于体积因素的限制(碳原子半径为 0.077 nm,而 $\gamma-Fe$ 晶体结构的最大间隙即八面体间隙半径为 0.053 nm),碳在 $\gamma-Fe$ 中的最大固溶度只有 2.11%(质量分数)。

奥氏体的面心立方结构使其具有高的塑性和低的规定非比例伸长应力 $\sigma_{p0.2}$(以往称为屈服强度 $\sigma_{0.2}$),在相变过程中容易发生塑性形变,产生大量位错或出现孪晶,从而造成相变硬化和随后的再结晶、高温下晶粒的反常细化以及低温下马氏体相变的一系列特点。

奥氏体的比容在钢中可能出现的各种组织中为最小。例如在 $w_C=0.8\%$ 的钢中,奥氏体、铁素体和马氏体的比容分别为 $1.239\,9\times10^{-4}$ m³/kg,$1.270\,8\times10^{-4}$ m³/kg 和 $1.291\,5\times10^{-4}$ m³/kg。这样,在奥氏体形成或由奥氏体转变成其他组织时,都会产生体积变化,从而引起残余内应力和具有一系列的相变特点。

奥氏体的线膨胀系数也比其他组织大,例如在 $w_C=0.8\%$ 的碳钢中,奥氏体、铁素体、渗碳体和马氏体的线膨胀系数分别为 23.0×10^{-6} K⁻¹,14.5×10^{-6} K⁻¹,12.5×10^{-6} K⁻¹ 和 11.5×10^{-6} K⁻¹。奥氏体具有顺磁性,而铁素体和马氏体则具有铁磁性,因此可以用磁性法研究钢中的相变。

在铁碳合金中,奥氏体只在 A_1 温度以上才稳定,因此只有用高温显微镜才能观察到它等轴状的、并带有以 {1 1 1} 面为孪生面的孪晶晶粒组织(见图 2-1)。但如果加入足够的合金元素,如锰、镍、钴等,就可以使奥氏体在室温下稳定。奥氏体的成分和晶粒大小对于它向其他组织转变的动力学影响很大,从

图 2-1　奥氏体的显微组织,1 000×(×0.5)

而对钢的性能也有很大影响。这一点以后将详细讨论。

2.1.2 奥氏体形成的条件

根据 Fe-Fe₃C 相图(见图 2-2),在极缓慢加热时珠光体向奥氏体的转变是在 PSK 线即 A_1 温度开始的,而先共析铁素体和先共析渗碳体向奥氏体的转变则始于 A_1,分别结束于 A_3(GS 线)和 A_{cm}(ES 线)。然而当加热速率提高时,上述转变是在过热情况下发生的,即实际转变温度分别高于 A_1,A_3 和 A_{cm}。没有过热,上述转变就不可能发生,且过热度与加热速率有关。图 2-3 给出加热速率和冷却速率为 0.125 ℃/min 时相变点的移动情况,其中加热时的相变点标以脚注"c",冷却时的相变点标以脚注"r"。

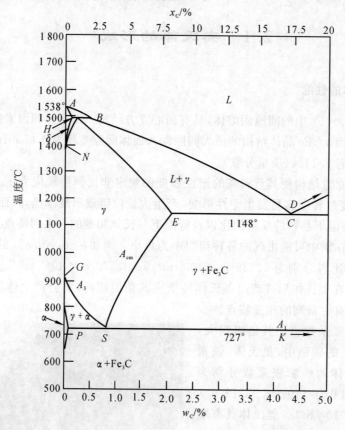

图 2-2 Fe-Fe₃C 相图

奥氏体形成的这一温度条件决定于 Fe-Fe₃C 系中的热力学平衡。图 2-4 为珠光体自由能(G_P)和奥氏体自由能($G_γ$)随温度变化的示意图,由图可以看出,$G_P = G_γ$ 的温度就是临界点 A_1,只有当温度高于 A_1,即有一定程度的过热时,才存在转变驱动力($\Delta G = G_γ - G_P < 0$),使珠光体向奥氏体的转变成为可能。

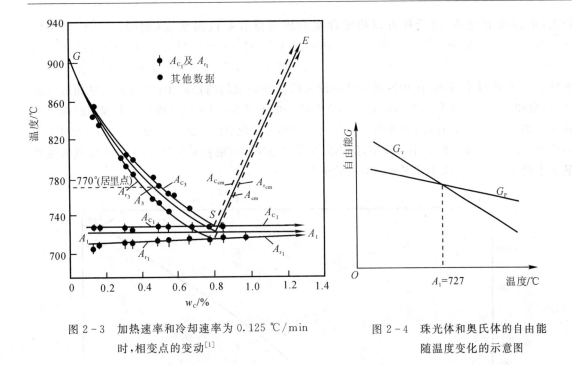

图 2-3 加热速率和冷却速率为 0.125 ℃/min
时,相变点的变动[1]

图 2-4 珠光体和奥氏体的自由能
随温度变化的示意图

2.2 奥氏体形成的机理

奥氏体的形成遵循相变的一般规律,即包括形核和长大两个基本过程。对于不同的原始组织,奥氏体形成时在形核和长大方面都将表现出不同的特点。下面仅讨论珠光体类和马氏体类两种原始组织的情况,并着重讨论前者。

2.2.1 珠光体类组织向奥氏体的转变

钢的原始组织中最常见和最基本的组成部分是铁素体与渗碳体的混合组织。但其中渗碳体的形态有两种:其一呈片层状,其二呈球(或粒)状。这里我们把各种片层状渗碳体和铁素体的混合组织统称为珠光体类组织,而将球状渗碳体和铁素体的混合组织称为球化体。

(一)奥氏体的形核

Speich 等[2] 的工作表明,对于不同的原始组织,奥氏体优先形核的位置是不一样的。对于球化体来说,奥氏体优先在与晶界相连的 α/Fe_3C 界面形核,而在不与晶界相连的 α/Fe_3C 界面上的形核则是次要的,如图 2-5(a) 所示,其中位置 2,3是优先形核的位置,而位置 1 则次之。对于(片层状)珠光体,奥氏体优先在珠光体团的界面上形核(见图 2-5(b) 中的位置 2),同时也可以在 α/Fe_3C 片层界面上形核(见图 2-5(b) 中的位置 1)。

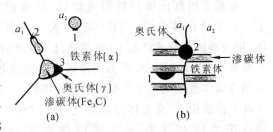

图 2-5 奥氏体的形核位置示意图

奥氏体晶核一般只在 α/Fe_3C 界面上形成,这是由以下两方面因素决定的:① 在相界面上容易获得形成奥氏体所需的碳浓度起伏。从 Fe-Fe_3C 相图的细部(见图 2-6)可以看出,在 A_1

以上,随温度的提高,奥氏体可以稳定存在的碳质量分数范围变宽(例如,在727 ℃时,$w_C = 0.77\%$;738 ℃时,$w_C = 0.68\% \sim 0.79\%$;780 ℃时,$w_C = 0.41\% \sim 0.89\%$;820 ℃时,$w_C = 0.23\% \sim 0.99\%$,等等),而与铁素体平衡的奥氏体碳质量分数则减小,使奥氏体更易于形核。② 从能量上考虑,在相界面形核不仅可以使界面能的增加减少(因为在新界面形成的同时,会使原有界面部分消失),而且也使应变能的增加减少(因为原子排列不大规则的相界更容易容纳一个新相)。这样,形核引起的系统自由能总变化 $\Delta G = \Delta G_V + \Delta G_S + \Delta G_E$(见式(1-1))会因 ΔG_S 和 ΔG_E 的减小而减小,使热力学条件 $\Delta G < 0$ 更容易满足。图 2-7 比较清楚地显示了奥氏体优先在珠光体团界面形核的情况。

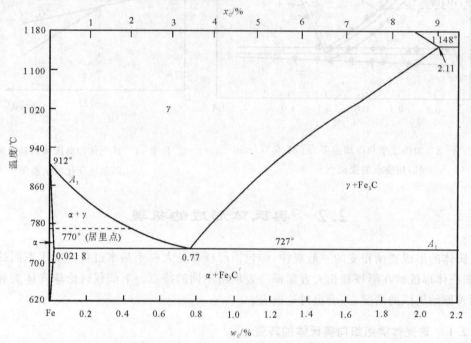

图 2-6　Fe-Fe₃C 相图共析部分的细部[3]

(二) 奥氏体的长大

在稳定的奥氏体晶核形成以后,长大过程便开始了。对于球化体来说,奥氏体的长大首先将包围渗碳体,把渗碳体和铁素体隔开;然后通过 γ/α 界面向铁素体一侧推移,以及 γ/Fe_3C 界面向渗碳体一侧推移,使铁素体和渗碳体逐渐消失来实现其长大过程(见图 2-8)。对于珠光体来说,在珠光体团交界处形成的核会向基本上垂直于片层和平行于片层的两个方向长大(见图2-9)。

当奥氏体在球化体中长大以及在珠光体中沿垂直于片层方向长大时,铁素体与渗碳体被奥氏体隔开,为了获得使铁素体向奥氏体转变所必需的碳量,只能通过碳原子在奥氏体中的体扩散,由近渗碳体一侧迁移到近铁素体一

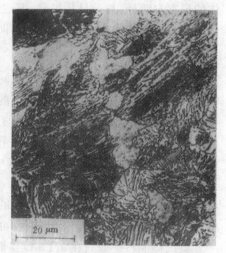

图 2-7　奥氏体优先在珠光体团界面
形核的显微照片

侧。图 2-10 示意地表示了这种情况,图中 w_C^{γ/Fe_3C} 和 $w_C^{\gamma/\alpha}$ 分别为在略有过热的 T_1 温度时,与渗碳体和铁素体平衡的奥氏体碳质量分数;w_C^{α/Fe_3C} 和 $w_C^{\alpha/\gamma}$ 分别为在 T_1 温度时,与渗碳体和奥氏体平衡的铁素体碳质量分数。为了便于观察,将 $Fe-Fe_3C$ 相图放在图的左侧并将浓度轴放在纵坐标位置,图中并假定各相在相界面处达到了平衡。由图可以看出,正是由于奥氏体与渗碳体和铁素体之间的碳平衡浓度差,提供了必要的驱动力,使碳原子不断从 γ/Fe_3C 界面向 γ/α 界面扩散。为了维持相界面处碳浓度的平衡,又要消耗一部分渗碳体和铁素体,进而促进奥氏体的长大。碳原子在铁素体中的扩散也会产生类似的效果,这里不再详述。

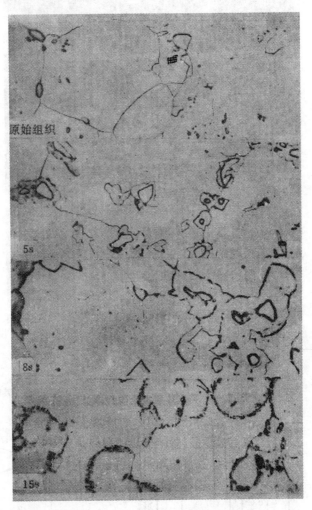

图 2-8　球化体组织向奥氏体的转变[4]

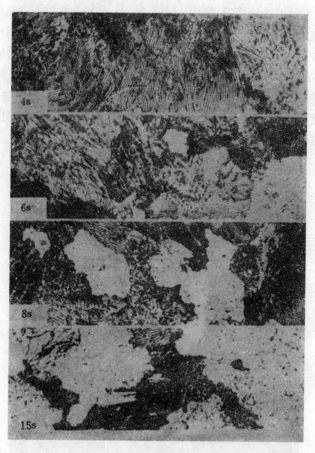

图 2-9 珠光体向奥氏体的转变[4]

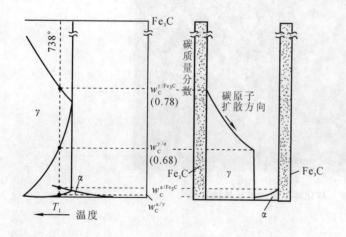

图 2-10 奥氏体在球化体中长大以及在珠光体中沿垂直于片层方向长大时碳原子的扩散（示意图）

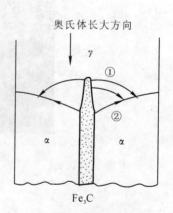

图 2-11 奥氏体沿平行于珠光体片层方向长大时碳原子的可能扩散途径

①—体扩散；②—界面扩散

　　然而,当奥氏体在珠光体中沿平行于片层方向长大时,情况则如图 2-11 所示。这时碳原子的可能扩散途径是可以在奥氏体中进行(图 2-11 中的 ①),也可以沿 γ/α 相界面进行(图 2-11 中的 ②)。由于沿相界面扩散时路程较短,且扩散系数较大,途径 ② 应当是主要的。因此,奥氏体沿平行于片层方向的长大速度要比沿垂直于片层方向的长大速度来得高,图 2-12 很好地证实了这一推论,照片中浅色的奥氏体(现在是马氏体)区说明沿平行于片层方向的长大速度要比沿垂直方向快些。

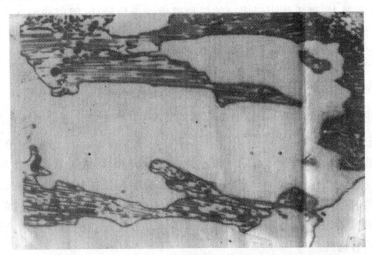

图 2-12　En8D 钢(45 钢)在 735 ℃ 加热 10min 后水淬的组织,15 000×

　　如图 2-13 所示是 En42 钢(英国编号,相当于我国编号的 70 钢)在 739 ℃ 加热 120 s 后水淬的组织。它不仅说明了如图 2-11 所示模型的正确性,也说明了奥氏体在不同方向长大速度的差异,还说明了在奥氏体形成过程中,珠光体中的铁素体总是先消失,剩下的渗碳体随后溶解。

　　归纳起来,奥氏体的长大是一个由碳原子扩散控制的过程。在多数情况下,碳原子沿 γ/α 相界面的扩散起主导作用,再加上所处的温度较高,使得奥氏体能够以很高的速率形成。

(三) 残留碳化物的溶解和奥氏体成分的均匀化

　　奥氏体长大是通过 γ/α 界面和 γ/Fe_3C 界面分别向铁素体和渗碳体迁移来实现的。由于 γ/α 界面向铁素体的迁移远比 γ/Fe_3C 界面向 Fe_3C 的迁移来得快,因此当铁素体已完全转变为奥氏体后仍然有一部分渗碳体没有溶解,这部分渗碳体又称为残留渗碳体或统称为残留碳化物(当钢中有合金碳化物形成元素时),图 2-13 证实了这一点。

　　至于在过热的条件下,刚形成的奥氏体中有残留碳化物的暂时存在,还可以从图 2-6 和图 2-10 得到进一步理解。如果 $w_C = 0.77\%$ 的珠光体在 T_1(738 ℃) 进行奥氏体化,则新形成的奥氏体的碳

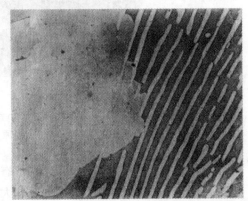

图 2-13　En42 钢(70 钢)在 739 ℃ 加热 120 s 后水淬的组织,6 750×

质量分数范围将从 0.68%（与铁素体平衡的一侧 $w_C^{\gamma/\alpha}$）改变到 0.78%（与渗碳体平衡的一侧 w_C^{γ/Fe_3C}）。假定奥氏体中的碳质量分数呈直线变化，则其平均碳质量分数将为 0.735%，即 $(w_C^{\gamma/\alpha}+w_C^{\gamma/Fe_3C})/2$。然而，实际上在刚形成的奥氏体中，碳质量分数是按误差函数分布（即由高碳量很快降到低碳量，碳质量分数分布曲线是向下凹的，参见图 2-10 右图），而不是呈直线变化的，因此平均碳质量分数应低于 0.735%。显然，由平均碳质量分数为 0.77% 的珠光体转变为平均碳质量分数低于 0.735% 的奥氏体后，必然会有碳化物残留下来。从 $Fe-Fe_3C$ 相图还不难看出，过热度越大，奥氏体刚形成时的平均碳质量分数越低，因而残留碳化物也越多。

随着奥氏体化保温时间的延长，残留碳化物会逐渐溶解，通过碳原子的不断扩散，还会使碳质量分数不均匀的奥氏体变成均匀的奥氏体。

2.2.2　马氏体向奥氏体的转变

这里只讨论在高于 A_{c_1} 时马氏体向奥氏体的转变，生产中常常把非平衡组织加热到 A_{c_1} 或 A_{c_3} 温度以上进行奥氏体化。

根据现有的资料[5-10]，马氏体在 A_{c_1} 以上加热时，会同时形成针状和球状两种形状的奥氏体，如图 2-14 所示。由图可见，针状奥氏体（γ_A）在原始马氏体板条之间形核；当马氏体板条间有碳化物存在时（回火马氏体组织），碳化物与基体交界处更是奥氏体形核的优先位置。球状奥氏体（γ_G）则是在马氏体板条束之间及原奥氏体晶界上形核的。这一结论对于低、中碳合金钢具有一定的普遍性。

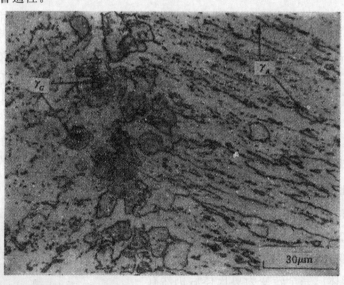

图 2-14　$0.12C-3.5Ni-0.35Mo$ 钢❶在 720 ℃ 保温 10s 后形成的两种形态奥氏体

（加热速率为 100 ℃/s，原始组织为回火马氏体）

加热温度和加热速率对奥氏体的形态有很大影响。当在 A_{c_3} 附近及 A_{c_1} 以上加热时，几乎没有针状奥氏体形成；当加热速率较快（大于 100 ℃/s）或很慢（小于 50 ℃/min）时易于形成

---

❶　这是实验用钢成分的习惯表示方法，化学元素符号前的数字为质量分数（%），以后同此，不另加注。

针状奥氏体；而采取中间的加热速率(约 20 ℃/s)却不容易导致针状奥氏体的形成。

　　总的来说，当马氏体加热到 A_{c_1} 以上时，形成球状奥氏体是其主流，针状奥氏体只不过是在奥氏体化初始阶段的一种过渡性组织形态，在随后的继续保温或升温过程中，针状奥氏体会继续变化：或者通过再结晶变成球状奥氏体，或者通过一种合并长大的机理变成大晶粒奥氏体，这种大晶粒往往会与原奥氏体晶粒重合，即产生所谓的"遗传"现象(指钢加热后得到的奥氏体晶粒就是前一次奥氏体化时所得到的晶粒)。如果原奥氏体组织粗大，这种"遗传"将极为有害。

　　合并长大之所以可能，是因为针状奥氏体与原始板条马氏体(α')间保持着严格的晶体学取向关系：

$$\{1\,1\,1\}_\gamma \parallel \{0\,1\,1\}_{\alpha'}, \qquad \langle 0\,1\,1 \rangle_\gamma \parallel \langle 1\,1\,1 \rangle_{\alpha'}$$

也就是说，在同一板条束内形成的针状奥氏体具有完全相同的取向，而这种取向又通过原始板条马氏体与原奥氏体联系着，这种针状奥氏体扩展的区域往往受原奥氏体晶界的限制。由此也不难理解，合并机理的出现，往往会带来原奥氏体晶粒的恢复，即遗传现象，如图 2-15 所示。

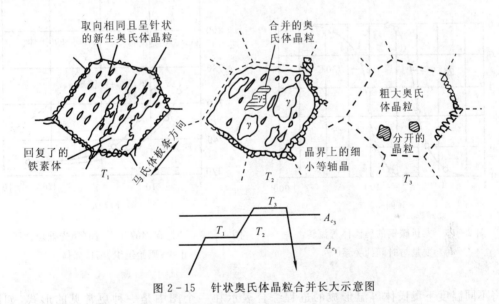

图 2-15　针状奥氏体晶粒合并长大示意图

　　球状奥氏体的形成规律，与珠光体向奥氏体的转变类似，这里不再赘述。

2.3　奥氏体形成的动力学

　　本节主要讨论奥氏体的转变量与温度和时间的关系。奥氏体既可以在等温条件下形成，也可以在连续加热条件下形成。为了叙述方便，我们先从讨论奥氏体等温形成动力学开始。

2.3.1　奥氏体等温形成动力学

　　研究奥氏体等温形成动力学的方法，通常是将小试样迅速加热到 A_{c_1} 以上的不同温度，并在各温度下保持不同时间后迅速淬冷，然后用金相法测定奥氏体的转变量与时间的关系(实际上是测定奥氏体淬冷后转变成马氏体的量与时间的关系)。如图 2-16 所示为共析碳钢在 730 ℃ 和 751 ℃ 奥氏体化时，奥氏体转变量与时间的关系。试样尺寸约为 $\phi 10\ \text{mm} \times 1\ \text{mm}$，放入铅浴炉中3 s后即达到浴炉温度。由图可以看出：① 奥氏体形成需要一定的孕育期。孕育期的作用是等待临界晶核的形成，亦即等待出现适当的能量起伏和碳浓度起伏，以满足形成一定尺寸晶核的要求。② 等温转变开始阶段，转变速率渐增，在转变量约为50%时达最快，然后逐渐减慢。这是由于在开始阶段，已形成的晶核不断长大，同时又不断形成新的晶核并长大，因此单位时间内形成的奥氏体量越来越多；当转变量超过50%后，未转变的珠光体越来越少，假定形核率保持不变，新形成的晶核会越来越少；此外，不断长大的奥氏体会越来越多地彼此接触，使这部分奥氏体的长大速率减小至零，因此单位时间内形成的奥氏体量越来越少。③ 温度越高，奥氏体的形成速率越快，因为随着温度的升高，过热度增加，使临界晶核半径减小，所需的浓度起伏也减小。

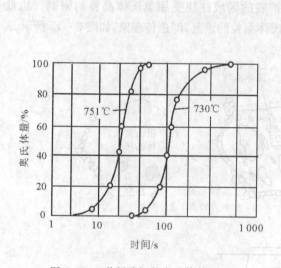

图 2-16 共析碳钢的奥氏体等温转
变量与时间的关系[11]

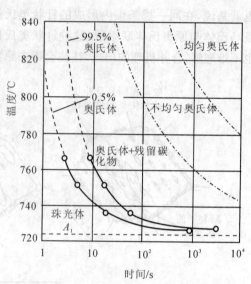

图 2-17 共析碳钢的 TTA 图（预先处理：875 ℃
正火；原始组织：细珠光体）[12]

将不同温度下奥氏体等温形成的进程综合表示在一个图中是一种更常见的形式，如图2-17所示，图中自左至右的4条曲线分别代表：奥氏体转变开始线（以0.5%奥氏体转变量表示）、奥氏体转变完成线（以99.5%奥氏体转变量表示）、碳化物完全溶解线、奥氏体中碳浓度梯度消失线。图 2-17 又称等温时的时间-温度-奥氏体化图，简称等温 TTA 图（TTA 为 Time-Temperature-Austenitization 的缩写），或称奥氏体等温形成动力学图。

测出工业用钢的 TTA 图，对于指导热处理生产具有重要意义。在这方面，德国科学家做了大量的工作，并出版了 TTA 图集[13]。如图2-18所示为50CrMo4（德国钢号，相当于我国编号的50CrMo 钢）的等温 TTA 图，图中 A_{c_2} 为居里温度，A_{c_c} 线为碳化物完全溶解线，A_{c_c} 线上较细的虚线以上区域为碳含量均匀的奥氏体。试样的原始热处理状态为：850 ℃，20 min，油冷＋670 ℃，90 min，空冷，即调质状态（参见 8.5 节）；其组织为回火索氏体，即细小的碳化物颗粒分布在铁素体基体中。试验在膨胀仪上进行，采用高频感应加热，试样形状为薄壁圆筒状（外径 8 mm，壁厚 0.5 mm，高 9 mm）。从室温到等温温度的加热速率均为 130 ℃/s，到温后即开始计算保温时间。由于时间坐标采用对数标尺，起始时间标为 0.01 s，而不能是 0，这一误差实际上可以忽略不计。

　　已知 50CrMo4 钢以 3 ℃/min 的速率加热时,其 A_{c_1} 和 A_{c_3} 温度约为 725 ℃ 和 760 ℃[14]。由图 2-18 可以看出,当此钢以 130 ℃/s 的速率加热到 800 ℃ 时(约需 6.2 s),奥氏体已开始形成,保温 3.4 s 后,铁素体就全部消失,但是即使在保温 10^3 s($\sim$ 17 min)后,碳化物仍未完全溶解。若加热到 900 ℃ 和 950 ℃(分别约需 6.9 和 7.3 s)再分别保温 85 s 和 10 s,即可获得均匀的奥氏体。从这里可以看到温度对奥氏体形成动力学的巨大影响,只要加热温度足够高,在很短时间内就可以得到均匀的奥氏体。

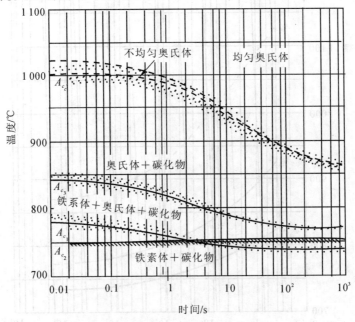

图 2-18　50CrMo4 钢的等温 TTA 图[13]

2.3.2　连续加热时奥氏体形成动力学

　　钢的 TTA 图也可以在连续加热条件下测定,由于实际生产中奥氏体基本上是在连续加热条件下形成的,这种 TTA 图比等温 TTA 图有更大的实用价值。近年来出现的激光热处理、电子束冲击或感应脉冲加热热处理等,都要求了解在快速加热条件下奥氏体形成的规律,因此连续加热时 TTA 图的测定,越来越显得十分必要。

　　如图 2-19 所示为 50CrMo4 钢在连续加热时的 TTA 图,试样的原始热处理状态与上图相同,所用的 10 个不同加热速率从 0.05 ℃/s 直到 2 400 ℃/s。在每个加热速率下,分别用大约 10 块试样加热到不同温度后随即迅速淬冷,然后观察其显微组织,配合膨胀试验结果确定奥氏体形成的进程。使用本图时,首先应找到或作出所用的加热速率线,然后求此线与 A_{c_1},A_{c_3},A_{cc} 线相交各点所对应的温度和时间。例如,当加热速率为 100 ℃/s 时,与 A_{c_1},A_{c_3},A_{cc} 线相交的三个点的位置分别为 775 ℃,7.6 s;840 ℃,8.2 s;995 ℃,10 s。

　　由图 2-19 可以看出,当此钢分别以 1 ℃/s,10 ℃/s,100 ℃/s 的速率加热时,碳化物完全溶入奥氏体所需的时间分别为 16 min,1.6 min,10 s,与此相对应的温度分别为 890 ℃,925 ℃,955 ℃。可见,在连续加热条件下,加热速率越大,碳化物完全溶入奥氏体所需的时间越短,完成这一转变所需达到的温度越高。

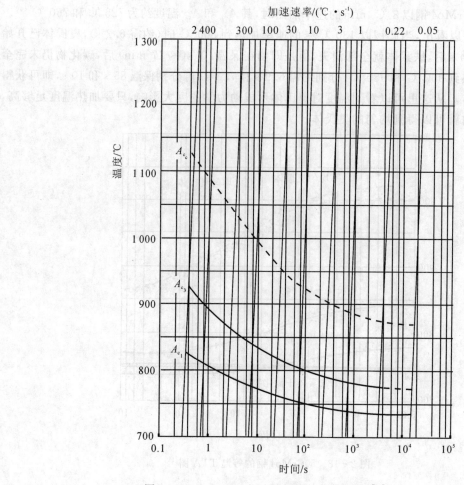

图 2-19　50CrMo4 钢连续加热时的 TTA 图[13]

连续加热时奥氏体的形成也是由奥氏体的形核和长大,以及残留碳化物的溶解(包括奥氏体成分均匀化)三个阶段所组成。至于在加热速率很高时奥氏体的形成机理,目前尚研究得不够,看法也不一致,这里不作详述。

2.3.3　奥氏体形成动力学的理论处理

虽然对固态相变动力学的理论研究已经持续进行了数十年,专门研究奥氏体形成的最早工作也有近 50 年的历史[15],但由于所处理问题的复杂性和已掌握方法的局限性,目前所得到的计算结果只能在一定的条件下才与实验结果有较好的吻合,因而只能看做是对问题的近似解,或是一种半定量的数学处理。

(一)奥氏体的形核率

根据经典均匀形核理论[16],临界晶核通过原子碰撞再添加一个原子,就可以成为稳定的新相晶核。因此形核率 $\dot{N}$(即单位时间在单位体积内形成的晶核数目)应正比于单位体积中临界晶核的数目 $N\exp\left(-\dfrac{\Delta G^*}{kT_A}\right)$ 和单位时间内周围原子碰撞临界晶核的次数 β_K,β_K 与原子的

扩散能力有关,即正比于 $\exp\left(-\dfrac{Q}{kT_A}\right)$。 这样,形核率可表示为

$$\dot{N} = C\exp\left(-\frac{\Delta G^*}{kT_A}\right)\exp\left(-\frac{Q}{kT_A}\right) \qquad (2-1)$$

对于固态相变

$$\Delta G^* = \frac{4}{27}\eta^3\sigma^3(\Delta G_V + E_S)^2 \qquad (2-2)$$

式中　　C —— 比例常数;

$\quad\Delta G^*$ —— 临界晶核形核功;

$\quad k$ —— 玻尔兹曼常数;

$\quad T_A$ —— 奥氏体形成温度(K);

$\quad Q$ —— 扩散激活能,即原子在新、旧相之间迁移的激活能;

$\quad \eta$ —— 与晶核形状和界面性质有关的一个常数;

$\quad \sigma$ —— 新、母相间的比界面能;

$\quad\Delta G_V$ —— 晶核中每个原子相变前后的体自由能差;

$\quad E_S$ —— 晶核中每个原子引起的应变能。

C 对 $\dot{N}$ 的影响较小,$\dot{N}$ 主要取决于指数因子。因此,当奥氏体在较高温度形成时,不仅 T_A 增大,而且由于 ΔG_V(负值)增大而使 ΔG^* 减小,从而使形核率随温度的升高而大大增加。表 2-1 给出了温度对奥氏体形核率和长大线速率的影响[17]。

表 2-1　温度对奥氏体形核率和长大线速率的影响

温度 /℃	形核率 /($mm^{-3}\cdot s^{-1}$)	长大线速率 /($mm\cdot s^{-1}$)	转变完成一半所需时间 /s
740	2 300	0.001	100
760	11 000	0.010	9
780	52 000	0.025	3
800	600 000	0.040	1

(二) 奥氏体的长大线速率

在研究球化体中奥氏体形成动力学时,Judd 和 Paxton[18] 提出了如下公式:

$$-v_a = -\frac{dr_a}{dt} = \frac{(D_C^\gamma)_{r_a}\left(\dfrac{dc}{dr}\right)_{r_a}}{C_C - C_2} \qquad (2-3)$$

$$v_b = \frac{dr_b}{dt} = -\frac{(D_C^\gamma)_{r_b}\left(\dfrac{dc}{dr}\right)_{r_b}}{C_1 - C_a} \qquad (2-4)$$

式中　　　v_a 和 v_b —— 奥氏体分别向渗碳体和铁素体推进的线速率;

$\quad r_a$ 和 r_b —— 渗碳体颗粒的半径和围绕着它的奥氏体环的半径;

$\quad(D_C^\gamma)_{r_a}$ 和 $(D_C^\gamma)_{r_b}$ —— 在 r_a 和 r_b 处的碳浓度下,碳原子在奥氏体中的扩散系数;

$\quad\left(\dfrac{dc}{dr}\right)_{r_a}$ 和 $\left(\dfrac{dc}{dr}\right)_{r_b}$ —— 在 r_a 和 r_b 处奥氏体中的碳浓度梯度;

$\quad C_2$,C_1,C_a —— 相当于图 2-10 中的 w_C^{γ/Fe_3C},$w_C^{\gamma/a}$,$w_C^{a/\gamma}$;

C_C —— 渗碳体的碳质量分数($w_C = 6.69\%$)。

以上两式是假定奥氏体的长大完全受碳原子在奥氏体中的扩散所控制而导出的，其基本出发点是 $v = \dfrac{J}{\Delta C}$ 或 $J = v\Delta C$，即相界面的迁移速率 v 与跨越相界面的碳浓度（质量分数）差 ΔC 的乘积等于碳在奥氏体中的扩散通量 J。同时还有两个重要的假定：① 在 γ/Fe_3C 和 γ/α 相界面达到了局部平衡，因此相应的碳浓度（质量分数）可以根据 $Fe-Fe_3C$ 相图查得，如图 2-10 所示。② 整个长大过程或碳原子在奥氏体中的扩散过程达到了"准稳态"，因此可以应用 Fick 第一定律的表达式，从而避免了应用 Fick 第二定律时带来的许多复杂数学处理问题。对于这样做的有效性，文献[17]也进行了论证。很明显，如果将相应的半径用渗碳体片的厚度和珠光体的片层间距替代，上述公式也应该适用于珠光体。实验证实[17]，这两个公式用于区域熔炼的高纯铁经气体渗碳后得到的 Fe-0.1C 合金时，与实验吻合得很好；而用于普通碳钢时，实验所得孕育期则要长些，转变速率也要慢些。这说明杂质和合金元素对奥氏体形成动力学也有影响。

Speich 等人[2]处理了珠光体向奥氏体转变的问题，他们说明奥氏体的形成也可以用固态相变的 Avrami 方程来描述，同时还根据珠光体向奥氏体转变的几何特点和 Fick 第二定律求出了奥氏体相界面迁移速率的表达式，计算结果与实验数据在 800 ℃ 以下符合较好，但是在 820 ~ 920 ℃ 之间则有较大偏差。

总之，目前已有的奥氏体形成动力学公式都还不能很好地反映各种钢的实际情况，或者说，定性上正确，定量上还不能令人满意。

2.3.4　影响奥氏体形成速率的因素

在影响奥氏体形成速率的因素中，主要有温度、钢的成分和原始组织，其中温度是最主要的因素，这一点在前面已有详细的讨论。

至于钢的成分（包括碳和合金元素）的影响，在亚共析钢中，随着碳含量的增加，奥氏体的形成速率加快，这显然与 Fe_3C/α 界面面积的增加（从而使形核率增加）和碳原子在奥氏体中的扩散系数随碳含量的增加而增加有关。合金元素的影响比较复杂，但大体上可归纳为以下几个方面：① 通过影响碳原子的扩散系数而影响奥氏体的长大速率。例如铬、钨、钼等元素降低碳在奥氏体中的扩散系数，从而降低奥氏体的长大速率；而镍、钴等元素则因增加碳原子在奥氏体中的扩散系数而使奥氏体的长大速率提高。② 合金碳化物通常比较稳定，因此使碳化物在奥氏体中溶解的时间和奥氏体成分均匀化的时间加长。③ 合金元素本身在钢中的扩散很慢，因此，不论是溶于铁素体还是形成碳化物，奥氏体成分均匀化所需的时间都要加长。应该指出，以上分析只是定性的而不是定量的，而且还没有考虑各个元素间的交互作用，所以最切实的办法仍然是对各个钢都测出相应的 TTA 图，用以指导生产。

钢的原始组织对奥氏体的形成速率也有明显的影响。作为一个很好的例子，图 2-20 给出了 50CrMo4 钢（德国钢号）在 8 种不同的原始组织状态下连续加热时 TTA 图的比较。可以看出，原始组织越接近平衡状态，奥氏体越不容易形成，表现为 A_{c_1}，A_{c_3}，A_{c_c} 温度提高。

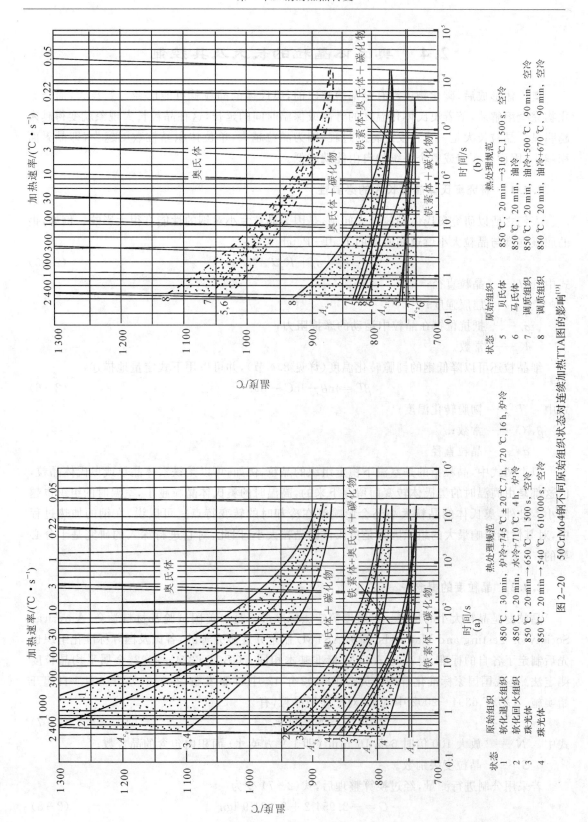

图 2-20　50CrMo4 钢不同原始组织状态对连续加热 TTA 图的影响[13]

2.4　奥氏体晶粒的长大及其控制

奥氏体形成后,碳化物还没有全部溶解以前,奥氏体的晶粒就可能已经开始长大,而当碳化物完全溶解后,随着奥氏体化温度的升高或保温时间的延长,这种晶粒长大现象就变得越来越明显。晶粒长大是一个自发进行的过程,因为晶粒越大,单位体积晶粒数就越少,即晶界面积越小,因而界面能或整个系统的自由能就越低。

2.4.1　研究奥氏体晶粒长大的必要性

人们之所以研究奥氏体晶粒长大问题,是因为晶粒大小对钢的性能有很大影响。例如,钢的屈服强度与晶粒大小就遵循所谓的 Hall - Petch 关系:

$$\sigma_s = \sigma_i + K_y d^{-1/2} \tag{2-5}$$

式中　d —— 晶粒直径;

　　σ_s —— 屈服强度;

　　σ_i —— 抵抗位错在晶粒中运动的摩擦阻力;

　　K_y —— 常数。

细晶粒还可以降低钢的韧脆转化温度(详见 8.4 节),并可以用下式定量地描述:

$$\beta T = \ln\beta - \ln C - \ln d^{-1/2} \tag{2-6}$$

式中　T —— 韧脆转化温度;

　　β, C —— 常数;

　　d —— 晶粒直径。

以上两式中,晶粒指的是室温下稳定组织的晶粒,例如,可以是铁素体晶粒或奥氏体晶粒,但这都是由高温时的奥氏体转变而留存下来的,高温时的奥氏体晶粒越小,室温时的组织也越细小。此外,奥氏体的晶粒大小还会影响钢在冷却时的转变特点。可以说,在钢的加热过程中,对其性能影响最大的组织因素是奥氏体的晶粒大小,因此,对它进行深入的研究是十分必要的。

2.4.2　晶粒度的概念

晶粒度是晶粒大小的量度。晶粒度测定法标准最早是由美国试验及材料学会(American Society for Testing and Materials,简称 ASTM)制定并逐步完善的,各国及国际标准化组织也先后制定了各自的标准,但都与 ASTM 标准基本相同。GB/T 6394—2002《金属平均晶粒度测定法》是我国国家标准化管理委员会于 2002 年 12 月 31 日发布,并于 2003 年 6 月 1 日起开始实施。GB/T 6394—2002 中规定,对于显微晶粒,有

$$N = 2^{G-1} \tag{2-7}$$

式中　N —— 放大 100 倍时 645.16 mm^2(即 1 平方英寸)面积内包含的晶粒数;

　　G —— 晶粒度级别数。

若采用公制进行测量,经过换算整理后,式(2-7)变为

$$G = -2.954\,2 + 3.321\,9\,\lg n_a \tag{2-8}$$

式中　n_a —— 放大 1 倍时,1 mm^2 面积内包含的晶粒数。

N 或 n_a 的测定比较费时,目前已逐渐采用测定晶粒平均截距 $\bar{l}$ 来确定晶粒度级别,为此,ASTM 标准重新定义了晶粒度,即

$$G = 2\,\text{lb}\left(\frac{\bar{l}_0}{\bar{l}}\right) \tag{2-9}$$

式中 $\bar{l}_0$——$G = 0$ 时,晶粒的平均截距。

对于显微晶粒,放大 1 倍时,$\bar{l}_0 = 0.32$ mm,代入式(2-9)中并经过整理后可得

$$G = -3.287\,7 - 6.643\,9\lg\bar{l} \tag{2-10}$$

由式(2-7)及式(2-10)得出的 G 值相差约为 0.01,实际上可以忽略不计。GB/T 6394—2002 也采纳了式(2-10)。

人们还常常采用以下一些参数来表征晶粒的大小:

(1) 晶粒平均截面面积 $\bar{a}(\text{mm}^2)$,$\bar{a} = \frac{1}{n_a}$。

(2) 晶粒平均直径 $\bar{d}(\text{mm})$,$\bar{d} = \sqrt{\bar{a}}$。

(3) 单位长度线段截交晶粒数 $n_l(\text{mm}^{-1})$,$n_l = 1/\bar{l}$。

表 2-2 列出 G 与 N,n_a,$\bar{a}$,$\bar{d}$,$\bar{l}$,n_l 的对照关系。

表 2-2 晶粒度级别数 G 与其他表征晶粒大小参数的对照关系[19]

晶粒度级别数 G	放大 100 倍时 645.16 mm² 面积内包含的晶粒数 N	放大 1 倍时 1 mm² 面积内包含的晶粒数 n_a	晶粒平均截面面积 $\bar{a}/\mu\text{m}^2$	晶粒平均直径 $\bar{d}/\mu\text{m}$	晶粒平均截距 $\bar{l}/\mu\text{m}$	单位长度 1 mm 线段截交晶粒数 n_l
1	1.000	15.50	64 516	254.0	226.3	4.42
2	2.000	31.00	32 258	179.6	160.0	6.25
3	4.000	62.00	16 129	127.0	113.1	8.84
4	8.000	124.00	8 065	89.8	80.0	12.50
5	16.00	248.00	4 032	63.5	58.8	17.68
6	32.00	496.00	2 016	44.9	40.0	25.00
7	64.00	992.00	1 008	31.8	28.3	35.36
8	128.00	1.984×10^3	504	22.5	20.0	50.00
9	256.00	3.968×10^3	252	15.9	14.1	70.71
10	512.00	7.936×10^3	126	11.2	10.0	100.0
11	1 024.00	15.872×10^3	63.0	7.9	7.1	141.4
12	2 048.00	31.744×10^3	31.5	5.6	5.0	200.0
13	4 096.00	63.488×10^3	15.8	4.0	3.5	282.8
14	8 192.00	126.976×10^3	7.9	2.8	2.5	400.0

为了便于进行生产中的检验工作,GB/T 6394—2002 备有四个系列标准评级图,将显微镜下观察到的晶粒组织或拍摄的照片与标准评级图对比来评定晶粒度,这种方法简便易行,在生产中广为采用。

2.4.3　奥氏体晶粒长大的特点

　　冶炼时脱氧方法不同的钢,在加热过程中奥氏体晶粒长大有着不同的特点。用铝脱氧的钢,含有适当量和适当尺寸的 AlN 颗粒时,在一定温度以下晶粒不易长大,称为细晶粒钢。用硅脱氧的钢,不含有能抑制晶粒长大的第二相颗粒,晶粒随着温度的升高而逐渐长大,称为粗晶粒钢。这两种钢的奥氏体晶粒长大特点示于图 2-21[20] 中。由图可以看出,所谓粗晶粒钢和细晶粒钢,只是表示奥氏体晶粒长大的倾向,至于钢的奥氏体晶粒的实际大小,主要取决于具体的加热规范。当加热温度很高时,细晶粒钢也可以获得粗大的奥氏体晶粒;反之,如果加热温度不高,粗晶粒钢也可以获得细小的奥氏体晶粒。然而,细晶粒钢毕竟在常用的热处理加热温度范围内800 ～930 ℃ 可保证具有细小的奥氏体晶粒,因此在生产中,细晶粒钢理所当然地受到欢迎。

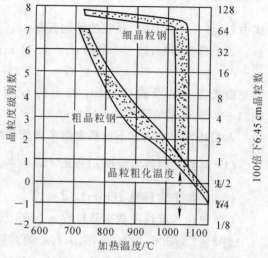

图 2-21　粗晶粒钢和细晶粒钢的奥氏体晶粒长大与温度的关系

2.4.4　影响奥氏体晶粒长大的因素

　　当奥氏体转变刚刚完成,即新形成的奥氏体晶粒全部互相接触时,奥氏体的晶粒是很细小又很不均匀的,先形核的晶粒长得较大;同时由于晶界弯曲,能量较高。因此,在随后的保温或加热过程中,晶粒会长大。晶粒长大的驱动力是晶界自由能(界面能),晶粒长大时,晶界朝着其曲率中心移动,结果使一些晶粒长大,另一些晶粒缩小直至消失。

　　影响奥氏体晶粒长大的因素主要有温度、时间、加热速率及第二相颗粒等。

(一) 温度、时间、加热速率的影响

　　纯金属和单相合金在等温条件下进行正常晶粒长大时,晶粒平均直径的增加服从以下经验公式[21]

$$\overline{D} = kt^n \tag{2-11}$$

式中　　$\overline{D}$——晶粒平均直径;

　　　　t——加热时间;

　　　　k, n——与材料和温度有关的常数。

　　如果用对数标尺表示 $\overline{D}$ 与 t 的关系,式(2-11)将为一条直线,n 为其斜率。一般材料的 n 值通常小于 0.5,典型值为 0.3。如图 2-22 所示为50CrMo4(德国牌号)在不同温度保温时,奥氏体晶粒度级别数与保温时间的关系,试验所用试样、原始热处理状态及加热方式均与图 2-18 所示相同。由图可以看出,除了很短和很长的保温时间外,在各温度进行加热时的晶粒度级别数与保温时间之间均有一段基本呈线性关系,直线的斜率(即 n 值)由 800 ℃ 时的 0.27 增加到 1 300 ℃ 时的 0.5 左右,即 n 值随加热温度的提高而增大。随着晶粒的长大,晶界越来越平直,长大的驱动能显著减小,晶粒长大速率也越来越慢。

也可以将奥氏体晶粒度级别数随加热温度和保温时间变化的情况表示在等温 TTA 图中,如图 2-23 所示。

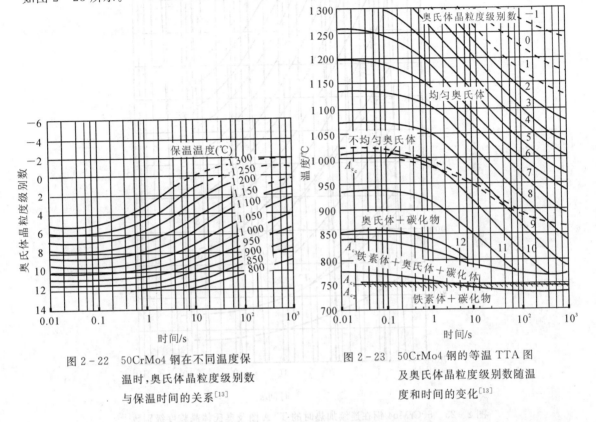

图 2-22　50CrMo4 钢在不同温度保温时,奥氏体晶粒度级别数与保温时间的关系[13]

图 2-23　50CrMo4 钢的等温 TTA 图及奥氏体晶粒度级别数随温度和时间的变化[13]

连续加热时,奥氏体晶粒度级别数与加热速率和温度的关系如图 2-24 所示。由图可以看出,加热速率越大,在同一温度得到的奥氏体晶粒越细,这种图对于制定快速加热时的热处理工艺是十分重要的。加热速率对奥氏体晶粒度的影响也可以直接表示在连续加热时的 TTA 图中,如图 2-25 所示。

以上两图所用试样、原始热处理状态以及试验规范均与图 2-19 所示相同。

钢的原始组织(即奥氏体化前的组织)对奥氏体晶粒长大虽然也有影响,但影响甚微。例如在 2.3 节中提到过的 50CrMo4 钢,最稳定的球化体组织在各个温度加热所得晶粒度只比最不稳定的马氏体组织在相同条件下所得晶粒度细一级[13]。

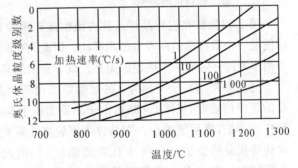

图 2-24　50CrMo4 钢连续加热时,奥氏体晶粒度级别数与加热速率和温度的关系[13]

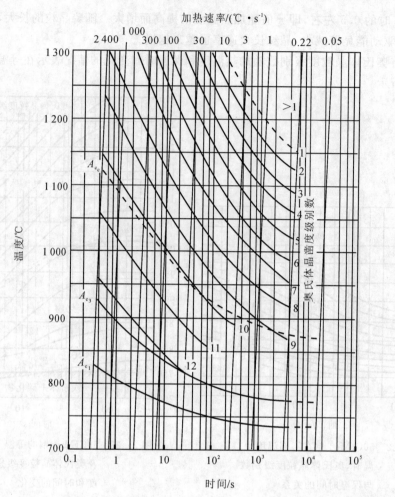

图 2-25　50CrMo4 钢在连续加热时的 TTA 图及奥氏体晶粒度级别数[13]

（二）第二相颗粒的影响

第二相颗粒在阻止晶界迁移方面也能起重要的作用。如果存在足够数量的第二相颗粒，即使是一个很弯曲的晶界也很难移动。因此，在第二相颗粒的大小和数量与能使晶界移动的最小曲率之间一定有一个确定的关系。以下介绍的是 Zener[22] 在 1948 年首次提出的近似处理。

当晶界跨越一个半径为 r 的球形第二相颗粒并处于颗粒的正中位置时（见图 2-26），由于晶界面积中有 πr^2 被该颗粒所占据，界面能最小。当晶界刚刚脱离此颗粒时，将再次获得相应的能量 $\pi r^2 \sigma$（σ 为比界面能）[23]。因此，可以认为颗粒有一个力 F_{max} 作用于晶界，根据虚功原理，有

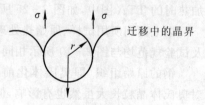

颗粒产生的拖曳力

图 2-26　晶界跨越球形第二相颗粒时受到的拖曳力

$$F_{max} = \frac{\Delta E}{\Delta x} = \frac{\pi r^2 \sigma}{r} = \pi r \sigma \qquad (2-11)$$

如果单位体积颗粒数为 N_v，则与单位面积晶界相遇的颗粒数之和为 $2rN_v$，作用于单位面积晶界的拖曳力 P_D 为

$$P_D = 2\pi r^2 \sigma N_v \qquad (2-12)$$

已知单位面积晶界长大的驱动力 P 为

$$P = \frac{2\sigma}{R} \tag{2-13}$$

式中　R—— 晶粒周界的最小曲率半径[24]。

对于均匀的晶粒组织(即没有一个晶粒的大小远超过其近邻晶粒),R 近似等于晶粒的平均直径 D。随着晶粒的长大,R 增加而驱动力则减小,当 P 正好与 P_D 平衡时,晶粒就停止长大。假定 $R \approx D$,此时有

$$\frac{2\sigma}{D} = 2\pi r^2 \sigma N_V \tag{2-14}$$

即

$$D = (\pi r^2 N_V)^{-1} \tag{2-15}$$

设第二相颗粒的体积分数为 f,则 $f = \frac{4}{3}\pi r^3 N_V$,将此值代入式(2-15)中,就可得出以下更为有用的表达式:

$$D = \frac{4r}{3f} \tag{2-16}$$

式(2-16)说明,只有当一定体积分数的第二相颗粒非常细小时,才能有效地阻止晶粒长大。当然,上式只是一个近似的估算,因为在推导时假定第二相颗粒为球形、尺寸相同,并且是随机分布的,忽略了位于晶界棱边及顶角处的颗粒对于钉扎晶界所起的更为有效的作用。

Gladman[25] 关于晶粒长大的理论模型表明,晶粒大小的不均匀性是晶粒长大的必要条件,晶粒长大的驱动力随着这种不均匀性的增加而增大,并随基体晶粒尺寸的增加而减小,具体的表达式为

$$r^* = \frac{6R_0 f}{\pi}\left(\frac{3}{2} - \frac{2}{Z}\right)^{-1} \tag{2-17}$$

或

$$N_V^* = \left(\frac{3}{2} - \frac{2}{Z}\right)\frac{1}{8R_0}\left(\frac{4\pi}{3V}\right)^{2/3} \tag{2-18}$$

式中　r^*—— 能有效地钉扎住晶界的第二相颗粒的临界半径;

　　　R_0—— 晶粒平均半径,相当于式(2-16)中的 $D/2$;

　　　Z—— 长大中的晶粒与原始晶粒的半径比;

　　　N_V^*—— 有效地钉扎住晶界的单位体积第二相颗粒数的临界值;

　　　V—— 每个第二相颗粒的体积,即 $\frac{4}{3}\pi r^3$。

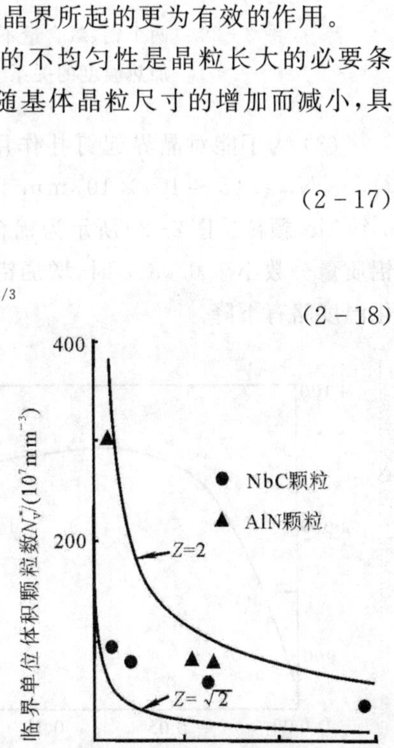

如图 2-27 所示为根据式(2-18)画出的两条曲线,Z 值分别为 $\sqrt{2}$ 和 2❶,R_0 取 14 μm,这是细晶粒的典型

图 2-27　式(2-18)与试验数据的比较[25]($R_0 = 14\ \mu$m)

---

❶　Hillert 曾证明,为了使晶粒长大能持续进行,Z 值应不小于 1.5[26]。

值。为了便于比较,图中还给出一些试验数据,可以看出,理论与试验的吻合很好。

Gladman[27] 和其他人比较仔细地研究了氮化铝的作用,基本结论有以下几点:

(1)以铝脱氧的钢能防止晶粒粗化,但这并不是氧化铝的作用。因为所有以铝脱氧的钢中,氧化铝含量大致相等,但却具有不同的晶粒粗化温度。此外,氧化铝十分稳定,在晶粒粗化温度附近没有什么变化,因此不能解释晶粒为何粗化。

(2)钢中能阻止奥氏体晶粒长大的第二相颗粒主要是 AlN,因此钢中的铝、氮含量对奥氏体晶粒粗化倾向有很大影响。如图 2-28 所示为两个铝、氮含量不同的 34Cr4 钢(德国牌号,相当于我国编号的 34Cr 钢)以不同速率加热时,奥氏体晶粒度级别数与加热温度的关系。

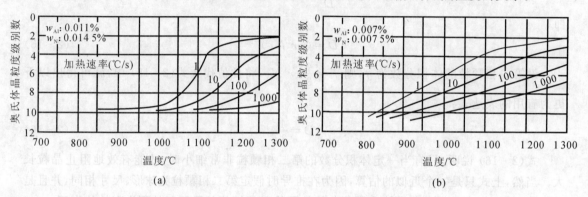

图 2-28 两个铝、氧含量不同的 34Cr4 钢以不同速率加热时,奥氏体晶粒度级别数与加热温度的关系[13]

(3)为了能对晶界起钉扎作用,第二相(AlN)颗粒应该有一个最少的临界含量。据计算[27],$N_V^* \approx (5 \sim 10) \times 10^8 \text{ mm}^{-3}$ 才能维持8级晶粒度,这相当于每个奥氏体晶粒表面有 5~6 个 AlN 颗粒。图 2-29 所示为铝含量对低碳钢奥氏体晶粒粗化温度的影响[27]。由图可见,当铝质量分数小于 0.08% 时,增加铝含量可提高晶粒粗化温度,但是铝含量再高就会使晶粒粗化温度略有下降。

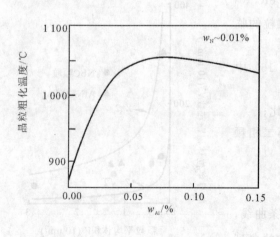

图 2-29 铝含量对晶粒粗化温度的影响[27]

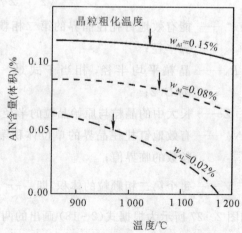

图 2-30 AlN 在不同铝含量低碳钢中的固溶度与温度的关系

　　图 2-30 所示为 AlN 在三个不同铝含量的低碳钢（$w_C = 0.01\%$）中的固溶度与温度的关系，晶粒粗化温度（箭头所指处）分别标在图中的曲线上。在 $w_{Al} = 0.02\%$ 的钢中，AlN 的体积分数较小，温度升高时还会进一步溶入奥氏体中，使 AlN 颗粒的数目减少到不足以阻止奥氏体晶粒长大，因此晶粒粗化温度较低。在 $w_{Al} = 0.15\%$ 的钢中，晶粒粗化温度低于 AlN 大量溶解的温度，这是由于凝固时或热加工时形成的 AlN 颗粒较粗大造成的，而不是由于 AlN 颗粒在奥氏体化时的聚集长大或溶解造成的。

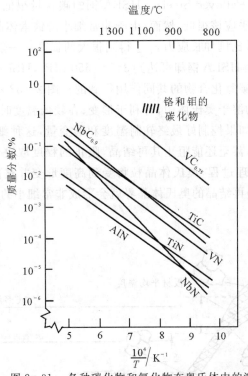

图 2-31　各种碳化物和氮化物在奥氏体中的溶度积

　　除了铝以外，还有一些元素可用来控制奥氏体晶粒度，像钛、钒、铌等过渡族金属都是强碳化物和氮化物形成元素，可以像铝那样在钢中形成弥散分布的颗粒来阻止奥氏体晶粒长大。图 2-31 所示为氮化铝和其他过渡族金属的碳化物和氮化物在奥氏体中的溶度积与 $1/T(\mathrm{K}^{-1})$ 的关系[28]，经验证明，铌和钛的质量分数超过 0.25% 后，即使在最高的奥氏体化温度，合金碳化物也不会完全溶入奥氏体。对于钒和钼，相应的质量分数应分别提高到 $1\% \sim 2\%$ 和大约 5%。至于要使碳化铬难于完全溶入奥氏体，铬的含量则要高得多。上述结论都要求钢中含有足够数量的碳，以便与合金元素形成碳化物。否则，多余的金属元素将溶入奥氏体和铁素体中。上述几种化合物不会比 AlN 带来更高的奥氏体晶粒粗化温度。

　　钢中的其他合金元素对奥氏体的晶粒长大也都有一定影响，例如钨略使之受阻，而锰、磷等则略使之加速，但影响都比较微弱；镍、钴、硅、铜等则基本上没有影响。

2.4.5　奥氏体晶粒大小的控制及其在生产中的应用

　　根据前面所分析影响奥氏体晶粒大小的因素及相应的作用原理，自然可以得出细化奥氏体晶粒的方法,这些方法已经广泛用于生产。

(1) 利用 AlN 颗粒细化晶粒,这是应用最广泛的一种方法。事实上,几乎目前所有重要的钢种在熔炼时都是用铝脱氧的。

(2) 利用过渡族金属的碳化物(如 TiC,NbC 等)来细化晶粒,不仅在工具钢等方面早已得到广泛应用,目前还广泛用于一类较新的钢种,即高强度低合金钢(High Strength Low Alloy Steel,简称 HSLA 钢)中。这类钢中通常只加入质量分数少于 0.05% 的铌、钒、钛等元素,因此又称为微合金化钢(Micro - alloyed Steel)。HSLA 钢的碳含量很低,因此组织中的铁素体含量很大。按理钢的强度似乎应该很低,然而,由于非常细小的铁素体晶粒和合金碳氮化合物沉淀的共同作用,使其规定非比例伸长应力 $\sigma_{p0.2}$ 得到很大的提高。一般软钢的规定非比例伸长应力 $\sigma_{p0.2}$ 约为 207 MPa,而 HSLA 钢却可达到 345 ~ 550 MPa,HSLA 钢特别细小的铁素体晶粒是通过控制热轧与合金碳氮化合物的共同作用得到的。图 2-32 示意地表示了这种处理过程。在高温时,碳氮化合物溶于奥氏体中,有利于形变;在较低温度时,细小的碳氮化合物析出并阻止奥氏体晶粒长大。如果控制好最终轧制温度和形变量,这种细小的碳氮化合物颗粒不仅能阻止奥氏体晶粒长大,甚至还能阻止其再结晶,阻止的程度取决于合金元素含量、形变量和轧制温度。按照这一处理过程,奥氏体晶粒将受到高度形变并被拉长,随后在冷却通过 A_{r_3} ~ A_{r_1} 时,在密集的、未经再结晶的奥氏体晶界就会形成非常细小的铁素体晶粒,使 HSLA 钢具有很好的强韧性。

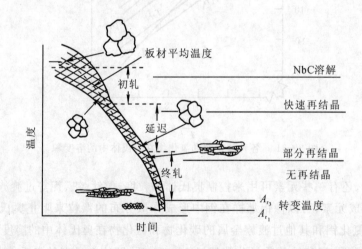

图 2-32 使 HSLA 钢形成极细铁素体晶粒的温度、时间、形变示意图

(3) 采用快速加热,利用温度和时间对奥氏体晶粒长大的影响来细化晶粒,也是一种很有效的方法。事实上,高频感应加热淬火就是利用这一原理得到细晶粒的,并获得一定的所谓超硬度(详见第 10 章)。

值得着重指出的是,不管是粗晶粒钢还是细晶粒钢,一旦形成了粗晶粒,只要晶界上没有很多难溶析出物,通过一次或多次奥氏体化,总是可以使晶粒细化的。这是由于每一次奥氏体化都要经历奥氏体重新形核和长大的过程,只要加热温度不过高,保温时间不过长,所得奥氏体晶粒都应该接近正常大小,或者至少比原奥氏体晶粒要细小些。这便是热处理细化晶粒的作用,也是热处理工作者手中的有力武器之一。

(4) 10 多年前,为了解决航空结构钢奥氏体晶粒度的问题,国内许多单位进行了大量的研究[29]。已认识到,炼钢时以铝脱氧,生成 AlN 是得到细晶粒钢的基础;AlN 颗粒的线尺寸应小于 50 nm,并分布在奥氏体晶界,这可以通过适当的热加工和热处理来达到。值得注意的是,有些粗晶粒钢,经过这种处理后也可以变成细晶粒钢。目前,国内对结构钢的奥氏体晶粒度已经能很好地加以控制。

2.4.6　粗大奥氏体晶粒的遗传及其阻断

在生产中有时能遇到这样的情况,即过热后的钢(过热是指加热温度超过临界点太多,引起奥氏体晶粒长大,结果在冷却后得到的组织,如马氏体或贝氏体也十分粗大)再次正常加热后,奥氏体仍保留着原来的粗大晶粒,甚至原来的晶体学取向和晶界。这种现象称为组织遗传。显然,这种遗传是应该避免和消除的。另一种遗传是母相中的晶体缺陷和不均匀性被新相继承下来,例如马氏体继承了奥氏体中的晶体缺陷,这种遗传称为相遗传,它可以用来强化合金,形变热处理(详见10.3节)就是一个突出的例子。这里要讨论的是前面一种组织遗传。

粗大晶粒之所以会遗传下来,其根本原因是在大晶粒生成后的组织转变中维持了严格的晶体学取向关系。例如,当过热后的粗晶粒奥氏体随后进行马氏体转变,由于相变的特点,新相与母相之间必须维持严格的取向关系(见第 4 章)。当将所生成的马氏体再以合适的速率加热时,马氏体向奥氏体的转变可能以逆马氏体转变的方式变为奥氏体,这样生成的奥氏体,就极有可能恢复到原奥氏体的晶体学取向,而原奥氏体晶界上的杂质、第二相颗粒等在两次无扩散相变中也都没有移动。这就是遗传。

可见,要消除或阻断这种遗传,关键在于必须破坏第二次转变中新相与母相之间严格的晶体学取向关系。为此,可以采取如下措施:

(1) 避免由不平衡组织(即马氏体或贝氏体)直接加热奥氏体化。为此,对于淬火态的过热钢,可以先进行一次高温回火或中间退火,然后再以正常温度加热淬火。高温回火后会得到铁素体和渗碳体的两相混合物,且铁素体会发生再结晶(详见第 8 章);中间退火后则会得到更接近于平衡组织的铁素体和渗碳体的两相混合物。这两类组织都会使原来的取向关系遭到破坏。

(2) 避免新的奥氏体以无扩散机理形成,为此应该控制加热速率和温度,使马氏体的逆转变不发生。可惜现在还提不出一个一般性的规律来指导这种参数的选择,大体说来,加热温度要略高一些,加热速率不能太快,时间要短。但有人认为以较高速率加热时,铁素体向奥氏体转变的体积变化会使奥氏体发生加工硬化(又称为相变硬化),随后会导致奥氏体的再结晶,从而破坏严格的晶体学取向关系,并得到细小的奥氏体晶粒。

(3) 通过多次的加热-冷却循环来破坏新相与母相之间的取向关系,从而获得细小的奥氏体晶粒。

综上所述,加热或奥氏体化是一切钢件热处理的第一步,加热时得到的组织 —— 奥氏体,又是随后在冷却时发生的各种转变的母相,因此,奥氏体化的情况对钢件的力学性能有很大影响。尽管冶金学家早就知道这些,但真正在奥氏体化方面做许多研究工作还是近 30 年来的事,因此目前还有大量工作要做。第一,对转变机理和动力学的研究还必须大大加强。第二,应当测出工业常用钢甚至全部钢种的 TTA 图(包括等温和连续加热的),用以指导生产,文献[30] 在这方面的工作是很值得参考的。第三,目前大部分工业常用钢都有比较成熟的热处理规范,但是由于物理冶金学的发展,对很多问题有了新的认识,从而有可能通过寻找新的热处理规范以充分发挥这些钢的潜力。例如许多高强度钢在常规热处理时往往表现出低的断裂韧性,而经高温奥氏体化后,断裂韧性却有很大提高[31,32]。又如用循环加热法(参见 7.5.1 节)可以使奥氏体晶粒细化到 ASTM 14.5 级[33-35],从而使钢进一步强化。又如为了充分利用铁素体的韧性,国内外都在进行在 $\alpha + \gamma$ 两相区内加热淬火,即所谓亚温淬火的研究(参见 7.5.4 节),并已取得初步成效。所有这些都充分说明,通过改变奥氏体化条件,可以使现有钢的潜力得到进一步的发挥,同时也说明继续深入研究加热转变的必要性。

复习思考题

1. 试估算在 $w_C = 0.8\%$ 的钢中,奥氏体转变为马氏体后,其体积的变化。

2. 奥氏体晶核优先在什么地方形成?为什么?

3. 试用图 2-10 说明奥氏体在球化体中长大的机理,碳原子在奥氏体和铁素体中的扩散起着什么作用?

4. 为什么图 2-12 很好地证实了奥氏体在珠光体中沿平行于片层方向的长大速度要比沿垂直于片层方向的长大速度快?

5. 为什么铁素体完全转变为奥氏体后仍然有一部分碳化物没有溶解?

6. 钢的等温及连续加热 TTA 图是怎样测定的,图中的各条曲线代表什么?

7. 为什么说工业用钢的 TTA 图对于指导热处理生产具有重要意义?

8. 试分析式(2-1),并用来说明温度对奥氏体形核率的影响。

9. 为什么原始组织越接近平衡状态,连续加热 TTA 图中的 A_{c_1},A_{c_3},A_{c_c} 温度越高(参看图 2-20)?(注:本题可在学完第 8 章后再回答)

10. 为什么对奥氏体晶粒长大及其控制的研究对于指导热处理生产具有重要的意义?

11. 试由式(2-7)推导出式(2-8)。

12. 在式(2-9)提出以前,用晶粒的平均截距 $\bar{l}$ 计算晶粒度级别时,要采用近似关系式 $\bar{l} = (\pi \bar{a}/4)^{1/2}$,试用此关系式由式(2-8)推导出 G 与 $\bar{l}$ 的关系式,并与式(2-10)进行比较。

13. 怎样表示温度、时间、加热速率对奥氏体晶粒大小的影响?

14. 用式(2-16)说明第二相颗粒的含量和大小对阻止奥氏体晶粒长大的作用。

15. 如果 AlN 颗粒的临界含量 N_V 为 5×10^8 mm^{-3} 时,可使奥氏体晶粒度级别数保持在8,试根据式(2-18)估算 AlN 颗粒的半径应不小于多少(Z 值可根据图 2-27 选择一适当值)。

16. 试用图 2-32 说明为什么 HSLA 钢能获得极细的铁素体晶粒。

参 考 文 献

[1] Bain E, Paxton H W. Alloying Elements in Steels, 2nd edition, 1961:20.

[2] Speich G R, Szirmae A. Trans. TMS - AIME, 1969(245):1063.

[3] ASM, Metals Handbook, 8th edition, Vol. 8, 1973:276.

[4] Grossmann M A, Bain E C. Principles of Heat Treatment. 5th edition. ASM, 1964.

[5] Kinoshita S. Iron and Steel Institute of Japan, 1974(14):6, 411.

[6] Matsuda S, et al. ibid, 1974(14):6, 363.

[7] Homma R. ibid, 1974(14):6, 434.

［8］　Matsuda S，et al. ibid，1974(14)：6，444.

［9］　Watanabe S，et al. New Aspects of Martensitic Transformation，JIMIS—1，1976：369.

［10］　渡边征一，等. 铁と钢，1975(61)：1，96.

［11］　Krauss G. Principles of Heat Treatment of Steel，1980：166.

［12］　同 1，17.

［13］　Orlich J，et al. Atlas zur Wärmebehandlung der Stahle，Band 3，1973.

［14］　Weber F，et al. Atlas zur Wärmebehandlung der Stahle，Band 1，1961：141.

［15］　Roberts G A，Mehl R F. Trans. ASM，1943(31)：613.

［16］　Verhoeven J D. Fundamentals of Physical Metallurgy，1975：222.

［17］　Блантер М Е. Превращение перлита в аустенит，《Журнал Технической Физики》，No，2，1951，转引自 Гуляев А П. Термическая Обработка Стали，1960，стр. ，35.

［18］　Judd R R，Paxton H W. Trans. TMS—AIME，1969(245)：1036.

［19］　ASTM E112—96，Standard Test Methods for Determining Average Grain Size，1996.

［20］　Melloy G F. Austenite Grain Size—Its Control and Effects，ASM，1968：25.

［21］　Hsun Hu. Metals Handbook，9th edition，Vol. 9，ASM，1985.

［22］　Smith C S. Trans. TMS—AIME，1948(175)：15.

［23］　Guy A G. Introduction to Materials Science，1972：391.

［24］　Cahn R W. Physical Metallurgy (Edited by R. W. Cahn and P. Haasen)，Part Ⅱ，1983：165.

［25］　Gladman T. Proceedings of the Royal Society，1966(294A)：298.

［26］　Hillert M. Acta Metall. ，1965(13)：227.

［27］　Gladman T. Metallurgical Developments in Carbon Steels，Special Report 81，ISI，London，1963：68.

［28］　Aronsson B. Steel Strengthening Mechanisms，Climax Molybdenum Co. 1969：77.

［29］　肖纪美，等. 特殊钢——航空结构钢奥氏体晶粒度专辑. 冶金部特殊钢情报网，1982：6.

［30］　井口信洋，等. 日本金属学会，1975(39)：1，3.

［31］　Lai G Y，et al. Met. Trans. ，1974(5)：1663.

［32］　Ritchie R O，et al. Met. Trans. ，1976(7A)：831.

［33］　L. F. 坡特尔，等. 超细晶粒金属. 王燕文，等，译. 北京：国防工业出版社，1982.

［34］　Grange R A，et al. US Patent No 3178324，1965.

［35］　Grange R A. Trans. ASM，1966(59)：26.

第3章 珠光体转变与钢的退火和正火

3.1 钢的冷却转变概述

钢的热处理基本上由加热和冷却两个阶段组成。加热时的组织转变已在第 2 章中讨论过,从本章开始,将讨论钢在冷却时发生的转变。

钢在冷却时发生的组织转变,既可在某一恒定温度下进行,也可在连续冷却过程中进行。随着冷却条件的不同,奥氏体可在 A_1 以下不同的温度发生转变。由于这不是一个平衡过程,所发生的转变就不能完全依据 Fe – Fe$_3$C 相图来判定和分析。为了掌握奥氏体在过冷条件下发生的转变行为,人们通过实验手段建立了过冷奥氏体转变图。

过冷奥氏体转变图是用来表示在不同冷却条件下过冷奥氏体转变过程的起止时间和各种类型组织转变所处的温度范围的一种图形。如果转变在恒温下进行,则有过冷奥氏体等温(恒温)转变图,又称 IT(Isothermal Transformation)图或 TTT(Temperature – Time – Transformation)图,以下简称 IT 图;如果转变在连续冷却过程中进行,则有过冷奥氏体连续冷却转变图,又称 CT(Continuous Transformation)图或 CCT(Continuous Cooling Transformation)图,以下简称 CT 图。关于建立过冷奥氏体转变图的实验方法,将在第 6 章中详述,这里仅对该图的表示方法、原理和意义作一简要介绍。

3.1.1 IT 图

图 3 – 1(a) 为共析碳钢的 IT 图。不难看出,它是通过测定一系列不同温度的等温转变动力学曲线(见图 3 – 1(b))绘制而成。以图 3 – 1(b)中 710 ℃ 等温转变动力学曲线为例,a_s 点表示转变开始点,即转变开始前所经历的等温时间,称为孕育期;a_f 点表示转变终了点。由图可以看出,过冷奥氏体须经过一定的孕育期才能开始转变,接着转变速率逐渐加快,当转变量达到约 50% 时转变速率最大,以后又逐渐减小,直至转变终了。同理,还可测出一系列不同温度等温转变动力学曲线。如果将所有温度下等温转变开始点和终了点的时间绘制在温度-时间(对数)坐标图上,就得到了 IT 图。图中 $a'_s b'_s c'_s$ 曲线称为转变开始线;$a'_f b'_f c'_f$ 曲线称为转变终了线。由于曲线的形状呈字母"C"形,故又称为 C 曲线。在 C 曲线的拐弯处,通常称为"鼻子",其孕育期最短,即过冷奥氏体最不稳定。由于过冷奥氏体在不同温度下的转变孕育期和转变过程持续时间差异很大,例如有些钢在某一温度下甚至保持不到一秒钟就开始转变,经数秒钟后就完成转变,而在另一些温度下却需要很长时间(达数小时)才能开始或完成转变,为了便于在同一图中表示出不同温度下转变的开始和终了时间,IT 图的横坐标均采用对数标尺来表示。

实践表明,过冷奥氏体在 A_1 以下三个温度区间内将分别发生不同类型的组织转变:① 在 A_1 到 550 ℃ 左右的高温区,发生珠光体转变;② 在 550 ℃ 左右到 M_s 点的中温区,发生贝氏体转变;③ 在 M_s 到 M_f 点的低温区,发生马氏体转变。这三种转变的热力学条件和原子的扩散能力都不同,因而其转变机理和动力学特点也不尽相同。

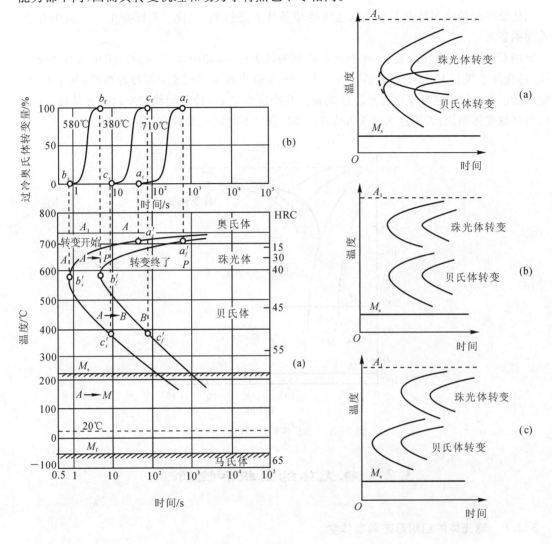

图 3-1　共析碳钢的 IT 图(a)及等温
　　　　 转变动力学曲线(b)

图 3-2　IT 图形状的变化
珠光体和贝氏体两转变曲线的位置:
(a) 部分重叠;(b) 彼此分离;
(c) 一前一后。

　　随着钢的成分及其他因素的不同,珠光体转变与贝氏体转变的温度区间和孕育期会发生程度不同的变化,从而可能出现这两类转变曲线在位置上或部分重叠、或彼此分离、或一前一后等情况,如图 3-2 所示。实际上,如图 3-1(a)所示的共析碳钢 IT 图的形式就是珠光体转变曲线与贝氏体转变曲线部分重叠的结果(见图 3-2(a)),在 IT 图的上半部,珠光体转变先于贝氏体转变,而在下半部,则是贝氏体转变先于珠光体转变。如果珠光体转变曲线与贝氏体转变曲线彼此分离(见图 3-2(b),(c)),则可以看到每一类转变曲线的形状也都呈字母“C”形。

3.1.2 CT 图

钢热处理时的冷却转变多数是在连续冷却条件下进行的,因此 CT 图在生产实践中有着更重要的意义。

钢的 CT 图一般都比较复杂,唯有共析碳钢的最为简单,如图 3-3 所示。图中也有转变开始线、转变终了线和 M_s、M_f 点等;V_1、V_2、V_3、$\cdots$ 等曲线表示不同速率的冷却曲线,其中 V_c 与转变开始线相切,V_c 称为淬火临界冷却速率。若冷速小于 V_c,冷却曲线将穿过珠光体转变区,从而得到珠光体组织;若冷速大于 V_c,待冷至 M_s 点以下时则可得到马氏体组织。

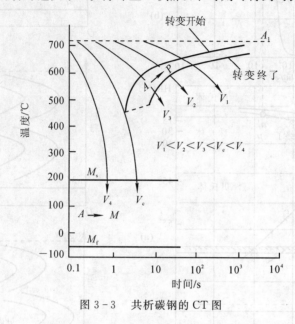

图 3-3　共析碳钢的 CT 图

3.2　珠光体的组织和性质

3.2.1　珠光体的组织形态和晶体学

共析成分的铁碳合金自奥氏体相区冷却到 A_1 至 A_1 以下约 200 ℃ 温度范围时,将得到珠光体。珠光体是由片层相间的铁素体和渗碳体组成,二者的质量比约为 7∶1。具有这种组织的金相试样在抛光和腐蚀后,片层间距为微米级、略为突起的渗碳体片就好像是一个衍射光栅,在普通光照射下会产生珍珠般的光泽,因而得其名。

在珠光体转变初期,由于形核率较小,可以明显看到珠光体长大成球团状(有时受原奥氏体晶界的限制而呈半球状),称为珠光体团(pearlite nodule),如图 3-4 所示。每一个珠光体团又由一些小区域组成,在这些小区域中,铁素体和渗碳体片大体上维持相同的晶体学取向关系。这种小区域又称为珠光体领域(pearlite colony),如图 3-5 所示。

珠光体团和珠光体领域的大小对珠光体的力学性能都没有明显的影响,有决定性影响的是其片层间距,即一片铁素体与一片渗碳体的厚度之和。Mehl 等人首先系统地测量了一些钢的珠光体片层间距,发现片层间距随过冷度的增加而减小。Zener[1] 最先对这些观测结果进行了理论分析。他指出,在单位摩尔总驱动力 ΔG_m^T 中,必然有一部分消耗在形成新的珠光体相界面上,即

$$\Delta G_m^S = \frac{2\sigma V_m}{S} \tag{3-1}$$

式中　　σ——α/Fe_3C 间的比界面能;

　　　　S—— 片层间距;

　　　　V_m—— 摩尔体积。

为了简化,这里假设所有各相的 V_m 值均相等。

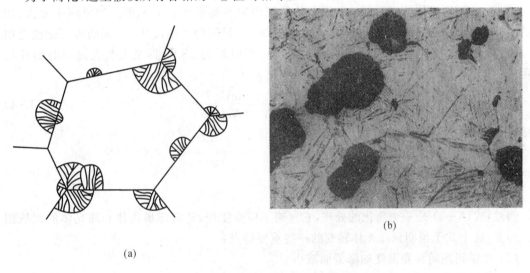

(a)

图 3-4　珠光体团

(a) 示意图;(b) 显微照片,250×(×0.6)

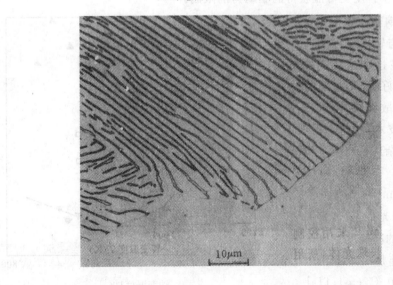

图 3-5　珠光体领域

为了便于分析,Zener 引入临界片层间距 S_c 的概念,即如果珠光体转变的全部驱动力都消

耗在界面上,即

$$\Delta G_{\mathrm{m}}^{T} = \frac{2\sigma V_{\mathrm{m}}}{S_{\mathrm{c}}} \tag{3-2}$$

此时的反应速率正好等于零。

因此,用于扩散的驱动力为

$$\Delta G_{\mathrm{m}}^{D} = \Delta G_{\mathrm{m}}^{T} - \Delta G_{\mathrm{m}}^{S} = \Delta G_{\mathrm{m}}^{T}\left(1 - \frac{\Delta G_{\mathrm{m}}^{S}}{\Delta G_{\mathrm{m}}^{T}}\right) = \Delta G_{\mathrm{m}}^{T}\left(1 - \frac{S_{\mathrm{c}}}{S}\right) \tag{3-3}$$

可见,当 $S = S_{\mathrm{c}}$ 时,$\Delta G_{\mathrm{m}}^{D} = 0$,即意味着反应速率等于零的情况。

Zener 认为珠光体转变时能自行调节片层间距以获得最大长大速率。如果间距太大,相应的扩散路程就会太长,碳原子的分离就会慢下来;如果间距太小,$\alpha/\mathrm{Fe_3C}$ 间的界面能就会增加,从而减少了转变的驱动力。他推导出最佳片层间距为 $2S_{\mathrm{c}}$❶,即最大长大速率时的片层间距为

$$S = 2S_{\mathrm{c}} = \frac{4\sigma V_{\mathrm{m}}}{\Delta G_{\mathrm{m}}^{T}} = \frac{4\sigma V_{\mathrm{m}} T_{\mathrm{c}}}{\Delta H \Delta T} \tag{3-4}$$

式中　　$T_{\mathrm{c}} = A_1$;

　　　　ΔT——过冷度,$\Delta T = T_{\mathrm{c}} - T$;

　　　　T——转变温度;

　　　　ΔH——单位摩尔转变潜热。

当然,式(3-4)是一个简化的处理,它忽略了应变能项,还假定奥氏体和珠光体的比热相等。但是,这个式子预期到珠光体转变的一些重要特点:

(1)片层间距随转变温度的降低而减小。

(2)片层间距的倒数与过冷度呈线性关系。

(3)片层间距的细小程度受可能获得的驱动力的限制。

图 3-6 为一些碳钢和合金钢珠光体片层间距的倒数与转变温度的关系图。由图可见,在过冷度较小时,二者的线性关系较好;随着过冷度的增加,数据比较分散,这是由于早期的片层间距测量技术存在一些问题,而片层形态的复杂性也给测量带来困难之故。

Bolling 和 Richman[3] 采用控制长大速率的方法来使珠光体生长,所用试样为 $w_{\mathrm{C}} = 0.8\%$ 的高纯度钢。在试样离开加热炉时施加一个非常大的温度梯度($\geqslant 2\,500\ \mathrm{℃/cm}$),以保证沿试样截面珠光体有一个给定

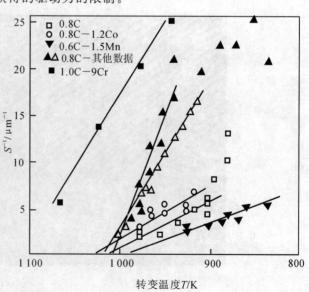

图 3-6　一些钢的珠光体片层间距倒数与转变温度的关系[2]

---

❶　参见 3.4 节,将式(3-15)对 S 求极值,可得 $S = 2S_{\mathrm{c}}$。

和均匀的长大速率,并进行定向长大。经过与在一定过冷度下等温长大的珠光体的测量结果比较,二者的吻合程度很好。图 3-7 所示为在四个愈来愈快的长大速率下得到的珠光体显微照片。

不同片层间的珠光体,通常还有不同的名称。在光学显微镜下可以分辨的(片层间距为 $0.25 \sim 1.9\ \mu m$),称为珠光体;在光学显微镜下无法分辨的(片层间距为 $30 \sim 80\ nm$),称为屈氏体或极细珠光体;片层间距在上述二者之间时,称为索氏体或细珠光体,这三者又可总称为珠光体。应当指出,这种分类法具有很大的相对性,它们之间并没有严格的界限。

奥氏体化温度、转变前奥氏体的晶粒大小,只影响珠光体团的大小,对片层间距则无影响。

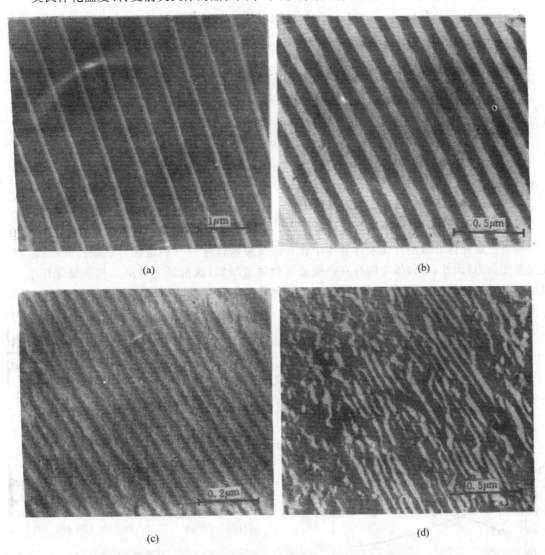

图 3-7　不同长大速率($\mu m/s$)下的珠光体显微照片
(a) 2.1;　(b) 21;　(c) 210;　(d) 840

在一个典型的珠光体团中,铁素体和渗碳体可以看成是两个互相穿插的单晶体,这两个相与所在的原奥氏体晶粒之间都没有一定的晶体学取向关系。但是在一个珠光体团中,铁素体与渗碳体之间总是有一个确定的晶体学取向关系[2]。目前比较肯定的是,在共析钢中,主要是 Pitsch - Petch 关系:

$$(0\ 0\ 1)_{Fe_3C} \parallel (5\ \bar{2}\ 1)_a$$

$$[0\ 1\ 0]_{Fe_3C} \parallel [1\ 1\ \bar{3}]_a, 差\ 2° \sim 3°$$

$$[1\ 0\ 0]_{Fe_3C} \parallel [1\ 3\ \bar{1}]_a, 差\ 2° \sim 3°$$

在更高碳含量钢中,主要是 Bagaryatski 关系:

$$(1\ 0\ 0)_{Fe_3C} \parallel (0\ \bar{1}\ 1)_a$$

$$[0\ 1\ 0]_{Fe_3C} \parallel [1\ \bar{1}\ \bar{1}]_a$$

$$[0\ 0\ 1]_{Fe_3C} \parallel [2\ 1\ 1]_a$$

3.2.2　珠光体的力学性能

珠光体的规定非比例伸长应力 $\sigma_{p0.2}$ 和断裂强度与其片层间距的关系可用以下公式表示[4]:

$$\sigma_{p0.2}(MPa) = 139 + 46.4S^{-1}(m^{-1}) \tag{3-5}$$

$$\sigma_f(MPa) = 436.5 + 98.1S^{-1}(m^{-1}) \tag{3-6}$$

式中　$\sigma_{p0.2}$ —— 规定非比例伸长应力;

　　　σ_f —— 断裂强度;

　　　S —— 片层间距。

可以把珠光体看做是在铁素体基体中含有许多渗碳体片的一种组织。渗碳体硬而脆,有较大形变抗力,因此,渗碳体片的存在会使强度和硬度增加,这也是一种第二相的强化作用。但由于渗碳体比较粗大,又呈片状,因而不但强化作用有限,使强度和硬度提高并不多,而且使塑性和韧性显著降低,如图 3-8 所示[5]。

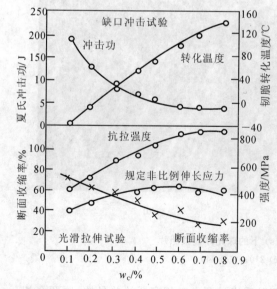

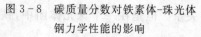

图 3-8　碳质量分数对铁素体-珠光体
钢力学性能的影响

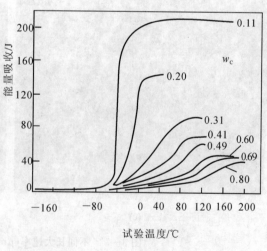

图 3-9　碳质量分数(%)对钢韧性的影响
(夏氏冲击韧性转化温度试验)

钢的韧脆转化温度❶随碳质量分数的增加而大大提高(见图 3 - 9[6]),定量研究表明,珠光体体积每增加 1%,韧脆转化温度升高约 2 ℃。

顺便应当指出的是,渗碳体的形状对性能也有影响。对于碳质量分数相同即渗碳体量相同的钢,球化体(即球状或粒状渗碳体与铁素体的混合物)组织的强度和硬度要比珠光体组织的低,但塑性较好,断裂强度和疲劳抗力都较高,韧脆转化温也较低[5]。

如果将珠光体的性能与钢中其他非平衡组织的性能作一比较,那么,将同一碳质量分数的钢处理成不同的组织时,以马氏体的强度和硬度最高、塑性和韧性最低;珠光体则恰恰相反;贝氏体处于其间。表 3 - 1 列出 0.84C - 0.29Mn 钢在不同温度等温处理后的组织和硬度。虽然珠光体的强度和硬度较低、塑性和韧性较高,并能满足一些不太高的使用要求,但是在航空工业中,将珠光体作为钢件使用状态的组织则是十分罕见的,更多的只是用于切削加工之需。

表 3 - 1　0.84C - 0.29Mn 钢经不同温度等温处理后的组织和硬度

等温温度 /℃	组　织	硬　度(HB)
720 ～ 680	珠光体	170 ～ 250
680 ～ 600	索氏体	250 ～ 320
600 ～ 550	屈氏体	320 ～ 400
550 ～ 400	上贝氏体	400 ～ 460
400 ～ 240	下贝氏体	460 ～ 560
240 ～ 室温	马氏体	580 ～ 650*

* 由 HRC 58 ～ 62 换算而得。

3.3　珠光体转变机理

3.3.1　一般概述

珠光体转变是由碳质量分数为 0.77% 的奥氏体分解为碳质量分数很高(6.69%)的渗碳体和碳质量分数很低(0.021 8%)的铁素体,转变中同时完成了原子扩散和点阵重构两个过程。因此珠光体转变是以扩散为基础并受扩散所控制的。

珠光体转变也可分为形核和长大两个阶段。当钢为共析成分时,珠光体在奥氏体晶界上形核;当钢的成分偏离共析成分时,珠光体在通常位于奥氏体晶界处的先共析相(铁素体或渗碳体)上形核。珠光体长大的基本方式是沿着片的长轴方向长大,称为纵向长大;与此同时还可以进行横向形核和长大,又称为横向长大。

图 3 - 10 为珠光体纵向长大时碳在过冷度为 ΔT 的奥氏体中扩散的示意图。分析这个问题的前提是假定在冷奥氏体与珠光体的界面处,过冷奥氏体分别与铁素体和渗碳体维持局部平衡。这样,在与铁素体相接处(A)和与渗碳体相接处(B),过冷奥氏体的碳质量分数分别为 $w_C^{\gamma/\alpha}$ 和 w_C^{γ/Fe_3C},结果造成奥氏体碳质量分数的不均匀。由于 $w_C^{\gamma/\alpha} > w_C^{\gamma/Fe_3C}$,因此产生了碳由 A 处向 B 处的扩散。同时,由于 $w_C^{\gamma/\alpha} > w_C^{\gamma}$,$w_C^{\gamma} > w_C^{\gamma/Fe_3C}$,因而也会有碳原子离开 A 处向奥氏体

---

❶ 指钢的韧性会发生突变的温度。

内的扩散和由奥氏体向 B 处的扩散。扩散的结果使界面处的平衡遭到破坏，这又促使铁素体和渗碳体分别在 A 处和 B 处继续长大，以维持界面处的平衡。这就导致了珠光体的不断长大。

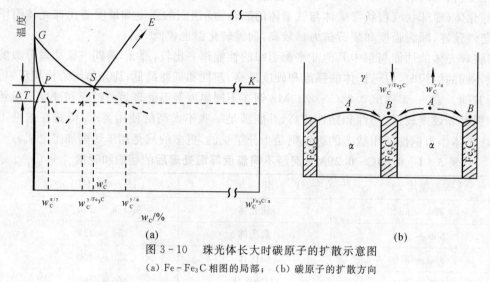

图 3-10　珠光体长大时碳原子的扩散示意图

(a) Fe-Fe$_3$C 相图的局部；(b) 碳原子的扩散方向

3.3.2　珠光体转变的领先相

既然珠光体是两相混合物，它的核自然应包括铁素体和渗碳体两个相。但是，这两个相要在同一时间内并排出现是非常困难的，因此引出了哪一个相先形成，即领先相问题。

早期关于珠光体转变领先相的观点，是由 Hull 和 Mehl[7] 在 1942 年提出来的。他们认为渗碳体是珠光体转变的领先相，因为珠光体中的铁素体与先共析铁素体的晶体学取向不同，二者之间有晶界，而珠光体中的渗碳体与先共析渗碳体的晶体学取向相同，二者之间没有晶界。这一观点曾得到了普遍的承认。

1962 年，Hillert[8] 根据自己的实验和 Modin[9] 的实验，证实铁素体和渗碳体都可以成为珠光体转变的领先相。他的根据是：① 对以前发表的金相图集的研究表明，在相当多的照片中，先共析铁素体与珠光体中铁素体之间并没有晶界；② 对亚共析钢组织的研究表明，60% ～ 80% 的珠光体中铁素体与先共析铁素体具有相同的晶体学取向。然而，Mehl 等人的结论却是两种铁素体具有不同的取向，那么究竟哪一个实验事实是正确的呢？

根据 Smith[10] 的假说，Hillert 对此作了如下解释：如果一片铁素体存在于两个相邻奥氏体晶粒的界面上，通常只与其中的一个晶粒维持某种取向关系（与这两个晶粒都有或都没有某种取向关系的可能性也存在），形成半共格或全共格界面，而与另一个晶粒的界面则是非共格的。非共格界面的可动性要比半共格界面大得多，当过冷度不太大时，这片铁素体总是向没有某种取向关系的那个奥氏体晶粒中生长；只有在过冷度大、驱动力足够大时，才有可能同时向两个晶粒生长。他专门进行的一项研究还进一步表明，只有非共格界面的一侧才能诱发珠光体，而在半共格的一侧则诱发贝氏体（见图3-11(a)，(b)[8]）。Mehl 等人在研究时使用的是单晶奥氏体，使珠光体长大时在这唯一的晶粒中没有一定的取向关系，而先共析铁素体与奥氏体保持一定的取向关系。由此可以看出，我们在前面讲取向关系时，实际上是指铁素体和渗碳体与晶界另一侧的那个奥氏体晶粒的取向关系。

目前得到公认的是：渗碳体和铁素体都可以作为珠光体转变的领先相，通常在亚共析钢中以铁素体为领先相，在过共析钢中以渗碳体为领先相，而在共析钢中，两个相都有可能成为领先相。

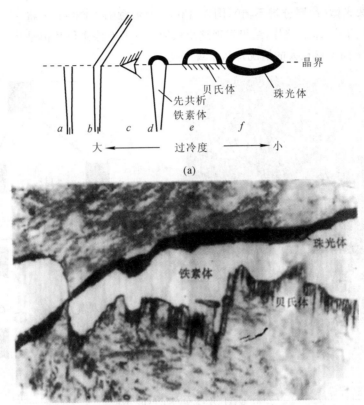

图 3-11　晶界铁素体与两侧奥氏体晶粒的各种可能的晶体学
取向关系及其所诱发的组织

(a) 示意图；　(b) 相应的金相照片($w_C = 0.6\%$ 的亚共析钢在 710 ℃ 部分转变 30 min
后以小于 V_C 的冷速淬火，上部黑色部分为珠光体，下部羽毛状组织为贝氏体，
白色部分为先共析铁素体，1 800×(×0.75))

3.3.3　珠光体的长大方式

Mehl 和 Hull[7] 早期提出的珠光体长大机理认为，珠光体长大是通过横向形核和长大，随后又以纵向长大方式完成的。当奥氏体中出现一片渗碳体时，必然会使其两侧产生贫碳区，这个贫碳区随后就会促成铁素体形核。铁素体核的出现，使其邻近的奥氏体内富碳，这又有利于渗碳体在这里形核。如此交替进行，造成了横向形核和长大。图 3-12 所示为这一长大机理示意图[7]。

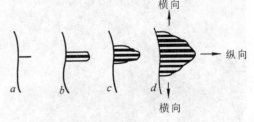

图 3-12　早期提出的珠光体形核和
长大机理示意图

1962 年，Hillert[8] 的研究工作表明，珠光体只是以纵向长大的方式进行，至于横向的展宽，并不是通过横向重复形核，而是以分岔(branching)的方式进行。他将局部转变为粗珠光体的试

样快冷到更低的温度,使过冷奥氏体转变为较细的珠光体,这时可以看到,间距更小的薄渗碳体片是由原来的粗渗碳体片分岔长出来的,如图3-13所示。图 3-13(a) 为显微照片,$w_C =$ 0.6% 的亚共析钢先在 715 ℃ 等温 20 min,然后在 645 ℃ 保温 2 s 后水淬,图中箭头所指处为分岔长出的细珠光体(片层分辨不清);图3-13(b) 为示意图。Hillert 还将一个珠光体领域每隔 1 μm 取磨面,共拍了 240 层照片,结果发现这个领域中的所有渗碳体片都是从一个晶界渗碳片上分岔长出的,而侧向形核长大的情况却从未观察到。

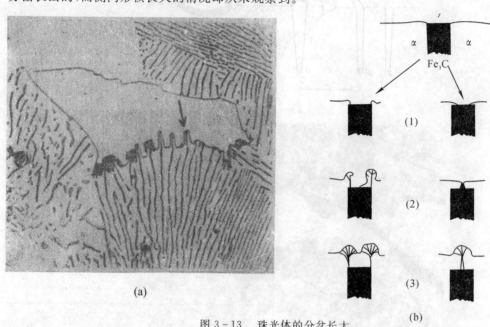

(a)

图 3-13　珠光体的分岔长大

(a) 显微照片,1 800×;　(b) 示意图

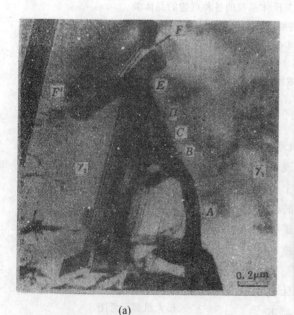

(a)

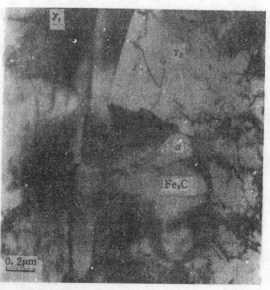

(b)

图 3-14　13Mn-0.8C 过共析钢中珠光体在奥氏体晶界的形核

(a) 交替形核(A,C,E 为渗碳体;B,D 为铁素体);　(b) 分岔(注意渗碳体与晶界渗碳体是连续的)

然而,1973 年 Dippenaar 和 Honeycombe[11] 根据透射电镜观察结果(见图 3-14),证实侧向交替形核机理和分岔机理同时存在。

目前人们普遍认为,纵向长大与横向长大是同时起作用的机理,尤其是当晶界不存在先共析相时更是如此,但纵向长大应是主要的长大方式。

3.4　珠光体转变动力学

3.4.1　珠光体转变动力学的特点

在恒温下进行的珠光体转变动力学具有如下特点:
(1) 转变开始之前有一个孕育期。
(2) 温度一定时,转变速率随时间延长有一极大值。
(3) 随转变温度的降低,珠光体转变的孕育期有一极小值,在此温度下,转变最快。
(4) 合金元素的影响很显著。
这些特点与转变的机理是分不开的,并可以很好地体现在如图 3-1(a) 所示的 IT 图中。

3.4.2　珠光体转变动力学研究

图 3-15 为共析钢($w_C = 0.78\%$, $w_{Mn} = 0.63\%$,奥氏体晶粒度级别数为 5.25)进行珠光体转变时,形核率和长大速率与转变温度的关系图[12]。对于共析碳钢,由于在 550 ℃ 以下有贝氏体转变发生,用现有的实验方法难以单独测出珠光体的形核率和长大速率,故该图只绘出了 550 ℃ 以上的数据。为了显示珠光体转变时形核率和长大速率随温度变化具有极大值的一般规律,特给出图 3-16。

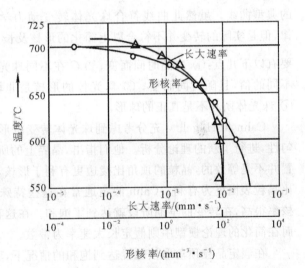

图 3-15　珠光体的形核率和长大速率与转变温度的关系

Johnson 和 Mehl[13] 首先对珠光体转变时的形核和长大过程进行了详细的分析,提出了奥氏体转变量与时间的关系式,即著名的 Johnson-Mehl 方程:

$$X = 1 - \exp\left(-\frac{\pi}{3}\dot{N}G^3t^4\right) \qquad (3-7)$$

式中　X —— 珠光体的体积分数;
　　　$\dot{N}$ —— 形核率($cm^{-3} \cdot s^{-1}$);
　　　G —— 核的长大速率(cm/s);
　　　t —— 时间(s)。

推导式(3-7)有如下的简化假设:① 均匀形核;② $\dot{N}$ 和 G 均不随时间而变;③ 各珠光体

团的 G 值相同。

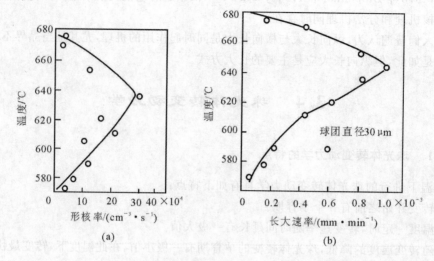

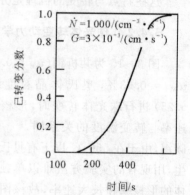

图 3-16　60Cr2Ni2Mo 钢珠光体转变时形核率和长大速率随温度的变化

对于选定的 N 和 G 值，X 与 t 的关系曲线呈 S 形，如图 3-17 所示为 $N=1\,000$ cm^{-3} · s^{-1}，$G=3\times10^{-3}$ cm · s^{-1} 时的典型曲线。虽然此曲线符合珠光体转变动力学的一般规律，但是实际的转变并不符合以上简化的形核及长大模型，主要有以下几点：① N 随时间而变；② G 在不同珠光体团中有不同的值，且随时间而变；③ 珠光体的形核是非均匀形核；④ 珠光体团并不是真正的球形。

图 3-17　珠光体体积分数与时间的关系[2]

Cahn 和 Hagel[14] 充分考虑到珠光体转变时形核的不均匀性，进行了新的理论分析。他们指出，晶界上的所有形核位置并不是等效的，晶粒的顶角比棱边更有利于形核，而棱边又比晶粒表面更为有利。Cahn 假定通常在这些特殊位置的形核率很高，在转变的早期阶段就达到了饱和。在这种情况下，反应将受径向长大速率所控制，而在简化的理论模型中则假定长大速率为常数。

在假定晶粒顶角形核位置达到饱和的情况下，奥氏体已转变的体积分数可如下式所示：

$$X = 1 - \exp\left(-\frac{4}{3}\pi\eta G^3 t^3\right)$$

$$(3-8)$$

式中　η——单位体积晶粒顶角数。

实际上，在转变进行到 20% 以前，形核位置就已达到饱和，因此实际的形核率并不重要，不在式（3-8）中出现。完成转变所需时间 t_f 可简单地定义为

$$t_f = 0.5d/G$$

$$(3-9)$$

式中　d——奥氏体晶粒平均直径，d/G 则是一个珠光体团占满一个晶粒所需的时间。

只有当过冷度较小、形核率 N 足够低时，才能避免奥氏体晶界处形核位置达到饱和。这时的形核率将按下式随时间而改变：

$$\dot{N} = kt^n \qquad\qquad (3-10)$$

式中　　k, n—— 常数。

但是在绝大多数试验条件下，长大速率 G 是主要参数。图 3-18 所示为两个钢的单位体积珠光体团总数（N）与时间（t）的关系，$\lg N$ 与 $\lg t$ 呈线性关系，其斜率为 $n+1$。

珠光体核的长大速率可以用以下方法测定。将一系列试样在一定温度保持不同时间后快冷，在经过抛光和腐蚀的金相试样上，测定最大珠光体团的半径，可以认为这些珠光体团是最先形成的。通常，最大珠光体团半径与时间呈线性关系，其斜率就是长大速率 G，如图 3-19 所示。图中 A, B 两个钢先在 950 ℃ 进行退火，然后分别在图中所示的不同温度进行奥氏体化 0.5 h 后，在 680 ℃ 进行珠光体转变。试验结果表明，G 对诸如晶粒大小和是否有碳化物颗粒等组织变化均不太敏感，但是却明显地受温度变化（特别是过冷度大小）的影响。G 值随过冷度的增大而增加，直到 IT 图的鼻子处。此外，合金元素含量对 G 值也有显著影响，这里不作进一步讨论。

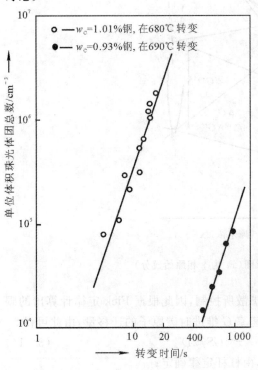

图 3-18　单位体积珠光体团总数
与时间的关系

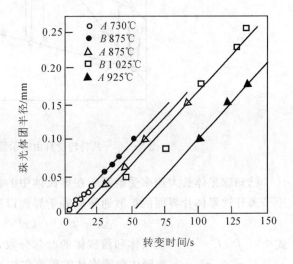

图 3-19　两个钢（$w_C = 0.8\%, w_{Mn} = 0.6\%$）中
珠光体团半径与时间的关系[12]

Zener[1] 在对珠光体长大速率与片层间距和温度的关系进行理论分析时，假定在珠光体等温长大一开始时在界面处就达到局部平衡并受体扩散控制，即所有的扩散都在界面前的母相中进行。同时还假定铁素体和渗碳体每一个相的成分都是均匀的、两个相的平均成分等于远离界面处母相的成分、两个相的片层厚度比可由杠杆定律确定。由于在奥氏体和正在生长中的珠光体之间的弯曲交界处界面能的作用，母相与铁素体和渗碳体两个相交界处的碳质量分数差（Δx）要小于根据相图得出的数值（Δx_e），前者为

$$\Delta x = x^{\gamma/\alpha} - x^{\gamma/\text{Fe}_3\text{C}} \tag{3-11}$$

后者为

$$\Delta x_e = x_e^{\gamma/\alpha} - x_e^{\gamma/\text{Fe}_3\text{C}} \tag{3-12}$$

Zener 认为共析转变的总驱动力和扩散驱动力大约分别正比于 Δx_e 和 Δx,根据式(3-3)可得

$$\frac{\Delta x}{\Delta x_e} = 1 - \frac{S_e}{S} \tag{3-13}$$

Hillert[15] 从自由能的观点出发,讨论片层状共析转变产物的长大理论时给出的共析转变自由能示意图(见图3-20)非常清晰而形象地说明了以上的分析。

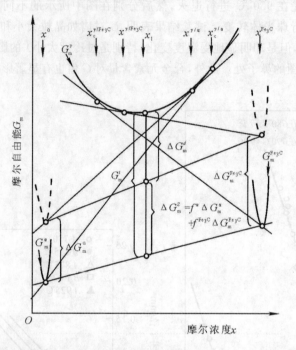

图 3-20 共析转变自由能示意图(x_1 为 γ 相原始成分)

已知珠光体长大速率受碳原子在奥氏体中的扩散所控制,因此根据 Fick 定律计算出的碳原子离开铁素体片界面的扩散通量应等于界面以速率 G 推进时碳原子的迁移量,由此可得

$$\Delta x = f^a f^{\text{Fe}_3\text{C}} (x^{\text{Fe}_3\text{C}} - x^a) GS/2D \tag{3-14}$$

式中 f^a, $f^{\text{Fe}_3\text{C}}$——铁素体和渗碳体的摩尔分数,由杠杆定律确定;

$x^{\text{Fe}_3\text{C}}$, x^a——渗碳体和铁素体的碳摩尔浓度,由相图确定。

由式(3-13)和式(3-14)可得

$$G = \frac{2D\Delta x_e}{f^a f^{\text{Fe}_3\text{C}} (x^{\text{Fe}_3\text{C}} - x^a)} \frac{1}{S} \left(1 - \frac{S_c}{S}\right) \tag{3-15}$$

Δx_e 和 $\dfrac{1}{S}$ 均正比于 ΔT, D 正比于 $\exp\left(-\dfrac{Q}{RT}\right)$。式中,$Q$ 为碳原子在奥氏体中的扩散激活能;R 为气体常数;T 为转变温度。上式可简化为

$$G \approx (\text{常数}) \Delta T^2 \exp\left(-\frac{Q}{RT}\right) \tag{3-16}$$

Puls 和 Kirkaldy[16] 将实验数据和计算结果进行了比较(见图3-21),实测值约比计算值

大 3 倍,这一差别据认为是由于碳原子的界面扩散也在起作用。但是从理论分析的角度看,二者的吻合程度已能令人满意。

当珠光体长大速率高到不能再认为是由体扩散控制时,一般推测沿珠光体和母相的界面存在短程扩散,也就是受界面扩散控制。Shapiro 和 Kirkaldy[17] 在分析界面扩散时得出

$$G \approx (常数)\Delta T^3 \exp\left(-\frac{Q_B}{RT}\right) \qquad (3-17)$$

或

$$GS^3 \approx (常数)D_B \qquad (3-18)$$

式中　　Q_B —— 碳的界面扩散激活能;

D_B —— 碳的界面扩散系数。

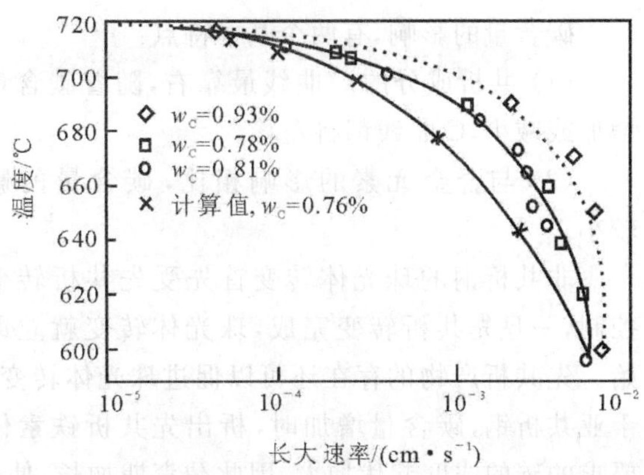

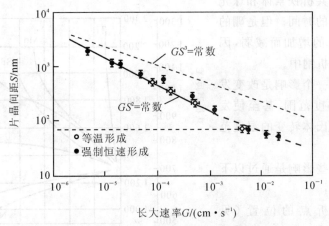

图 3-21　碳钢中珠光体长大速率与温度的关系

式(3-17)与式(3-16)在形式上是相似的,只是在前者,ΔT^3 代替了 ΔT^2。为了能在界面处的奥氏体中产生成分差异,这个模型必须包括界面前沿奥氏体中进行的体扩散。

图 3-22 为等温形成与强制恒速形成的珠光体片层间距与长大速率的关系,可以看出,两种方法的数据吻合程度相当好。同时还可以看到,片层间距大于 70 nm 时,长大速率基本上受体扩散控制($GS^2 =$ 常数);片层间距小于 70 nm 时,长大速率基本上受界面扩散控制($GS^3 =$ 常数)。

图 3-22　等温形成与强制恒速形成的珠光体片层间距与长大速率的关系[16]

3.4.3　影响珠光体转变动力学的其他因素

除了温度和时间外,以下各因素也对珠光体转变动力学产生影响。

(一) 奥氏体晶粒度

图 3-23 为珠光体转变的进程与奥氏体晶粒度的关系图,转变在 675 ℃ 进行,转变前的加热温度和奥氏体晶粒度级别数如图所示。可以看出,奥氏体晶粒越细,珠光体转变进行越快。

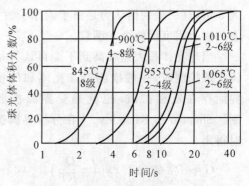

(二) 奥氏体的成分

1. 碳

碳含量的影响,有两个基本特点:

(1) 共析成分的 C 曲线最靠右,随着碳含量的增加或减少,C 曲线都将左移。

(2) 与合金元素的影响相比,碳含量的影响较小。

非共析钢的珠光体转变首先受先共析转变的控制,一旦先共析转变完成,珠光体转变就立即开始。先共析产物的存在还可以促进珠光体转变,对于亚共析钢,碳含量增加时,析出先共析铁素体所

图 3 - 23　奥氏体晶粒度对珠光体
转变进程的影响[18]

要求的碳的浓度起伏加大,因此孕育期加长,使 C 曲线右移;反之,对于过共析钢,碳含量增加有利于先共析渗碳体的析出,因此碳含量越高,C 曲线越向左移。

2. 合金元素

除了钴和铝(w_{Al}=2.5％)以外,所有的合金元素都降低珠光体的转变速率,使 C 曲线右移。在常用的合金元素中,按推迟珠光体转变的效果大小排列,其顺序为钼、锰、钨、镍、硅。另一类强碳化物形成元素钒、钛、锆、铌等,当其溶入奥氏体后也会推迟珠光体转变,但是这类元素形成的特殊碳化物极难溶解,而未溶碳化物则会促进珠光体转变,起相反的作用,因此这类元素的作用是可变的。还有一个值得重视的元素硼,只要在钢中加入百万分之几(质量分数),

就可以大大推迟先共析铁素体和珠光体自奥氏体中形成的时间。但是硼的这种作用随碳含量的增加而减弱,因此一般只用于亚共析钢中。

合金元素的另一个影响是改变发生珠光体转变的温度范围,甚至使发生珠光体转变和贝氏体转变的温度范围完全分开。

合金元素的这些影响是通过以下几个方面来实现的:

(1) 改变共析点的位置(见图3 - 24)。

(2) 改变珠光体片层间距,而片层间距则与珠光体的转变温度直接有关(见图 3 - 25)。

(3) 改变奥氏体向珠光体转变时的自由能变化(见图 3 - 26)。

(4) 影响珠光体的形核率。文献[12]指出,钴增加珠光体的形核率,其

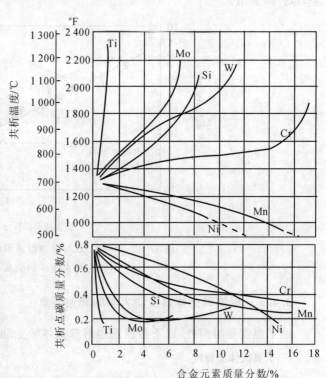

图 3 - 24　常见合金元素对共析点位置的影响[18]

他元素都降低珠光体的形核率。

（5）影响珠光体的长大速率（见图 3-27）。

（6）降低碳在奥氏体中的扩散速率。除钴和镍（$w_{Ni} < 3\%$）外，所有合金元素都提高碳在奥氏体中的扩散激活能，降低扩散系数。

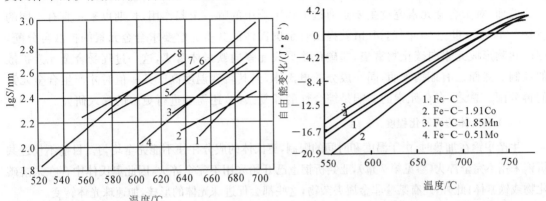

图 3-25　部分合金元素质量分数对珠光体平均片层
　　　　 间距（S）的影响[19]

1—1% ～ 2%Co；2—0.26%Mn；3—0.46%Mn；

4—0.63% ～ 0.80%Mn；5—1%Ni；6—1.56%Mn；

7—3%Ni；8—3.5%Mn

图 3-26　碳钢和某些合金共析钢在珠光体
　　　　 转变时自由能随温度的变化[20]

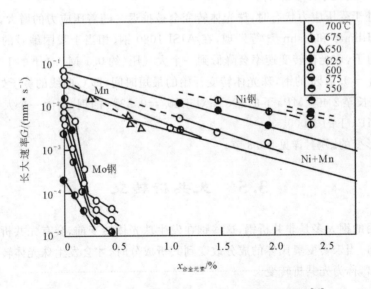

图 3-27　几种合金元素对珠光体长大速率的影响[12]

（7）合金元素本身在奥氏体中的扩散很慢，例如钼、钨、铬、镍、锰等在奥氏体中的扩散系数要比碳低 3 ～ 5 个数量级，由于珠光体转变时往往要求合金元素作再分配，因此也会使珠光体转变减慢。

（8）像硼这样的元素，由于其原子半径与铁原子半径的相对大小既不适于形成间隙固溶体，又不适于形成置换固溶体，因此有富集于晶界的强烈倾向，这种元素一般称为内表面活性元素。硼在晶界的富集会使晶界的能量大大降低，使先共析铁素体（从而使珠光体）在晶界的形核非常困难，从而大大推迟了奥氏体的扩散分解过程。

（9）降低 $\gamma \rightarrow \alpha$ 同素异构转变的速率，从而降低珠光体转变的速率。例如镍、锰、铬等提高铁的自扩散激活能，并降低其扩散系数。

然而，对于合金元素究竟主要是通过上述影响中的哪一个起作用，长期以来一直有不同的看法。早在20世纪40年代，Mehl 就提出合金奥氏体的共析分解要求合金元素的扩散再分配，即碳化物形成元素向碳化物富集，非碳化物形成元素向铁素体富集，这一过程受合金元素扩散的控制。然而也有证据表明，同一成分的奥氏体，当其转变温度高于某一值时才产生合金元素的再分配。总之，合金元素的影响是综合性的和复杂的，还需要进行更多的深入研究。

（三）奥氏体的均匀化程度

生产中钢在加热时，由于温度和时间的限制，奥氏体的成分往往不能完全均匀。目前不仅过共析钢采用不完全淬火（参见第7章），亚共析钢也已开始采用不完全淬火，因此奥氏体中存在未溶碳化物或铁素体；此外，还有某些非金属夹杂物，这些都会促进珠光体的形核，加速珠光体转变。

（四）奥氏体的应力状态和塑性形变

当奥氏体处于受拉应力状态时，先共析铁素体的形核和长大会加速，珠光体的形核率也会增大，从而使珠光体转变速率提高。Mehl 等[21] 指出，90 MPa 的拉应力会使共析钢中珠光体的转变速率提高两倍（或达到相同转变量所需的时间是原来的 1/3），而这主要是由于形核率的提高，长大速率则几乎不受影响。

当奥氏体处于受压应力状态时，珠光体转变会被推迟。随着压应力的增大，这种推迟效应也不断增加。Hilliard 和 Cahn[22] 等发现，在 AISI 1080 钢（相当于我国编号的 T8 钢）中，在 3 400 MPa 压力下，珠光体转变速率会降低到一个大气压（约 0.1 MPa）下的 1/700。Nilan[23] 则发现，对于 $w_C = 0.44\%$ 的钢，珠光体转变开始的最短时间（即 C 曲线的鼻子处）由一个大气压下的 0.4 s 延长至 2 400 MPa 下的 300 s；对于 $w_C = 0.82\%$ 的钢，则由一个大气压下的 0.7 s 延长至 3 000 MPa 下的 1 000 s。

至于塑性形变的影响，详见 10.3 节。

3.5 先共析转变

工程上使用的钢大多是非共析钢，这些钢在发生珠光体转变前，会有先共析铁素体或先共析渗碳体的析出，当未转变奥氏体的成分改变到共析成分时，才会发生珠光体转变。珠光体转变前的这种析出，称为先共析转变。

3.5.1 发生先共析转变的条件

根据 Fe - Fe$_3$C 相图，在平衡状态下，先共析铁素体和先共析渗碳体的析出分别在 GS 和 ES 线以下的 $\gamma + \alpha$ 和 $\gamma + Fe_3C$ 两相区内进行。但是当亚共析钢快冷到 A_{r_1} 温度以下时，先共析铁素体析出的温度范围，可以根据 Hultgren 外推法来估计（见图 3 - 28）。Hultgren 外推法认为相图上各条相界（即相区交界线）的延长线仍具有物理意义。例如 GS 线的延长线 SG′ 仍可看做是奥氏体对铁素体的饱和线，ES 线的延长线 SE′ 仍可看做是奥氏体对渗碳体的饱和线。这一想法是 Hultgren 在 1938 年首先提出的,对于在较小过冷度下相变热力学和动力学研究有重要意义,并已被广为采用,尽管在定量上不免有些偏差。

由 SG' 和 SE' 线的物理意义可知,奥氏体只有当快冷到 A_{r_1} 以下、SE' 线以左或 A_{r_1} 以下、SG' 线以右范围内时,才能有先共析相析出。如果将奥氏体快冷到 SE' 线和 SG' 线以下的影线区时,则会因同时对铁素体和渗碳体所过饱和而直接进行珠光体转变。这种非共析成分的奥氏体不经过先共析转变而直接进行珠光体转变得到的珠光体,在显微组织上也是由片层状的铁素体和渗碳体组成,但两个相的相对含量以及片层相对厚度都不同于共析成分的珠光体,这种珠光体又称为伪共析体。

当碳质量分数为 w_{C_1} 的奥氏体快冷到 T_1 析出先共析铁素体时,奥氏体的碳质量分数会不断增高。当增加到 w_{C_2} 时,就进入影线区,这时奥氏体已因同时对铁素体和渗碳体所过饱和而要进行珠光体转变。因此,奥氏体的碳质量分数不可能达到 w_{C_3}。

实际情况要比以上的理论分析复杂,图 3-29 所示为在反应后期占主导地位的不同形态析出物的温度-成分区示意图[24],图中有一些析出物将在下一小节中介绍。

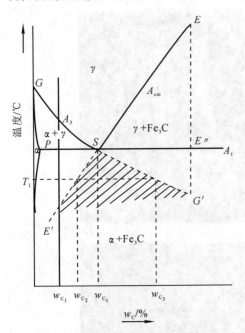

图 3-28 先共析相析出的温度和成分范围

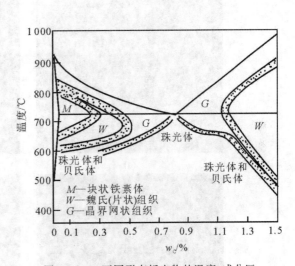

图 3-29 不同形态析出物的温度-成分区

3.5.2 先共析相的形态

Aaronson 认为[24],先共析相依形态可分为两大类,一类是块状,一类是片状或针状;前者又可分为沿晶界生长的网状和在晶界或晶内长成的等轴状,后者又可分为从晶界长出的锯齿片状或针状和在晶粒内部长成的片状或针状。图 3-30 所示为在奥氏体晶界长出的先共析铁素体的不同形态示意图[8],一些中间类型也可见到。图中所有直线都代表半共格界面,说明在铁素体与奥氏体之间有一定的取向关系;而曲线则代表非共格界面,说明两相之间没有一定的取向关系。

图 3-31 为先共析相长成后的不同形态示意图,不过先共析渗碳体不会在晶界或晶内形成等轴状或块状。

　　先共析块状相的长大受扩散控制,新相与母相之间的界面是非共格界面。片状先共析相与奥氏体的界面是共格或半共格的,这种组织又称魏氏组织。先共析铁素体或先共析渗碳体形成网状组织的条件一般是:碳含量靠近共析成分、奥氏体晶粒较粗大、冷却速率较慢。远离共析成分的亚共析钢倾向于长成块状先共析铁素体。至于魏氏组织的形成条件,详见5.7节。如图3-32所示为不同形态先共析相的显微组织。

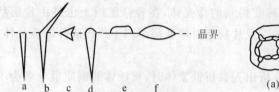

图3-30　在奥氏体晶界长出的先共析　　　图3-31　先共析相长成后的不同形态示意图
铁素体的不同形态示意图　　　　　　　　(a)晶界块状或细网状;(b)等轴状或块状;
　　　　　　　　　　　　　　　　　　　(c)晶界锯齿片状;(d)晶内长片状

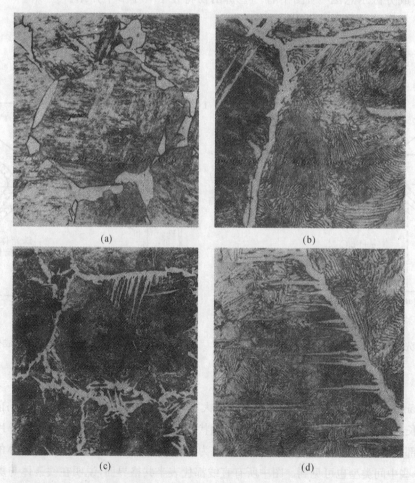

图3-32　先共析相的几种形态,1 000×
(a)网状铁素体;(b)网状渗碳体;(c)片状铁素体;(d)片状渗碳体

3.6　合金钢中其他类型的奥氏体高温分解转变

近 20 多年来的研究发现，含碳化物形成元素的亚共析合金钢中，奥氏体在高温区的分解产物，除了常见的珠光体外，还可能有以下三种组织：① 特殊碳化物与铁素体组成的珠光体；② 纤维状碳化物与铁素体的聚合体；③ 相间沉淀物与铁素体的聚合体，也称为相间沉淀组织。在一定条件下，其中的两种（例如 ② 和 ③）或三种组织可能同时存在于一个试样中。生成第 ② 种和第 ③ 种组织的转变都不是珠光体转变，但又与珠光体转变密切相关，这些组织在高强度低合金钢应用中有重大意义。

3.6.1　特殊碳化物珠光体

钢中的碳化物形成元素起先是固溶于渗碳体中形成合金渗碳体，当其含量增加到一定值时，从奥氏体中便可直接析出碳化物。例如，Entin[25] 指出，$w_C = 0.4\%$，$w_{Cr} = 3.5\%$ 的钢中，珠光体中渗碳体的铬质量分数可达 20%；Honeycombe[26] 报道，$w_C = 0.2\%$，$w_{Cr} = 5\%$ 的钢在 $700 \sim 750$ ℃ 转变时，珠光体中的碳化物是 Cr_7C_3；当钢中铬质量分数达 11% ～ 12% 时，珠光体中的碳化物是 $Cr_{23}C_6$。

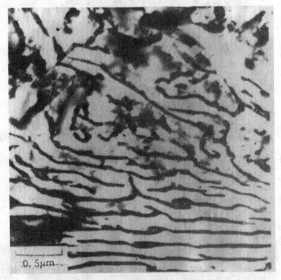

图 3 - 33　0.4C - 10Cr 钢在 750 ℃ 转变 10 min 后的组织[26]（图中的碳化物为 $Cr_{23}C_6$）

特殊碳化物珠光体和普通珠光体在转变机理上是相同的，在组织形态上也是相同的（见图 3 - 33），其片层间距一般在 $100 \sim 500$ nm 之间，与普通索氏体组织相近。因此，这种珠光体的性能与普通珠光体也相近。可见，如果仅是为了形成它而加入大量合金元素，那将是毫无实际意义的。

3.6.2　纤维状碳化物与铁素体的聚合体

这种聚合体的形态变化较多[27,28]，有的像珠光体那样有球团状组织；有的直接从奥氏体长出具有大体平行的边界（见图3 - 34(a)[27]）；有的像枞树叶，纤维以一个中轴对称排列（见图 3 - 34(b)[28]）。纤维的直径约为 $20 \sim 50$ nm，其间距至少比普通珠光体组织小一个数量级，而且在 $w_C = 0.2\%$ 时，就可以使钢具有"全共析"组织。因此，这种组织具有很好的力学性能，例如，0.2C - 4Mo 钢在 $600 \sim 650$ ℃ 转变后，其规定非比例伸长应力 $\sigma_{p0.2}$ 可达 770 MPa。在许多钢中，主要在直接等温处理或有时在控制冷却中可出现这种纤维状组织。就目前所知，以这种形态存在的特殊碳化物可以是 Mo_2C，W_2C，VC，Cr_7C_3 和 TiC，但是，目前还不十分清楚这种纤维状碳化物的生成条件。

（a）   （b）

图 3 - 34 0.2C - 4Mo 钢在 650 ℃ 转变后的组织

（a）转变 20 min（薄膜）；（b）转变 2 h（复型）

3.6.3 相间沉淀组织

多年前发现，合金钢等温转变后常常具有一种介于先共析铁素体和珠光体之间的组织。在低放大倍数下观察，这种铁素体与典型的先共析铁素体毫无差别（见图 3 - 35（a））。然而在电子显微镜下，却发现在铁素体中有极细小的合金碳化物的层状弥散析出（见图 3 - 35（b））。这就是 1968 年由 Davenport[30] 等提出，后来被广泛接受的所谓"相间沉淀"或"相间析出"组织。

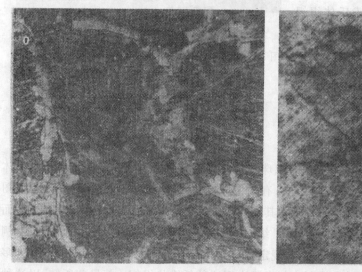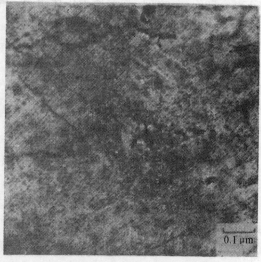

（a）   （b）

图 3 - 35 0.5C - 0.75V 钢的显微组织[29]

（a）在 680 ℃ 等温 10 s, 125×；（b）在 725 ℃ 等温 5 min（薄膜）

早就发现,用钒和铌细化晶粒的钢在控制轧制后,根据 Hall-Petch 公式计算出的强度低于实测值,直到 1963 年才发现这种额外的强化来自 NbC 或 VC 的析出。进一步的电子显微研究表明,这种现象在含强碳化物形成元素的低碳合金钢中是很普遍的;同时还发现,这种碳化物的直径小于 10 nm,通常呈层状分布,层间距离约在 5～50 nm 间变化。几乎所有熟知的特殊碳化物,如 VC, NbC, TiC, Mo_2C, Cr_7C_3, $Cr_{23}C_6$, W_2C, M_6C 等在经过适当热处理后都可以呈现这种形态。

与普通的淬火加回火(详见第 7,8 章)相比,相间沉淀提供了一种由奥氏体直接转变为强化铁素体的经济方法,因而引起了人们的重视。事实上,微合金化钢或高强度低合金钢的发展和应用,与相间沉淀的研究有着密切的关系(见下)。

(一) 相间沉淀的机理

相间沉淀也是一个形核和长大过程,并受合金元素和碳原子的扩散所控制。当沉淀过程进行时,铁素体核先在奥氏体晶界上形成,随着 γ/α 界面的推移(即铁素体的长大),合金碳化物的核周期地在 γ/α 界面上形成,随后在铁素体中长大。由于转变温度较低,合金元素的扩散系数又小,加之钢的碳含量很低,这些碳化物只能长成为弥散的小片或小棒。

Aaronson 等[31] 曾提出不含析出物的铁素体通过台阶沿界面移动而长大的机理,而且已被广泛接受。根据这一机理和热离子发射显微镜的观察,Honeycombe[26] 提出了碳化物在 γ/α 界面形核和长大的机理,如图 3-36 所示。图中台阶沿箭头方向从左向右移动,而 γ/α 界面则由下向上移动。通常 γ/α 界面是低能量、低可动性的共格或半共格平面,而台阶面(垂直于界面的小平面)则是高能量、高可动性的非共格平面。由于台阶面太容易移动,碳原子来不及在该处积累,虽然能量高,也不容易在那里形核,因此碳化物只能在 γ/α 界面上形核。

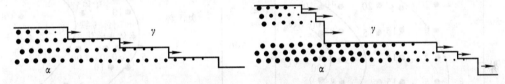

图 3-36　碳化物在 γ/α 界面形核和长大机理示意图

透射电子显微分析确定,台阶的高度约在 50～400 nm 之间变化。每一个台阶沿界面移动一次,界面就前进一个台阶的高度,与此同时,一列(实际上就是一层)碳化物沉淀也随之形核长大,因此碳化物列(层)之间的距离就是台阶的高度。如果中间有一个高度较大的台阶沿界面移过,则会导致两列碳化物之间的距离增大,这种情况也如图 3-36 所示。因此很容易想象,当试样磨面垂直于界面时,可以看到一列列的碳化物;而当试样磨面平行于界面时,则将看到杂乱分布的碳化物颗粒。这种情况已得到实验的证实,如图 3-37 所示。

(二) 相间沉淀动力学及影响因素

根据钢中所含合金元素的不同,相间沉淀可以发生在 500～850 ℃ 的某一范围内,并在某一温度反应速率最大,即 IT 图也呈 C 形。图 3-38 给出两种钢的 IT 图[33],这两种钢的孕育期差别很大。

除了温度以外,其他合金元素的加入和塑性形变也会影响相间沉淀动力学。镍、锰、铬的加入,会使钒钢中的相间沉淀变慢,这些元素对钛钢和钼钢也有类似的影响。塑性形变一般会加速相间沉淀的进行。

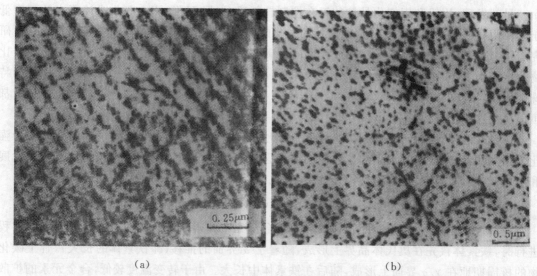

（a）   （b）

图 3-37   0.02C-0.032 Nb 钢在 600 ℃ 等温 40 min 后 NbC 相间沉淀的分布
（a）垂直于 γ/α 界面；   （b）平行于 γ/α 界面

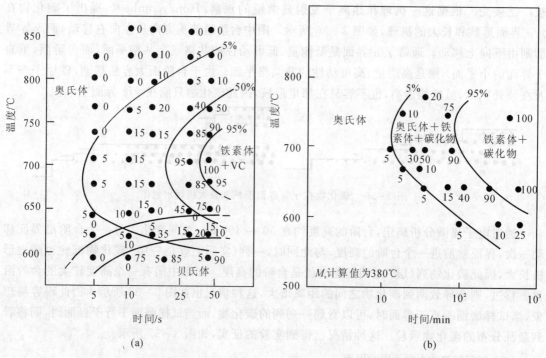

（a）   （b）

图 3-38   两种钢的 IT 图（图中数字表示过冷奥氏体转变的百分数）
（a）0.23C-0.85V 钢；   （b）0.23C-11.8Cr 钢

3.6.4   合金元素对特殊碳化物形态的影响

合金元素对特殊碳化物形态的影响，大致有以下三种情况[26,33]：

（1）在 650～850 ℃ 温度范围内，基本上只生成相间沉淀组织，钒钢、钛钢、铌钢、钨钢属于这种情况。这类钢的 C 曲线比较靠左,没有时间让碳和合金元素进行长距离扩散。沉淀颗粒的尺寸和沉淀层间距都随转变温度的升高而增加,但随合金元素含量的增加而减小。钨钢的特点是沉淀相及层间距的尺寸都较大,例如在 700 ℃ 转变后,间距可达 100 ~ 300 nm。但其他元素的加入会改变碳化物的形态,例如加入 2％Cr 或 1.5％Mn(质量分数)会使组织中分别出现 40％ 和 20％ 的纤维状碳化物。

（2）在 600 ~ 850 ℃ 温度范围内,可同时观察到纤维状碳化物和相间沉淀碳化物,钼钢属于这种情况。这类钢的 C 曲线比较靠右,有利于碳和合金元素进行较长距离扩散以形成纤维状碳化物。纤维状碳化物可以在整个温度范围观察到,在 600 ~ 750 ℃ 转变后,纤维直径为 10 ~ 30 nm,其间距为 20 ~ 50 nm,最大长度可从 600 ℃ 时的 2 ~ 3 μm 到 700 ℃ 时的 10 μm；然而当温度提高到 850 ℃ 时,其间距可增加大约一个数量级。在 650 ℃ 转变 25 h 后,相间沉淀针状 Mo_2C 的直径为 15 nm,长度为 200 nm。当钼和碳的摩尔分数比小于 2：1(按质量分数比为 4：0.2)、在形成 Mo_2C 后有多余的碳时,钢中就会出现珠光体。例如 1C-4Mo 钢在 700 ℃ 转变 1 h 后,就会出现这种情况[33]。

（3）在 600 ~ 800 ℃ 温度范围内,可出现三种组织,铬钢属于这种情况。例如 0.2C-5Cr 钢在 700 ℃ 以上等温转变时,形成较粗的珠光体组织,其中的碳化物为 Cr_7C_3,700 ℃ 以下则得到纤维状碳化物和相间沉淀碳化物的混合组织,这两种组织可存在于一个奥氏体晶粒内的不同区域(见图 3-39)。0.2C-12Cr 钢的变化顺序与上述类似,只是碳化物为 $Cr_{23}C_6$。

图 3-39　0.2C-5Cr 钢在 600 ℃ 转变 30 min 后的组织(薄膜,A 为转变的界面)[33]

目前,含强碳化物形成元素的钢在工业上的应用越来越多,特别是铬质量分数为 5％ 和 12％ 的钢。因此,在研究钢中相变时,如果不了解纤维状碳化物和相间沉淀组织及其转变规律,就很难说对奥氏体在高温区(即 A_1 以下附近)的转变有充分的了解。有关这三种组织的形成规律和影响因素,目前还有许多问题不十分清楚。

3.6.5　高温区直接转变产物的力学性能

含强碳化物形成元素的低合金亚共析钢在高温区直接转变（即不经过淬火和回火）后，其强化机理有三个，即晶界强化、固溶强化和弥散强化。晶界强化是通过控制热轧和弥散分布的碳化物钉扎晶界，以防止再结晶和晶粒长大，使晶粒显著细化而实现的，其贡献可用 Hall-Petch 公式来计算。固溶强化的作用微不足道，因为碳和合金元素都用于形成碳化物。至于弥散强化，则可以用 Orowan-Ashby 模型导出的下式来计算（主要用于相间沉淀组织）：

$$\tau = \frac{1.2 Gb}{2.36\,\pi L}\ln\frac{\overline{X}}{2b} \tag{3-19}$$

式中　τ —— 流变切应力；

　　　G —— 基本相的切变弹性模量；

　　　b —— 柏氏矢量；

　　　L —— 弥散微粒间距；

　　　$\overline{X}$ —— 微粒与观察平面相交所得平均直径。

如果取 $G = 80.3\ \mathrm{GPa}$，$b = 0.28\ \mathrm{nm}$，则可对不同微粒尺寸计算出相应的规定非比例伸长应力增量，如图 3-40 所示。由图可以看出，当微粒足够细小，数量足够多时，弥散强化可使规定非比例伸长应力提高 500～600 MPa，远远超出其他机理对铁素体强化的贡献。

总之，相间沉淀组织可使钢的强度有很大的提高。例如，一般软钢的屈服强度约为

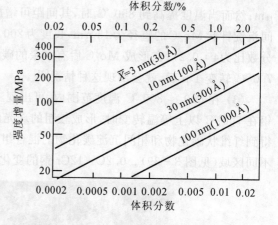

图 3-40　微粒大小和体积分数对铁素体基体规定非比例伸长应力增量的影响

200 MPa；45 钢正火后的屈服强度约为 360 MPa，调质后约为 400～700 MPa；而 HSLA 钢则可达 500～600 MPa，由于其碳含量低，还具有良好的焊接性和韧性，这是 45 钢无法与之相比的。

3.7　钢的退火和正火

3.7.1　钢的退火

退火是钢的热处理工艺中应用最广、花样最多的一种工艺。退火是将钢加热到适当的温度，经过保温后以适当的速率冷却，以降低硬度、改善组织、提高切削加工性的一种热处理工艺。就大部分工艺而言，退火的三个基本特点是：① 加热温度在 A_{c_1} 以上；② 慢冷；③ 得到珠光体类组织。

下面介绍在机械制造工业中常用的几种退火工艺和相应的原理。

（一）完全退火

对完全退火一词有两种不同的定义。国内一般是指加热使钢完全得到奥氏体后慢冷的工艺。这样，对于亚共析钢，加热温度应高于 A_{c_3}；对于过共析钢，则应高于 $A_{c_{cm}}$。但是过共析钢

采取这样的加热并慢冷后会出现网状渗碳体,所以不能采用完全退火。有不少国家把完全退火定义为获得最低硬度的退火,并不限定所采用的工艺参数[34]。在这种情况下,过共析钢在 $A_{c_1} \sim A_{c_{cm}}$ 之间加热的退火也可称为完全退火。完全退火的目的主要是为了获得低硬度、改善组织和切削加工性以及消除内应力等。完全退火采用两种冷却方案:一种是随炉冷却,冷却速率一般小于 30 ℃/h;另一种是以更低的冷却速率(一般为 $10 \sim 15$ ℃/h)通过 A_{r_1} 以下的一定温度范围,然后出炉冷却。在退火加热温度下的保温时间不宜过长,一般以零件每 25 mm 条件厚度❶保温 1 h 计。完全退火后所得的组织接近平衡状态的组织。

(二) 等温退火

等温退火的加热温度与完全退火时大体相同,冷却时则在 A_{r_1} 以下的某一温度等温停留,使之发生珠光体转变,然后出炉空冷到室温。由 IT 图可知,等温退火可以缩短退火时间,所得组织也更均匀。

国内对各种常用钢都规定了随炉冷却时的奥氏体化温度,但有的国家还对各种常用钢在随炉冷却、控制缓冷以及等温退火时的奥氏体化温度、冷却速率和等温时间等都作了更细致的规定,这是值得我们借鉴的,表 3-2 援引了几个实例。

表 3-2　几种钢的不同退火规范[35]

SAE 钢号	相应的中国钢号	奥氏体化温度 /℃	冷却方式						硬　度 (HB)
			随炉冷却 (℃·h⁻¹)	控制冷却		等温退火			
				由 ℃ 至 ℃	冷速 /(℃·h⁻¹)	温度 /℃	时间 /h		
5140	40Cr	$816 \sim 871$ 830 830	28	778/671	11	677	6		}>187
4140	40CrMo	$788 \sim 844$ 844 844	28	754/666	14	677	5		}>197
4340	40CrNiMo	$788 \sim 844$ 830 830	28	704/666	8	649	8		}>223

(三) 球化退火

球化退火的目的是得到球化体组织,这是任何一种钢具有最佳塑性和最低硬度的一种组织,良好的塑性是由于有一个连续的、塑性好的铁素体基体。在珠光体中,片状渗碳体将铁素体分割开,从而能更有效地阻止形变。因此,珠光体的硬度较高、塑性较低。球化体组织的良好塑性对于低碳钢和中碳钢的冷成形非常重要,而它的低硬度对于工具钢和轴承钢在最终热处理前的切削加工也很重要。许多合金结构钢,尤其是碳质量分数较高(0.5% ~ 0.6%)时,如果得到部分球化组织,硬度也会进一步降低,使切削加工性有很大改善。因此,球化退火的应用很广泛。球化体组织也是钢中最稳定的组织,因为球状渗碳体的单位体积界面面积最小,

---

❶　参见 7.1.2 节。

因而具有最低的界面能。

获得球化体的途径主要有三种：① 珠光体的球化；② 由奥氏体转变为球化体；③ 马氏体在低于并接近 A_1 的温度分解（这将在第 8 章中讨论）。

珠光体在高亚临界温度（即低于并接近 A_1 的温度）长时间保温的球化过程最慢，特别是当片层间距较大时。图 3-41 所示为 0.74C-0.71Si 钢在 700～580 ℃ 之间进行等温转变，形成粗、中、细三种珠光体后，再在 700 ℃ 进行球化退火时，碳化物已球化的百分数与时间的关系[36]。由图可以看出，即使是很细的珠光体（在 580 ℃ 等温形成，片层间距为 0.14 μm），完全球化也需 250 h 以上。

由奥氏体转变为球化体的退火工艺有以下三种：① 加热到 A_{c_1} 以上 20 ℃ 左右，然后以 3～5 ℃/h 的速率控制冷却到 A_{r_1} 以下一定温度，即一般的球化退火；② 加热到 A_{c_1} 以上 20 ℃ 左右，然后在略低于 A_1 的温度等温保持，随后冷却之，又称等温球化退火；③ 在 A_1 上、下 20 ℃ 左右交替保温，随后冷却之，又称周期球化退火。表

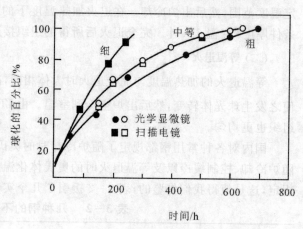

图 3-41 粗细不同的珠光体在 700 ℃ 退火时的球化进程

3-3 给出与表 3-2 中相同的三种钢的球化退火规范，用以说明不同球化退火工艺在加热温度和冷却速率，以及等温温度和时间等方面的特点，表中下半部还给出几种国产工具钢的球化退火规范。

表 3-3　表 3-2 中三种钢的球化退火规范[35]和几种国产工具钢的球化退火规范

SAE 钢号	相应的中国钢号	奥氏体化温度 /℃	冷 却 方 式				硬 度 (HB)
			控制冷却		等温退火		
			由 ℃ 至 ℃	冷速 /(℃·h⁻¹)	温度 /℃	时间 /h	
5140	40Cr	749	—	—	690	8	174
4140	40CrMo	749	749/666	5.5	677	9	179
4340	40CrNiMo	749	704/566	2.8	649	12	197
	T8	740～750	740/550		650～680		≤187
	T12	760～770	760/550		680～700		≤207
	CrWMn	770～790	770/500	<30	680～700	6～4	207～255
	GCr15	780～800	780/550		700～720		179～207
	Cr12MoV	850～870	850/550		730～750		207～255

实践证明[35]，奥氏体的成分愈不均匀，退火后愈容易得到球化体组织。表 3-3 中各种钢的奥氏体化温度都比较低，因此加热后奥氏体中的碳含量是不均匀的，对于过共析钢，还有未溶解的碳化物。在加热过程中，未溶碳化物就会由片状逐渐变为球状，而在随后的慢冷或等温

保持中,不均匀奥氏体中的高碳处,会成为碳化物的形核位置,从而使一部分碳化物直接长成球状。另一部分仍以片状成长的碳化物则在随后的慢冷或等温保持过程中逐渐球化。我们知道,第二相颗粒在基体中的固溶度与其曲率半径有关,曲率半径越小的颗粒在基体中的固溶度越大。根据这一原理,小颗粒会溶解,大颗粒会长大。这一原理也可解释片状碳化物发生破碎和变圆的过程。

塑性形变(与球化退火同时进行,或在退火之前进行)可以显著加速球化过程。例如对共析钢以 2.4×10^{-2} s^{-1} 的应变率同时形变,可以使 700 ℃ 时的球化在 3 min 内完成[37],更详细的介绍见 10.3 节有关部分。

如果高碳钢原始组织中有网状碳化物。一般可以先进行正火(见后),以消除网状碳化物,然后再进行球化退火。

图 3-42 所示为珠光体球化过程的一组照片。

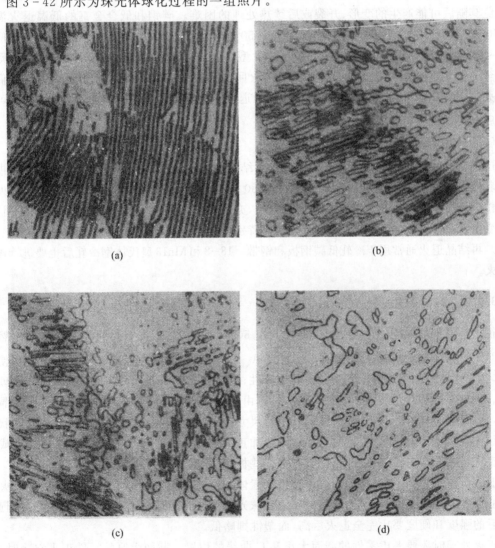

(a) (b) (c) (d)

图 3-42　珠光体球化过程的一组照片,1 100×

球化渗碳体体积分数:(a) 9.5%;(b) 37%;(c) 57%;(d) 80%

（四）扩散退火（或均匀化退火）

扩散退火的目的是消除钢锭或大型钢铸件中不可避免的成分偏析，尤其是在高合金钢中，应用更为普遍。有成分偏析的热轧钢材，其室温组织中有明显的带状组织，即先共析铁素体和珠光体相间排列成行。这种组织热处理后会造成性能不均匀，因此应力求避免。扩散退火温度远高于 A_{c_3}，一般为 1 100～1 200 ℃，保温时间也相当长，一般以每 25 mm 截面厚度 1 h 计算。由于加热温度高、保温时间长，扩散退火是一种成本和能耗都很高的热处理工艺，而且对于改善钢中宏观偏析和夹杂物分布基本上不起作用。为了节省能耗，一般都是在钢锭开坯后锻轧加热时，适当延长保温时间，这样既经济，又可收到扩散退火的效果。

（五）低温退火（或消除应力退火）

低温退火的目的是消除零件因冷加工或切削加工以及热加工后快冷而引起的残余应力，以避免其随后可能产生的变形、开裂或后续热处理的困难。碳钢和低合金钢的低温退火温度为 550～650 ℃，高合金钢和高速钢为 600～750 ℃，时间约为 1～2 h。退火后的冷却也应注意，一般应炉冷至 500 ℃后再空冷。如果是大型零件或要求消除应力十分彻底的零件，则须炉冷至 300 ℃再进行空冷。如果零件经过淬火回火后进行消除应力退火，则退火温度应低于原回火温度约 20 ℃。在某些情况下，消除应力退火与保持零件的硬度会发生矛盾，这时可利用 Hollomon 回火参量（见 8.5 节）加以估计[38]。

（六）再结晶退火

这种退火的目的是为了使冷形变钢通过再结晶而恢复塑性，降低硬度，以利于随后的再形变或获得稳定的组织。再结晶退火的温度为 650 ℃或稍高，时间为 0.5～1 h。再结晶退火后的晶粒大小在很大程度上受此前冷形变的影响，亦即主要取决于冷形变量的大小。众所周知，当形变量在临界形变量附近时，退火后会获得特别粗大的晶粒，低碳钢的临界形变量为 6 %～15 %。再结晶退火通常用于冷轧低碳钢板和钢带。18-8 和 Mn13 奥氏体钢冷轧后也要进行再结晶退火。

3.7.2 钢的正火

正火是将钢加热到 A_{c_3} 或 $A_{c_{cm}}$ 以上 30～50 ℃保温，然后在室温的静止空气中自然冷却。对于过共析钢，国外也有许多是在 A_{c_1} 至 $A_{c_{cm}}$ 之间加热正火的。正火可以细化晶粒，使组织均匀，改善铸件的组织和低碳钢的切削加工性；也可以作为预备热处理，为随后的热处理作准备。例如有网状碳化物的高碳钢，采用正火，由于冷却较快，可抑制碳化物再沿奥氏体晶界析出，从而达到消除网状碳化物的目的。但对尺寸较大的高碳钢坯料，仅用正火来消除网状碳化物往往难以达到理想效果，这时宜采用锻造加正火的办法。正火后可再进行球化退火或淬火。正火还可以作为最终热处理，用以改善一些板材、管材、带材和型材的力学性能。

亚共析钢正火在空气中冷却时，先共析铁素体和珠光体形成的温度范围要比完全退火时的转变温度范围低一些；铁素体的晶粒尺寸和珠光体片层间距都要比完全退火后的小。因此，退火后的强度和硬度要比完全退火后高，而塑性则略低。

正火处理时还要考虑零件的截面大小和 C 曲线的位置。截面太厚的零件正火空冷时，表面和心部的冷却速率差别较大，容易产生残余应力。C 曲线比较靠右的钢制小零件，正火空冷时有可能得到很硬的马氏体组织；如果为了减少变形和防止开裂，可以用正火替代淬火，不过这已经不是正火处理的原始用意了。

瑞典 Bofors 公司[39] 使用一些经验公式计算钢材正火后的强度和硬度。例如,对于抗拉强度有

热轧钢

$$\sigma_b = 265 + 549 \times C_p (MPa) \tag{3-20}$$

锻　钢

$$\sigma_b = 265 + 490 \times C_p (MPa) \tag{3-21}$$

铸　钢

$$\sigma_b = 265 + 470 \times C_p (MPa) \tag{3-22}$$

式中

$$C_p = C[1 + 0.5(C - 0.20)] + Si \times 0.15 + Mn[0.125 + 0.25(C - 0.20)] +$$
$$P[1.25 - 0.25(C - 0.20)] + Cr \times 0.2 + Ni \times 0.1 \tag{3-23}$$

C_p 为钢的碳势之和;C,Si,Mn,P,Cr,Ni 分别为钢中该元素的质量分数(%),代入时只代入百分值,例如碳质量分数为 0.2% 时,只代入 0.2 进行计算。以上各式只适用于碳钢和低合金钢。它的缺点是没有考虑尺寸的影响。

3.7.3　小结

将以上几种主要的退火和正火处理的加热温度加以归纳,可得如图 3-43 所示的曲线,从该图可以获得更为清晰的概念。

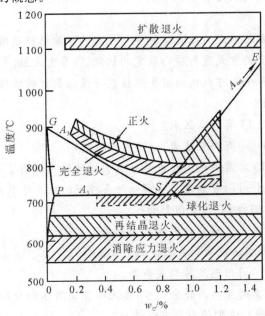

图 3-43　几种主要的退火和正火工艺的
加热温度总结图

尽管本章分别介绍了各种退火和正火工艺的特点和应用,但是对于工业上常用的众多钢种,为了达到一定的组织或性能要求,究竟选择其中的哪一种最为合适,仍然需要综合分析,并参考实践积累的经验,才能作出正确的选择。表 3-4 给出一个为获得最佳切削加工性而选择的热处理工艺,以供参考。

表 3-4　为获得最佳切削加工性而选择的热处理工艺[35]

钢的碳质量分数 /%	最佳显微组织	推荐热处理工艺
0.06～0.20	铁素体+细珠光体	热轧(最经济)或正火
0.20～0.30	铁素体+细珠光体	ϕ75 mm 以下,正火 ϕ75 mm 以上,热轧
0.30～0.40	粗珠光体+最少的铁素体	完全退火
0.40～0.60	粗珠光体到粗球化体	不完全退火 球化退火
0.60～1.00	球 化 体	球化退火

复习思考题

1. 说明临界片层间距 S_c 的含义。试由式(3-15)得出 $G=G_{max}$ 时,$S=2S_c$。

2. 试对珠光体片层间距随转变温度的降低而减少作出定性的解释。

3. 试根据图 3-6 所示的数据估算钢中珠光体体积每增加 1%,韧脆转化温度提高多少?

4. 为什么说珠光体转变以扩散为基础并受扩散所控制?

5. 什么是珠光体的纵向长大和横向长大?为什么说珠光体的纵向长大受碳原子在奥氏体中的扩散所控制?

6. 铁素体和渗碳体都可以成为珠光体转变领先相的试验根据有哪些?(参考文献[8])。

7. 说明珠光体以分岔的方式进行横向展宽的机理。(参看文献[8])

8. 用图 3-12 说明珠光体可以侧向重复形核进行横向长大的机理。(参看文献[11])

9. 什么是钢的 IT 图?

10. 图 3-13 与图 3-14 有什么区别?

11. 式(3-8)比式(3-7)有哪些改进?(参看文献[14])

12. 为什么说图 3-19 非常清晰而形象地从自由能的观点说明了珠光体的长大动力学?

13. 式(3-16)和式(3-17)分别适用于哪一种条件下的珠光体长大?

14. 奥氏体晶粒度对钢的 IT 图有何影响?

15. 碳与合金元素对珠光体转变动力学有何影响?

16. 试用 Hultgren 外推法说明伪共析体的形成条件。

17. 说明先共析相的不同形态及其形成条件。

18. 含碳化物形成元素的亚共析合金钢中,奥氏体在高温区的分解产物,除了常见的珠光体外,还可能有哪几种组织?它们的形态有何特征?

19. 说明 Honeycombe 提出的相间沉淀碳化物在 γ/α 界面形核和长大的机理。(参看文献

[26])

20. 合金元素对奥氏体在高温区分解的特殊碳化物形态有何影响？

21. 简述退火的目的和种类。

22. 用 IT 图解释等温退火可以缩短退火时间。

23. 说明球化退火的目的并解释常用的三种球化退火工艺。

24. 说明正火的目的和应用范围。为了获得最佳切削加工性,为什么对不同碳含量钢要选用不同的热处理工艺?(参看表 3 - 4)。

参 考 文 献

[1]　Zener C. Trans. AIME, 1946(167):550.

[2]　Honeycombe R W K. Steels—Microstructure and Properties, 1981.

[3]　Bolling G F, et al. Met. Trans. 1976(7A):2095.

[4]　Marder A R, et al. Met. Trans. , 1976(7A):365.

[5]　Rosenfield A R, et al. Met. Trans. , 1972(3):2797.

[6]　Burns K W, Pickering F. B. JISI, 1964(202):899.

[7]　Hull F C, Mehl R F. Trans. ASM, 1942(34):381.

[8]　Hillert M. Decomposition of Austenite by Diffusional Processes, Ed. Zackay V F, Aaronson H I, 1962:
    207 - 249.

[9]　Modin S. Jernkontorets Ann. 1958(142):37.

[10]　Smith C S. Trans. ASM, 1953(45):533.

[11]　Dippenaar R J, Honeycombe R W K. Proceedings of the Royal Society of London, 1973(A333):455.

[12]　Mehl R F, Hagel W C. Progress in Metal Physics, 1956(6):74.

[13]　Johnson W A, et al. Trans. AIME,1939(135):416.

[14]　Cahn J W, et al. ibid as in [8]:131.

[15]　Hillert M. Met. Trans. , 1972(3):2729.

[16]　Puls M P, et al. Met. Trans. , 1972(3):2777.

[17]　Shapiro J M, Kirkaldy J S. Acta Met. , 1968(16):579.

[18]　Bain C, Paxton H W. Alloying Elements in Steel, 2nd Ed. , ASM, 1961.

[19]　Pellisier G E, et al. Trans. ASM, 1942(34):1049.

[20]　Hagel W C, et al. Acta Met. , 1956(4):37.

[21]　Kehl G L, et al. Trans. ASM, 1956(48):234.

[22]　Hilliard J E, et al. Progress in Very High Pressure Research, F. P. Bundy et al Ed. , 1961:109.

[23]　Nilan T G. Trans. AIME, 1967(239):898.

[24]　Aaronson H I. ibid as in [8]:387 - 531.

[25]　Entin R I. ibid as in [8]:295.

[26]　Honeycombe R W K. Met. Trans. , 1976(7A):915.

[27]　Berry F G, et al. Met. Trans. , 1970(1):3279.

[28]　Edmonds D V, et al. JISI, 1973(211):284.

[29]　Batte A D, et al. JISI, 1973(211):284.

[30]　Davenport A T, et al. Met. Sci. J. , 1968(29):104.

[31]　Aaronson H I, et al. Phase Transformations, ASM, 1970.

[32]　林栋梁. 上海交通大学学报,1978:1.

[33]　Honeycombe R W K. Structure and Strength of Alloy Steels, Climax Molybdenum Co. , 1974.

[34]　Glossary of Selected Terms Related to Heat Treating, in 1980 Buyers Guide and Directory, Metal Progress, 1980.

[35]　Metals Handbook, 8th Edition, Vol. 2, 1964.

[36]　Chattopadhyay S, et al. Metallography, 1977(10):89.

[37]　Robbins J L, et al. JISI, 1964(202):804.

[38]　Rosenstein A H J. Met. , 1971(6):265.

[39]　K - E Thelning. Steel and its Heat Treatment, (Bofors Handbook), 1975.

第4章 马氏体转变

前已述及,一般钢经奥氏体化后采取快速冷却,抑制过冷奥氏体发生珠光体和贝氏体等扩散型转变,在较低温度(低于 M_s 点)下便会发生马氏体转变。这种热处理操作称为"淬火"。可见,通常淬火钢的基本组织是马氏体。一般来说,马氏体组织具有较高的硬度,但却又较脆(低碳马氏体例外),倘若经受适当的回火,便可有效地降低其脆性,使钢获得较高的强度、硬度与足够的塑性、韧性相配合的优良使用性能。因此,淬火是使钢强韧化的一种重要手段,而获得马氏体组织则是使钢得以强韧化的先决条件。

实践表明,依钢的成分和热处理条件不同,马氏体的组织形态和内部亚结构会发生很大变化,因而对钢的性能便产生显著影响。长期以来,人们为了认识这些问题的实质,以便寻求通过改变钢的成分和热处理工艺来充分发挥钢材潜力的途径,曾对马氏体转变问题进行了广泛而深入的研究。尤其是近30年来,由于电子显微技术在马氏体研究中的应用,对于揭示马氏体转变的本质和规律起了巨大的推动作用,这无疑对指导热处理生产实践有着重要的意义。由此可见,马氏体转变的理论研究与热处理生产实践有着十分密切的关系。

鉴于马氏体转变问题的复杂性,有许多问题至今尚不完全清楚,而且马氏体一词的含义比早先更为广泛,它已成为具备这种相变基本特征的转变产物之统称,不仅限于钢中存在,在其他合金系(如铜、钛、铟等合金)中也存在,故本章仅限于讨论有关钢中马氏体转变的基本概念和基本规律,以便为正确分析和解决钢热处理生产中出现的各种问题奠定必要的理论基础。

4.1 马氏体的晶体结构和转变特点

4.1.1 马氏体的晶体结构

由于 Fe-C 合金的马氏体是由奥氏体直接转变而来的,故马氏体与奥氏体的成分(碳质量分数)完全相同。X-射线衍射分析证实,马氏体是碳在 α-Fe 中的过饱和固溶体,通常以符号 α' 或 M 来表示,α-Fe 是体心立方点阵,其溶碳量极少($w_c = 0.01\% \sim 0.02\%$),当发生马氏体转变时,奥氏体中的碳量即全部保留在马氏体点阵中,这就必然造成碳在 α-Fe 中处于过饱和状态。

(一) 马氏体的晶胞及点阵常数

图 4-1 所示为马氏体的晶胞模型。图 4-1(a)表明,碳原子在点阵中分布的可能位置是 α-Fe 体心立方晶胞的各棱边的中央和面心处,这些位置实际上是由铁原子组成的扁八面体的空隙。

在体心立方点阵中有三组扁八面体空隙(三组扁八面体的短轴分别平行于 Z,Y,X 轴)。但在一个 α-Fe 晶胞中只可能有某一组扁八面体空隙位置有碳原子存在。图 4-1(b)表示碳原子处于 Z 轴方向上空隙位置的可能情况,实际上并非所有空隙皆被碳原子填满。因为若按奥氏体中最大溶碳量的质量分数 w_C 为 2% 计算,其摩尔分数 x_C 约相应为 9%,也就是说,每 10 个铁原子中约有 1 个碳原子,即 $5\sim6$ 个晶胞中才能分摊上 1 个碳原子;若奥氏体碳质量分数 w_C 为 1%,则 $10\sim11$ 个晶胞才能分摊上 1 个碳原子,故马氏体的真实点阵应当接近于如图 $4-1(c)$ 所示的情况。

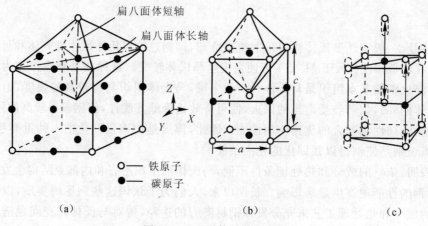

扁八面体短轴
扁八面体长轴

Z
Y X

○—— 铁原子
●—— 碳原子

(a)   (b)   (c)

图 4-1   马氏体的晶胞模型
(a) 碳原子在马氏体晶胞中可能存在的位置;
(b) 碳原子在晶胞中一组扁八面体空隙位置可能存在的情况;
(c) 碳原子在晶胞中一组扁八面体空隙位置上未填满的情况

从图 $4-1(b)$,(c) 可看出,处于 α-Fe 点阵八面体空隙位置的碳原子,与水平方向相邻铁原子的距离为 $\sqrt{2}a/2=0.707a$(a 为点阵常数),与垂直方向上相邻铁原子的距离仅为 $0.5a$。因此,必然有使点阵向垂直方向膨胀和向水平方向收缩的趋势,结果便造成立方体的 c 轴伸长、a 轴缩短而成为体心正方点阵。c/a 称为正方度或轴比。

应当指出,碳原子数既然远不足以填满某一组扁八面体的空隙,那么碳原子在马氏体点阵中的分布必定是不匀称的,并由此而引起点阵的局部畸变(见图 $4-1(c)$),因此通常所指的马氏体的正方度实际上乃指整个马氏体平均而言。显然,马氏体的正方度取决于其碳质量分数,亦即马氏体的碳含量愈高,其点阵中被充填的碳原子数量愈多,则正方度便愈大。图 4-2 的结果充分证实了这一点。但实验测定表明,当马氏体的碳含量较低时($w_C<0.2\%$),其点阵实际上仍为体心立方型。马氏体的点阵常数与其碳质量分数的关系可用下式表示[1]:

$$c=a_0+\alpha\rho$$
$$a=a_0-\beta\rho$$
$$c/a=1+\gamma\rho \tag{4-1}$$

式中 ρ —— 马氏体的碳质量分数;

a_0 —— α-Fe 的点阵常数(0.2861 nm);

α,β,γ —— 常数,$\alpha=0.116\pm0.002$,$\beta=0.013\pm0.002$,$\gamma=0.046\pm0.001$。

实践表明,式(4-1)所示的关系对许多合金钢也适用,并可通过测定 c/a 来确定马氏体的碳质量分数。

前已述及,在 α-Fe 点阵中有三组扁八面体空隙。如果碳原子在这三组扁八面体空隙位置上分布的概率相等,亦即呈无序分布,则马氏体应为立方点阵。如果碳原子无一例外地同处于一组空隙位置,亦即呈完全有序分布,则此时点阵的正方度可达最大。如果碳原子中大部分处于某一组空隙位置,而小部分处于另两组空隙位置,即呈部分有序分布。其点阵的正方度便有所降低。事实上,这种部分有序化分布是最普遍存在的情况。以往曾认为,符合式(4-1)的体心正方马氏体内碳原子都呈有序分布,即完全处于同一组空隙位置上,但近来证明并非如此,实际上,式(4-1)只是代表着有 80% 的碳原子呈有序分布的状况[1]。

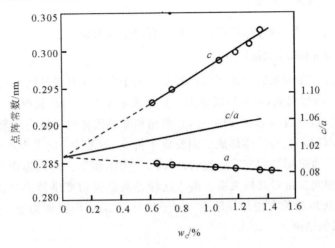

图 4-2　马氏体点阵常数与其碳质量分数的关系

(二) 马氏体的反常正方度

1956 年以来,人们发现有些钢中马氏体的正方度与其碳质量分数的关系不符合式(4-1),即出现所谓反常正方度。例如,M_s 点低于 0 ℃ 的锰钢($w_C = 0.6\% \sim 0.8\%$,$w_{Mn} = 6\% \sim 7\%$),制成奥氏体单晶淬入液氮,发现在液氮温度下马氏体的正方度与式(4-1)相比低得多,此即反常低正方度,这种马氏体的点阵往往是正交对称的,即 $a \neq b$(b 表示 Y 轴方向的点阵常数)。但当温度回升到室温时,则 c 轴增大、a 轴减小,使正方度渐趋近于式(4-1)(但仍未达到)。又如,在高碳铝钢(1.5C,7Al)和高镍钢(1.0C,19Ni)中新淬火态马氏体却呈反常高正方度,当温度回升到室温时,则 c 轴减小、a 轴增大,使正方度下降。

上述现象可用碳原子在马氏体点阵中的分布情况来解释。当碳原子在马氏体点阵中呈部分无序分布时,即表现出正方度较低,无序分布程度愈大,正方度就愈低。这时如部分碳原子在另外两组空隙位置上分布的概率不等,就必然造成 $a \neq b$,即形成正交点阵。当温度回升至室温时,碳原子便重新分布,使有序度增大,从而使正方度增大,而正交对称性减小,甚至消失。此即碳原子在马氏体点阵中的有序化转变。至于马氏体在新淬火态呈反常高正方度,是因碳原子几乎都处于同一组空隙位置上,即呈完全有序态所致;而当温度回升至室温时,因发生无序转变而使正方度降低。Zener 早就指出[2],在马氏体中碳原子存在有序化转变,并计算得出临界有序化温度 T_c。研究确认[3],碳质量分数小于 0.2% 的马氏体的 T_c 接近室温。可见,在室温下其点阵呈立方结构与碳原子呈无序态有关。由于有序化转变是一个依赖于原子迁移而重新排列的过程,故它还与冷速有关。当钢从高于 T_c 温度快冷时,有序化过程便可能受到抑制,甚至可完全保留高温时的无序态,而随后的升温则有助于其继续或重新发生有序化过程。但有的钢情况与此不同,当淬火时恰好可发生有序化转变,得到反常高正方度,在随后升

温时因温度高于 T_c 而发生无序化(或部分无序化)转变,从而使正方度降低。以上所述可能就是为什么有些钢的新淬火态马氏体呈现反常低或反常高正方度,而温度升高后又向反方向转化的原因。

马氏体的反常正方度的发现,对于研究马氏体的形成过程和转变机理有着重要意义。

4.1.2 马氏体转变的特点

马氏体转变具有一系列特点,其中最主要的有以下几方面。

(一)表面浮凸效应和切变共格性

人们很早就发现,在预先磨光的高碳钢表面上由于发生了马氏体转变而出现浮凸效应,如图 4-3 所示[4]。为清楚起见,可将该图放大示意地表示于图 4-4。从图 4-3、图 4-4 可看出,与马氏体相交的表面,一边凹陷,一边突起,并牵动相邻奥氏体也呈倾突现象;在预先磨光的表面上刻划的直线(ACB),在马氏体形成后则变成了折线($ACC'B'$)。出现这样的表面浮凸充分表明,马氏体转变是通过切变的方式实现的;同时,马氏体和奥氏体间界面上的原子为两相所共有,即新相与母相间保持着共格关系。由于这种界面是以切变维持的共格界面,故称为"切变共格"界面。马氏体的长大便是靠母相中原子作有规则的迁移(即切变)使界面推移而不改变界面上共格关系的结果。

图 4-3 高碳马氏体的表面浮凸,1 800×

共格界面的界面能比非共格界面小,但其弹性应变能却较大,因此随着马氏体的形成必定会在其周围奥氏体点阵中产生一定的弹性应变(见图 4-5),从而积蓄一定的弹性应变能(或称共格弹性能),而且这种应变能随马氏体尺寸的增大而增大。但当马氏体长大到一定尺寸,使界面上奥氏体中弹性应力超过其弹性极限时,两相间的共格关系即遭破坏,这时马氏体便停止长大。

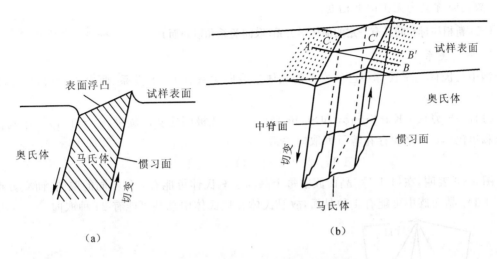

图 4 - 4　马氏体形成时产生表面浮凸的示意图

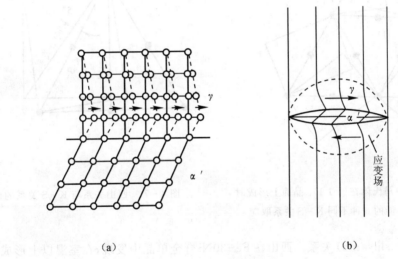

图 4 - 5　马氏体形成时在其周围奥氏体点阵中引起的应变场(示意图)

(二) 无扩散性

实验表明[1],Fe-Ni合金在极低的温度(-190 ℃)下,马氏体长大速率仍可达到10^5 cm/s数量级。这一事实足以证明,马氏体转变时铁原子的迁移不可能超过一个原子间距,即相变不可能以扩散的方式进行。另外,马氏体中的碳含量与原奥氏体完全一致,这表明马氏体转变时也没有发生碳原子扩散。因此,马氏体转变属于无扩散型相变。这是它与其他类型相变相区别的一个重要特点。

但据最近的研究报道[5,6],$w_C =0.27\%$的钢低碳马氏体形成时,可使其周围母相(奥氏体)的碳质量分数由0.27%增至1.04%。这表明低碳马氏体转变时存在着碳由马氏体向周围母相中扩散的过程。文献[7]通过计算证实,这种扩散所需的时间在10^{-7} s数量级,足见其扩散过程完全能跟得上低碳马氏体的形成(低碳马氏体的长大速率约为 100 mm/s)。但是,马氏体形成时发生的碳扩散现象只是在低碳钢中存在,而且这也并不是该相变的主要过程和必要条件,故仍应称其为无扩散型相变。

(三) 新相与母相间具有一定的晶体学关系(取向关系和惯习面)

1. 取向关系

钢中马氏体与奥氏体中已经发现的晶体学取向关系有 K-S 关系、西山关系和 G-T 关系等[9],[10]。

(1)K-S关系。Kurdjumov 和 Sachs 采用 X-射线极图法测出碳钢($w_C = 1.4\%$)中马氏体(α')和奥氏体(γ)之间存在着下列取向关系:

$$\{0\,1\,1\}_{\alpha'} \parallel \{1\,1\,1\}_\gamma; \langle 1\,1\,1 \rangle_{\alpha'} \parallel \langle 0\,1\,1 \rangle_\gamma$$

图 4-6 表明,在$\{1\,1\,1\}_\gamma$晶面族中每个晶面上马氏体可能有 6 种不同的取向,而立方点阵的$\{1\,1\,1\}_\gamma$晶面族中可能有 4 种晶面,故马氏体在奥氏体中总共可能有 24 种取向。

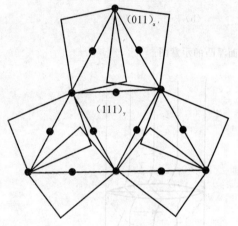

图 4-6 钢中马氏体在$(1\,1\,1)_\gamma$晶面上形成时
可能的 6 种不同 K-S 关系取向

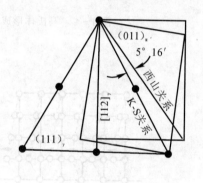

图 4-7 西山关系与 K-S 关系的比较

(2)西山(Nishiyama)关系。西山在 Fe-30Ni 合金单晶中发现,在室温以上形成的马氏体与奥氏体间具有 K-S 关系,而在 -70 ℃ 以下形成的马氏体则具有下列取向关系:

$$\{0\,1\,1\}_{\alpha'} \parallel \{1\,1\,1\}_\gamma; \langle 0\,1\,1 \rangle_{\alpha'} \parallel \langle 211 \rangle_\gamma$$

此即西山关系。它与 K-S 关系相比,两者的晶面平行关系相同,但晶向平行关系却相差 $5°16'$,如图4-7所示。从中还可看出,在$\{1\,1\,1\}_\gamma$晶面族中每个晶面上,马氏体只可能有 3 种不同的取向,故马氏体在奥氏体中总共可能有 12 种取向。

(3)G-T关系。Greninger 和 Troiano 精确地测量了 Fe-0.8C—22Ni 合金奥氏体单晶中马氏体的取向,发现 K-S 关系中的平行晶面和晶向实际上还略有偏差,即

$$\{0\,1\,1\}_{\alpha'} \parallel \{1\,1\,1\}_\gamma 差 1°; \langle 1\,1\,1 \rangle_{\alpha'} \parallel \langle 0\,1\,1 \rangle_\gamma 差 2°$$

2. 惯习面

由于马氏体转变是以共格切变的方式进行的,因而马氏体形成时的惯习面也就是两相的交界面,即共格面。正因如此,惯习面应是"不畸变平面",即不发生畸变和转动。自然,这是指

宏观而言的,实际上在一定条件下也可能发生微小的畸变(见后述),因此称之为近似不畸变平面似更为恰当。

钢中马氏体的惯习面随其碳质量分数不同而异,常见的有三种:$\{111\}_\gamma$,$\{225\}_\gamma$ 及 $\{259\}_\gamma$。一般说来,$\omega_c < 0.6\%$ 时为 $\{111\}_\gamma$;$\omega_c = 0.6\% \sim 1.4\%$ 时为 $\{225\}_\gamma$;$\omega_c = 1.5\% \sim 1.8\%$ 时为 $\{259\}_\gamma$。另外,随马氏体形成温度的下降,惯习面有向高指数变化的趋势。例如碳质量分数较高的奥氏体在较高温度形成的马氏体的惯习面为 $\{225\}_\gamma$,而在较低温度时惯习面为 $\{259\}_\gamma$。由于马氏体的惯习面不同,将会带来马氏体组织形态上的变异。

还应指出,马氏体-奥氏体界面并不都是平直的,有时却呈弯曲状。这可用马氏体-奥氏体的界面结构来解释。据研究[10] 认为,在马氏体-奥氏体界面上可能有台阶存在,其示意图如图 4-8 所示。其中图 4-8(a) 为设想的台阶模型,图 4-8(b) 和(c)分别表示由于台阶结构不同造成的"宏观惯习面"与"微观惯习面"彼此异同的情况。实际上"宏观惯习面"是两相的界面,"微观惯习面"才是真正的惯习面。可以想象,随台阶密度或形貌的变化,可以得到任意指数的"宏观惯习面",而微观惯习面却始终不变,即 $\{111\}_\gamma$(自然,也可以是 $\{225\}_\gamma$,或 $\{259\}_\gamma$)。显然,这正是马氏体-奥氏体间呈现弯曲宏观界面的原因。

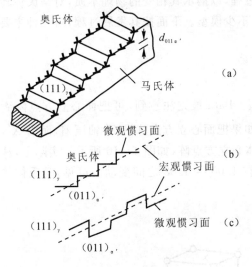

图 4-8　马氏体 — 奥氏体界面的台阶
　　　　模型和惯习面

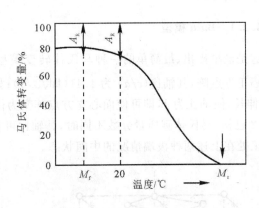

图 4-9　马氏体转变量与温度的关系

(四) 转变的不完全性

马氏体转变是在某一特定的温度 M_s 以下才发生的,当到达某一温度时便以极大的速率形成一定数量的马氏体;如在恒温下继续停留,马氏体量也不再显著增加,而一般只是形成少量等温马氏体,转变即告中止;只有继续降温,新的马氏体才会不断形成,直至冷却到 M_f 温度后,马氏体转变才告终止。但这时并未得到 100% 的马氏体组织,而仍保留部分未转变的奥氏体,称为残余奥氏体,常以符号 A_R 表示,如图 4-9 所示。这种现象称为马氏体转变的不完全性。

高碳钢、高碳合金钢和某些中碳合金钢的 M_f 点一般均低于室温,当淬火冷却到室温时,就相当于在 $M_s \sim M_f$ 间的某一温度中止冷却,这样在室温下将保留下来较多的奥氏体。例如,高碳钢可达 10% ~ 15%,高碳合金钢(如高速钢)可达 25% ~ 30%。这部分未转变的奥氏体也称为残余奥氏体,不过它们中有相当大一部分在继续冷却到零下温度时,还可再转变为马氏体。生产上把这种深冷至零下温度的操作称为"冷处理"。

(五) 转变的可逆性

在某些铁或非铁合金(如 Fe-Ni,Ag-Cd,Ni-Ti 等)中,奥氏体或母相在冷却时可转变为马氏体,而重新加热时又可使马氏体直接转变为奥氏体或母相。这就是马氏体转变的可逆性。这种逆转变的开始温度称为 A_s 点,终止温度称为 A_f 点,通常,A_s 点温度比 M_s 要高。

对钢来说,在一般情况下观察不到马氏体的逆转变,这是因为马氏体被加热时在温度尚未到达 A_s 点的过程中即已发生分解(回火),因而不存在直接转变为奥氏体的可能性。只有在采取极快速的加热,使之来不及分解的情况下才会发生逆转变。据报道[1],$w_C = 0.8\%$ 钢以 5 000 ℃/s 的速率加热时,可以在 590 ~ 600 ℃ 发生逆转变。

4.2　马氏体转变的切变模型

人们为了认识马氏体转变时晶体结构的变化过程,以揭示其相变的物理本质,对马氏体转变模型的研究已持续了半个多世纪,至今已提出了不少模型。下面按其发展过程,对几种主要模型作一简介。

4.2.1　Bain 模型[8]

这是最早提出、最简单的一种马氏体转变模型。Bain 最先注意到,可把面心立方点阵看成体心正方点阵,其轴比(c/a) 为 1.41(即 $\sqrt{2}/1$);如果把面心立方点阵沿 Z' 轴压缩,而沿 X',Y' 轴伸长,使轴比为 1,即可使面心立方点阵变为体心立方点阵,如图 4-10 所示。实际上,从图4-2 已知,马氏体碳质量分数不同时,其轴比可在 1.00 ~ 1.08 之间变动。可见,马氏体的轴比正处在上述两种极端情况的中间状态。

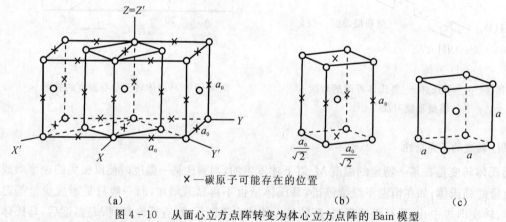

×—碳原子可能存在的位置

　　　　　(a)　　　　　　　　　　　(b)　　　　　　(c)

图 4-10　从面心立方点阵转变为体心立方点阵的 Bain 模型

因此,根据 Bain 模型,奥氏体点阵只要通过适当变形(沿 Z' 轴压缩,沿 X',Y' 轴膨胀),调整一下轴比(称为 Bain 畸变),使之达到与其碳质量分数相应的轴比值时,即可由奥氏体转变为马氏体。从图 4-10 中还可看出,碳原子在奥氏体点阵中所处的位置是正八面体的空隙(以符号 × 表示),而在转变为马氏体后正好被马氏体点阵所继承,即处于扁八面体的空隙位置;同时奥氏体和马氏体之间的晶体学关系正好与后来提出的 K-S 关系相符,如图 4-11 所示[9]。

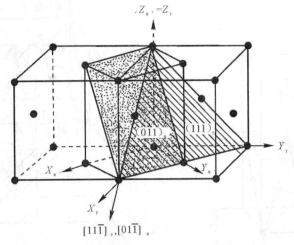

图 4-11　按 Bain 模型奥氏体与马氏体间的晶体学关系

Bain 模型表明,通过原子作最小距离的简单移动即可完成从奥氏体到马氏体的转变,并展现出在转变前后新相和母相晶体结构中彼此对应的晶面和晶向。但它未能解释表面浮凸效应和惯习面的存在,因此尚不能完整地说明马氏体转变的特征。

4.2.2　K-S 模型[1,8,39]

Курдюмов(库尔鸠莫夫)和 Sachs 在 20 世纪 30 年代初研究 $w_C = 1.4\%$ 的钢马氏体转变时发现所谓 K-S 关系后,便提出了相应的转变晶体学模型。为了说明该模型,需要先对 γ-Fe 和 α-Fe 点阵中有关的晶面上原子排列的情况加以说明,如图 4-12 所示。

图 4-12(a) 为面心立方点阵中的一个菱形 $(1\,1\,1)_\gamma$ 晶面,图 4-12(b) 为三层相邻的 $(1\,1\,1)_\gamma$ 晶面,如果自第二、三层 $(1\,1\,1)_\gamma$ 晶面上各原子 $B_1, B_2, B_3, \cdots$ 和 $C_1, C_2, C_3, \cdots$ 向第一层晶面作垂线,将分别与该晶面交于 $B_1', B_2', B_3', \cdots$ 和 $C_1', C_2', C_3', \cdots$ 点。这些点都位于小等边三角形的重心,图 4-12(c) 即为该面心立方点阵中相邻三层 $(1\,1\,1)_\gamma$ 晶面上原子的垂直投影图;图 4-12(d) 为体心立方点阵中的一个菱形 $(0\,1\,1)_\alpha$ 晶面;图 4-12(e) 为三层相邻的 $(0\,1\,1)_\alpha$ 晶面(菱形面的下半部未画出),可见第三层 $(0\,1\,1)_\alpha$ 晶面上的原子在第一层 $(0\,1\,1)_\alpha$ 晶面上的投影恰巧与该晶面上的原子相重合(A_1 与 C_1,A_2 与 C_2 … 等);图 4-12(f) 即表示体心立方点阵中相邻三层 $(0\,1\,1)_\alpha$ 晶面上原子的垂直投影图。

比较图 4-12 中(c) 与(f) 不难看出,正如图 4-13 所示,只须令 γ-Fe 点阵中各层 $(1\,1\,1)_\gamma$ 晶面上的原子相对于其相邻下层沿 $[1\,1\,\bar{2}]_\gamma$ 方向先发生第一次切变(原子移动小于一个原子间距),使第一、三层原子的投影位置重叠起来(切变角为 $11°44'$),再令其在 $(\bar{2}\,1\,1)_\gamma$ 晶面上(垂直于 $(1\,1\,1)_\gamma$ 晶面)沿 $[0\,1\,\bar{1}]_\gamma$ 方向发生第二次切变,使菱形面的夹角由 $120°$ 变为 $109°28'$,并使菱形面的尺寸作些线性调整(膨胀或收缩),即可使点阵由面心立方改建成体心立方。

可见,这种转变并不是靠原子的扩散,而是靠同孪生变形相似的、由母相中的许多原子对其相邻晶面作协同的、有规律的、小于一个原子间距(近程)的迁移,即切变过程来实现的。

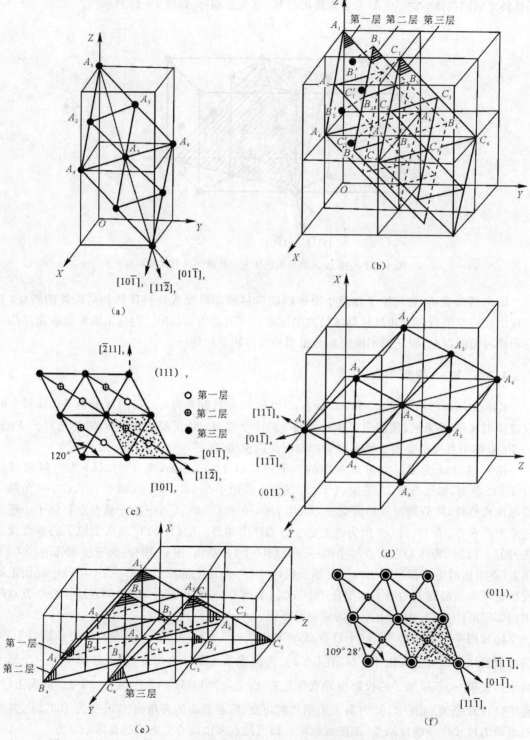

图 4-12　面心立方(γ-Fe)和体心立方(α-Fe)点阵中有关晶面上的原子排列情况

(a) 面心立方点阵中的(1 1 1)$_\gamma$晶面；(b) 面心立方点阵中三层相邻的(1 1 1)$_\gamma$晶面；

(c) 面心立方点阵中相邻三层(1 1 1)$_\gamma$晶面上原子的垂直投影图；(d) 体心立方点阵中的(0 1 1)$_\alpha$晶面；

(e) 体心立方点阵中三层相邻的(0 1 1)$_\alpha$晶面；(f) 体心立方点阵中相邻三层(0 1 1)$_\alpha$晶面上原子的垂直投影图

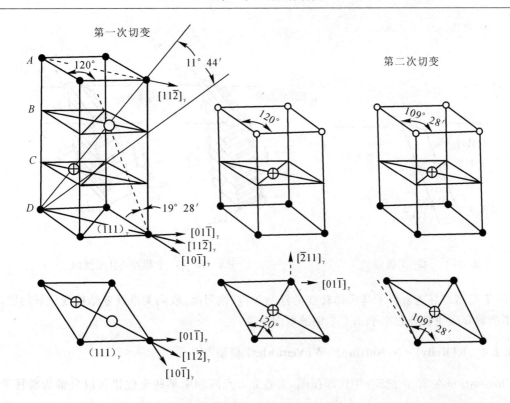

图 4-13　按 K-S 切变模型将面心立方点阵改建为体心立方点阵的空间示意图

应当注意,以上讨论的是 γ-Fe 向 α-Fe 的转变。对于奥氏体向马氏体的转变来说,其点阵的改建过程与之基本相同,所区别的是由于奥氏体中含有碳,使最后所得到的晶体结构呈体心正方点阵,并且第二次切变量也略小,即菱形面夹角由 120° 变为 111°。

K-S 模型清晰地展示了面心立方奥氏体改建为体心正方马氏体的切变过程,并能很好地反映出新相和母相间的晶体学取向关系。但是,按此模型马氏体的惯习面似应为 $\{111\}_\gamma$,而实际上只有低碳钢才如此,对高碳钢来说,其惯习面却为 $\{225\}_\gamma$ 和 $\{259\}_\gamma$。这种取向关系与惯习面之间明显不一致的原因,至今尚不清楚。此外,按 K-S 模型引起的表面浮凸也与实测结果相差较大。

4.2.3　G-T 模型[1,8]

G-T 模型是另一种两次切变模型。如图 4-14 所示,其切变过程如下:① 首先在接近 $\{259\}_\gamma$ 晶面上发生第一次切变,产生整体的宏观变形,使表面出现浮凸。由于晶体晶胞的变形与宏观变形相似,通常称其为均匀切变。这阶段的转变产物是复杂的三菱结构,还不是马氏体,不过它有一组晶面间距及原子排列情况与马氏体的 $(112)_\alpha$ 晶面相同。② 接着在 $(112)_\alpha$ 晶面的 $[11\bar{1}]_\alpha$ 方向上发生 12°～13° 的第二次切变,使之变成马氏体的体心正方点阵,这次切变是宏观的不均匀切变,即它只是在微观的有限范围内(18 个原子层)保持均匀切变以完成点阵的改建,而在宏观上则形成沿平行晶面的滑移或孪生(见图 4-15),但它对第一次切变所形成的浮凸并无明显的影响。③ 最后做一些微小的调整,使晶面间距符合实验的结果。近年来,利用电子显微镜观察到的马氏体中的亚结构与不均匀切变结果完全对应。

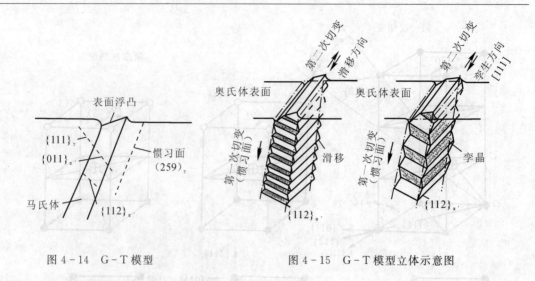

图 4 - 14 G - T 模型　　　　　　　图 4 - 15 G - T 模型立体示意图

G - T 模型较好地解释了马氏体转变的浮凸效应、惯习面、取向关系及亚结构变化等问题，但它不能解释碳质量分数小于 1.4% 钢的取向关系。

4.2.4 K(Kelly) - N(Nutting) - V(Venables) 模型[8,11]

Christian 早在 20 世纪 50 年代即预测，面心立方点阵相中某些全位错可以分解为滑移型的不全位错（Shockley 位错 $\frac{a}{6}\langle 1\,1\,2\rangle$），其间所形成的堆垛层错区域可作为六方点阵相的平面核胚。

利用电镜对薄膜试样的观察发现，在铬镍不锈钢、高锰钢和 Fe - Ni - Mn 合金中，马氏体总是在与具有密排六方点阵的中间相 ε 接壤处出现。因此有理由推断，面心立方的奥氏体要经过中间相 ε 才能转变为体心立方的马氏体，而层错可能是马氏体的二维核胚。

众所周知，奥氏体的面心立方点阵中密排面(1 1 1)$_\gamma$ 的堆垛次序为 $ABCABC\cdots$；若在堆垛层次中出现层错，则堆垛次序变为 $ABC\underline{ABAB}CABC\cdots$（箭头表示层错所在）。可见，层错存在部位的堆垛次序和密排六方点阵的堆垛次序相同，故可作为 ε 相的核胚。通过这种层错在相邻面的扩展和点阵略作调整便可使马氏体形核。因此，Kelly 等学者提出这类合金的马氏体转变顺序是：$\gamma \rightarrow \varepsilon \rightarrow \alpha'$；它们之间的取向关系是：

$$(1\,1\,1)_\gamma \parallel (0\,0\,0\,1)_\varepsilon \parallel (0\,1\,1)_{\alpha'};\quad [1\,0\,\overline{1}]_\gamma \parallel [1\,1\,\overline{2}\,0]_\varepsilon \parallel [\overline{1}\,1\,\overline{1}]_{\alpha'}$$

有关马氏体转变的晶体学模型尚不止这些，但均不够完善，随着研究工作的深入，马氏体转变的理论将不断得到发展。

4.3 马氏体的组织形态

实践表明，钢的化学成分和热处理条件显著地影响着马氏体的组织形态、内部亚结构和显微裂纹形成倾向，而这些因素又决定着钢的力学性能。因此，了解马氏体的组织形态特征及其影响因素具有重要的实际意义。

4.3.1　马氏体的形态

研究表明,钢中马氏体的形态多种多样,但就其单元的形态及亚结构的特点来看,最主要的是板条状和片状马氏体,其余尚有蝶状、薄板状及 ε(六方)马氏体等几类。

(一) 板条状马氏体

板条状马氏体是在低、中碳钢及马氏体时效钢、不锈钢、Fe - Ni 合金中形成的一种典型的马氏体组织。低碳钢中典型的马氏体组织如图 4 - 16 所示,其特征是每个单元的形状呈窄而细长的板条,并且许多板条总是成群地、相互平行地连在一起,故称为板条状马氏体,也有群集状马氏体之称。又因这种马氏体的亚结构主要是位错,其位错密度约为 $(0.3 \sim 0.9) \times 10^{12}\ cm^{-2}$,故也称位错马氏体。板条状马氏体与奥氏体的晶体学取向关系符合 K - S 关系,惯习面为 $(1\ 1\ 1)_\gamma$(18 - 8 型不锈钢中这种马氏体的惯习面为 $\{2\ 2\ 5\}_\gamma$)。

(a)　　　　　　　　　　　　　　　(b)

图 4 - 16　板条状马氏体组织(0.03C - 2Mn 钢)

(a) 光学金相;(b) 电子金相(薄膜透射)

据报道[12],现已确认板条状马氏体的显微组织特征与其晶体学之间存在着一定的对应关系。如图 4 - 17 所示是板条状马氏体组织构成的示意图[12]。可见,一个原奥氏体晶粒是由几个(通常为 3 ~ 5 个)叫做"束"(Packet)的区域所组成(A 区域);有时一个束又由若干个叫做"块"(Block)的平行区域所分割(B 区域)。当采用硝酸酒精腐蚀时可以看到这些区域的边界(见图 4 - 18(a)),而当采用着色腐蚀(先用 25% 硝酸酒精腐蚀,再用 35% $NaHSO_4$ 或 $Na_2S_2O_5$ 水溶液腐蚀)后便在马氏体束内显露出黑白色调(见图 4 - 18(b))[13]。但是一个束内不存在块的情况也是有的(C 区域)。束或块都是由许多板条所构成的。

综上所述,板条状马氏体是由束、块和板条等组织单元所构成的,而板条则是最基本的组织单元。

所谓马氏体束,实际上是指惯习面晶面指数相同而在形态上呈现平行排列的板条集团。例如,按照 K - S 或西山关系,$\{0\ 1\ 1\}_\alpha$ 中的晶面与惯习面 $(1\ 1\ 1)_\gamma$ 相平行的相邻板条组成一个束,而与惯习面$(1\bar{1}1)_\gamma$ 相平行的则组成另一个束,如此等等。对一个单晶体(晶粒)来说,根据$\{111\}_\gamma$ 面的数量,束只可能有 4 种取向。可见,马氏体束之间是以大角度界面(束界)分开。所谓马氏体块,是指惯习面晶面指数相同且与母相取向关系(指晶面平行关系)相同的板条集团。例如,由$(111)_\gamma\parallel(011)_\alpha$ 的几个相邻板条组成一个马氏体块,由$(111)_\gamma\parallel(110)_\alpha$ 或$(111)_\gamma\parallel(101)_\alpha$ 的相邻板条组成另一个马氏体块。由于$(011)_\alpha$,$(110)_\alpha$ 和$(101)_\alpha$ 等晶面间互成$60°$ 角,故各块之间以大角度界面(块界)分开,并在光学显微镜下呈现黑白交替的色调。正是这样,有人认为[15],一个马氏体束是由两组取向关系的马氏体块交替构成的,但也并非所有马氏体束中都有"块"存在。

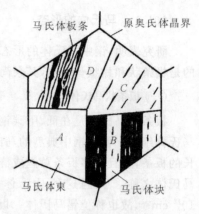

图 4-17　板条状马氏体组织构成示意图

应当指出,在各板条之间往往存在薄膜状的残余奥氏体,其厚度约为$(100\sim200)\times10^{-1}$ nm。经穆斯包尔谱测定,在低碳钢板条状马氏体中发现有$2\%\sim4\%$ 的残余奥氏体[16]。关于在板条间形成残余奥氏体薄膜的原因,有两种解释:其一认为,马氏体形成时,由于周围的奥氏体受到强烈的相变应变强化,使之难以变成马氏体而被残留下来(即机械稳定化,详见 4.7 节);其二认为,在马氏体转变过程中,由于碳原子向周围奥氏体中扩散,使其碳质量分数增高而变得稳定,从而被残留下来。

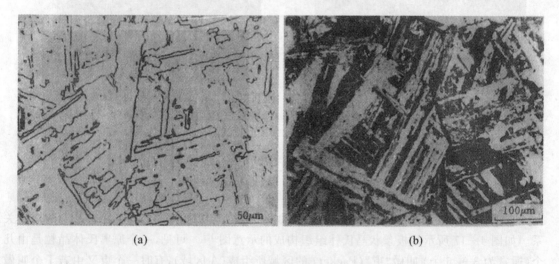

|(a)|(b)|

图 4-18　用不同腐蚀剂显示的板条状马氏体组织

(a)Fe-23.8Ni 合金(硝酸酒精腐蚀);

(b)Fe-24.5Ni 合金(先用硝酸酒精腐蚀,再用 NaHSO$_3$ 水溶液腐蚀)

板条间存在残余奥氏体薄膜的事实,为我们了解板条状马氏体的形成过程提供了间接的信息。以往利用高温显微镜连续观察马氏体转变过程时,一直认为板条状马氏体的形成好像砌墙一样,新的板条是在已有的板条上一排接一排地生长的(即逐排形核),通过平行板条集团界面向母相内的推进而使转变量增加。但是这种在低倍下对表面浮凸变化的观察,很难认为是对细小板条形成过程的真实追踪,并且用逐排形核理论也难于解释在板条之间存在残余奥氏体薄膜的事实。因此,不得不认为板条是各自单独形核,再由其成长合并而形成平行的板条集团的[17]。

根据对 $w_C = 0.2\%$ 钢的研究表明[18],其马氏体板条宽度的变化呈现为对数正态分布,出现频率最大的宽度为 $0.15 \sim 0.20~\mu m$。表 4-1 为 0.3C-4Cr 钢的马氏体尺寸参数与奥氏体化温度的关系[10]。可见,提高奥氏体化温度,在奥氏体晶粒尺寸增大时,其板条宽度几乎不发生变化,但马氏体束的尺寸却成比例地增大。由此可认为,一个奥氏体晶粒内生成的板条束数量大体上是不变的。

表 4-1　0.3C-4Cr 钢的马氏体尺寸参数与奥氏体化温度的关系

奥氏体化温度 /℃	原奥氏体晶粒尺寸 /μm	马氏体束尺寸 /μm	马氏体板条宽度 /μm
870	29	26	0.37
1 000	111	31	0.35
1 100	202	42	0.39
1 200	254	47	0.39

最后应指出,在 18-8 型不锈钢中虽也能生成板条状马氏体,但却未发现有马氏体束和块。

(二) 片状马氏体

片状马氏体是在中、高碳(合金)钢及 Fe-Ni(w_{Ni} 大于 29%)合金中形成的一种典型的马氏体组织。对碳钢来说,一般当碳质量分数小于 1.0% 时是与板条状马氏体共存的,而大于 1.0% 时才单独存在。高碳钢中典型的片状马氏体组织如图 4-19 所示。其特征是相邻的马氏体片一般互不平行,而是呈一定的交角排列,它的空间形态呈双凸透镜片状,故简称为片状马氏体。由于它与试样磨面相截而往往呈现为针状或竹叶状,故也称为针状或竹叶状马氏体。又由于这种马氏体的亚结构主要为孪晶,故还有孪晶马氏体之称。

图 4-19　高碳钢($w_C = 0.87\%$)中的片状
马氏体组织,7 000×

图 4-20　具有明显中脊的片状马氏体
(Fe-32Ni 合金),500×

当奥氏体冷至稍低于 M_s 时,先生成的第一片马氏体往往横贯整个奥氏体晶粒而将其分割为二,从而使以后形成的马氏体片尺寸受到限制,愈往后形成的片就愈小。可见,在一个奥氏体晶粒中形成的片状马氏体的大小是极不均匀的,其尺寸的平均值取决于奥氏体晶粒的大小。

片状马氏体的惯习面为 $\{225\}_\gamma$ 或 $\{259\}_\gamma$,其取向关系符合 K-S 或西山关系。在片状马氏体中常能见到其中间有一条明显的筋,称为中脊(见图 4-20),中脊的厚度一般约为 $0.5 \sim 1\ \mu m$。关于中脊的本质和形成规律目前尚不清楚。有人认为中脊面就是马氏体转变的开始面,因而也相当于惯习面。研究表明,片状马氏体的亚结构主要是孪晶。它一般是 $\{112\}_\alpha$ 孪晶,但在 $w_C = 1.2\%$ 的钢中发现同时存在着 $\{110\}_\alpha$ 和 $\{112\}_\alpha$ 孪晶。电镜观察表明,孪晶往往是集中分布在中脊附近的中央地带(称为孪晶区),而在片的边沿地带则存在着高密度的位错(称为非孪晶区),如图 4-21 所示[19]。片状马氏体中孪晶区所占的比例随钢(或合金)的成分和 M_s 点而变化。在 Fe-Ni 合金中,镍含量愈高,M_s 点就愈低,其孪晶区也就愈大。

图 4-21 片状马氏体中的亚结构(0.01C-33Ni 钢),14 500 ×

(三) 其他形态的马氏体

1. 蝶状马氏体

这种特异形态的马氏体最初是在 Fe-30Ni 合金冷至 $-10\ ℃$ 时发现的,随后在 Fe-31Ni 和 Fe-29Ni-0.26C 合金冷至 $0 \sim 60\ ℃$ 时也被发现。这种马氏体的立体形状是具有蝴蝶形断面的细长条片,故称为蝶状马氏体,如图 4-22 所示[5,20]。图中表明,断面上两翼接合部分很像片状马氏体的中脊,由此向两侧长成取向不同(呈孪晶关系)的两片马氏体。但其内部未发现孪晶,而是存在高密度的位错,与母相的取向关系大体上符合 K-S 关系。总之,从金相形态、内部亚结构和形成温度来看,它是介于板条状马氏体与片状马氏体之间的一种特异形态。但到目前为止,对蝶状马氏体还有许多不明之处,有待于进一步研究。

2. 薄片状马氏体

这种马氏体是在 M_s 点低于 $0\ ℃$ 的镍钢中发现的,其立体形状为薄片状,而金相形态为很细的带状,它具有相互交叉、分枝、曲折等特异形态,如图 4-23 所示[12]。这种马氏体的亚结构全部是由 $\{112\}_\alpha$ 孪晶组成,但无中脊,这点与片状马氏体有所不同。

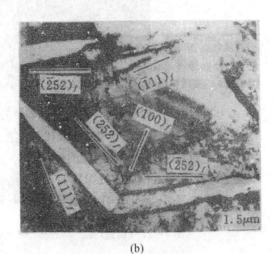

(a)　　　　　　　　　　　　　　　(b)

图 4-22　蝶状马氏体组织

(a)Fe-30Ni 合金；(b)Fe-27Ni-1.3Cr-0.08C 合金

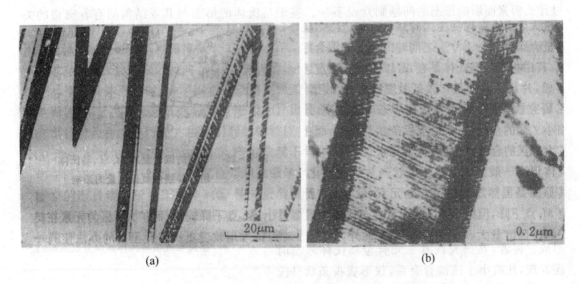

(a)　　　　　　　　　　　　　　　(b)

图 4-23　薄片状马氏体组织(0.23C-31Ni 钢)

(a) 光学金相；(b) 电子金相(透射薄膜)

3. ε 马氏体

与前述的体心立方或体心正方结构的马氏体(α′)不同,在 Cr-Ni(Mn)不锈钢和高锰钢中常存在一种具有密排六方结构的马氏体,即 ε 马氏体。在 Cr-Ni(Mn)不锈钢中,ε 马氏体还常与 α′ 马氏体共存。实验观察表明[1],ε 马氏体首先形成,随后 α′ 马氏体在 ε 马氏体内(或交叉处)形核并长大。ε 马氏体在某些钢中得以形成被认为是其奥氏体层错能低的结果。ε 马氏体也呈薄片状,如图 4-24 所示;它是沿{111}$_γ$ 晶面形成,其亚结构为大量层错。

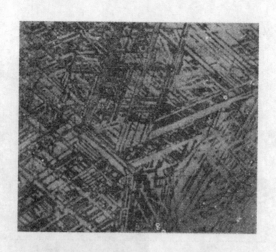

图 4-24　高锰($w_{Mn} = 19\%$)钢中的 ε 马氏体组织，1 000 ×

4.3.2　影响马氏体形态和内部亚结构的因素

实践表明，马氏体的形态随钢（或合金）的成分不同而变化。但对于成分的变化究竟是通过什么因素而影响形态的问题则众说不一。鉴于马氏体的形态与其亚结构间有着密切的关系，故人们多是从亚结构的变化出发来加以论述的，现简述如下。

（一）马氏体形成温度

图 4-25 表示碳钢的碳质量分数对 M_s 点、马氏体的组成和残余奥氏体体积分数的影响。由图可知，随碳质量分数增高，M_s 点降低，残余奥氏体量增多；碳质量分数小于 0.3% 时基本上为板条状马氏体，碳质量分数大于 1.0% 时完全为片状马氏体。显然，碳质量分数介于 0.3% ~ 1.0% 之间时为两者的混合组织，其中板条状马氏体是在 M_s 以下较高温度区形成，片状马氏体是在较低温度区形成。再者，在研究铁基二元合金马氏体形态时还发现，凡缩小 γ 区的合金系，仅形成板条状马氏

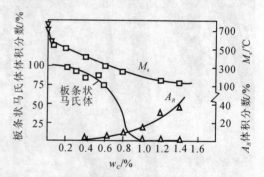

图 4-25　碳钢的碳质量分数对 M_s 点、马氏体组成和残余奥氏体体积分数的影响

体；而在扩大 γ 区的合金系中，随合金元素含量增高，马氏体形态一般都发生从板条状向片状的转化。其原因是虽然添加任何合金元素（除钴外）都使 M_s 点下降，但缩小 γ 区的元素在奥氏体中固溶量小，M_s 点下降较少，而扩大 γ 区的元素在奥氏体中固溶量大，M_s 点下降较多。此外，有人[12]对镍钢采用改变奥氏体化温度的办法使同一成分钢获得不同的 M_s 点，观察其冷至相应的 M_s 点以下的马氏体形态，结果发现，随 M_s 点下降，马氏体形态发生从蝶状再向薄片状的变化；而且同是片状马氏体时，随形成温度的降低，其相变孪晶区变大。

综上所述，马氏体组织是在 M_s 至 M_f 之间的温度相继形成的，形成温度不同，所得亚结构和形态便不同。

(二) 奥氏体的层错能

Kelly 等[21] 提出,奥氏体的层错能愈低,相变孪晶生成愈困难,形成板条状马氏体的倾向愈大。例如,18 - 8 型不锈钢和 1.1C - 8Cr 钢的层错能都较低,即使在液氮温度下也只能形成板条状马氏体。

(三) 奥氏体和马氏体的强度

Davies 等[22] 用合金化的方法改变奥氏体的强度,发现马氏体的形态和奥氏体的强度变化有着对应关系,即凡是在 M_s 点处奥氏体的规定非比例伸长应力 $\sigma_{p0.2}$ 大于某一极限值(约为 206 MPa) 时,就形成惯习面为 $\{2\,5\,9\}_\gamma$ 的片状马氏体;而小于该极限值时,则形成惯习面为 $\{1\,1\,1\}_\gamma$ 的板条状马氏体或惯习面为 $\{2\,2\,5\}_\gamma$ 的片状马氏体。可见,奥氏体的强度是影响马氏体形态(惯习面)的决定因素。

4.4　马氏体转变的热力学分析

4.4.1　马氏体转变的驱动力

根据相变的一般规律,要使相变得以进行,必须满足一定的热力学条件,即系统总的自由能变化 $\Delta G < 0$。马氏体转变自然也不例外。根据相变热力学,马氏体转变的驱动力是马氏体与奥氏体的化学自由能差。如图 4 - 26 所示为某一成分合金的马氏体和奥氏体的化学自由能与温度间关系的示意图。由图可见,当温度为 T_0 时,$G_{\alpha'} = G_\gamma$,即表示两相处于热力学平衡状态。当温度高于 T_0 时,两相自由能差 $\Delta G_{\gamma \to \alpha'} = G_{\alpha'} - G_\gamma > 0$,说明奥氏体比马氏体稳定,不会发生奥氏体向马氏体的转变;反之,当温度低于 T_0 时,$\Delta G_{\gamma \to \alpha'} = G_{\alpha'} - G_\gamma < 0$,说明马氏体比奥氏体稳定,奥氏体有向马氏体转变的倾向。$\Delta G_{\gamma \to \alpha'}$ 即为马氏体转变的驱动力,它与 $(T_0 - M_s)$ 值有关。

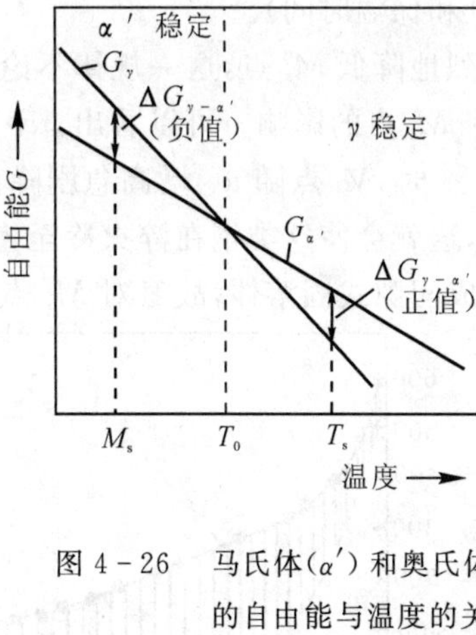

当马氏体形成时,除了因形成新的界面而消耗界面能外,还需要考虑其他能量消耗,如:① 因新相的比容增大和维持切变共格而引起的弹性应变能;② 产生宏观均匀切变而做功;③ 产生宏观不均匀切变而在马氏体中形成高密度位错和细微孪晶(以能量的形式储存于马氏体中);④ 使邻近的奥氏体发生协作形变而做功;等等。若以 ΔG_E 表示第 ① 项弹性应变能消耗,ΔG_P 表示第 ②,③,④ 项塑性应变能消耗的总和,则对马氏体转变来说,其相变热力学表达式应为

$$\Delta G = \Delta G_{\gamma \to \alpha'} (负值) + \Delta G_S + \Delta G_E + \Delta G_P$$

$$(4 - 2)$$

图 4 - 26　马氏体(α')和奥氏体(γ) 的自由能与温度的关系

从以上可知,由马氏体转变的切变特征而引起的能量消耗很大,因而要满足马氏体形成的条件:$\Delta G < 0$,亦即 $|\Delta G_{\gamma \to \alpha'}| > \Delta G_S + \Delta G_E + \Delta G_P$,就必须有较大的过冷($\Delta T = T_0 - M_s$),以便为马氏体转变提供足够的化学驱动力。这就是马氏体转变需要深度过冷的原因。

还应指出,在马氏体转变时,母相中存在的缺陷(如点缺陷、位错和内界面等)既可能因形成一定的组态而提高母相的强度,使相变阻力增大;又可能为相变提供能量,使相变驱动力增大,即存在着两种相反的效应。此外,外加应力场的存在对相变驱动力也会产生某种影响(以后详述)。这些因素在我们讨论马氏体相变驱动力及与此有关的特性时都应加以考虑。

4.4.2 M_s 点的物理意义

前已述及马氏体转变需要深度过冷的原因。已知过冷度 $\Delta T = T_0 - M_s$,M_s 为马氏体开始转变温度。因此,M_s 点的物理意义即为奥氏体和马氏体两相自由能差达到相变所需的最小化学驱动力值时的温度,或者说,M_s 点反映了使马氏体转变得以进行所需要的最小过冷度。

若奥氏体过冷到 M_s 点以下某温度,形成一定数量的马氏体后,便会使 $|\Delta G_{\gamma \to \alpha'}|$ 与 $\Delta G_S + \Delta G_E + \Delta G_P$ 达到平衡,即 $\Delta G = 0$,这时转变也就立即中止;若再继续降温,使 $|\Delta G_{\gamma \to \alpha'}|$ 值增大,以满足 $\Delta G < 0$,则转变又继续进行,直到再降温,转变也不能进行时为止。这就是马氏体转变需要不断降温的原因。

4.4.3 影响 M_s 点的因素

钢的 M_s,M_f 点也被分别称为上、下马氏体点,但 M_f 点在生产中意义不大,一般不受重视。相反,M_s 点在生产中却具有重要意义,这主要表现在:① 生产中制定等温淬火、分级淬火、双液淬火工艺以及冷处理工艺时必须参照 M_s 点;② M_s 点的高低直接影响到淬火钢中残余奥氏体量以及淬火变形和开裂的倾向;③ M_s 点的高低往往影响着淬火马氏体的形态和亚结构,从而影响着钢的性能。因此,了解影响 M_s 点的因素是十分必要的。

(一)奥氏体的化学成分

M_s 点主要决定于奥氏体的化学成分,而奥氏体的化学成分又决定于钢的化学成分和加热规范(温度和保温时间)。

碳强烈地降低 M_s 点,这一规律不论对碳钢或合金钢都符合。图 4-27 表示碳质量分数对碳钢 M_s 和 M_f 点的影响。可以看出,$w_C > 0.2\%$ 以后,M_s 点随 w_C 的增高基本上呈线性下降;$w_C < 0.6\%$ 时,M_f 点随 w_C 增高急剧降低;而 $w_C > 0.6\%$ 后,M_f 点下降缓慢,且 M_f 点已降至 0 ℃ 以下,这就会使这类钢在淬火冷至室温时组织中存在较多的残余奥氏体。氮和碳一样,在钢中均形成间隙式固溶体,故氮对 M_s 点的影响类似于碳。

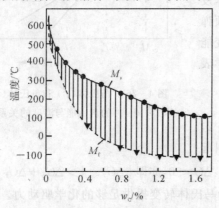

图 4-27 碳质量分数对碳钢 M_s 和 M_f 点的影响

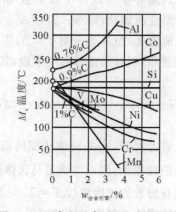

图 4-28 合金元素对 M_s 点的影响

常见合金元素对碳质量分数接近 1% 的钢的 M_s 点的影响如图 4-28 所示。可见,除铝、钴提高 M_s 点外,其余大多数合金元素都不同程度地降低 M_s 点。对于含有一些强碳化物形成元素(如钒、钛、钨等)的钢,若在正常淬火温度加热,则它们大部分以碳化物形式存在,而很少溶入奥氏体中,故对 M_s 点的影响并不大。还应指出,图 4-28 仅是表示单一合金元素对 M_s 点的影响,而实际上钢中往往同时含有多种合金元素,它们将相互影响,情况异常复杂,例如,当碳质量分数增加时,铬、钼、锰等降低 M_s 点的作用也增大;单独加入硅对 M_s 点无影响,但与其他元素同时存在时也会降低 M_s 点。

由于多种元素复合影响的复杂性,难以依靠简单的图表或曲线来表达。长期以来,人们曾采用"实验-统计法"致力于寻求确定钢 M_s 点的计算(经验)公式,现已取得某些成效。例如

$$M_s(℃) = 520 - 321 \times (w_C) - 50 \times (w_{Mn}) - 30 \times (w_{Cr}) -$$
$$20 \times (w_{Ni} + w_{Mo}) - 5 \times (w_{Cu} + w_{Si}); \tag{4-3}$$

$$M_s(℃) = 539 - 423 \times (w_C) - 30.4 \times (w_{Mn}) - 17.7 \times (w_{Ni}) -$$
$$12.1 \times (w_{Cr}) - 7.5 \times (w_{Mo}); \tag{4-4}$$

$$M_s(℃) = 550 - 361 \times (w_C) - 39 \times (w_{Mn}) - 35 \times (w_V) -$$
$$20 \times (w_{Cr}) - 17 \times (w_{Ni}) - 10 \times (w_{Cu}) -$$
$$5 \times (w_{Mo} + w_W) + 15 \times (w_{Co}) + 30 \times (w_{Al}); \tag{4-5}$$

上列各式使用的条件是钢必须完全奥氏体化,并且不适用于高碳钢和高合金钢。

应当指出,对过共析钢来说,由于淬火加热温度对奥氏体的成分有很大影响,故根据钢的原始成分来计算 M_s 点是没有意义的。

(二) 应力和塑性形变

钢中有应力存在,将引起 M_s 点的变化。例如,0.5C-20Ni 钢经 1 095 ℃ 奥氏体化后,在 M_s 点(-37 ℃)以上的温度 -21.9 ℃ 将试样弹性弯曲,结果发现,在受拉应力的一侧发生了马氏体转变,而在受压应力的一侧仍保持为奥氏体状态。这是因为马氏体的比容大,转变时要产生体积膨胀,因而拉应力(也包括单向压应力)状态必然会促进马氏体形成,从而表现为使 M_s 点升高,而多向压应力则会阻止马氏体形成[1]。

关于塑性形变对 M_s 点的影响,人们发现,在 M_s 点以上一定的温度范围内进行塑性形变会促使奥氏体在形变温度下发生马氏体转变,即相当于塑性形变促使 M_s 点提高。这种因形变而促成的马氏体又称为形变诱发马氏体。但是,产生形变诱发马氏体的温度有一个最高限,称为 M_d 点,高于 M_d 点,便不会产生形变诱发马氏体。这是因为形变可为马氏体转变提供附加的驱动力(称机械驱动力),补偿了所需要的部分化学驱动力,从而使转变可以在较高的温度下发生,即相当于 M_s 点提高了。也可以解释为适当的塑性形变可以提供有利于马氏体形核的晶体缺陷(层错、位错),从而促进了马氏体的形成[24]。若高于 M_d 点,则因化学驱动力不足而不会发生上述转变。

形变诱发马氏体转变除与温度有关外,也与形变度有关。一般来说,在 $M_s \sim M_d$ 温度范围内塑性形变度愈大,则形变诱发马氏体的形成量愈多,但是形变对随后冷却时继续发生的马氏体转变却起着抑制作用。图 4-29 表明[25],在压缩形变度 ψ 大于 5% 后即可明显地看出对诱发马氏体形成的作用,且随形变度的增加,在随后连续冷却时所形成的马氏体量愈来愈少。当

φ 为 72% 时,随后冷却时的马氏体转变几乎被完全抑制。这可能是由于大量塑性形变在奥氏体中引起的晶体缺陷组态(如高密度位错区、大量亚晶界等)强化了母相,从而阻碍了马氏体的形成所致。

在 M_s 点以下塑性形变对马氏体转变的影响,与上述规律相似。

至于在 M_d 点以上对奥氏体进行塑性形变,虽不能在形变温度下诱发形成马氏体,但却同样对随后冷却时的马氏体转变发生影响。其一般规律是少量的塑性形变能促进随后冷却时的马氏体转变(使 M_s 点提高),而超过一定限度的塑性形变则起着相反的作用,甚至使奥氏体完全稳定化(详见 4.7 节)。

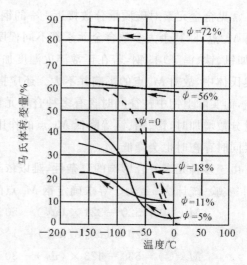

图 4 - 29　Fe - 22.7Ni - 3.1Mn 合金($M_s = -10$ ℃)在室温下的形变度(φ)对诱发马氏体形成量和随后冷却时马氏体转变的影响

(三) 奥氏体化条件

奥氏体化时的加热温度和保温时间对 M_s 点的影响较为复杂。一般说来,提高加热温度和增加保温时间,一方面有利于碳和合金元素进一步溶入奥氏体,并使其成分更趋均匀化(尤其是过共析钢),促使 M_s 点下降,但另一方面又引起奥氏体晶粒长大,并由于碳原子活动能力增大而使其在奥氏体中位错线上的偏聚倾向减少[14](即碳钉扎位错减少),从而降低了切变强度,使 M_s 点升高。

为了排除奥氏体成分变化对 M_s 点的影响,可将钢进行完全奥氏体化。图 4 - 30 即表示 Cr - Ni 钢在完全奥氏体化的情况下加热温度对 M_s 点和晶粒长大的影响[26]。由图可知,随加热温度提高,M_s 点上升。但奥氏体晶粒的长大一般都须在 1 000 ℃ 以上才较为显著,而此时 M_s 点却未见有明显上升。可见,两者的变化趋势并不完全一致。这表明在奥氏体成分一定的条件下,奥氏体晶粒大小显然不是影响 M_s 点的主要因素。

(四) 存在先马氏体的组织转变

若在马氏体转变前奥氏体已预先部分地转变为珠光体组织,将会使 M_s 点升高。这是因为珠光体优先在奥氏体的富碳区形成,而剩余的奥氏体则相对地属于贫碳区,结果表现为 M_s 点升高。若在马氏体转变前奥氏体已预先部分地转变为贝氏体,将会使 M_s 点降低。这是因为贝氏体优先在奥氏体的贫碳区形成(详见第 5 章),而剩余的奥氏体则相对地属于富碳区,结果表现为 M_s 点下降(以后还会知道,此时可能引起所谓奥氏体的稳定化,从而也将产生一定影响)。

实际生产中,高速钢(W18Cr4V)的等温淬火工艺正是上述原理的具体应用。表 4 - 2 表明[27],高速

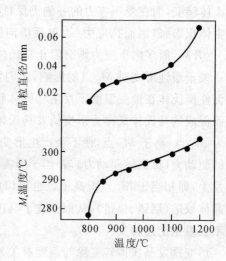

图 4 - 30　加热温度对 M_s 点和奥氏体晶粒大小的影响(0.33C - 3.26Ni - 0.85Cr - 0.09Mo 钢)

钢奥氏体化后在下贝氏体区(260 ℃)等温,随等温时间的延长,在贝氏体数量不断增加的同时,M_s 点亦不断下降,相应地使残余奥氏体量不断增多。生产中为了适当控制残余奥氏体量而不致使刃具硬度过低,等温时间一般采取 2 h 左右,等温淬火后再采取增加一次回火(共 4 次,而普通淬火时是回火 3 次)的措施来消除残余奥氏体,这样,硬度仍可回升到 HRC63 以上。由于贝氏体的强度和韧性较高,比容又较马氏体小,因而经等温淬火的高速钢刃具具有高强度、高韧性和良好的切削性能,并且变形小,能防止开裂,故可用于处理大型复杂的刃具。特别是对于碳化物偏析较严重的高速钢,采用这种工艺能有效地防止淬裂和提高刃具的切削性能。

表 4 - 2　高速钢(W18Cr4V)在 260 ℃ 等温不同时间对其 M_s 点、组织和硬度的影响

等温时间 /h	随后冷却时的 M_s 点 /℃	室温时各组织的体积分数 /%				硬度 (HRC)
		碳化物	贝氏体	马氏体	奥氏体	
0	210	5	0	75	20	65.6
1	160	5	25	45	25	65.5
2	70	5	40	20	35	61.2
4	<0	5	50	0	45	57.8
8	<0	5	55	0	40	57.4

4.5　马氏体转变动力学

马氏体转变也是形核和长大的过程,其转变动力学由形核率和长大速率所决定。但由于它属非扩散型转变,马氏体的长大速率一般较大,即马氏体一旦形核便很快长大,因此其形核率就成为转变动力学的一个主要控制因素。

4.5.1　马氏体转变的形核

关于马氏体转变的形核问题,长期以来曾出现过许多假说,但均不够完善。其中主要的有以下三种:

(一) 热形核说

这是一种经典的形核理论,其基本出发点是把马氏体转变看作为单元素的同素异构转变,认为形核率决定于形成临界尺寸核胚的激活能即形核功(ΔW)和原子从母相转入新相所需克服的能垒即核胚长大激活能(U)[1]。按照这一理论,形核功来源于热起伏,核胚的长大是靠原子一个个地从母相转入新相来实现。但由该理论计算出 Fe - 30Ni 合金于 M_s 点(233 K)时形成临界尺寸核胚的 $\Delta W = 5.4 \times 10^8$ J/mol[51]。显然,要在这样低的温度下靠原子热运动来获得如此大的激活能是困难的。此外,对一些钢在不同温度下 U 值的计算结果表明,其值也较大,而实际上 $U \approx 0$,可见,这也难于解释马氏体核胚的长大,故这一理论不适用于马氏体转变。

(二) 缺陷形核说

实验发现,马氏体的核胚在合金中并非均匀分布,而是在其中一些有利的位置优先形成。

这种有利于形核的位置是那些结构不均匀的区域，如位错、层错等晶体缺陷，晶界、亚晶界或由夹杂物造成的内表面以及由于晶体成长或塑性形变所造成的畸变区等。从能量的观点看，是由于上述区域具有较高的自由能，因而可作为马氏体的核胚。为了探讨缺陷形核的机理，人们曾设想出不少结构模型，在4.2节中所述层错形成ε核胚的假说就是其中之一。有关其他模型这里不进行介绍。

(三) 自促发形核说

Cohen 等学者曾对 0.5C-25Ni 钢单晶作过研究，将奥氏体状态的试样一端冷至 M_s 点 (-77 ℃)，令其发生马氏体转变，随后立即停止冷却，使试样温度回升至室温，这时发现试样上在温度远高于 M_s 点 58 ℃（即-19 ℃）的部位也发生了马氏体转变。可见，在奥氏体中已存在马氏体时能促发未转变的母相形核。据此，人们提出了马氏体转变的自促发形核模型[55]。自促发形核实际上是因先生成的马氏体使其周围奥氏体发生协作形变而产生位错，从而促成了马氏体核胚所致。

4.5.2 马氏体转变动力学的类型

铁合金中马氏体转变动力学的形式多样，大体上可分为四种类型：① 变温（或降温）转变；② 等温转变；③ 爆发式转变；④ 表面转变。

掌握马氏体转变的动力学特点，对于制定钢的热处理工艺有着重要的指导意义。本节着重介绍马氏体的变温转变和等温转变。

(一) 变温（或降温）转变

大多数钢种（碳钢和低合金钢）的马氏体转变是在连续冷却（变温或降温）过程中进行的，亦即在 M_s 点以下，随温度的下降马氏体形成量不断增加；若停止降温，转变即告中止，而继续降温，则转变复又进行，直至冷到 M_f 点为止。可见，在这种情况下，马氏体的转变量决定于冷却到达的温度 T_q，即决定于 M_s 点以下的过冷度（$\Delta T = M_s - T_q$），而与等温停留时间无关。这意味着马氏体的形核似乎是在不需要热激活的情况下发生的，故也把变温转变称为非热学性转变。由于马氏体形成时相变驱动力较大，加之相变的共格性和原子的近程迁移等特点而决定了其长大激活能较小，故其长大速率极快[28]。据测定，低碳型和高碳型马氏体的长大速率分别为 10^2 mm/s 和 10^6 mm/s 数量级[1]，所以每个马氏体片形核后，一般在 $10^{-4} \sim 10^{-7}$ s 时间内即长大到极限尺寸。可见，在连续降温过程中马氏体转变量的增加是靠一批批新的马氏体片的不断形成，而不是靠已有马氏体片的继续长大。

综上所述，可以把马氏体变温转变的动力学特点归结为变温形成、瞬间形核（无孕育期）和高速长大（长到极限尺寸）。

在研究马氏体的变温转变动力学时，人们发现，尽管钢的化学成分显著影响 M_s 点，但对于 M_s 点高于 100 ℃ 的钢和合金，在 M_s 点以下的转变进程却十分类似。因此人们提出了一些表示马氏体转变体积分数 f 与在 M_s 点以下过冷度 ΔT 之间的经验关系式

$$f = 1 - 6.96 \times 10^{-15}(455 - \Delta T)^{5.32} \qquad (4-6)$$

$$f = 1 - \exp[-(1.10 \times 10^{-2}\Delta T)] \qquad (4-7)$$

式（4-6）[29] 是根据金相法测定的结果建立的，它适用于碳质量分数接近于 1.0% 的碳钢和低合金钢。式（4-7）[30] 是根据 X-射线分析法测定的结果建立的，它适用于碳质量分数为

$0.37\% \sim 1.1\%$ 的碳钢。将上两式的计算值与 Steven 等[23] 对 $w_C = 0.32\% \sim 0.44\%$ 钢的实测值示于图 4 - 31[31]，可以看出，当转变的体积分数 f 在 $0.075 \sim 0.5$ 范围内时，f 与 ΔT 呈直线关系。这一规律并不显著地受合金成分的影响，对于低合金钢来说，f 在此范围内，温度每降低 1 ℃，马氏体转变量约增加 $0.75\% \sim 1.4\%$。但应指出，实际上在 M_s 点以下转变的进程明显地受到冷却速率的影响，即减慢冷速或中断冷却都会在一定程度上引起马氏体转变发生迟滞，使马氏体转变量减少和继续进行马氏体转变的温度下降。这种现象称为奥氏体的热稳定化（详见 4.7 节）。

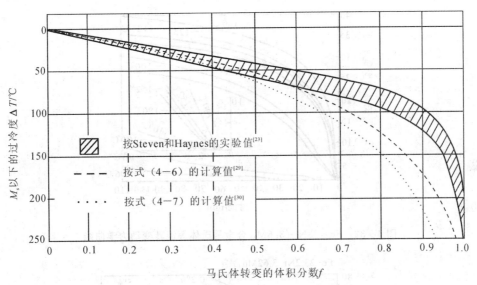

图 4 - 31　马氏体转变量与 M_s 以下过冷度的关系

（二）等温转变

马氏体的等温转变最早是在 Fe-Ni-Mn，Fe-Ni-Cr 合金和 1.1C-5.2Mn 钢中发现的。这类合金和钢的 M_s 点均在 0 ℃ 以下，其马氏体转变完全是在等温过程中形成的。典型的等温转变动力学曲线如图 4 - 32 所示。由图可见：① 在 M_s 点以下某一温度停留，过冷奥氏体须经过一定的孕育期后才开始形成马氏体；② 随等温时间增长，马氏体转变量不断增多，即转变量是时间的函数；③ 随转变温度的降低，开始时转变速率增大，且孕育期减少，但到达某一转变温度后转变速率反而减慢，且孕育期增长。

Fe-Ni-Mn 合金马氏体等温转变动力学如图 4 - 33 所示[31]。可见，它与珠光体转变极为相似，呈"C"形。由于马氏体等温形成时，形核需要有一定的孕育期，这表明必须通过热激活过程才能形核，故也称其为热学性转变。这点也与珠光体转变很相似，但不同的是在任一温度下等温，马氏体的转变都是有限的，即转变不能进行到底。这显然可以用马氏体转变的热力学特点来解释：在等温转变形成相当数量的马氏体后，可能造成系统自由能差 $\Delta G = 0$，从而使转变停止。

在某些高碳钢和高碳合金钢（如滚珠轴承钢 GCr15 和高速钢 W18Cr4V）甚至中碳合金钢（如 40CrMnSiMoVA）中，也发现有马氏体的等温转变，只不过它们还同时兼有马氏体的变温转变发生，而并非完的等温转变。通常是先发生变温转变，再发生等温转变（但也有相反的情况)。

目前对于马氏体的变温转变与等温转变间的内在联系还不完全清楚。有人认为,变温转变可视为由在各个转变温度下的快速的等温转变所组成,但对造成上述表现形式不一的本质原因却未加说明。

应当指出,虽然在工业用钢中等温马氏体量一般都不多(少于 20%),而且具有完全等温转变的合金也为数有限。不过,研究等温马氏体的形核和长大过程,对于揭示马氏体转变的本质和规律仍是很有意义的。

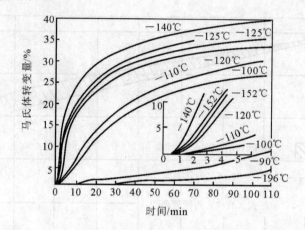

图 4-32 Fe-23Ni-3.6Mn 合金马氏体等温转变动力学曲线

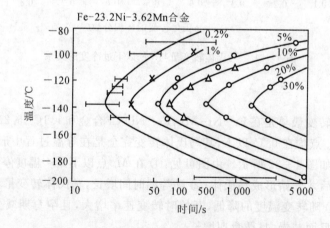

图 4-33 Fe-Ni-Mn 合金马氏体的等温转变(IT)图

(三) 爆发式转变

一些 M_s 点低于 0 ℃ 的 Fe-Ni,Fe-Ni-C 合金,当奥氏体过冷至零下某一定温度 M_B(爆发式转变温度)时,在一瞬间(几分之一秒内)会骤然发生马氏体转变,形成相当大量的马氏体,这种马氏体形成方式称为爆发式转变。该转变往往伴有响声,并释放出大量相变潜热(使试样温度升高)。如图 4-34 所示为 Fe-Ni-C 合金典型的马氏体转变曲线[32],其中直线部分即表示爆发式转变,经爆发式转变后,随温度降低,又呈现为正常的变温转变。同时还可看出,随镍质量分数的增加,马氏体的爆发转变量先增后减,其最大值可达 70%。爆发转变量的这种变化,显然是由于镍的含量对奥氏体稳定化程度的影响所致。

对 Fe-Ni-C 合金爆发式形成的马氏体组织的研究表明:这种马氏体的惯习面为{2 5 9}$_\gamma$,有中脊,马氏体片呈"Z"字形排列,如图 4-35 所示。有人证实[54],在{2 5 9}$_\gamma$ 马氏体的尖端有很高的应力场,据此,认为这种爆发式转变行为是由于一片马氏体的形成,在其尖端处的应力促使了另一片马氏体按别的有利取向形成,即所谓"自促发"形核,以致呈现为连锁反应式的形态。因此,可以把这类转变的动力学特点归结为自促发形核、爆发式长大。

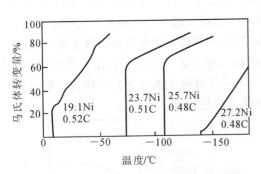

图 4-34　Fe-Ni-C 合金马氏体转变曲线
（1 000 ℃ 奥氏体化）

图 4-35　Fe-25.1Ni-0.48C 合金的
马氏体组织

由于晶界具有复杂的结构,而往往成为爆发式转变传递的障碍,故合金的晶粒愈细,其爆发转变量将愈少。爆发式转变和等温转变有时是呈交叉或相伴出现的,形式多样。例如,有的 Fe-Ni,Fe-Ni-Cr 合金经等温转变后又呈爆发式转变;有的 Fe-Ni-Mn 合金在爆发式转变后再经等温又呈等温转变[33]。

（四）表面转变

有些钢或合金试样的表面,往往在比试样内部的 M_s 点高出几度到五六十度的温度下会自发地形成马氏体,其金相形态、长大速率和晶体学特征都和试样内部在 M_s 点以下所形成的马氏体不同,这种只产生于表层的马氏体称为表面马氏体[1]。

表面马氏体也是在等温条件下形成的,其形核需要有孕育期,据对 Fe-30Ni-0.04C 合金的研究表明[34],表面马氏体层的深度一般小于 30 μm,形态基本上是条状,长大速率较慢,惯习面为{1 1 2}$_\gamma$ 或{1 1 1}$_\gamma$,符合西山关系。而其内部的一般等温马氏体却与此不同,它的长大速率较快,呈片状,惯习面为{2 2 5}$_\gamma$,符合 K-S 关系。

关于表面马氏体形成的原因,一般认为是由于材料的自由表面不受压应力,而内部却受三向压应力,以致表面层相对于内部来说,更有利于马氏体的形成,从而表现出表面的 M_s 点要比内部的高。

上述表面转变的存在对于马氏体等温转变动力学的研究是一个很大的干扰,这不仅因为转变的不同一性给人们带来对结果分析的困难,而且表面转变也激发内部的转变,从而改变了整个等温转变过程。因此设法排除表面转变的影响,以求恢复等温转变动力学的本来面目,这对转变动力学定量理论的发展是十分有意义的。有关这方面的研究已取得一定进展[33]。

4.6 马氏体的力学性能

通常,淬火钢的组织主要是马氏体,钢的力学性能也主要由它所决定,因此掌握马氏体的各种性能及其影响因素,对于分析淬火钢的性能变化规律,设计或选用新钢种以及合理制定钢的热处理工艺等都有着重要的意义。

4.6.1 马氏体的硬度和强度

马氏体具有高硬度,是其主要特性之一。马氏体的硬度主要决定于其碳质量分数,而合金元素的影响较小。碳质量分数对马氏体和淬火钢硬度的影响如图 4-36 所示。图中曲线 1 表示马氏体的硬度,可以看出,碳质量分数在 0.4% 以下时,硬度随碳含量增加而显著提高;而碳质量分数在 0.6% 以上时,硬度的增高则不显著。曲线 2 和 3 表示经不同温度淬火后钢的硬度,可以看出,碳质量分数高于 0.7% 以后,钢的硬度与马氏体硬度的变化趋势便有所不同;随碳含量增加,钢的硬度反而下降,这是由于残余奥氏体量增加所致。

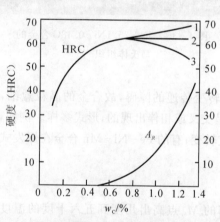

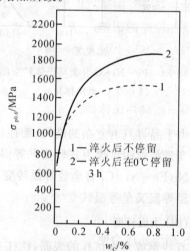

图 4-36　碳质量分数对马氏体和淬火钢硬度的影响
1— 马氏体的硬度;
2— 高于 A_{c_1} 淬火后钢的硬度;
3— 高于 A_{c_3} 或 $A_{c_{cm}}$ 淬火后钢的硬度;
A_R— 残余奥氏体量(热处理状态同 3)

图 4-37　镍钢的规定非比例伸长应力($\sigma_{p0.6}$)与碳质量分数的关系
(淬火后在 0 ℃ 测定)

许多研究表明[35],[36],钢的规定非比例伸长应力也随其碳质量分数的增加而升高。图 4-37 中所示是关于镍钢的实验结果[35]。马氏体之所以具有高的硬度和强度,一般认为是由于以下几方面原因造成的。

(一)过饱和碳引起强烈的固溶强化

马氏体中以间隙式溶入的过饱和碳原子将强烈地引起点阵畸变,从而形成以碳原子为中心的应力场,这个应力场与位错发生交互作用而成为碳钉扎位错,故使马氏体显著强化。马氏体中碳量愈多,强化也愈甚。但碳质量分数超过 0.4% 以后,可能由于碳原子靠得太近,使相邻碳原子所造成的应力场相互抵消,减弱了强化效果[1]。在碳质量分数小于 0.4% 的情况下,根据应力场的弹性力学处理,得出马氏体的规定非比例伸长应力与碳质量分数之间的关系为[1]

$$\sigma_{p0.2} = 11.72 \times 10^2 (w_C)^{1/3} \, \text{MPa} \tag{4-8}$$

合金元素在马氏体中由于是以置换式溶入的,对点阵引起的畸变远不如碳那么强烈,故固溶强化效果较小。

(二) 马氏体中亚结构引起的强化

由于马氏体转变的切变性而使晶体中产生大量位错、孪晶等亚结构。在碳质量分数小于 0.3% 的碳钢中,其马氏体基本上属于板条状(位错型),这时它主要靠碳钉扎位错引起固溶强化,但当碳质量分数大于 0.3% 后,将出现片状马氏体,这时马氏体亚结构中的孪晶量将增多,而孪晶界往往是位错运动的障碍,故孪晶的存在将引起附加的强化。图 4-38 表示碳钢的碳质量分数对马氏体硬度的影响[38]。图中虚直线在碳质量分数为 0.3% 以下时为实验值,在 0.3% 以上时

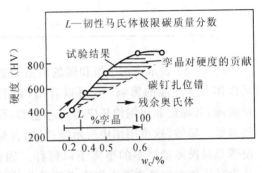

图 4-38　碳钢的碳质量分数对马氏体硬度的影响

为引伸线,表示碳钉扎位错的固溶强化作用;影线部分表示孪晶对硬度(强化)的影响。在碳质量分数大于 0.8% 后,硬度不再升高的原因是由于残余奥氏体量增多,即此时硬度曲线并未能反映出高碳马氏体的真实硬度。钢中加入合金元素往往使 M_s 点降低,引起孪晶马氏体量增多,从而增大孪晶对强化的贡献。

(三) 马氏体的时效强化

马氏体在淬火过程中,或淬火后在室温停留期间,或在外力作用下等等,往往都会发生"自回火",即碳原子通过扩散发生偏聚甚至使碳化物弥散析出,使马氏体晶体内产生超显微结构的不均匀性,从而引起时效强化。如图 4-37 所示的曲线表明,镍钢淬火后在 0 ℃ 时效 3 h,规定非比例伸长应力便有所提高;碳含量愈高,时效强化效果就愈显著。

从以上论述可知,钢的成分(主要是碳质量分数)和亚结构是影响马氏体强度和硬度的决定性因素。除此之外,原始奥氏体晶粒大小和马氏体束的尺寸对马氏体的强度和硬度亦有一定影响[37],即奥氏体晶粒和马氏体束的尺寸愈细,马氏体的强度愈高,但总的来说,影响不太明显。

综上所述,低碳马氏体的强化主要依靠碳的固溶强化,淬火时因自回火而引起的时效强化亦有一定效果。随马氏体中碳和合金元素含量的增加,除固溶强化效果增大外,孪晶亚结构对强化的贡献也增大。

但是,在测定马氏体的抗拉强度 σ_b 时发现,其碳质量分数大于 0.4% 以后,往往呈脆性断裂,故所测得的并非 σ_b,而是断裂强度 σ_f;而且碳质量分数愈高,σ_f 值愈低。这是由于马氏体中溶有过饱和碳而强烈地削弱了铁原子的键合力所致。

4.6.2　马氏体的塑性和韧性

过去曾笼统地认为马氏体的塑性和韧性很低,这种认识是片面的。实际上,低碳的位错型

马氏体就具有较高的塑性和韧性,只是马氏体的塑性和韧性随碳含量增高而急剧降低罢了。表 4-3[39] 列出了淬火钢的塑性和韧性与碳质量分数之间关系的数据。

表 4-3　淬火钢的塑性、韧性与碳质量分数的关系

钢的碳质量分数 /%	δ /%	ψ /%	$a_K/(J \cdot cm^{-2})$
0.15	～15	30～40	＞78.4
0.25	5～8	10～20	19.6～39.2
0.35	2～4	7～12	14.7～29.4
0.45	1～2	2～4	4.9～14.7

图 4-39 表示铬钢中铬和碳的质量分数对淬火马氏体力学性能的影响[40],可以看出,碳和铬的含量愈高,其规定非比例伸长应力 $\sigma_{p0.2}$ 愈高,而断裂韧性愈低。显然,这可用图中所示随碳、铬含量的增高使孪晶马氏体量增多的事实予以解释。因此,可以认为马氏体的韧性主要由取决于其成分的亚结构所决定。一般来说,位错型马氏体的塑性和韧性要比孪晶型马氏体好。图 4-40[36,40] 表示在相同强度水平下两种形态马氏体的塑性与韧性的对比。孪晶马氏体的塑性和韧性之所以较差,可能主要是由于孪晶亚结构的存在使滑移系减少,位错要通过孪晶必须走"Z"字形,这就增加了形变阻力,引起应力集中;同时还与淬火时在孪晶马氏体中往往易产生显微裂纹(后述)有关。此外,还有人[41] 根据淬火马氏体在 160 ℃ 出现内耗峰的现象,推测可能发生了碳原子沿孪晶界的偏聚,但尚无直接的实验证实。

综上所述,位错型(板条状)马氏体具有相当高的强度、硬度和良好的塑性、韧性,即有高的强韧性;而孪晶型(片状)马氏体则强度、硬度很高,塑性、韧

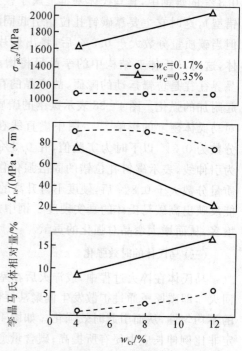

图 4-39　铬钢中铬及碳的质量分数对淬火马氏体力学性能的影响

性很低。因此通过各种手段,在保证足够强度、硬度的前提下,尽可能减少孪晶马氏体的数量,是改善强韧性,充分发挥材料潜力的有效途径。

关于前面提到的高碳片状马氏体中易出现显微裂纹的问题,据研究认为[42,43] 是由于马氏体片在高速长大时互相撞击,或与奥氏体晶界相撞,产生了很高的应力场,而高碳片状马氏体本身又很脆,不能借塑性形变来松弛应力,故产生显微裂纹。这种显微裂纹既可能穿过马氏体片,也可能沿马氏体片的边界出现,如图 4-41 所示[43]。显微裂纹一旦形成,便给钢带来了附加的脆性,在淬火应力的作用下将可能使显微裂纹发展成为宏观裂纹。研究表明,这种显微裂纹形成的倾向主要与奥氏体晶粒大小及其碳含量密切相关。奥氏体晶粒愈粗大,则早期形成的马氏体片就愈大,其受别的马氏体片撞击的机会也愈多,故显微裂纹形成倾向愈大。奥氏体的碳含量愈高,其 M_s 点愈低,从而使形成片状马氏体的倾向增大,故显微裂纹形成倾向也愈

大。对板条状（位错型）马氏体来说，由于其塑性较好，加之板条平行生长，其相互撞击的机会也较少，故一般不易出现这种显微裂纹。

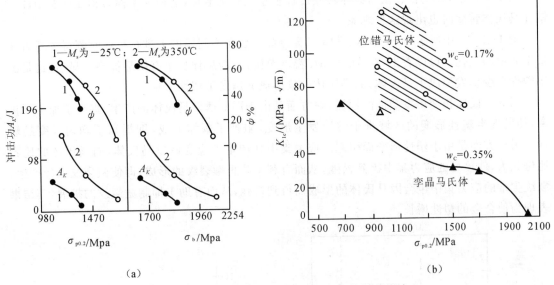

(a)　　　　　　　　　　　　　　　(b)

图 4-40　不同形态马氏体对钢塑性和韧性的影响

(a) 镍钢；(b) 铬钢

图 4-41　1.1C-10Ni 钢片状马氏体中的显微裂纹

a— 裂纹穿过其片；b— 裂纹沿其边界产生

　　由此可见，高碳钢过热后淬火特别容易开裂，即使未开裂也会导致钢的力学性能（强度、塑性、韧性）变坏，显然与奥氏体晶粒粗大和马氏体的碳含量过高而使显微裂纹形成倾向增大有关。故生产中为了防止在高碳马氏体中出现显微裂纹，使高碳钢获得良好的综合力学性能，往往采用较低的淬火加热温度和缩短保温时间，以求获得隐针马氏体（指尺寸十分细小的马氏体，以致在光学显微镜下难以辨认其形态）和减少马氏体的碳含量。

4.6.3 马氏体的相变诱发塑性

很早就发现,某些合金在马氏体转变过程中塑性有所增长,这种现象称为相变诱发塑性。钢在马氏体转变时也出现这种现象。

图 4-42[44] 中所示为 Fe-15Cr-15Ni 合金淬火后在不同温度下进行拉伸时测得的断后伸长率 δ 值的变化。可以看出,在 $M_s \sim M_d$ 温度范围内,断后伸长率有明显提高。显然,这是由于塑性形变诱发形成了马氏体,而马氏体一旦形成又诱发了塑性所致。

引起马氏体相变诱发塑性的原因,一方面是由于形变诱发马氏体的产生,提高了加工硬化率,使已发生塑性形变的区域难于继续发生形变,阻抑了颈缩形成,即提高了均匀形变的塑性。另一方面是由于塑性形变而引起的应力集中处产生了应变诱发马氏体,而马氏体的比容比母相大,使该处的应力集中得到松弛,从而有利于防止微裂纹的形成;即使微裂纹已经产生,裂纹尖端的应力集中也会因马氏体的形成而得到松弛,从而有助于抑制微裂纹的扩展,其结果表现为使合金的塑性增长。

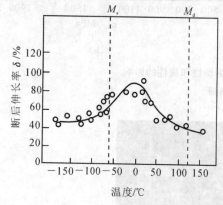

图 4-42　Fe-15Cr-15Ni 合金在 $M_s \sim M_d$
温度范围内的相变诱发塑性

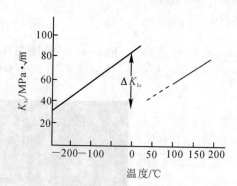

图 4-43　0.6C-9Cr-8Ni-2Mn 钢经
淬火并于 420 ℃ 形变 75% 后,
在不同温度下的断裂韧性

近来的研究表明,马氏体相变诱发塑性也有利于提高钢的韧性。例如,图 4-43[45] 表示 $w_C = 0.6\%$ 的铬镍锰钢经一定的热处理后,在不同温度下测定的断裂韧性。可以看出,在 100 ℃ 下因断裂过程中不发生马氏体转变,其 K_{1c} 很低;而在 -20 ℃ 下,断裂过程中伴有马氏体转变,使 K_{1c} 显著提高。如将高温区曲线外推至低温,则在 0 ℃ 时因相变诱发塑性可使 K_{1c} 提高约 66MPa $\cdot \sqrt{m}$。

马氏体相变诱发塑性的发现引起了人们很大的关注。近年来根据这一原理特意设计出多种相变诱发塑性(Transformation Induced Plasticity)钢,简称 TRIP 钢或变塑钢,其 $M_d >$ 20 ℃ $> M_s$。这样钢在室温下形变时即可诱发形成马氏体,从而诱发出塑性,使钢获得很高的强韧性。实践表明,通过马氏体相变诱发塑性的研究将为促进钢强韧化热处理工艺的发展和新型高强度钢种的研制开辟更为广阔的前景。

但也应指出,并非所有能产生应变诱发马氏体的钢都会具有明显的相变诱发塑性的效果[40,47]。据研究表明[46],只有在残余奥氏体体积分数高于 30% ～ 40% 的钢中才会表现出明显的效果。

4.7　奥氏体的稳定化

4.7.1　奥氏体的稳定化现象

生产中很早就发现,钢在奥氏体化后的冷却过程中,如在 M_s 点以上或以下某一温度作停留,待继续冷却时便会使过冷奥氏体向马氏体的转变呈现迟滞,亦即引起马氏体开始转变或继续进行转变的温度降低,或者使残余奥氏体量增多。随后又发现,对过冷奥氏体进行某种程度的塑性形变,甚至在马氏体形成过程中由于使相邻母相奥氏体产生了协作形变也会使马氏体转变呈现迟滞。以上这些由于外界条件的变化而引起奥氏体向马氏体转变呈现迟滞的现象称为奥氏体稳定化。

根据奥氏体稳定化的性质,通常可将其分为热稳定化和机械稳定化。但是在钢的热处理中两种性质不同的稳定化常常是相互重叠和相互影响的。因此,最终的奥氏体稳定化程度实际上是由这两种性质的稳定化综合作用的结果。

4.7.2　奥氏体的热稳定化

所谓奥氏体的热稳定化是指钢在淬火冷却过程中由于冷却缓慢或中途停留而引起奥氏体向马氏体转变呈现迟滞的现象。

前面曾指出,在连续冷却时变温马氏体的转变量取决于最终冷却到达的温度,而与停留时间无关。这是为了说明变温马氏体和等温马氏体转变动力学的主要区别而有意忽略某些次要的影响因素,它和实际情况是有出入的。例如,如图 4-44 所示为 T12 钢的奥氏体热稳定化现象(实际上,忽视了机械稳定化的影响),图中纵坐标为磁强计读数,它和马氏体转变量成正比,在连续冷却时马氏体转变量随温度下降而不断增多,但如冷至 20 ℃ 时作 30 min 停留,则随后再冷却时马氏体并不立即形成,而是在温度降得较低时才重新开始形成,即出现迟滞现象,滞后温度值为 35 ℃。如在 20 ℃ 停留 3 d,33 d,则滞后温度值分别为 93 ℃ 和 118 ℃。可见,随等温停留时间的延长,滞后温度值增大。不仅如此,其最后所形成的马氏体总量也减少了。根据上述现象,通常可采用两种方法来表示奥氏体的稳定化(包括热稳定化和机械稳定化)程度,如图4-45 所示:其一,是以滞后温度值 θ 来度量;其二,是以残余奥氏体量的增值 δ 来度量。θ 或 δ 值愈大,即表明奥氏体稳定化程度愈高。

奥氏体的热稳定化程度除受停留时间的影响外,还受停留温度、钢的化学成分和冷却速率等因素的影响。

如图 4-46 所示为 30CrMnSiA 钢和 Cr12 钢[12] 的停留温度对奥氏体热稳定化和机械稳定化的综合影响。这里我们暂讨论对奥氏体热稳定化的影响,因此暂先只考虑在 M_s 点以上温度区间残余奥氏体量的变化规律。可以看出,曲线上有一极大值,即开始时奥氏体稳定化程度随停留温度升高而增大,但高于某一温度后却反而趋于减小,后一种现象通常称为“反稳定化”。

钢的化学成分对奥氏体热稳定化有着显著影响。在同样的冷却条件下,钢中碳质量分数愈高,奥氏体稳定化程度愈大。

奥氏体化后的冷却速率对热稳定化也有着一定的影响,如图 4-47 所示[50]。可以看出,冷速(超过临界冷却速率)愈大,残余奥氏体量愈少。由于连续冷却过程可被看成是由无数级的等温过程所组成,因此连续冷却时冷速的快或慢也就相当于在各个温度下等温(停留)时间的短或长。可见,冷速对奥氏体稳定化的影响实质上可视为等温(停留)时间的影响。

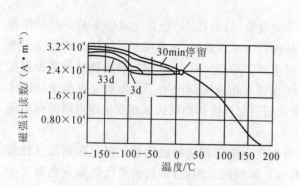

图4-44 T12钢奥氏体的热稳定化现象

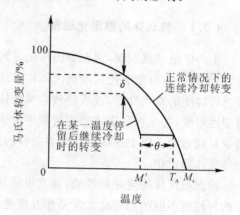

图4-45 奥氏体稳定化程度的表示方法

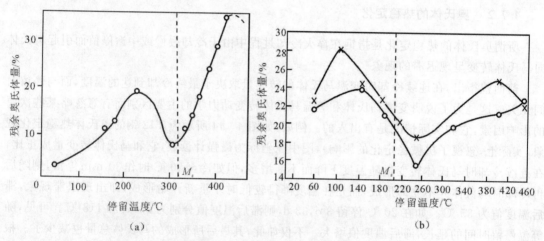

图4-46 停留温度对奥氏体热稳定化和机械稳定化的影响

(a)30CrMnSiA钢(900 ℃加热,在各温度下停留1 min后空冷至室温);

(b)Cr12钢(960 ℃加热,在各温度下分别停留3 min和25 min后空冷至室温)

目前对奥氏体热稳定化的形成原因尚无统一见解。一般认为,这是由于在适当温度停留的过程中,奥氏体中间隙固溶的碳(也可能还有氮)原子与位错相互作用,形成了钉扎位错,即柯氏气团,因而强化了奥氏体,使马氏体转变的切变阻力增大所致。也有人认为,在适当温度停留时,碳(也包括氮)等间隙原子将向位错界面(即马氏体核胚与奥氏体的界面)偏聚,形成柯氏气团,阻碍了晶胚的长大,从而引起稳定化。不论上述哪一种观点,它们都是建立在原子热运动规律的基础上的。显然,根据这一模型不难想象,随着温度的升高,由于碳原子热运动的增强,这种柯氏气团的数量将会增多,因而热稳定化倾向也愈大;反之,如停留温度愈低(包括在 M_s 点以下),热稳定化倾向就愈小。但若停留温度过高,由于碳原子扩散能力显著增大,足以使之脱离位错而逸去,使柯氏气团破坏,以致造成稳定化倾向降低,甚至消失。此即所谓反稳定化。应用这一理论可以很好地解释图4-46中曲线右侧部分的变化规律。

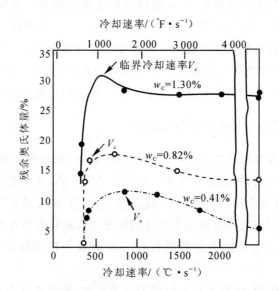

图 4-47 冷却速率对淬火钢中残余奥氏体量的影响(V_c 为临界冷却速率)

4.7.3 奥氏体的机械稳定化

前已指出，在 M_d 点以上的温度对奥氏体进行大量塑性形变，将会抑制在随后冷却时的马氏体转变，使 M_s 点降低，即引起奥氏体稳定化，称为奥氏体的机械稳定化。图 4-48[51] 所示是对 Fe-Cr-Ni 合金的实验结果。可见，少量塑性形变对马氏体转变有促进作用，而大量塑性变形则对马氏体转变有抑制作用。但形变温度愈高，塑性形变量对奥氏体稳定化的影响愈小。

塑性形变对马氏体转变之所以会产生两种完全相反的效应，其原因在于形变在母相中造成了不同的缺陷组态。当小量形变时，往往使奥氏体中层错增多，同时在晶界和孪晶界处因生成位错网和胞状结构而出现更多的应力集中部位[24]。这些缺陷组态有利于马氏体的形核，但当形变度较大时，奥氏体中将形成大量高密度位错区和亚晶界，使母相强化，从而引起奥氏体的机械稳定化。

此外，在马氏体转变过程中，因马氏体的形成而引起其相邻奥氏体的协作形变，以及因马氏体形成时伴有 3% 左右的体积膨胀，使未转变的奥氏体处于受压状态等也都将引起奥氏体的机械稳定化。显然，马氏体的转变量愈多，由之引起的机械稳定化程度也愈大。在 M_s 点以下，存在着热稳定化与机械稳定化的综合作

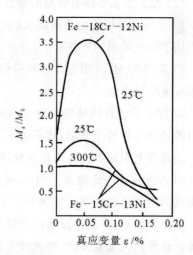

图 4-48 Fe-Cr-Ni 合金在 M_d 点以上的塑性形变对随后冷却时马氏体转变量的影响

M_ε— 形变奥氏体在液氮中冷处理后的马氏体量；
M_0— 未形变奥氏体经相同处理后的马氏体量

用,但停留温度愈低,热稳定化作用愈小,而机械稳定化作用愈大。因此图 4-46 中左侧部分(M_s 点以下)曲线的变化规律表明,停留温度开始降低时,使残余奥氏体量增多主要是由于马氏体转变本身所引起的机械稳定化造成的。但继续降低停留温度时,尽管奥氏体的机械稳定化倾向更大,而此时未转变的奥氏体量实际已很少,故反而使曲线下降。至于在 M_s 点附近,残余奥氏体量出现谷值的原因是由于在此温度附近热稳定化和机械稳定化程度都较小之故。

4.7.4 奥氏体稳定化规律在生产中的应用

钢中残余奥氏体的存在对其性能会产生一系列的影响,而这种影响又与残余奥氏体的数量、形态、分布和稳定性有关,情况十分复杂。依具体情况不同,残余奥氏体对钢性能的影响有时有益,有时有害。这就要求我们利用奥氏体稳定化的规律,通过热处理工艺的改变来使之满足实际生产的需要。下面仅就控制残余奥氏体的数量和稳定性方面作简要讨论。

(1)为减少零件淬火变形而有意使其保持一定的残余奥氏体量。常用的方法有以下三种:

1)分级淬火,利用在 M_s 点以上某一温度下适当停留,使奥氏体发生一定的稳定化效果,以控制残余奥氏体量。

2)等温淬火,利用在 M_s 点以上的等温停留,使钢发生一定量的下贝氏体转变,或者先冷至 M_s 点以下使之生成一定数量的马氏体,随后再升温至 M_s 点以上进行适当停留。同样可有效地控制残余奥氏体量。

3)提高奥氏体化温度,使碳化物较多地溶入,以提高奥氏体的碳质量分数,降低其 M_s 点。

(2)为了保证零件有较高的硬度和耐磨性,而尽量减少其残余奥氏体量:

1)采用冷却较快的普通淬火(油淬或水淬),它可使奥氏体具有最小的稳定化程度,但这仅适用于形状简单的零件。

2)采用在 M_s 点附近作短时停留的分级淬火,这时奥氏体稳定化程度比在较高温度的分级淬火来得要小。

3)淬火后进行冷处理时两者的间隔时间应尽量缩短。但有些高碳工具钢淬火后,如接着进行冷处理往往易于开裂,故不得不采取先进行适当的低温回火再冷处理的方法,但这样又会在一定程度上引起奥氏体的稳定化,降低冷处理的效果。

4)淬火后在一定温度下回火,使残余奥氏体发生反稳定化,在回火冷却中转变为马氏体,以提高钢的硬度和强度。如 W18Cr4V 高速钢经淬火后残余奥氏体量高达约 25% ~ 30%,经 560 ℃ 加热回火,即发生反稳定化过程(亦称催化作用),在随后油冷过程中可部分地转变为马氏体。这种回火重复多次,可使残余奥氏体量减少到 1% ~ 3%。有趣的是,在回火冷却过程中如在某一温度(250 ℃)停留,又会使奥氏体稳定化,但重新加热至 560 ℃ 后,又将发生反稳定化,即出现了可逆性。

(3)为了保证零件尺寸的稳定性和钢的强韧性而提高残余奥氏体的稳定性(热稳定性和机械稳定性)。有些高碳合金钢制精密工具或构件(如量具、轴承等),在使用过程中由于残余奥氏体在淬火内应力的作用下会自发地转变为马氏体,引起零件体积胀大,造成其形状和尺寸的变化或时效开裂,从而使其精度降低或报废。为此,在进行正常的淬火—冷处理—回火以后,尚需在适当温度(低于回火温度)下进行较长时间的时效,以便对残余奥氏体起稳定化作用,使之在使用状态下不致发生转变。对于高强度或超高强度钢制零件要求有较高的强韧性。实践表明,当钢中存在适当数量的残余奥氏体,并具有较高的机械稳定性(在承受应变时抵抗应变诱发相变的能力)时可以获得高的强韧性;如果残余奥氏体在应力作用下形成应变诱发马氏体,则由于其碳质量分数较高,又未经回火,将使钢的韧性恶化。残余奥氏体的机械稳定性与其 M_d 点直接相关。如形变温度低于 M_d 点愈多,则形成的应变诱发马氏体量愈多,即表现为机械稳定性愈低。残余奥氏体的 M_d 点主要由其化学成分所决定,而它又在很大程度上受热处理工艺所控制。据最近的研究表明[46,49],AISl4340 和 300M 钢❶油淬和 250 ℃ 等温淬火得到的残余奥氏体的机械稳定性极低,当拉伸形变 0.2% 时已大部分转变,但经低温回火后可提高机械稳定性,这是由于它可在奥氏体中形成了大量柯氏气团,从而提高了马氏体转变的切变阻力,使 M_d 降至形变温度以下所致。不过,当回火温度较高时会出现反稳定化,而且此时残余奥氏体也可能分解析出碳化物,结果使 M_d 点又上升至形变温度以上,反而使机械稳定性降低[53]。

4.8　热弹性马氏体与形状记忆效应

前已述及,马氏体转变的特点之一是转变具有可逆性。在一系列铁合金和非铁合金(如 Fe-Ni,Ag-Cd,Cu-Al,Cu-Al-Zn,In-Tl 和 Ni-Ti 等)中,均可观察到马氏体的可逆转变。但在一些非铁合金中呈现的是一种"热弹性马氏体"可逆转变。这种马氏体的发现,成为近代发展新型功能材料——形状记忆合金——的基础。

4.8.1　热弹性马氏体

众所周知,钢中马氏体转变的一个重要特征是形核以后以极快速率长大到一极限尺寸,继续降温将形成新的核心,长成新的马氏体片。这是因为马氏体形成时引起的形状变化,在初期可依靠相邻母相的弹性变形来协调,但随马氏体片的长大,弹性变形程度不断增大,当变形超过一定极限时,便发生塑性变形,使共格界面遭到破坏,故马氏体片即停止长大。这个过程是不可逆的。

与此不同,在上述一些非铁合金中的马氏体形成时,其产生的形状变化始终依靠相邻母相的弹性变形来协调,保持着界面的共格性。这样,马氏体片可随温度降低而长大,随温度升高而缩小,亦即温度的升降可引起马氏体片的消长。具有这种特性的马氏体称为热弹性马氏体。

出现热弹性马氏体的必要条件是:① 马氏体与母相的界面必须维持共格关系,为此,马氏体与母相的比容差要小,以便使界面上的应变减小而处于弹性范围内;② 母相应具有有序点阵结构,因为有序点阵中原子排列的规律性强,其对称性低,在正、逆转变中有利于使母相与马氏体之间维持原有不变的晶体学取向关系,以实现转变的完全可逆性。

---

❶　系美国钢牌号,分别相当于我国的 40CrNiMoA 和 40CrNi2Si2MoVA 钢。

4.8.2 热弹性马氏体的伪弹性行为

具有热弹性马氏体的合金,如果在 $M_s \sim M_d$ 温度范围内对其施加应力,也可诱发马氏体转变,并且随应力的减增可引起马氏体片的消长。由于借应力促发形成的马氏体片往往具有近于相同的空间取向(又称变体),而马氏体转变是一个切变过程,故当这种马氏体长大或增多时,必然伴随宏观形状的改变。

图 4-49 所示为 Ag-Cd 合金在恒温下的拉伸应力-应变曲线。图中表明,加载时先发生弹性变形(oa);随后因发生了应力诱发马氏体转变使试样产生宏观变形(ab);卸载时,首先引起弹性恢复(bc),继之便发生逆转变使宏观变形得到恢复(cd);最后再发生弹性恢复(do)。以上这种由应力变化引起的非线性弹性行为,称为伪弹性;又因其弹性应变范围较大(可达百分之十几),也称为超弹性。与热弹性行为相比,其致变因素是应力,而不是温度。

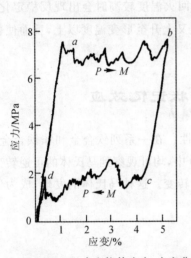

图 4-49 Ag-Cd 合金拉伸应力-应变曲线

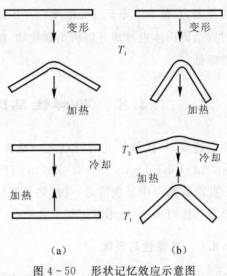

图 4-50 形状记忆效应示意图
(a) 单程;(b) 双程

4.8.3 形状记忆效应

(一) 形状记忆效应现象

某些合金在马氏体状态下进行塑性变形后,再将其加热到 A_f 温度以上,便会自动恢复到母相原来的形状,这表明对母相形状具有记忆功能;如将合金再次冷到 M_f 温度以下,它又会自动恢复到原来经塑性变形后马氏体的形状,这表明对马氏体状态的形状也具有记忆功能。上述现象称为形状记忆效应。前者,称为单程记忆效应;而同时兼有前、后两者时,称为双程记忆效应。图 4-50(a)、(b) 分别是单程和双程记忆效应的示意图[56]。图 4-50(a) 表明,合金棒在 T_1 温度下被弯曲变形后,将其加热到 T_2 温度,合金棒便自动恢复变直;但以后再次冷却,合金棒的形状不再变化。图 4-50(b) 表明,合金棒在 T_1 温度被弯曲变形后,将其加热到 T_2 温度,合金棒便会自动恢复变直(严格地说,未完全变直);而当再次冷到 T_1 温度时,合金棒又会自动弯曲,亦即在随后的冷热循环中,合金棒可不断地自动伸直和弯曲。不过,双程形状记忆效应往往是不完全的,并且随冷热循环的不断进行,其效应会逐渐衰减。

(二) 形状记忆效应原理

马氏体转变是一个切变过程。如果在一母相单晶中只产生一个马氏体单晶(见图 4 - 51),随相界面的推移,必将导致宏观变形。但是,通常钢制零件在淬火形成马氏体时却未见产生这种形状变化,这是因为马氏体转变时,为了减少应变能(相变阻力),存在着一种自协作效应。具体地说,马氏体相对于奥氏体可有多种不同空间取向,不同取向的马氏体切变方向不同,故当一个奥氏体晶粒中形成许多不同取向的马氏体片时,其各自所造成的宏观变形可以相互补偿,以致使原奥氏体晶粒的形状不因发生马氏体转变而改变。

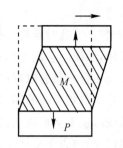

图 4 - 51　母相(P)单晶中借相界面推移而转变为马氏体时引起的宏观变形(虚线为母相原来的形状)

但是,即使对于具有自协作效应的马氏体来说,如果其内部的亚结构是孪晶或层错,而不是位错,并且其相邻的不同取向的马氏体片之间也呈孪晶关系,则在外力作用下可通过孪晶界面的推移,使某取向的马氏体片长大,而其他处于不利取向的马氏体片缩小,亦即通过这种"再取向"可逐步形成一个择尤取向(织构)的伪单晶马氏体。与此同时,零件的形状也就随之改变(伸缩或弯直)。当外力去除后,如转变是可逆的,则变形将得到恢复,从而表现出伪弹性。

不仅如此,对于应力诱发马氏体来说,虽然其取向与外力方向有一定程度的依赖关系,但如果进一步施加外力,这种马氏体也同样可通过内部亚结构的变化(孪晶界面、层错面的推移)进行"再取向"而形成择尤取向,从而引起形状变化。当外力去除后,如发生逆转变,即呈现伪弹性。

但是,对于大多数这类合金而言,在外力去除后,其择尤取向马氏体的逆转变并不能发生,而是必须将合金加热到某一温度(A_s)以上才能发生,并随之使宏观变形逐步得到恢复,亦即表现出单程形状记忆效应。

如图 4 - 52 所示是伪弹性和形状记忆效应的原理示意图。图中 AB 表示母相(或包括原来已有的马氏体)的弹性应变,BC 表示母相在外力作用下引起的应力诱发马氏体转变及其再取向(或包括原有马氏体的再取向),CD 表示马氏体的弹性应变,DE 表示先是马氏体作弹性恢复,继之呈现部分伪弹性恢复(外力去除后,宏观变形并未完全恢复)。当加热至 A_s 温度以上,则开始发生逆转变,使宏观变形逐步恢复,直至 A_f 温度时逆转变完成,变形恢复至 G,FG 表示形状记忆效应。GH 表示永久塑性变形,是在应力诱发马氏体转变及其再取向过程中产生的真实塑性变形,它不能借逆转变得到恢复。显然,这是由于先期的塑性变形

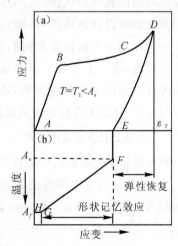

图 4 - 52　伪弹性恢复及形状记忆效应示意图

量过大造成的。

应当指出,这时若将母相再次冷到 M_f 以下温度,并不会形成原来(即变形后)的那种取向的马氏体,因而不会恢复到马氏体状态时的形状。这就是单程形状记忆效应的原理。

若要使合金具有双程记忆效应,可以对母相进行所谓"训练"(Training)处理[48,57]。其办法之一是在母相冷却的同时还施加一应力,使之产生规定的变形,这样,母相在进行热弹性马氏体转变时便不会形成随机分布的各种取向的马氏体(即不产生自协作效应),而只限于形成马氏体(包括应力诱发马氏体)中存在的某些特定取向的变体。若这种处理循环重复若干次,母相就可在冷却转变时恢复到原来马氏体状态时的形状,从而表现出双程记忆效应。据研究[1] 认为,"训练"之所以能取得上述效果,是因为它可在母相中形成择尤取向的晶体缺陷(如位错),这种晶体缺陷可以作为热弹性马氏体的形核位置,在应力作用下使马氏体择尤长大,从而形成具有特定取向的变体,并带来相应的形状变化。

但由于双程记忆效应总是用来对外界做功的,所以在外界反向应力作用下很容易抑制或改变这种完全择尤取向的缺陷,因此双程记忆效应总是不完全的,而且在使用中会逐渐衰减或消失。

Wayman[58] 曾总结性地指出,作为形状记忆合金应具备的条件是:① 必须具有热弹性马氏体转变;② 亚结构是孪晶或层错;③ 母相具有有序化结构。缺一不可。显然,第一个条件可保证马氏体转变的热弹性行为,即马氏体与母相界面始终保持共格关系;第二个条件可保证在外力作用下形成择尤取向的伪单晶,从而呈现伪弹性;第三个条件可以保证在逆转变时马氏体与母相间易于保持少数(或单一)特定的取向关系,使之能恢复母相原来的形状。

(三) 形状记忆合金应用实例

具有形状记忆效应的合金称为形状记忆合金。目前,已知具有实用价值的形状记忆合金主要有 Ni-Ti,Ni-Ti-Nb,Cu-Zn,Cu-Zn-Al,Cu-Al-Ni,Fe-Mn-Si,Fe-Ni-Ti-Co 等合金。由于形状记忆合金不仅具有形状记忆功能,而且还具有耐磨损、抗腐蚀、高阻尼等特性,所以在航空、航天、机械、化工、石油、医疗等

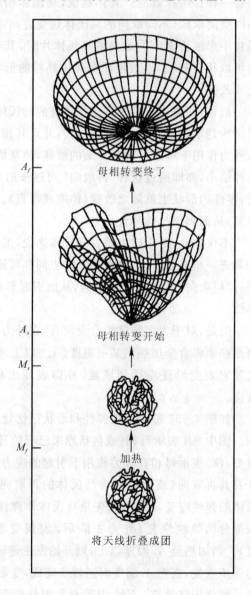

图 4-53　用 Ni-Ti 合金制成的宇航天线由被折叠的团状到自动张开的过程

领域中得到了广泛应用。

例如,在航空航天方面,首先是用 Ni－Ti 合金制作宇航天线。如图 4－53 所示,将 Ni－Ti 合金丝在母相状态下制成天线后,冷至低温使之转变为马氏体,这种马氏体很软,易于被折叠成团状放入卫星中,待卫星进入轨道后,将团状天线弹出,在太空阳光幅照下受热,待温度高于 A_f 时,团状天线便自动完全张开。恢复其原来的形状。其次是用 Ni－Ti 合金制作紧固件,用于飞机液压管路的接头,接头事先在液氮温度(即马氏体状态)下进行扩孔(扩径约 4%),随后套在需连接的管子外面,待温度回升到室温时便发生逆转变,使孔径收缩,实现紧固密封。采用这种方法可替代焊接和其他机械式连接,使用简便可靠。在美国飞机上的使用已累计上百万件,迄今无一事故。第三是制造"智能性材料结构",其目的在于能根据工作环境温度的变化来自动改变结构的几何外形和内部性能,使结构具有高度的自适应能力,如制作发动机多级压气机中前几级静子叶片,使之可根据温度变化自动调节其安装角,以提高发动机工作效率。此外,在一般机械制造中,用于制造热敏装置、热能 — 机械能转换装置(热机),以及在医疗方面,制造各种医疗器械等等。总之,形状记忆合金是一种很有发展前途的新型功能材料。

复习思考题

1. 试说明钢中马氏体的晶体结构,马氏体的正方度取决于什么? 为何会出现反常正方度?

2. 马氏体转变有哪些主要特点?

3. 马氏体转变的切变模型主要有哪些? 试说明它们的基本原理。按 K－S 关系和西山关系,马氏体与母相奥氏体间在取向关系上有何差别? 试作图说明。

4. 简述钢中板条状马氏体和片状马氏体的形貌特征、晶体学特点、亚结构以及其力学性能的差异。

5. 影响 M_s 点的主要因素有哪些?

6. M_d 点的物理意义是什么? 形变诱发马氏体转变在什么条件下发生? 在 M_d 点以上对奥氏体进行塑性变形对随后冷却时的马氏体转变有何影响?

7. 钢中马氏体的转变动力学有哪几种类型? 各有何特点?

8. 什么是奥氏体稳定化现象? 热稳定化和机械稳定化受哪些因素的影响? 试举例说明在生产中如何利用奥氏体稳定化规律改善产品的使用性能。

9. 影响钢中马氏体强韧性的主要因素有哪些?

10. 何谓热弹性马氏体、伪弹性和形状记忆效应? 试说明形状记忆效应的原理。

参 考 文 献

[1]　徐祖耀. 马氏体相变与马氏体. 北京:科学出版社,1980.

[2]　Zener C. Trans. AIME. ,1946(167):55.

[3]　Kurdjumov G. JISI. ,1960(195):26.

[4]　Krauss G,Marder A. R. Met. Trans. 1971(2):2343.

[5]　Clark H R. Proc. ICOMAT－82,C4:517.

[6]　Thomas G,Sarikaya M. Proc. Intern. Conf. on Solid-Solid Phase Trans formation,1981.

[7]　徐祖耀. 上海金属,1982,4(4):46.

[8] 冯端,等.金属物理(下册).北京:科学出版社,1975.

[9] 刘云旭.金属热处理原理.北京:机械工业出版社,1981.

[10] Thomas G N,Rao B V. Мартенситние Превращения(ICOMAT－77),Киев,Наукова,Думак,1977:57.

[11] 郭可信.金属与合金中相变的电子显微镜透射观察,1964.

[12] 牧正志,田村今男.钢的组织转变,姚忠凯,等,编译.北京:机械工业出版社,1980.

[13] 松田昭一,等.(转引自[12]).

[14] Ansell G S et al. Trans. TMS－AIME,1963(227):1080.

[15] Rao B V N et al. Proc. of 3rd Intern. conf. on Martensite Transformation,Boston,1979:12.

[16] Williamson D L et al. Met. Trans. 1979(10A):329.

[17] Thomas G. Met. Trans. ,1978(9A):439.

[18] Apple C A, et al. 钢的组织转变. 姚忠凯,等,编译. 北京:机械工业出版社,1980.

[19] Thomas G. Met. Trans. ,1971(2),2373.

[20] Umemoto M. Tamura. Proc. of ICOMAT－1982,C4:523.

[21] Kelley P M,Nutting J. JISI,1961(197):199.

[22] Davies R G,Magee C L. Mer. Trans. ,1971(2):1939.

[23] Steven W,Haynes A G. JISI,1956(183):349.

[24] 田村今男. 日本金属学会会报,1979(18):239.

[25] 刘永铨.钢的热处理.北京:冶金工业出版社,1981.

[26] Sastri A S,West D R F. JISI,1965(203):138.

[27] 上海工具厂.刀具热处理.上海:上海人民出版社,1980.

[28] 胡赓祥,钱苗根. 金属学. 上海:上海科学技术出版社,1980.

[29] Harris W H,Cohen M. Trans,AIME,1949(180):447.

[30] Koistinen D P,Marburger R E. Acta Met. 1959(7):59.

[31] Krauss G. Principles of Heat Treatment of steel. ASM,Metals Park,ohio 44073:55.

[32] Machlin E S,Cohen M. Trans. AIME,1951(191):746.

[33] Entwisle A R. 钢的组织转变. 姚忠凯,等,编译.北京:机械工业出版社,1980.

[34] Klostermann J A,Burgers W G. Acta Met. ,1964(12):355.

[35] Winchell R G,Choen M. Trans. ASM,1962(55):347.

[36] Tanaka M. et al. ISIJ,1974(14):101.

[37] Marder A R,Krauss G. (转引自[1]:163).

[38] Thomas G. Iron and Steel Interational,1973(46):451.

[39] 北京航空学院,西北工业大学. 钢铁热处理. 1977.

[40] McMahon J,Thomas G. (转引自[1]:211).

[41] Klems G J,et al. Met. Trans. ,1967(7A):839.

[42] Mendiratta M G,Krauss G. Met. Trans. ,1972(3):1755.

[43] Davies R G,Magee C L. Met. Trans. ,1972(3):307.

[44] Курдюмов Г В и др. (转引自[1]中 427 页[10]).

[45] Antolovich S D,Singh B. Met. Trans. ,1971(2):2135.

[46] Horn R M,Ritchie R O. Met. Trans. ,1978(9A):1039.

[47] Maxwell P C,et al. Met Trans. ,1974(5):1319.

[48] M 柯亨. 马氏体相变. 材料科学与工程,1984.

[49] Parker E R. Met. Trans. ,1971(8A):1025.

[50] 北京钢铁学院.金属热处理.北京:中国工业出版社,1970.

[51]　须藤一,等.金属组织学,1972.

[52]　康沫狂,等.西北工业大学科技资料,64224 号.

[53]　黄麟鬈,等.第三届国际材料热处理大会论文选集.北京:机械工业出版社,1985.

[54]　Bokros J C,Parker E R. Acta Met. ,1963(11):1291.

[55]　Pati R,Cohen M. Acta Met. ,1969(17):189.

[56]　戚正风.金属热处理原理.北京:机械工业出版社,1987.

[57]　Lin Y,McComick P G. Acta Metall. Mater. ,1990(38),No. 7:1321.

[58]　Wayman C M,Shimizu K. Metal Science J. ,1972(6):175.

第 5 章 贝氏体转变

如前所述,贝氏体转变是过冷奥氏体在介于珠光体转变和马氏体转变温度区间的一种转变,又简称为中温转变。由于贝氏体,尤其是下贝氏体组织具有良好的综合力学性能,故生产中常将钢奥氏体化后过冷至中温转变区等温停留,使之获得贝氏体组织,这种热处理操作称为贝氏体等温淬火。对于有些钢来说,也可在奥氏体化后以适当的冷却速率(通常是空冷)进行连续冷却来获得贝氏体组织。采用等温淬火或连续冷却淬火获得贝氏体组织后,除了可使钢得到良好的综合力学性能外,还可在较大程度上减少像一般淬火(得到马氏体组织)那样产生的变形和开裂倾向。因此,研究贝氏体转变及其在生产实践中的应用,对于改善钢的强韧性,促进热处理理论和工艺的发展均有着重要的现实意义。

贝氏体转变兼有珠光体转变和马氏体转变的某些特性。鉴于贝氏体转变的复杂性和转变产物的多样性,迄今对贝氏体转变的研究还很不成熟,对于像贝氏体的定义之类的基本问题也还在讨论之中,尤其是对转变机理的认识仍有很大分歧。因此,本章主要阐述有关贝氏体转变的基本特点和规律,转变产物的组织形态、性能及其影响因素等,而对其转变机理只作一般性介绍。

5.1 贝氏体的组织形态和亚结构

贝氏体组织十分复杂,以致对贝氏体的定义至今未取得统一的认识。据目前多数人的意见,大体上可把贝氏体描述为由条片状铁素体和碳化物(有时还有残余奥氏体)组成的非片层状组织,以示与珠光体这种片层状组织相区别。实际上,这一定义仍是不很完善的。由于贝氏体中铁素体和碳化物的形态与分布情况多变,使贝氏体显微组织呈现为多种形态。据此,通常可将其分为:①上贝氏体(upper bainite);②下贝氏体(lower bainite);③无碳化物贝氏体(carbide - free bainite);④粒状贝氏体(granular bainite);⑤反常贝氏体(inverse bainite);⑥柱状贝氏体(columnar bainite)等。其中以上贝氏体、下贝氏体最为常见,粒状贝氏体次之,其余的较为少见。现分别简述如下。

5.1.1 上贝氏体

上贝氏体是在贝氏体转变区较上部的温度范围内形成的。它是由成束的、大体上平行的板条状铁素体和条间的呈粒状或条状的渗碳体(有时还有残余奥氏体)所组成的非片层状组织。当其转变量不多时,在光学显微镜下,可以看到成束的条状铁素体自晶界向晶内生长,形似羽毛(见图 5 - 1(a)),故有羽毛状贝氏体之称,此时无法分辨其条间的渗碳体。但在电子显微镜下,可较清晰地看到上贝氏体中的铁素体和渗碳体的形态(见图 5 - 1(b),(c))。

与板条状马氏体相似,上贝氏体中由大体上平行排列的铁素体板条所构成的"束"的尺寸对其强度和韧性有一定影响,故往往把束的平均尺寸视为上贝氏体的"有效晶粒尺寸"[1]。各束间有较大的位向差。束中各相邻铁素体板条间存在着较小的位向差(几度至十几度)。上贝氏体铁素体中的碳含量近于平衡态的成分,其板条的宽度通常比相同温度下形成的珠光体铁素体片大。上贝氏体形成时也具有浮凸效应。研究表明,上贝氏体铁素体与其母相间具有一定的晶体学取向关系;同时,上贝氏体铁素体中存在一定的位错组态[2]。上贝氏体组织的形态往往因钢的成分和形成温度不同而有所变化。当钢中碳质量分数增加时,上贝氏体铁素体板条趋于变薄,渗碳体量增多,并由粒状、链珠状变到短杆状,甚至不仅分布于铁素体板条之间,而且还可能分布于铁素体板条内部。钢中含有较多量硅、铝等元素时,由于它们具有延缓渗碳体沉淀的作用[3,4],使上贝氏体铁素体板条间很少或基本上不沉淀出渗碳体,而代之以富碳的稳定的奥氏体,并保留到室温,成为一种特殊的上贝氏体,也称为准上贝氏体,如图5-2所示。随形成温度的降低,铁素体板条变薄,且渗碳体变得更为细密[5]。

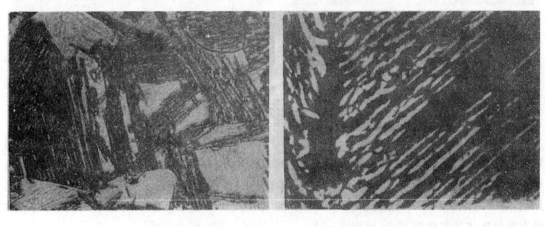

(a)　　　　　　　　　　　　　　　　　　　　(b)

(c)

图 5-1　上贝氏体组织

(a)光学金相(30CrMnSiA 钢,400 ℃等温 30 s),1 000×;

(b)电子金相(复型,60 钢,900 ℃加热,按 50 ℃/s 冷却),5 000×;

(c)电子金相(薄膜透射,暗场,60CrNiMo 钢,495 ℃等温),12 500×

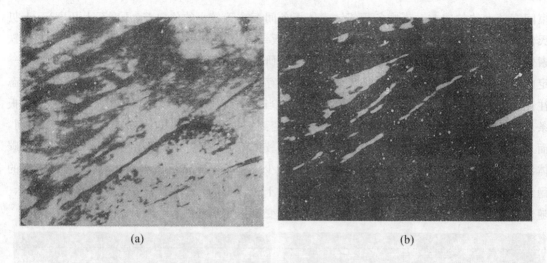

(a)   (b)

图 5-2   40CrMnSiMoVA 钢中的准上贝氏体组织(310 ℃等温 15 min,薄膜透射),36 000×

(a)明场像； (b)暗场像

5.1.2   下贝氏体

下贝氏体是在贝氏体转变区下部的温度范围内形成的,它也是由铁素体和碳化物构成的复相组织。在低碳(低合金)钢中,这种贝氏体铁素体的形态通常呈板条状,若干个平行排列的板条便构成一束(见图 5-3),与板条状马氏体很相似。在高碳钢中,贝氏体铁素体则往往呈片状,各个片之间互成一定的交角(见图 5-4),与片状马氏体很相似。而在中碳钢中,则两种形态的贝氏体铁素体兼有之(见图 5-5)。

图 5-3   低碳低合金钢(15CrMnMoV)中的下贝氏体组织(薄膜透射,975 ℃加热,油淬),26 400×

研究表明,下贝氏体大都是从晶界开始形成的,但也有在晶粒内部形成的。在电子显微镜下可清晰地看到,不论贝氏体铁素体呈板条状或片状,在其基体上都沉淀着许多细微的碳化物(有时也可能还有残余奥氏体),它们与铁素体的长轴呈 55°~60°的方向较整齐地排列着(见图5-3、图 5-4(b)和图 5-5(b),(c))。这与回火马氏体的特征迥然不同(详见第 8 章)。

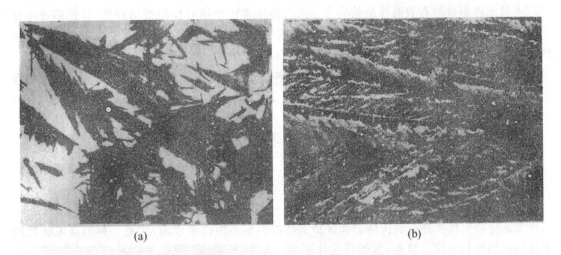

(a)   (b)

图 5-4 高碳钢(T11)中的下贝氏体组织(1 150 ℃加热 2 h,水淬)

(a)光学金相,500×; (b)电子金相(复型),5 000×

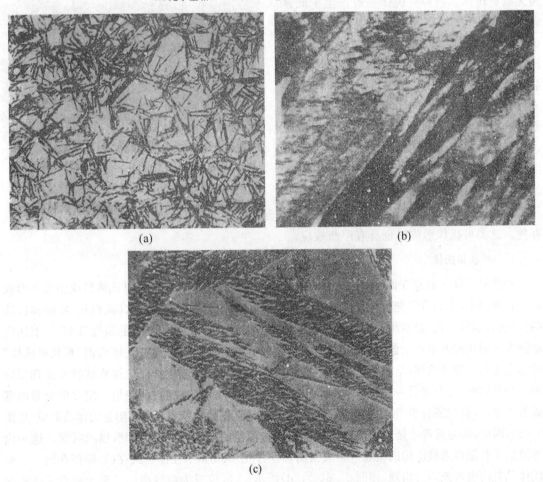

(a)   (b)

(c)

图 5-5 中碳钢中的下贝氏体组织

(a)光学金相(35CrMnSi 钢,325 ℃等温 20 s),400×; (b)电子金相(30CrMnSiNi2A 钢,薄膜透射,
240 ℃等温 1 h),22 400×; (c)电子金相(含 0.54C 的 Cr - Ni 钢,复型,缓冷),10 000×

下贝氏体形成时有表面浮凸效应。下贝氏体铁素体中也有位错缠结存在,且位错密度比上贝氏体铁素体高[6,7],但却未发现有孪晶亚结构存在。下贝氏体铁素体中溶有比上贝氏体铁素体多的过饱和碳;形成温度越低,碳的过饱和度也越大。

随钢中碳质量分数的增高,下贝氏体铁素体中沉淀的碳化物量亦增多,并随形成温度的降低而更趋弥散。当钢中含有较多稳定奥氏体的合金元素时,在铁素体基体上也可能同时有残余奥氏体和碳化物存在。

下贝氏体铁素体与其母相间也具有一定的晶体学取向关系。

5.1.3 其他各类贝氏体

(一)无碳化物贝氏体

无碳化物贝氏体是在贝氏体转变区最上部的温度范围内形成的,它是一种由条束状的铁素体构成的单相组织。显然,这类贝氏体不完全符合经典的贝氏体的定义,过去人们曾称它为无碳贝氏体。这种贝氏体一般产生于低、中碳钢中,它不仅可在等温时形成,在有些钢中也可在缓慢的连续冷却时形成。无碳化物贝氏体的显微组织如图 5-6 所示,可见它是从晶界开始向晶内平行生长的成束的板条状铁素体,其板条较宽,条间距离也较大,板条间为富碳的奥氏体。这种富碳奥氏体在随后冷却过程中将会部分地转变为马氏体;如在同一温度继续停留则可能转变为奥氏体的其他分解产物(其他贝氏体或珠光体)。可见,无碳化物贝氏体总不是单一地存在,而是与其他组织共存的。这类贝氏体形成时也具有浮凸效应。

图 5-6 无碳化物贝氏体组织(30CrMnSiA 钢,
450 ℃等温 20 s),1 000×

(二)粒状贝氏体

粒状贝氏体一般是在低、中碳合金钢中存在,它是在稍高于其典型上贝氏体形成温度下形成的。长期以来,人们曾经把由块状(等轴状)的铁素体和分布于其中的岛状(颗粒状)富碳奥氏体(有时还有少量碳化物)所构成的复相组织称为粒状贝氏体。但据近年来的研究证实[8],上述块状铁素体形成时并不产生像一般贝氏体形成时所具有的浮凸效应,而且上述所谓"粒状贝氏体"的形态也与一般贝氏体(呈板条状)不一致,并认为其块状铁素体很可能是按块状转变机理形成的。与此同时,还发现另一种由条状亚单元组成的板条状铁素体和在其中呈一定方向分布的富碳奥氏体岛(有时还有少量碳化物)所构成的复相组织(见图 5-7),并具有明显的浮凸效应(见图5-8),因此,认为后者才是真正的粒状贝氏体,而前者可称之为"粒状组织",以示区别。这一论述澄清了长期以来被混淆的概念。但应指出,这两种组织在钢中往往是共存的,即使在同一个奥氏体晶粒内也可能同时出现,如图 5-8(c),(d)所示(A 区位置为粒状组织);至于两者基体中的富碳奥氏体岛则无任何区别,图 5-8(c)表明,它们即使在光学显微镜下也清晰可见,其外形一般不规则,有的近似圆形,有的呈不规则的多边形,有的则呈长条形。

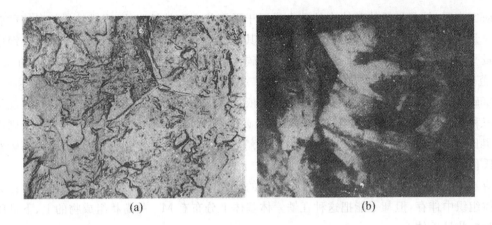

(a)　　　　　　　　　　　　(b)

图 5-7　粒状贝氏体的形貌和亚结构(18Mn2CrMoBA 钢,自 930 ℃空冷)

(a)复型,5 400×;

(b)薄膜透射(铁素体亚单元清晰可见,并具有一定的位错密度;暗黑色不规则的多边形为富碳奥氏体岛),16 000×

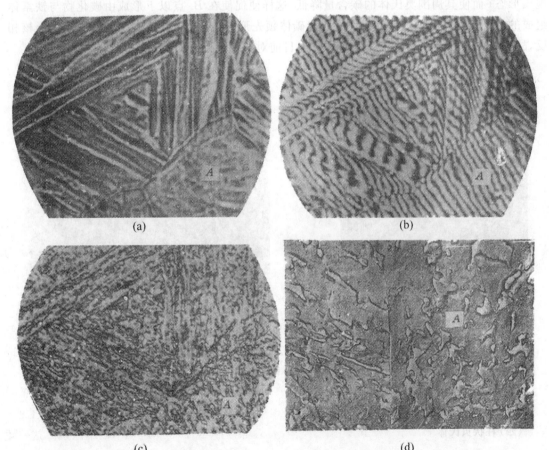

(a)　　　　　　　　　　　　(b)

(c)　　　　　　　　　　　　(d)

图 5-8　粒状贝氏体组织及其表面浮凸(18Cr2Ni4WA 钢,自 960 ℃经 65 min 冷至 300 ℃)

(a)表面浮凸(在 A 区无表面浮凸);　(b)与(a)同一部位的表面干涉图像;

(c)与(a)同一部位的光学金相,以上均为 600×;　(d)电子金相(复型),4 000×

研究表明，粒状贝氏体基体中的碳含量近于平衡状态下的铁素体；富碳奥氏体岛中的合金元素含量与基体中的平均值基本相同[9,10]，但其碳含量则较高，例如在 18Mn2CrMoB 钢中其碳含量平均约为基体的 5 倍，而且各个岛中的碳含量差别极大，它可以在相当于基体的 3.5～12 倍范围内变化[10]。

富碳奥氏体岛在随后继续冷却的过程中，依其冷却速率和奥氏体稳定性的不同，可能发生以下三种情况：① 部分或全部分解为铁素体和碳化物；② 部分转变为马氏体，其余部分则成为残余奥氏体，这种两相混合物通常被称为"$\alpha'-\gamma$"或"M-A"组成物，其中的马氏体是高碳孪晶型马氏体；③ 全部保留下来而成为残余奥氏体。一般来说，第 ② 种情况最为普遍。

应当说明，在对某些低合金高强度结构钢的研究中发现[10]，M-A 岛状组成物也常在其他贝氏体组织中伴存，但却不能把这种在铁素体基体上分布有 M-A 岛状组成物的上、下贝氏体也称为粒状贝氏体。

（三）反常贝氏体

反常贝氏体产生于过共析钢中。这种钢在 B_s[❶] 点以上因有先共析渗碳体的析出（一般呈魏氏形态）而使其周围奥氏体的碳含量降低，这样便促使在 B_s 点以下形成由碳化物与铁素体组成的上贝氏体。由于这种贝氏体是以渗碳体领先形核，和一般贝氏体以铁素体领先形核相反，故称为反常贝氏体，如图 5-9 所示[11]。目前对这种贝氏体研究较少。

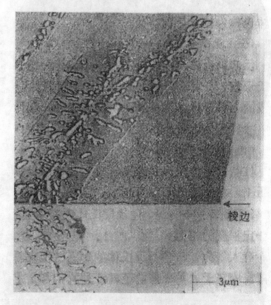

图 5-9　反常贝氏体组织(1.34C 钢，550 ℃ 等温 1 s)

图 5-10　柱状贝氏体组织(0.44C 钢双磨面电子金相，315 ℃ 等温，2 400 MPa 压力)

（四）柱状贝氏体

柱状贝氏体一般是在高碳钢或高碳合金钢的贝氏体转变区的较低温度范围内形成，但在高压下，在中碳钢中亦可形成。如图 5-10 所示即为 0.44C 钢在 2 400 MPa 压力下形成的柱状

---

❶　B_s 是贝氏体形成的上限温度。

贝氏体[6]。由图 5-10 可见,柱状贝氏体铁素体上的碳化物有着一定的排列方向,这点与下贝氏体有一定程度的相似。

有人认为,从各类贝氏体的形态特征来看,无碳化物贝氏体、粒状贝氏体、反常贝氏体等似应归属于上贝氏体的范畴,即它们都是上贝氏体的变态,而柱状贝氏体可归属于下贝氏体的范畴。按照这种观点,贝氏体只有上、下贝氏体两大类之分。

5.2　贝氏体转变的特点和晶体学

5.2.1　贝氏体转变的特点

由于贝氏体转变温度介于珠光体转变和马氏体转变之间,因而使贝氏体转变兼有上述两种转变的某些特点,现概述如下:

(1) 贝氏体转变也是一个形核和长大的过程。贝氏体的形核需要有一定的孕育期,其领先相一般是铁素体(除反常贝氏体外),贝氏体转变速率远比马氏体转变慢。

(2) 贝氏体形成时会产生表面浮凸。

(3) 贝氏体转变有一个上限温度(B_s),高于该温度则不能形成,贝氏体转变也有一个下限温度(B_f),到达此温度则转变即告终止。

(4) 贝氏体转变也具有不完全性,即使冷至 B_f 温度,贝氏体转变也不能进行完全;随转变温度升高,转变的不完全性愈甚。

(5) 贝氏体转变时,新相与母相奥氏体间存在一定的晶体学取向关系。

5.2.2　贝氏体转变的晶体学

研究相变的晶体学有助于揭示相变的实质。由于贝氏体是铁素体与碳化物的复相组织,故贝氏体转变的晶体学实际上包含着奥氏体-贝氏体铁素体、奥氏体-碳化物以及贝氏体铁素体-碳化物间的晶体学关系等。

关于贝氏体中奥氏体-贝氏体铁素体间的晶体学关系,据报道[12-15],对上贝氏体而言,大多认为与低碳马氏体相近,符合 K-S 关系;而下贝氏体的数据比较分散,有人认为是 K-S 关系,也有人认为是西山关系或其他关系。由于研究者所用钢种不同以及测试上的误差,在取向上相差几度是完全可能的。因此,上、下贝氏体中奥氏体-贝氏体铁素体间的晶体学关系多以 K-S 关系来代表。至于惯习面,上贝氏体为 $\{111\}_\gamma$,而下贝氏体的情况较复杂,有人认为是 $\{110\}_\gamma$;也有报道为 $\{225\}_\gamma$、$\{569\}_\gamma$ 或 $\{254\}_\gamma$ 等[16,35]。

关于贝氏体铁素体-碳化物、奥氏体-碳化物间的晶体学关系往往被用来作为判定碳化物究竟是由贝氏体铁素体中析出,还是由奥氏体中析出的重要依据,亦即涉及贝氏体转变的机理问题。

一般认为,上贝氏体中的碳化物为 Fe_3C 型,而下贝氏体中的碳化物则取决于钢的成分、形成温度及其持续时间。当钢中硅的质量分数较高时,由于硅具有强烈的延缓渗碳体沉淀的作用,因而在下贝氏体中难于形成渗碳体,而基本上是 ε 碳化物。在其他钢的下贝氏体中,碳化物为渗碳体与 ε 碳化物的混合,或全部是渗碳体。一般来说,形成温度愈低,持续时间愈短,出现 ε 碳化物的可能性或所占比例愈大;反之,则愈小。显然这是由于温度愈高和持续时间愈长

就愈有利于由 ε 碳化物向渗碳体的转化所致。

Pitsch[14] 指出，上贝氏体中碳化物（Fe_3C）与奥氏体间具有 Pitsch 关系：

$$(0\,1\,1)_{Fe_3C} \parallel (\bar{2}\,2\,5)_\gamma; \quad [0\,1\,0]_{Fe_3C} \parallel [1\,1\,0]_\gamma; \quad [1\,1\,0]_{Fe_3C} \parallel [5\,5\,\bar{4}]_\gamma$$

惯习面为

$$(3\,0\,4)_{Fe_3C} \parallel (2\,\bar{2}\,7)_\gamma$$

由此证实了渗碳体是由奥氏体中直接析出。

至于下贝氏体中铁素体与碳化物间的取向关系，目前虽有若干报道，但结论却并不一致。一般认为下贝氏体中铁素体与渗碳体间的取向关系与回火马氏体相近。例如，按 Bagaryatski 关系为[17]

$$(0\,0\,1)_{Fe_3C} \parallel (1\,1\,2)_\alpha; \quad [1\,0\,0]_{Fe_3C} \parallel [0\,\bar{1}\,1]_\alpha; \quad [0\,1\,0]_{Fe_3C} \parallel [1\,\bar{1}\,1]_\alpha$$

按 Исайчев(Isaichev) 关系为[17]

$$(0\,1\,0)_{Fe_3C} \parallel (1\,\bar{1}\,1)_\alpha; \quad [1\,0\,3]_{Fe_3C} \parallel [0\,1\,1]_\alpha$$

对 ε 碳化物来说，它与铁素体的取向关系也与回火马氏体相近，按 Jack 关系为[17]

$$(0\,0\,0\,1)_\varepsilon \parallel (0\,1\,1)_\alpha; \quad (1\,0\,\bar{1}\,1)_\varepsilon \parallel (1\,0\,1)_\alpha; \quad [1\,1\,\bar{2}\,0]_\varepsilon \parallel [1\,0\,0]_\alpha$$

人们根据以上结果，认为下贝氏体中的碳化物是自过饱和铁素体中析出的。但是，实际上根据所测得的 Fe_3C（或 ε）与铁素体间的取向关系，并不一定就能说明 Fe_3C（或 ε）即由铁素体中析出，因为奥氏体与铁素体间存在 K-S 关系，故可借此将 Fe_3C（或 ε）与铁素体间取向关系转换为 Fe_3C（或 ε）与奥氏体的关系。此外，Thomas[18] 根据对含硅钢的研究证实，这种取向关系近于 Pitsch 关系。已知 Pitsch 关系是碳化物自奥氏体中析出所遵循的取向关系，因此，Thomas 认为下贝氏体中的碳化物是从奥氏体中析出。但应指出，据最近对 40CrMnSiMoV 钢下贝氏体中碳化物沉淀的电镜观察表明[19]，碳化物既可从铁素体中析出，也可从奥氏体中析出。

总之，有关贝氏体转变的晶体学关系问题目前尚无定论，这也是造成迄今为止对于贝氏体转变机理还存在重大分歧的原因之一。

5.3 贝氏体转变过程及其热力学分析

5.3.1 贝氏体转变过程

（一）贝氏体转变的两个基本过程

已知典型的上、下贝氏体是由铁素体和碳化物组成的复相组织，因此贝氏体转变应当包含铁素体的成长和碳化物的析出两个基本过程。它们决定了贝氏体中两个基本组成相的形态、分布和尺寸，因而也就决定了整个贝氏体的组织形态和性能。

（二）奥氏体中碳的再分配

文献[4] 指出，在贝氏体转变时奥氏体中会发生碳的再分配。这是因为贝氏体中的铁素体是低碳相，而碳化物是高碳相，当贝氏体转变时，为了使领先相得以形核，在过冷奥氏体中必须通过碳原子的扩散来实现其重新分布，形成富碳区和贫碳区，以满足新相形核时所必需的碳质量分数（成分）条件。

恩琴(Энтин)[4] 根据某些合金钢在中温区等温停留后冷至室温时残余奥氏体点阵常数的

变化(对应着其碳含量的变化),对贝氏体转变时奥氏体中碳的再分配规律作了系统研究,其结果示于图 5-11。由图 5-11(a) 可见,亚共析钢在贝氏体转变开始之前,从等温温度淬冷至室温后,其残余奥氏体的点阵常数已略有增长,这表明在孕育期内奥氏体中已发生了碳的再分配;之后,由于贫碳区的形成使贝氏体开始形核和长大,随贝氏体转变量的增多,未转变奥氏体的点阵常数不断增大,即奥氏体中的碳含量不断增高。图 5-11(b) 表明,过共析钢在孕育期内一开始奥氏体的点阵常数便有一突增,这表明其中已发生了碳的再分配,随后由于有碳化物析出,使未转变奥氏体的碳含量降低,则点阵常数减小;接着在贫碳区便发生贝氏体转变。

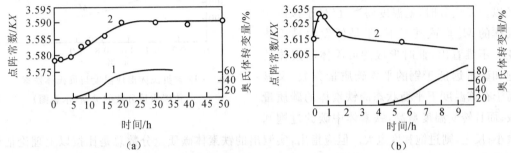

图 5-11　在中温区等温处理时贝氏体转变量(曲线 1)和残余
奥氏体点阵常数(曲线 2)与持续时间的关系

(a)0.48C-4.3Mn-0.26Si 钢,275 ℃ 等温;　(b)1.4C-2.7Mn-0.34Si 钢,300 ℃ 等温

据最近的研究报道[20],用扫描俄歇探针对 Fe-3.06Mn-1.24C 及 9CrSi 钢在贝氏体转变前孕育期内等温停留时奥氏体内碳原子分布进行测定表明,在奥氏体晶界附近和晶内均存在明显的贫碳区,这也是碳发生再分配的有力证据。

综上所述,在贝氏体转变的孕育期内和转变过程中,都发生着碳的再分配。但是,这一过程明显地受钢中碳和合金元素质量分数以及转变温度的影响。因为依奥氏体中碳和合金元素的原始质量分数及转变温度的不同,贝氏体转变本身和从奥氏体中析出碳化物这两个过程中可能某一个占有优势,从而决定了碳的再分配规律。一般来说,随钢中碳质量分数的增高,从奥氏体中析出碳化物相的可能性增大,同时合金元素中硅、锰、铬、镍等也依次使这种可能性增大。

实验证实,在贝氏体转变时铁和合金元素原子是不进行扩散的,这是由于在 α-Fe 和 γ-Fe 中铁原子的自扩散系数和合金元素原子的异扩散系数都很小。因此,在贝氏体转变时不会发生合金元素的再分配现象。

(三)贝氏体铁素体的形成及其碳质量分数

关于在过冷奥氏体的贫碳区如何形成贝氏体的机理问题,长期以来有着种种不同的见解。柯俊等人[21,22]最早提出贝氏体铁素体是按切变方式形成。恩琴[4]亦持同一观点,并认为贝氏体铁素体最先是由奥氏体中贫碳区形成低碳马氏体,在随后的保温过程中因发生分解,析出了碳化物,从而得到了贝氏体铁素体。还有一些研究者也持有与之大体相同的观点[5,23,24],但是 Aaronson[25] 等人却认为是按台阶机理形成的。

持切变机理观点的人认为,贝氏体铁素体中的碳量是过饱和的,其质量分数与转变温度有关,在某一温度下形成的贝氏体的碳质量分数应相当于以该温度为 M_s 点的奥氏体的碳质量分数。图 5-12 是根据文献[26]而设想的解释这种论点的示意图。由图可知,若以亚共析钢为例,当 X 成分的奥氏体被过冷到低于 B_s 点的 T 温度时,它已处于 A_{cm} 延长线的右侧,这意味着碳在奥氏体中处于过饱和状态。从热力学条件来看,碳应具有从奥氏体中析出的倾向,因此奥氏体内必将发生碳的再分配,从而形成贫碳区和富碳区。富碳区的碳量向右方向增加,贫碳区的碳量向左方向降低,当贫碳区的碳量降到 Y 以至 Z 成分时,就温度而言,已处于该成分奥氏体的 M_s 点或其以下,于是便发生马氏体转变。不难看出,此时形成的贝氏体铁素体的过饱和碳量远低于钢的平均碳质量分数,又显著高于在该温度下平衡状态的铁素体的碳质量分数;而且转变温度愈高,铁素体中碳的过饱和

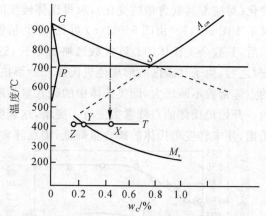

图 5-12　贝氏体形成温度与贝氏体铁素体碳质量分数的关系(示意图)

度愈小;反之,则过饱和度愈大。但应指出,实测出的铁素体碳质量分数总是比按以上理论估计的值要低。例如,Hehemann[5] 的估计值为 0.25%,而实测值仅为 0.1%～0.15%,他认为这是由于铁素体长大时将部分碳排至周围的奥氏体中所致。Курдюмов[23](库尔鸠莫夫)对 1.0C-1.42Cr 钢在 250～300 ℃ 等温形成的贝氏体铁素体碳质量分数作了测定,其值为 0.12%～0.17%,但他认为这是由于先形成的低碳马氏体在随后等温时很快发生回火分解,从而使其碳质量分数降低所致。上述结果表明,对贝氏体铁素体中碳是处于过饱和状态的认识是一致的。

(四)碳化物相的成分和类型

前已指出,贝氏体中的碳化物相可能是渗碳体或 ε-碳化物,这取决于钢的成分及转变的温度和持续时间。由于在贝氏体转变时合金元素不发生重新分布,所以碳化物中的合金元素含量总是大致等于钢中合金元素的平均含量。不论碳化物是直接从奥氏体中析出或是从贝氏体铁素体中析出,这一结论都是正确的。

5.3.2　贝氏体转变的热力学分析

(一)贝氏体转变的驱动力

如前所述,许多人都认为贝氏体铁素体是按共格切变方式(马氏体型转变)形成的。柯俊[21] 认为,贝氏体转变的热力学条件与马氏体转变相似。因此,相变的驱动力(新、母相单位体积化学自由能差) ΔG_V(负值)必须足以补偿表面能 ΔG_S、弹性应变能 ΔG_E 以及塑性应变能 ΔG_P 等能量消耗的总和(参见 4.4 节中式(4-2))。但与马氏体转变不同的是,贝氏体转变时,奥氏体中碳发生了再分配,使贝氏体铁素体中碳含量降低,这就使铁素体的自由能降低,从而使在相同温度下的新、母相间自由能差增大。同时,贝氏体与奥氏体间比容差小,使因比容增大和维持切变共格所引起的弹性应变能减小,而且也使周围奥氏体的协作形变能减小。这样,在不需要像马氏体转变时那样大的过冷度条件下就有可能满足相变的热力学条件。因此,贝氏体形成的上限温度 B_s 必然显著高于马氏体开始形成温度 M_s。这一现象从图 5-12 中同样可以得到解释,即如果在 T 温度下发生贝氏体转变,则该温度必然高于给定成分钢的 M_s 点。

(二)B_s 点及其与钢成分的关系

由前可知,B_s 点是表示奥氏体和贝氏体间自由能差达到相变所需的最小化学驱动力值时的温度,或者说 B_s 点反映了贝氏体转变得以进行所需要的最小过冷度,高于 B_s 点则贝氏体转变不能进行。

Krisment[27] 对不同碳质量分数的低合金钢(合金元素总质量分数小于 1%)的 B_s 点做了测定,并与 Fisher 根据热力学计算得出的结果作了对比,如图 5-13(a) 所示。图中 $\Delta F=0$ 的曲线表示奥氏体与同成分铁素体自由能相等时对应的温度(即相当于 T_0 温度),该曲线与 A_{cm} 的外推曲线相交于 P 点(相当于 w_C 为 0.5% 和 590 ℃)。可见,碳质量分数小于 0.5% 时,$\Delta F=0$ 曲线可近似表示贝氏体形成的上限温度 B_s;但碳质量分数大于 0.5% 后,B_s 温度则保持不变。关于碳钢的 B_s 点与其碳质量分数的关系,Kinsman 和 Aaronson 根据金相法也得出了类似的结果,如图 5-13(b) 所示[28]。

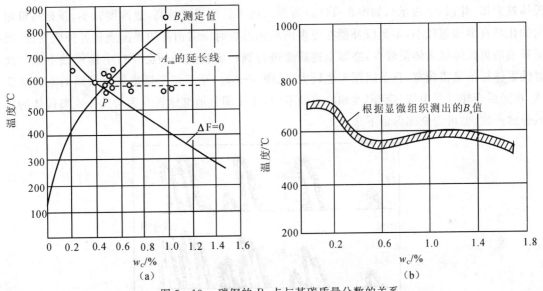

图 5-13　碳钢的 B_s 点与其碳质量分数的关系
(a)Krisment 的测定结果;　(b)Kinsman 和 Aaronson 的测定结果

钢中加入稳定奥氏体的合金元素,将导致 $\Delta F=0$ 曲线下移,从而使 P 点向左下方移动,引起 B_s 点降低。关于合金元素对 B_s 点的影响,可用下列经验公式来表示[7]:

$$B_s(℃)=830-270\times(w_C)-90(w_{Mn})-37\times(w_{Ni})-70\times(w_{Cr})-83\times(w_{Mo})$$

上式适用于下列成分范围的钢:$w_C=0.1\%\sim0.55\%$,　$w_{Cr}\leqslant3.5\%$,　$w_{Mn}=0.2\%\sim1.7\%$,　$w_{Mo}\leqslant1.0\%$,　$w_{Ni}\leqslant5\%$。

5.4　贝氏体转变机理概述

如前所述,贝氏体转变包括贝氏体铁素体的生长和碳化物的析出两个基本过程。长期以来,围绕贝氏体铁素体生长机理和碳化物析出源问题引起了激烈争论。关于碳化物析出源问题,已在 5.2 节中作过介绍,这里将对贝氏体铁素体生长机理作简要阐述。对于贝氏体铁素体生长机理的认识主要有切变机理和台阶机理两大学派,现简介如下。

5.4.1　切变机理

柯梭和 Cottrell[22] 在贝氏体转变研究中最早发现有浮凸效应,并认为贝氏体转变的浮凸与马氏体转变的相似,从而提出了贝氏体转变的切变机理。据这一经典理论认为,贝氏体转变的温度比马氏体转变时高,此时碳原子具有一定的扩散能力,因而当贝氏体中铁素体在以共格切变方式长大的同时,还伴随着碳原子的扩散和碳化物从铁素体中脱溶沉淀的过程,故整个转变过程的速率受碳原子的扩散过程所控制,并且依温度不同碳自铁素体中的脱溶可以有以下几种形式[21]:

(1) 当温度较高时,碳原子不仅在铁素体中有较高的扩散能力,而且在奥氏体中也有相当的扩散能力,故在铁素体片成长的过程中可不断通过铁素体-奥氏体相界面把碳原子充分地扩散到奥氏体中去,这样就形成了由板条状铁素体组成的无碳化物贝氏体(早先曾有人称其为贝氏体铁素体,并以 BF 表示),如图 5-14(a) 所示。由于转变温度较高,过冷度较小,新相与母相间的化学自由能差较小,不足以补偿在更多的新相形成时所需消耗的界面能和各种应变能,因而形成的贝氏体铁素体量较少,亦即上述转变进行到一定程度后便会自行中途停顿下来。此时铁素体板条显得较宽,且条间距离也较大(见图 5-6)。至于位于铁素体板条间的富碳奥氏体,在随后冷却过程中依其稳定性和冷速的不同,则可部分地继续转变为马氏体或奥氏体的其他分解产物,也可能全部保留下来。

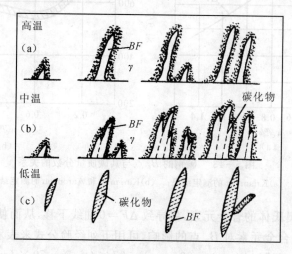

图 5-14　贝氏体形成机理示意图
(a) 无碳化物贝氏体;　(b) 上贝氏体;　(c) 下贝氏体

(2) 当温度稍低时,虽然碳原子在铁素体中仍可顺利地进行扩散,但在奥氏体中的扩散却不能充分进行,加之由于过冷度较大,相变驱动力增大,所形成的贝氏体铁素体量较多,板条较为密集,这样通过铁素体-奥氏体相界面进入板条间奥氏体中的碳原子就不能充分向板条束以外的奥氏体中扩散逸去,于是碳便在铁素体板条间以粒状或条状的碳化物形式析出,如图5-14(b) 所示,结果得到呈羽毛状的上贝氏体。转变温度愈低,形成的贝氏体铁素体量愈多,而且板条也愈窄;同时,随着碳的扩散系数减小,使上贝氏体中的碳化物也变得更为细小。

(3) 当温度较低时,碳在奥氏体中的扩散极为困难,在铁素体中扩散也受到相当限制,以致碳原子不能长程扩散到铁素体-奥氏体相界面,而只能在铁素体片中短程扩散,在某一定的晶面上偏聚,进而以碳化物形式析出,从而得到在片状铁素体上分布着与铁素体长轴呈一定交角(55°～60°)、排列成行的碳化物的复相组织,如图 5 - 14(c)所示,此即下贝氏体。转变温度愈低,其中碳化物沉淀的弥散度便愈大,且铁素体中碳的过饱和度也愈高。

按此理论,上述几种贝氏体的形成机理都是一样的,只是因为由转变温度所决定的碳的脱溶和碳化物的析出行为不同而造成了组织形态上的差异。

根据上述理论也不难解释粒状贝氏体的形成过程[10]。在某些低碳合金钢中,当过冷奥氏体在低于 B_s 温度(稍高于典型上贝氏体形成温度)时,先发生碳的再分配(见图 5 - 15(a)),接着在奥氏体的贫碳区开始形成许多彼此大体上平行的板条铁素体(与典型上贝氏体相同),碳原子从铁素体中通过与奥氏体的相界面不断向奥氏体中扩散,此时铁素体板条不仅纵向长大,而且也侧向长大(见图 5 - 15(b))。但由于奥氏体中本来就存在着碳的偏聚,所以铁素体-奥氏体相界面的推进速度对各部位来说将不会完全一致,其向富碳奥氏体区推进的速度显然要小于向贫碳区推进的速度,于是铁素体-奥氏体相界面便出现了凹凸不平(见图 5 - 15(c)),即造成铁素体侧向的不均匀长大。随着时间的延续,铁素体板条进一步长大,并彼此靠拢,最终便将这些富碳的奥氏体区包围在其中(见图 5 - 15(d))。由于这部分奥氏体富碳,并含有一定量的合金元素,加之所处的温度又较高,故十分稳定,不会从中析出碳化物,因此就得到了粒状贝氏体组织。Леонтьев(列昂奇也夫)等人[29]利用电子显微镜研究 $w_C = 0.12\%$ 的 Cr - Mn - Mo - V 钢时也证实,粒状贝氏体中的块状(或等轴状)铁素体实际上是由许多板条状铁素体组成的,只是由于板条很细,在光学显微镜下难于辨认,以致误认为是块状铁素体。

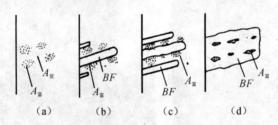

图 5 - 15　粒状贝氏体形成过程示意图

但应指出,尽管上述共格切变理论解释了贝氏体转变的许多现象。然而却无法解释为何上、下贝氏体都各自具有独立的转变动力学曲线和不同的转变激活能等现象。

后来,许多人在进一步的研究中又有不少新的发现。Hehemann[5]利用光学和电子显微镜观察到每个上、下贝氏体铁素体的条片都是由若干亚单元所组成,并证实当一个亚单元长大到一定尺寸时,在其附近又会诱发形成另一亚单元,由这种亚单元不断地诱发形核并长大,便构成了铁素体板条在纵向和横向上的成长。同时认为,每个亚单元都是按共格切变方式形成,其长大速率较快,但对整个铁素体板条来说长大速率却慢得多,这是因为受碳原子的扩散所控制,使亚单元长大到一定尺寸时便会发生停顿之故。因此,贝氏体铁素体的生长是一种不连续生长。根据其实际观察结果,提出了上、下贝氏体铁素体的成长模型,如图 5 - 16 所示[30]。还应说明,下贝氏体亚单元通常是从一个平直的不动边开始形核,并以一定的角度向另一边发展,最后终止在某一个位置上,使生长的前沿呈现锯齿状或台阶状。不难想象,在亚单元成长过程中,碳原子可不断通过铁素体-奥氏体相界面向生长前沿奥氏体一侧扩散和聚集,并从中析出碳化物;由于碳化物的析出,又使其附近奥氏体中出现贫碳区,从而有利于铁素体在该处形核并长大。如此交替重复便得到了在亚单元上呈周期性排列分布的碳化物,从而解释了下贝氏体中碳化物呈一定排列方向分布的现象。图 5-17[5] 为 60CrNiMo 钢的下贝氏体在电子显微镜下的形态,从中可清楚地看出其亚单元的形貌和碳化物的分布特征。

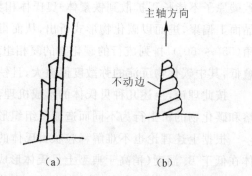

图 5-16 上、下贝氏体中铁素体的成长模型

(a) 上贝氏体; (b) 下贝氏体

针对切变机理,人们还提出过一些疑问:既然贝氏体铁素体是按切变机理形成,为何在贝氏体铁素体中未能像马氏体那样发现有孪晶存在? 为何下贝氏体中碳化物的分布特征与回火马氏体中的不同(后者的碳化物往往呈"人"字型)? 据分析,这可能与贝氏体铁素体中碳质量分数较低有关。

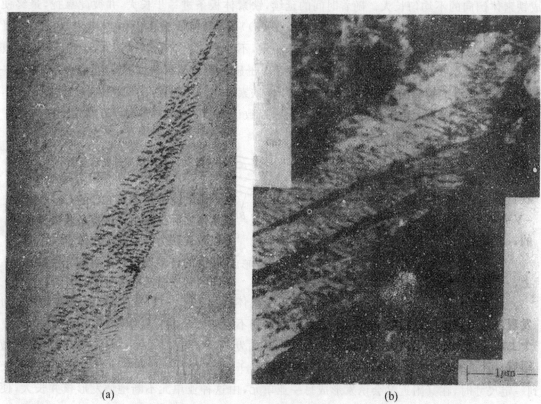

图 5-17   60CrNiMo 钢的下贝氏体

(a) 复型(345 ℃ 等温),10 000×; (b) 薄膜透射(270 ℃ 等温),40 000×

5.4.2   台阶机理

与贝氏体转变切变机理的提出者不同,Aaronson[25] 虽也承认有表面浮凸存在,但认为贝

氏体转变的浮凸与马氏体转变的浮凸不同,前者是由于转变产物的体积变化造成的,而并非由于切变所致。他从组织的定义出发,认为贝氏体是非片层的共析反应产物,贝氏体转变同珠光体转变机理相同,两者的区别仅在于后者是片层状,从而提出了贝氏体铁素体的长大是按台阶机理进行,并受碳原子的扩散所控制。台阶机理长大的示意图可参见图 1-8。图中台阶的宽面(水平面)为 $\alpha-\gamma$ 的半共格相界面,但是台阶的端面(垂面)为无序结构(非共格面),其原子处于较高的能量状态,因此这一界面具有较高的活动性,易于实现迁移,使台阶侧向移动,从而导致台阶宽面向前(空心箭头所示方向)推进。

Aaronson 等[25]利用热离子发射显微镜直接观察到先共析铁素体片台阶的形成和长大,认为台阶的移动速度是由碳在奥氏体中的体扩散控制的,并非属于切变长大;同时还用同样的方法对 0.66C-3.34Cr 钢在 400 ℃ 等温形成的单个上贝氏体束进行了观测,获得了上贝氏体束中单个亚单元生长的电影图片,如图 5-18 所示。但是在下贝氏体的板条形成过程中并未观察到台阶。Aaronson 等人[25]也承认,获得台阶的直接证明是困难的。

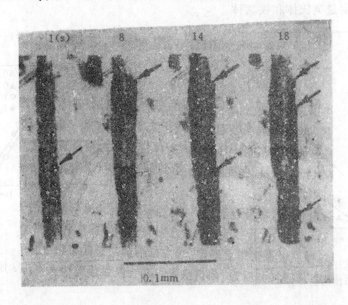

图 5-18　上贝氏体束中单个亚单元的生长的电影图片

总的来说,关于贝氏体转变机理的研究目前虽还不够成熟,但较之数年前已有很大的进展,随着研究的不断深入,必将使人们对贝氏体转变的本质和规律性的认识日臻完善。

5.5　贝氏体转变动力学

5.5.1　贝氏体转变动力学的特点

如 5.2 节所述,贝氏体转变是一个形核、长大的过程,形核需有一定的孕育期,长大速率较马氏体转变慢得多,贝氏体转变具有不完全性,等等。

人们[31]通过测定奥氏体在发生 50% 贝氏体转变时的全激活能❶，发现在上、下贝氏体的转变温度区域内其全激活能值彼此不同，但都随钢中碳质量分数的增高而增大（见图 5-19）；又通过对发生 50% 贝氏体转变的时间 τ_{50} 和等温温度 T 之间关系的研究，发现 $\lg\tau_{50}$ 与 $1/T$ 呈线性关系，并且在 350 ℃ 附近直线斜率发生变化（见图 5-20），而 350 ℃ 正好大致是上、下贝氏体区的过渡温度。可见，不论是转变激活能或是动力学数据的测定结果都有力地说明上、下贝氏体是按照不同的转变机理得来的。根据图 5-20 的数据，利用 Arrhenius 方程：$Q = R\left[\dfrac{\partial\ln\tau_{50}}{\partial(1/T)}\right]$，可求得上、下贝氏体转变 50% 时的全激活能[32]。据报道[5]，对于 $w_C = 1.2\%$ 的过共析钢，其上、下贝氏体转变的全激活能分别约为 126 kJ/mol 和 75 kJ/mol。而碳原子在奥氏体和铁素体中的扩散激活能分别为 126 kJ/mol 和 84 kJ/mol。可见，上、下贝氏体的全激活能值分别与碳原子在奥氏体中和铁素体中的扩散激活能相近。据此，Vasudevan 认为[34]，上、下贝氏体转变分别受碳原子在奥氏体和铁素体中的扩散所控制，并由此认定上、下贝氏体中碳化物的析出源分别是奥氏体和铁素体。

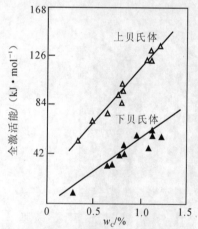

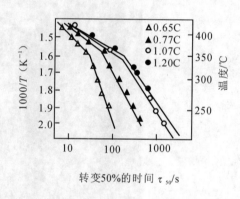

图 5-19　形成上、下贝氏体时的全激活能
　　　　　与钢中碳质量分数的关系

图 5-20　几种钢的 $\lg\tau_{50}$ 与 $1/T$ 的关系曲线

但应指出，碳在奥氏体中的扩散激活能是随其碳质量分数增高而减少的，而上贝氏体转变的全激活能却随钢中碳质量分数增高而增大（见图 5-19），亦即钢的碳质量分数愈高，两者的差值愈大。造成这种情况的原因，可能是由于上面所指的碳在奥氏体中的扩散激活能是指一般正常扩散而言，它并不能完全代表在孕育期内以及贝氏体转变过程中碳的扩散行为。至于前面出现的两值相近的情况，显然只是当钢的 $w_C = 1.2\%$ 时出现的一种巧合而已，因此以碳在奥氏体和铁素体中的扩散激活能来推断上、下贝氏体中碳化物的析出源的论据是不能成立的。

贝氏体长大速率与形成温度和钢碳质量分数的关系如图 5-21 所示[34]。

---

❶　全激活能是指包括孕育期形核及新相长大过程在内的总激活能，而长大激活能只是针对新相长大过程本身而言的，故全激活能必然大于长大激活能。

关于贝氏体转变不完全性的规律,可作如下解释:一般贝氏体转变总是优先在贫碳区开始的,随着贝氏体转变量的增加,由于碳不断向奥氏体中扩散,使未转变奥氏体中的碳含量愈来愈高,从而增加了奥氏体的化学稳定性而使之难于转变;同时由于贝氏体的比容比奥氏体大,产生了一定的机械稳定化作用,这也不利于贝氏体转变的继续进行。至于转变不完全性随温度升高而愈加显著的原因,可能主要与温度较高时使奥氏体与贝氏体间的自由能差减小,从而使相变驱动力减小有关。同时也应考虑到,转变温度愈高,将愈有利于碳原子的扩散而形成更多的柯氏气团,从而增强未转变奥氏体热稳定化倾向的作用。但应指出,当钢的 B_f 点低于 M_s 点,亦即在 M_s 点以下仍可发生贝氏体转变时,随等温温度降低,贝氏体的转变量则愈来愈少。显然,这是由于在 M_s 点以下大量马氏体的形成所引起的机械稳定化作用的结果。

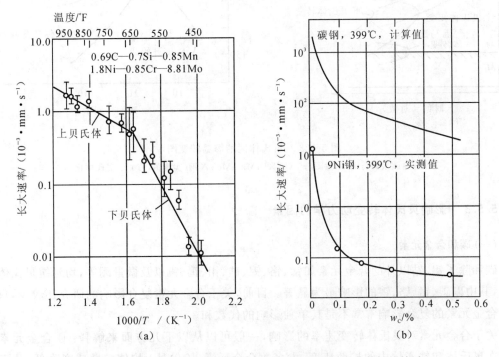

图 5-21　贝氏体长大速率与形成温度和钢的碳质量分数间的关系
(a) 形成温度; (b) 钢的碳质量分数

5.5.2　贝氏体等温转变动力学图

与珠光体转变一样,贝氏体也有独立的等温转变动力学图,呈"C"型。这是因为随过冷度增大,相间自由能差增大,即相变驱动力增大,从而促使转变加速,而与此同时,碳原子的扩散能力却愈益受到抑制,这又将使转变减缓,上述这一对矛盾因素共同作用的结果就使曲线上出现了"鼻子"。依钢的化学成分不同,贝氏体转变的 C 曲线可与珠光体转变的 C 曲线部分相重叠,也可彼此相分离(详见第 6 章)。贝氏体转变 C 曲线的最高点所对应的温度即为 B_s 点。但是当贝氏体转变 C 曲线与珠光体转变 C 曲线部分相重叠时,由于珠光体的较早形成而使 B_s 点难于观察到。过冷奥氏体转变为贝氏体的终止温度 B_f 点有时高于 M_s 点,而有时又低于 M_s 点。

近年来,由于新技术的发展,测试的灵敏度大为提高,往往可以发现在贝氏体转变区内实际上存在着上贝氏体、下贝氏体、等温马氏体等几组独立的 C 曲线。图 5-22(a)，(b)分别表示普通碳素共析钢的等温转变示意图[35] 和 40CrMnSiMoVA 钢的实测等温转变图[36]。这些研究结果也从另一个侧面证实上、下贝氏体是按照不同的转变机理形成的。

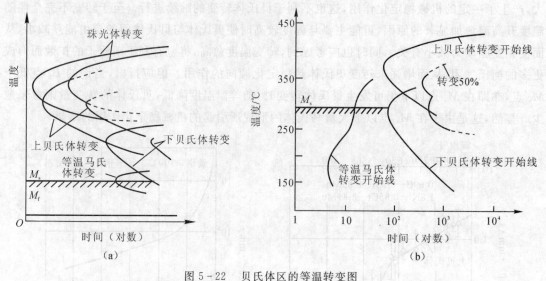

图 5-22　贝氏体区的等温转变图
(a)普通碳素共析钢(示意图)；　(b)40CrMnSiMoVA 钢(实测图，920 ℃ 奥氏体化)

5.5.3　影响贝氏体转变动力学的因素

(一)碳和合金元素

碳和除了铝、钴以外的合金元素如锰、铬、镍、硅、钼、钨、钒以及微量硼等，均延缓贝氏体的形成，其中以碳、锰、铬、镍的影响最为显著。目前，关于合金元素复合影响的研究还较少，只是知道合金元素的复合影响常常不是其单独影响的代数和。

关于合金元素对贝氏体转变速率的影响，一般可以从以下几方面来解释：① 合金元素影响碳在奥氏体和铁素体中的扩散速度，大多数合金元素(除钴外)均使扩散速度降低，从而减缓贝氏体的转变速率；② 合金元素影响到在一定温度下的相间自由能差，从而影响 B_s 点和在 B_s 点以下给定温度的相变驱动力，对于稳定奥氏体的元素如镍、锰、碳等而言，均使 B_s 点降低，并减缓贝氏体的转变速率；③ 形成强碳化物的元素如铬、钼、钨、钒等，由于与碳原子的亲和力较大而在奥氏体中可能形成某种"原子集团"，使共格相界面移动困难，从而减缓贝氏体的转变速率，等等。

(二)奥氏体晶粒大小和奥氏体化温度

一般认为，奥氏体晶粒大小对贝氏体转变速率影响较小。提高奥氏体化温度可使贝氏体转变孕育期增长，转变速率减慢，这显然与加热温度提高后使奥氏体成分更趋均匀，从而延缓了碳的再分配过程有关。

(三)应力和塑性形变

通常，拉应力能促使贝氏体转变加速，如图 5-23 所示[37]。这与奥氏体中存在一定的应力时会显著促进贝氏体形核[5]和加速碳原子的扩散有关。

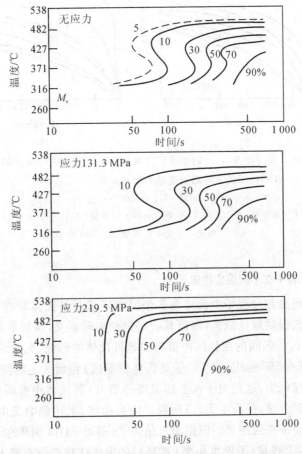

图 5-23 拉应力对 0.3C-1.2Cr-3.5Ni 钢贝氏体转变动力学的影响

至于塑性形变的影响较为复杂。一般说来,在高温(800~1 000 ℃)稳定的奥氏体区进行塑性形变,将使随后贝氏体转变的孕育期增长(也有少数钢相反),转变速率减缓,转变不完全程度增大;而在低于 B_s 温度(一般为 450 ℃ 以下)的介稳奥氏体区进行塑性形变时,结果则恰恰相反。如图 5-24 所示是 35XH5C(前苏联钢号,相当于 35CrNi5Si)钢的试验结果[38]。可以看出,在一定形变量(30%)下,于 600~1 000 ℃ 间进行形变使 300~350 ℃ 的贝氏体转变减慢,而于 300~350 ℃ 进行形变则使之加快。这是因为在高温形变时使奥氏体晶粒中产生了多边化亚结构,在一定程度上破坏了晶粒取向的延续性,使贝氏体转变时铁素体的共格成长受到阻碍,从而减慢了转变过程,而在低温形变时将在奥氏体中形成大量位错,可大大促进碳原子的扩散,加之奥氏体中一定的应力状态也有利于贝氏体的形核[5],从而加速了转变过程。生产中可以用高温形变的方法通过抑制贝氏体转变来提高淬透性。一般说来,高温下的形变量愈大,对减缓贝氏体转变速率的作用也愈大。

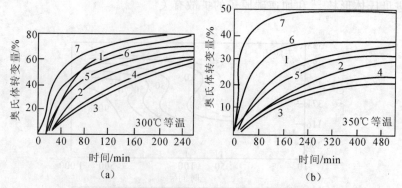

图 5-24　形变量为 30% 时形变温度对 35XH5C(相当于 35CrNi5Si) 钢
在不同温度下等温转变动力学的影响

(a)300 ℃；(b)350 ℃

1— 未形变；2—1 000 ℃ 形变；3—800 ℃ 形变；4—600 ℃ 形变；

5—500 ℃ 形变；6—350 ℃ 形变；7—300 ℃ 形变

（四）奥氏体冷却过程中在不同温度停留

研究零件热处理时冷却过程中奥氏体在各个温度停留对贝氏体转变动力学的影响,有助于为发掘热处理新工艺提供理论依据,因而具有一定的实际意义,现列举如下:

(1) 在珠光体-贝氏体区间的亚稳区停留将加速贝氏体的形成(见图 5-25 中规程 1)。如高速工具钢 W18Cr4V 在 500 ~ 650 ℃(处于奥氏体亚稳区)停留一定时间,可使随后发生的贝氏体转变加速。据研究认为,这是由于在上述温度停留时,奥氏体中有碳化物析出,降低了奥氏体中的碳和合金元素含量,提高了 B_s 点所致。应当指出,上述影响是由于在某一温度停留改变了奥氏体的成分而带来的结果。但据清水信善[39]等对 SUJ2 钢❶的研究认为,在所谓 A_B 温度(相当于 B_s 点)以上停留(不发生相变)对随后的贝氏体转变孕育期无影响,只有在 A_B 温度以下停留才会消耗贝氏体转变的孕育期。

(2) 在贝氏体区上部停留,使奥氏体部分地发生转变,将减慢随后在更低温度的贝氏体转变(见图 5-25 中规程 2)。如图 5-26 所示为对 35CrMnSi 钢的研究结果。由图可知,在 350 ℃等温转变时,奥氏体最终转变了 73%,而预先经 400 ℃ 停留 17 min,使之发生约 36% 的转变后,再转移至 350 ℃,则最终转变量仅为 65%,而且孕育期也有所增长。这可能是由于在高温区发生了部分上贝氏体转变后,使奥氏体中碳含量增高,增加了过冷奥氏体的稳定性,同时在高温区停留,也促进了奥氏体的热稳定化效应所致。

(3) 在贝氏体区下部或马氏体区停留,使奥氏体部分地发生转变,将使随后在更高温度的贝氏体转变加速(见图 5-25 中规程 3)。例如,GCr15 钢中预先获得一定量的马氏体,可使随后在 450 ℃ 时贝氏体转变的速率增加 15 倍;预先在 300 ℃ 获得部分下贝氏体,可使 450 ℃ 时贝氏体转变的速率增加 6 ~ 7 倍。又如 CrWMn 钢在冷至 M_s 点以下(M_s =216 ℃)预先获得 6% 的马氏体后,可使随后在 250 ℃ 的孕育期由直接等温处理时的 5 s 缩短为零,并使整个贝氏体转变过程由 2 h 缩短为 1 h;同样,在较低温度预先发生部分贝氏体转变后也能使在较高

❶　SUJ2 为一种日本钢牌号,其成分为 0.98C - 0.24Si - 0.41Mn - 0.37Cr.

温度的贝氏体转变加速。上述这些现象是由于在较低温度发生的马氏体或贝氏体转变在奥氏体中产生的应力,促进了随后在较高温度的贝氏体转变的形核所致[5]。

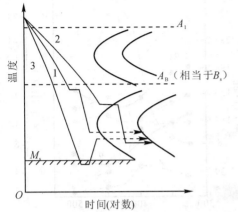

图 5 - 25　冷却过程中奥氏体在不同温度停留的工艺规程

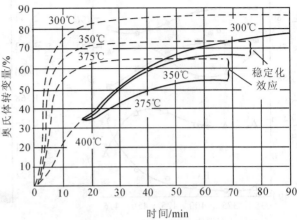

图 5 - 26　35CrMnSi 钢预先在 400 ℃ 部分转变后对 357 ℃,350 ℃,300 ℃ 转变动力学的影响
(如实线所示,虚线为原来的转变动力学曲线)

5.6　贝氏体的力学性能

贝氏体等温淬火和贝氏体钢之所以获得广泛的应用,不仅是因为它具有工艺上的优越性,更重要的是贝氏体还具有良好的强韧性。一般来说,在同一强度级别的条件下,贝氏体的韧性常常高于回火马氏体。

材料的力学性能取决于构成它的组织组成物的类别、形态、尺寸、分布状况和亚结构,贝氏体钢也不例外。但是贝氏体组织十分复杂,它不仅随转变温度不同而改变,而且欲得到单一类型的贝氏体也是很困难的,以致很难严格地评价某单一类型贝氏体的力学性能,故通常所测定的实际上多是以某类贝氏体为主的混合组织的性能。

5.6.1　贝氏体的强度

(一) 强度与转变温度的关系

图 5 - 27 为低、中碳合金结构钢经等温淬火后的力学性能[40,42]。由图可知,两种钢的抗拉强度 σ_b 和规定非比例伸长应力 $\sigma_{p0.2}$ 均随转变温度的降低而升高。这表明下贝氏体的强度比上贝氏体高。高碳合金钢的等温淬火也同样符合这一规律。

研究表明[41],在连续冷却条件下,如果钢的碳质量分数被限制在 $0.05\%\sim0.20\%$ 范围内,借加入合金元素来使 B_s 下降,这时可以发现,贝氏体转变50%的温度的下降同 σ_b 的上升呈线性关系(见图 5 - 28 中 $650\sim450$ ℃ 范围内)。一般来说,$\sigma_{p0.2}$ 是随 σ_b 的增高而线性地增高,不过,当 σ_b 增高时,屈强比 $\sigma_{p0.2}/\sigma_b$ 却有所下降。如将这种组织在适当温度下回火,由于在残余奥氏体中会产生一定的柯氏气团,或发生部分分解和转变,则可在不降低 σ_b 的情况下使 $\sigma_{p0.2}/\sigma_b$ 明显提高。

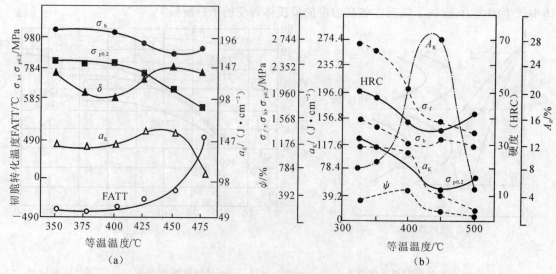

图 5-27 低、中碳合金结构钢经等温淬火后的力学性能

(a)0.12C-1.1Ni-0.5Mo-0.03V 钢; (b)30CrMnSiA 钢

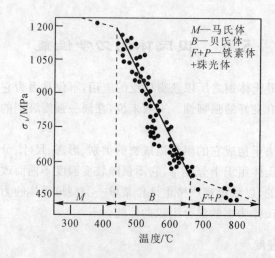

图 5-28 抗拉强度与贝氏体转变 50% 时的温度之间的关系

(二) 影响贝氏体强度的因素

1. 贝氏体铁素体晶粒大小

晶粒大小与材料规定非比例伸长应力 $\sigma_{p0.2}$ 之间的关系通常可用 Hall-Petch[43] 公式来表示,贝氏体铁素体的晶粒尺寸与规定非比例伸长应力 $\sigma_{p0.2}$ 的关系也服从这一公式。图 5-29(a),(c)[41,44] 所示为贝氏体铁素体晶粒尺寸对 $\sigma_{p0.2}$ 和 σ_b 的影响。应注意,这里所谓贝氏体铁素体晶粒尺寸 d 实际上是指板条宽度的平均值(在有些情况下,也把板条束看做为一个晶粒)。该图表明,贝氏体铁素体晶粒(板条宽度)愈细小,钢的 $\sigma_{p0.2}$ 和 σ_b 值愈高。

2. 碳化物的弥散度和分布状况

弥散强化被认为是最有效的强化手段之一。贝氏体中碳化物的弥散强化作用在下贝氏体中占有特别重要的地位,但对上贝氏体来说则相对显得次要,其原因在于上贝氏体中碳化物较粗大,而且分布状况不良(处于铁素体板条间)。贝氏体中碳化物的弥散度(1 cm² 中碳化物的数量)对 $\sigma_{p0.2}$ 和 σ_b 的影响如图 5-29(b),(d) 所示。可见,碳化物弥散度愈大,$\sigma_{p0.2}$ 和 σ_b 值愈高。由于碳化物的弥散度随转变温度降低而增大,所以上述关系与转变温度降低时强度增高的结果是一致的。

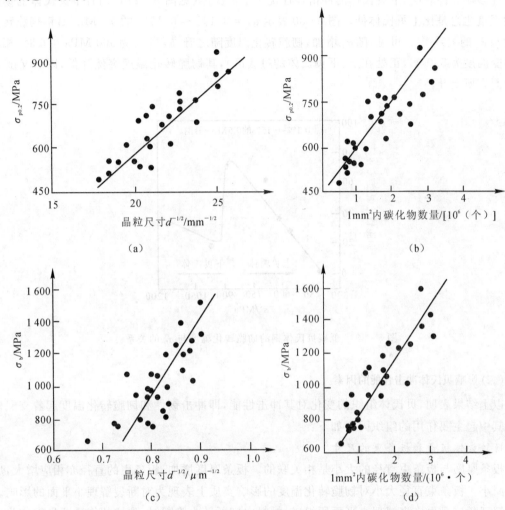

图 5-29　铁素体晶粒尺寸和碳化物弥散度对 $\sigma_{p0.2}$ 和 σ_b 的影响

(a),(c)— 铁素体晶粒尺寸；(b),(d)— 碳化物弥散度

3. 溶质元素固溶强化

碳对贝氏体铁素体的固溶强化作用要比以置换式溶入的合金元素大得多。随转变温度的降低,由于贝氏体铁素体中碳的过饱和度增大,故固溶强化效果愈显著,但由于贝氏体铁素体中的碳含量与同一种钢的马氏体相比要少得多,故其固溶强化效果亦相应地小得多。

4. 位错密度

随转变温度的降低,贝氏体铁素体中的位错密度不断增高。据研究[45],在铁-碳合金中位错密度与由之引起的规定非比例伸长应力 $\sigma_{p0.2}$ 的增量之间存在下述关系,即 $\Delta\sigma_{p0.2}=1.2\times10^{-4}\rho^{1/2}$。$\rho$ 为位错密度,它并非通过加工硬化而是通过改变钢的碳含量并进行不同的热处理而获得的. 由此可看出位错密度对贝氏体强度的贡献。

5.6.2 贝氏体的韧性

(一) 上、下贝氏体的冲击韧性和韧脆转化温度❶

许多研究都表明,下贝氏体的冲击韧性优于上贝氏体(见图 5-27),而且下贝氏体的韧脆转化温度也总是比上贝氏体低。图 5-30 表示 $w_c = 0.1\% \sim 0.15\%$ 的 0.5Mo-B 钢韧脆转化温度与 σ_b 的关系[44]。可见,随 σ_b 增加,韧脆转化温度随之升高,当 σ_b 为 900 MPa 左右时(相当于转变温度为 550 ℃,正处在上、下贝氏体的过渡区),其韧脆转化温度突然降低,以后又随 σ_b 增加而有所上升。

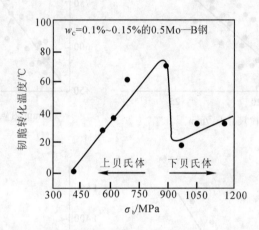

图 5-30　低碳贝氏体钢的韧脆转化温度与 σ_b 的关系

(二) 影响贝氏体冲击性能的因素

以上结果表明,贝氏体组织的变化对其冲击性能,即冲击韧性和韧脆转化温度起着支配作用。其中起主要作用的组织因素如下:

1. 铁素体板条和板条束的尺寸

板条厚度与板条束直径的大小是相关联的。板条厚度增加,板条束的直径亦相应增大,反之则减小。板条束直径大小对韧脆转化温度的影响实质上表现为对断裂解理小平面的影响。因为解理断口是由许多解理小平面所组成,材料由韧断转为脆断时,裂纹的传播即是靠这些小平面相互连接而实现。通常可把板条束直径近似地认为相当于解理小平面的尺寸,因为相邻板条束的位向差一般均较大,使裂纹的扩展易于受到束界的阻碍,这样即形成了一个解理小平面。但是如果有些相邻板条束的位向差较小时,其界面则不会成为对裂纹扩展的障碍,此时解理小平面的尺寸即大于板条束的直径。可见,解理小平面的直径(d_c)即相当于裂纹传播的一个单元尺寸,简称为单元裂纹路程(常以 L_c 表示),亦可看做为有效晶粒尺寸。一般来说,解理小平面的直径随板条束直径的增大而增大,并由此而导致韧脆转化温度的升高。上贝氏体的铁素体板条束直径一般都比下贝氏体的大,所以前者的韧脆转化温度总是高于后者。韧脆转

---

❶ 参见第 8 章。

化温度的升高,显然对冲击韧性是很不利的。

2.碳化物的形态和分布

在上贝氏体中,碳化物分布在铁素体板条之间,两相在形态上都具有明显的方向性,而且碳化物也较粗大,这样在碳化物与铁素体界面处往往易于萌生微裂纹。微裂纹一旦形成,便可诱发解理裂纹,而由于上贝氏体铁素体的形态上的特点,可使这种裂纹迅速传播。在下贝氏体中,碳化物分布于铁素体片内,且尺寸极细小,不易产生裂纹。一旦有解理裂纹出现,其传播将被许多碳化物或高密度的位错所阻止,从而表现出较高的冲击韧性和较低的韧脆转化温度。

3.M-A 岛状组成物

当其组成主要为残余奥氏体时,有利于提高贝氏体的冲击韧性。但不论其组成比如何,却总是使韧脆转化温度升高,这是因为其中的马氏体和冷至低温后又由残余奥氏体转变而来的马氏体均属高碳孪晶型,有利于解理裂纹的萌生和扩展所致。

4.奥氏体晶粒度

细化奥氏体晶粒可以直接导致铁素体板条厚度和板条束直径的减小,从而有利于冲击性能的改善。但对下贝氏体来说,其铁素体的尺寸本来就比上贝氏体小,因此其冲击韧性与原奥氏体晶粒度的依赖关系不如上贝氏体那样明显。

(三) 等温淬火组织(贝氏体)和普通淬火、回火组织在等强度(硬度)条件下的冲击性能

许多研究表明,在较高的强度水平下,在等强度(硬度)条件下相比,下贝氏体组织的冲击韧性一般要比淬火、回火组织的高。如图 5-31 所示[42]为工业上常用的几种钢的实例。可以看出,两种热处理工艺条件下所得到的曲线都发生交叉,在交叉点以左的强度(硬度)范围内等温淬火组织(贝氏体)的冲击韧性高于淬火、回火组织。在高强度水平时,淬火、回火条件下出现回火马氏体脆性(见第 8 章),是其冲击韧性低的主要原因。但应注意,在贝氏体的冲击韧性高于淬火、回火组织的同时,其韧脆转化温度往往也比后者高,见表 5-1。这除与贝氏体本身的组织特征有关外,还与含有较多的 M-A 岛状组织有关。

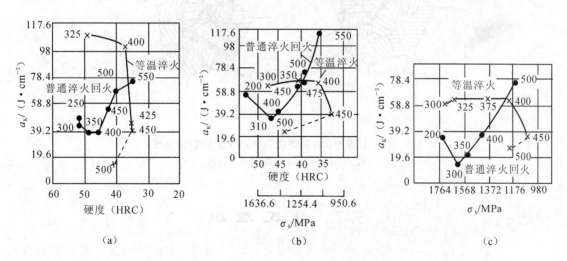

图 5-31　几种钢在等温淬火和普通淬火、回火状态下冲击韧性与强度(或硬度)的关系(图中数字代表等温温度或普通淬火后的回火温度,单位是 ℃)

(a)30CrMnSiA;　(b)40CrA;　(c)40CrNiMoA

表 5 - 1　30CrMnSiA 钢板材(1.5 mm)等温淬火和淬火、回火后的力学性能

热处理规范	$\dfrac{\sigma_b}{MPa}$	$\dfrac{\sigma_{p0.2}}{MPa}$	$\dfrac{\delta_5}{\%}$	$\dfrac{a_{K(V)}^*}{J \cdot cm^{-2}}$	韧脆转化温度 (出现 50% 脆断面积)/℃
390 ℃ 等温 15 min	1 181.7	931.7	22.0	73.5	— 65
淬油 510 ℃ 回火	1 171.9	980.7	14.6	52.9	— 110

* $a_{K(V)}$ 为 V 型缺口试样的冲击韧性。

最后还应指出,目前工业中应用的高强度或超高强度钢中,常常通过控制等温转变过程或控制连续冷却速率的办法来获得适当数量的贝氏体加马氏体的复合组织,以达到良好的强韧性。显然,这是因贝氏体与马氏体相比,前者强度低、韧性高,而后者正好相反,所以贝氏体加马氏体的复合组织的强度和韧性也介于全贝氏体和全马氏体组织之间,从而具有最佳的强韧性。例如[46],$w_C = 0.12\%$ 的 Ni-Cr-Mo-V 钢按不同的热处理工艺得到全马氏体、全贝氏体和马氏体-贝氏体的复合组织后,在 200 ~ 600 ℃ 范围内回火,发现在同一回火条件下复合组织具有全马氏体组织的高强度和全贝氏体组织的高韧性,同时其韧脆转化温度也最低。经断口分析认为,复合组织具有低的韧脆转化温度与其在马氏体转变前先形成了少量下贝氏体有关,因为这些贝氏体分割了原奥氏体晶粒,从而使随后形成的马氏体束的尺寸减少。当解理裂纹扩展时一旦遇到马氏体-贝氏体界面便会改变方向,因而使单元裂纹路程(L_c)减少(见图 5-32[46]),增大了裂纹扩展的阻力。此外,由于细化了马氏体束尺寸,无疑对提高复合组织的强度也是有利的,所以复合组织的强度与全马氏体组织相比,降低得并不太显著。

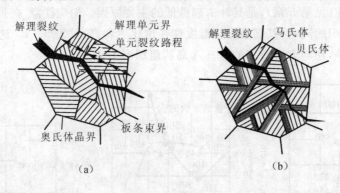

图 5-32　解理裂纹在两类组织中的传播方式(示意图)
(a) 马氏体；　(b) 马氏体-下贝氏体

5.7　魏氏组织

5.7.1　魏氏组织的形态和基本特征

从 3.5 节中已知,魏氏组织是先共析相的一种特殊形态。对于亚共析钢来说,是指从晶界

向晶内生长形成的一系列具有一定取向的片(或针)状铁素体,通称为魏氏铁素体;对于过共析钢来说,是指类似形态的渗碳体,通称为魏氏渗碳体。魏氏铁素体从单个的形态来看虽呈片(或针)状,但从整体来看,由于许多片常常是相互平行的,形似羽毛状,但与无碳化物贝氏体相比,它显得较粗大且末端较尖细。有时在一个原奥氏体晶粒内也可看到魏氏组织有几组不同方向的平行长片互相交割的情况,从而呈现为三角形分布,如图 5 - 33 所示。

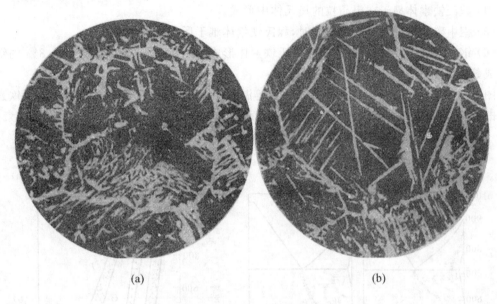

(a)　　　　　　　　　　　　　　　(b)

图 5 - 33　钢中的魏氏组织,250 ×
(a) 魏氏铁素体(亚共析钢);(b) 魏氏渗碳体(过共析钢)

由于目前对魏氏渗碳体研究得较少,而且这种组织也不多见,故下面仅限于讨论魏氏铁素体问题。

根据人们多年来的研究[30,47],认为魏氏铁素体组织具有以下基本特征:

(1) 魏氏铁素体形成时产生表面浮凸。

(2) 魏氏铁素体沿母相奥氏体中一定的晶面(惯习面)析出,惯习面为$\{1\,1\,1\}_\gamma$❶,并与奥氏体之间存在一定的晶体学取向关系——K - S关系。

(3) 魏氏铁素体的尺寸随等温时间延长而增大,这表明魏氏铁素体的形成是一个形核和长大的过程。

由上可看出,魏氏铁素体在形态上和晶体学上都具有贝氏体铁素体的某些特征,因此,常把魏氏铁素体组织作为一种特殊的贝氏体转变产物来讨论。例如,有人就把魏氏铁素体等同于无碳化物贝氏体[47],但也有不同的看法。

5.7.2　魏氏铁素体的形成条件和转变机理

在对魏氏铁素体形成条件的研究中,人们总结出以下规律:

(1) 魏氏铁素体既可在等温条件下形成,也可在连续冷却条件下形成。

---

❶　根据最近的研究,其惯习面与$\{1\,1\,1\}_\gamma$存在 4°～20° 的偏差。

（2）在等温条件下，魏氏铁素体的形成有一个上限温度，以 W_s 表示，高于该温度，魏氏铁素体不能形成。W_s 点随钢的碳质量分数和晶粒度不同而改变，碳含量愈高，晶粒度愈小，则 W_s 点愈低。

（3）在连续冷却条件下，魏氏铁素体只有在一定的冷速范围内才形成，过慢或过快的冷速均有碍于其形成。

（4）魏氏铁素体易于在粗晶粒的奥氏体中形成。

（5）钢中碳质量分数超过 0.6% 时，魏氏铁素体难于形成。

（6）钢中含有铬、硅、钼时，有阻止魏氏铁素体形成的作用，钼质量分数大于 0.8% 的钢不会生成魏氏铁素体；而锰则会促进其形成。

图 5-34 和图 5-35 分别表示亚共析钢在等温和连续冷却条件下各种因素对先共析铁素体形态的影响。图中各字母符号所代表意义分别为：G—— 网状铁素体；W—— 魏氏铁素体；M—— 块状铁素体；P—— 珠光体。

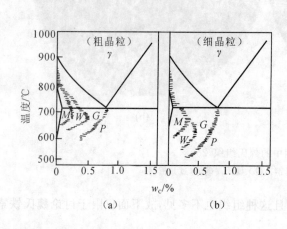

图 5-34　亚共析钢中先共析铁素体的形态与等温温度和碳质量分数的关系
（a）粗晶粒（晶粒度：0～1 级）；
（b）细晶粒（晶粒度：7～8 级）

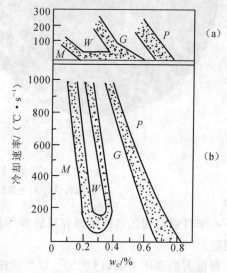

图 5-35　亚共析钢中先共析铁素体的形态与冷却速率和碳质量分数的关系
（a）粗晶粒（1 200 ℃，保温 2 h）；
（b）细晶粒（A_{c_3}＋10 ℃，保温 10 min）

图 5-34 中魏氏铁素体区域（W）的上界即为 W_s 温度。图 5-35 表明，对细晶粒奥氏体来说，只有 $w_c=0.15\%\sim0.35\%$ 的钢在较快的冷速下（约大于 150 ℃/s）才能形成魏氏铁素体，并随冷速增大，使该形成区向碳质量分数低的方向移动；对粗晶粒奥氏体来说，在相当小的冷速下就会形成魏氏铁素体，同时该形成区向碳质量分数高的方向扩展。

关于魏氏铁素体的转变机理问题，也同贝氏体转变一样，有着种种不同的学说。

按照柯俊的学说[47]，魏氏铁素体是以贝氏体型的共格切变机理形成的，魏氏铁素体即相当于无碳化物贝氏体，并以此理论解释了奥氏体晶粒大小、碳质量分数、等温温度和冷却速率对魏氏铁素体形成的影响。关于魏氏铁素体形成的上限温度，柯俊认为这个温度相当于奥氏体与魏氏铁素体两者自由能相等的温度。如果单纯从化学自由能来考虑，平衡态的铁素体与奥氏体的自由能相等的温度应该就是 A_3，但魏氏铁素体是按贝氏体型转变机理形成的，新相与母相间需要有维持共格的弹性能，因而转变时必须有一定的过冷度，故魏氏铁素体形成的上限温度总是比 A_3 低（有人测出，对于粗晶粒的钢，约低 100 ℃）。由于 A_3 温度是随钢的碳质量分数增高而降低的，因此这个上限温度也同样遵循这一规律。

根据上述理论可以很好地对图 5-34 作出解释：奥氏体晶粒愈细，碳自晶界扩散到晶内的路程愈短，而且铁素体的形核率也愈大，故对铁素体的形成愈有利。这样在魏氏铁素体形成之前可能在晶界处已产生了足够量的网状铁素体，从而使奥氏体中的碳含量提高到那样的程度，以致魏氏铁素体形成的上限温度低于钢的实际温度，因此魏氏铁素体便不能形成。如果等温温度较低，由于碳的扩散困难，不利于铁素体在晶界上析出，使奥氏体中碳含量保持在较低的水平，这样就有可能使 W_s 温度高于等温温度，从而导致魏氏铁素体形成。但对粗晶粒奥氏体来说，碳原子自晶界向晶内扩散的路程较长，而且铁素体的形核率也较小，因此不利于网状铁素体的形成，而有利于魏氏铁素体的形成。由于上述原因，粗晶粒奥氏体的 W_s 温度与细晶粒奥氏体相比要相对高些。

当钢的碳质量分数高于 0.6% 时，由于铁素体的形成很快就会使奥氏体中的碳含量达到足以形成伪共析组织的程度，于是形成伪共析组织而抑制了魏氏铁素体的生成。

同样，也还可以很好地解释图 5-35。在连续冷却时，若冷速过慢，使过冷度很小，有利于块（或网）状铁素体形成；而冷速过快，又使过冷度过大，碳难于扩散，将会抑制魏氏铁素体成长，结果都使魏氏铁素体难于形成。这便是魏氏铁素体只有在一定的冷速范围内才会形成的原因。另外，对粗晶粒的奥氏体来说，由于其 W_s 温度较高，所以即使当冷速较小（即过冷度较小）时，也易于满足 W_s 温度高于转变温度的条件，使魏氏铁素体能够生成；而且晶粒粗大时，铁素体的形核率较小；加之碳原子向晶内扩散的距离较大，当晶界上形成一定量铁素体后而引起的奥氏体晶粒中碳量的升高也较少，不足以使 W_s 温度低于钢的实际温度，故有利于魏氏铁素体的生成，即使对于碳质量分数较高的钢来说也如此，这样就造成了在较宽的碳质量分数范围内出现魏氏铁素体的可能性。

但应指出，对于上述切变共格形成机理也有人持不同看法。这同对贝氏体转变机理存在分歧的情况是类似的，这里不再赘述。

5.7.3 魏氏铁素体对钢力学性能的影响

如前所述，魏氏铁素体的形成倾向与钢的成分（碳及合金元素的质量分数）、奥氏体晶粒度、冷却速率（或等温温度）有关。对一般低、中碳钢来说，不论奥氏体晶粒粗细，只要冷却速率（或等温温度）适宜，均有出现魏氏铁素体的可能，但是当奥氏体晶粒粗大时，出现这种组织所对应的钢的碳质量分数范围要宽些，而且在较慢的冷速（如退火）下就能形成。生产中进行锻造、轧制、焊接、铸造和热处理时，往往由于奥氏体晶粒粗大而在冷却后极易出现这种组织。

一般认为，出现魏氏铁素体组织会引起钢的强度、韧性和塑性降低（见表 5-2）[48,49]，而且还使韧脆转化温度升高。

表 5 - 2　魏氏铁素体对钢力学性能的影响

钢　种	状　态	机　械　性　能				
		$\dfrac{\sigma_b}{MPa}$	$\dfrac{\sigma_{p0.2}}{MPa}$	$\dfrac{\delta_5}{\%}$	$\dfrac{\psi}{\%}$	$\dfrac{a_K}{J \cdot cm^{-2}}$
45	有严重魏氏组织	542	337	9.5	17.5	12.74
	经细化晶粒处理后	669	442	26.1	51.5	51.94
0.27C - 0.88Mn	铸态,有魏氏组织	464	225.6	14.6	17.0	
	经 850 ℃ 退火,消除魏氏组织	503	274.6	22.5	29.7	
	经 950 ℃ 退火,消除魏氏组织	511	255	14	20.4	

关于亚共析钢魏氏组织的评定,在冶标(YB32—64)中按魏氏组织出现的严重程度分为 6 级(0 ～ 5 级),级别愈高,表示愈严重。

应当指出,魏氏组织出现后之所以导致钢的力学性能变坏,除了由于这种组织本身的影响外,钢的晶粒粗大也是重要的原因,因此在钢进行热加工时应尽量防止其过热。一般在钢中存在不严重的魏氏组织时,仍可按正常使用。但当奥氏体晶粒粗大、魏氏组织严重时则应设法消除,常用的办法是采用退火或正火;如果程度严重,还可采用二次正火(第一次正火温度较高,第二次较低)。但是,在实际生产中,零件经热加工后一般都还要进行最终热处理(淬火、回火),因此魏氏组织即自然被消除。

复习思考题

1. 试简述贝氏体组织的分类、形貌特征及其形成条件。
2. 试比较贝氏体转变与珠光体转变和马氏体转变的异同。
3. 试根据相变热力学来分析 B_s 和 M_s 点的温度差异。
4. 试简述钢中贝氏体转变的动力学特点及影响因素。
5. 试简述几种主要的贝氏体的转变机理。
6. 粒状贝氏体与粒状组织有何区别?
7. 贝氏体的力学性能与等温温度的关系如何? 试分析影响贝氏体力学性能的因素。

参考文献

[1]　Naylor J P,Krahe P R. Met. Trans. 1974(5):1699.

[2]　Harbraken L J, et al. Transformation and Hardenability in Steels,1967:69.

[3]　Bhadeshia H K D H,Edmonds D V. Met. Trans. 1979(10A):895.

[4]　[苏]P. И. 恩琴. 钢中奥氏体的转变. 北京:中国工业出版社,1970.

[5]　Hehemann R F . Phase Transformation:397.

[6]　Nilan T G. Transformation and Hardenability in Steel,1967:59.

[7]　Honeycombe R W K,Pickering F B. Met. Trans. 1972(3):1099.

[8]　许念坎,等. 理化检验(物理分册). 1983,19(4):2.

[9]　Biss V,Cryderman R L. Met. Trans. 1971(2):2286.

[10]　康沫狂,等. 理化检验(物理分册). 1979(5):1.

[11]　Kinsman K A,Aaronson H I. Met. Trans. 1970(1):1485.

[12]　Smith G V,Mehl A F. Trans. AIME,1942,150:211.

[13]　Shackleton D N,Kelley P M. Acta Met. 1967,15:979.

[14]　Pitsch W. Acta Met,1962,10:897.

[15]　Bhedeshia H K D H. Acta Met. 1980,28:1103.

[16]　Hoekstra S, et al. Acta Met. 1978,26:1517.

[17]　徐祖耀. 金属材料与热加工工艺,1980(1):1.

[18]　Huang D H,Thomas G. Met. Trans. 1977(8A):1661.

[19]　Kang M K,Sun J L,Yang Q M. Met. Trans. 1990,21:853.

[20]　杨全民,康沫狂. 西北工业大学学报(增刊),1990:16.

[21]　柯俊. 中国科学院 1954 年金属研究工作报告会会刊(第五册),1954:81.

[22]　Ko T,Cottrell S A. JISI,1952,172:307.

[23]　Курдюмов Г В,Перкас М Д. Проблемы Металловедения и фиэики Металлов,Металлургиздат,1951.

[24]　Bhedeshia H K D H,Edmonds D V. Acta Met. 1980,28:1265.

[25]　Hehemann R F,et al. Met. Trans. ,1972(3):1077.

[26]　田中良平. 热处理の基础(Ⅰ),日刊工业出版社,1970.

[27]　Krisment O,Wever F. The Mechanism of Phase Transformation in Metals,1956:253.

[28]　Kinsman K A,Aaronson H I. Met. Trans. 1970,1:1485.

[29]　Леонтьев В А,Ковалевская Г В. ФММ,1974(38):1050.

[30]　Oblak J M. Hehemann R F. Transformation and Hardenability in Steels,1967:15.

[31]　Kennon N F. 钢的组织转变. 姚忠凯,等,编译. 北京:机械工业出版社,1980:131.

[32]　Barford J. JISI,1966,6:609.

[33]　Goodenow R H, et al. Trans. Soci. of AIME,1963(227):651.

[34]　Vasudevan P, et al. JISI,1958(190):386.

[35]　Srinisavan G A,Wayman C M. Acta Met. ,1968(16):621.

[36]　陈大明,胡光立,康沫狂. 西北工业大学科技资料,CL8326 期,1983:9.

[37]　Birks L S. Journal of Metals,1956,8(8):988.

[38]　Соколов И Н. и др. МиТОМ,1973(1):11.

[39]　清水信善等.(同[31]:217).

[40]　Kunitake T, et al. Iron and Steel,1972(45):647.

[41]　Pickering F B. Transformation and Hardenability in Steels,1967:109.

[42]　刘云旭. 钢的等温处理. 北京:机械工业出版社,1981:135－138.

[43]　Petch N J. JISI,1953(174):25.

[44]　Pickering F B. Physical Metallurgy and the Design of Steels,1978:101.

[45]　Bush M E, et al. Acta Met. 1971,12:1363.

[46]　Ohmori Y,Ohtani H,Kunitake T. Met. Sci. 1974,8:356.

[47]　柯梭,赵家铮. 金属学报,1956,2(1):201.

[48]　刘云旭. 金属热处理原理. 北京:机械工业出版社,1981:137,164.

[49]　上海交通大学. 金相分析. 北京:国防工业出版社,1980:226.

第6章 钢的过冷奥氏体转变图

前已述及,过冷奥氏体在 A_1 以下不同温度范围内将按不同机理转变成不同类型的组织。虽然转变的组织类型主要取决于转变温度,但转变的程度往往又与时间密切相关。

根据冷却条件,我们可以用IT图和CT图来全面地反映过冷奥氏体转变与等温温度、等温时间,或者与冷却速率间的关系。可见,IT图和CT图对热处理生产实践有着十分重要的意义。

本章将着重讨论IT图和CT图的建立、影响因素、图式基本类型以及IT图与CT图的比较和应用。

6.1 IT 图

6.1.1 IT 图的建立

目前,IT 图的测定常采用金相法、膨胀法、磁性法等。

(一)金相法

这一方法的原理是利用金相显微镜直接观察过冷奥氏体在不同等温温度下,各转变阶段的转变产物及其数量,根据组织的变化来确定过冷奥氏体等温转变的起止时间,从而绘制出等温转变图[1]。近年来,利用电子显微镜和定量金相显微镜等先进测试手段可以在鉴定转变产物和确定其转变量方面获得更为精确而可靠的结果。

金相法所用试样通常为圆片状($\phi(10\sim15)$ mm$\times(1.0\sim1.5)$ mm)。试样一般应预先经过退火或正火处理。试验时,将试样加热奥氏体化后,迅速转入给定温度的等温浴炉中,分别停留不同时间(如 $t_1,t_2,t_3,\cdots$),随即迅速淬入盐水中。在等温过程中未转变的奥氏体在淬火时将转变为马氏体,而等温转变产物则分布于其中,这样,在金相观察时即可识别出来。一般以出现1%转变产物的等温时间作为转变开始点,以得到98%转变产物的等温时间作为转变终了点。

金相法的优点是能较准确地测出转变的开始点和终了点,并能直接观察到转变产物的组织形态、分布状况及其数量,但其缺点是所得结果是不连续的,并且要制作大量金相试片,费时而且麻烦。

(二)膨胀法

这种方法是采用热膨胀仪,利用钢在相变时发生的比容变化来测定过冷奥氏体在等温过程中转变的起止时间。测定前,预先将 A_1(或 A_3)至 M_s 点的温度范围划分成一定数量的等温温度间隔,每一等温温度使用一个试样。测定时,将试样加热奥氏体化,随后迅速转入预先控制好的等温炉中作等温停留,此时膨胀仪可自动记录出等温转变时所引起的膨胀效应与时间的关系曲线。例如,图 6-1 所示[2],过冷奥氏体经纯冷却收缩 bc 和等温转变前的孕育期 cd 后,从 d 点起便开始转变,形成某一种转变产物(如珠光体或贝氏体等),de 表示等温转变过程,至 e 点时则表示已转变终了,不再变化。最后将所得到的一系列膨胀-时间曲线加以整理,便可绘制出等温转变图。

膨胀法的优点是测量时间短,需要试样少,易于确定在各转变量下所需的时间,能测出过共析钢的先共析产物的析出线。但当膨胀曲线变化较平缓时,转折点不易精确测出。

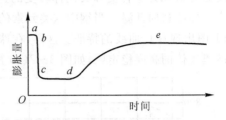

图 6-1　等温转变时膨胀-时间曲线
　　　　　（示意图）

（三）磁性法

这一方法的原理是利用奥氏体为顺磁性,而其转变产物如铁素体（在 A_2 以下）、贝氏体和马氏体等均为铁磁性的特性,通过过冷奥氏体在 A_2 以下等温或降温过程中引起由顺磁性到铁磁性的变化来确定转变的起止时间以及转变量与时间的关系。

磁性法的优点是试样少、测试时间短和易于确定各转变产物达到一定百分数时所需的时间,但不能测出过共析钢的先共析产物的析出线和亚共析钢珠光体转变的开始线。这是因为渗碳体的居里点 A_0 为 200 ℃,在高于该温度析出时无磁性表现;以及珠光体与铁素体都是铁磁相而无法区分之故。

可见,上述方法各有其优缺点,故实践中往往是几种方法配合使用,以取长补短。此外,电阻法、热分析法和 X-射线衍射法等也可用于测定 IT 图。

6.1.2　影响 IT 图的因素

为了更好地研究钢的组织与性能的关系,合理选用钢材和正确制定其热处理工艺,经常要应用 IT 图。不同成分的钢,其 C 曲线的形状和转变孕育期的长短都可能有很大差异。下面将对影响 IT 图的主要因素作简要归纳[2-4]。

（一）碳的影响

在正常加热条件下,亚共析碳钢的 C 曲线随钢的碳质量分数增高向右移;过共析碳钢的 C 曲线随钢的碳质量分数增高向左移。故在碳钢中以共析钢的过冷奥氏体最为稳定,亦即其 C 曲线处于最右的位置。

对亚、过共析钢而言,在珠光体转变之前将先分别析出先共析铁素体和先共析渗碳体,因此在它们的 IT 图上都分别多了一条先共析铁素体和先共析渗碳体的析出线,如图 6-2 所示。如过共析钢加热温度未超过 A_{cm},而是在 A_1 与 A_{cm} 之间,那么其 IT 图上便不一定有先共析渗碳体的析出线。

（二）合金元素的影响

首先应该明确,合金元素（除钴外）只有溶于奥氏体中才会增加过冷奥氏体的稳定性,使 C 曲线右移。如未溶入奥氏体,则由于存在未溶的碳化物或夹杂物,往往会起非自发晶核作用,从而促进过冷奥氏体的转变,使 C 曲线左移。

根据合金元素对 IT 图的影响,可将合金元素分为两大类:

（1）非（或弱）碳化物形成元素,主要有钴、镍、锰、硅、铜和硼。除钴外,都不同程度地同时降低珠光体转变和贝氏体转变的速率,亦即使 C 曲线右移,但对 C 曲线的形状影响不大,仍呈现与碳钢相似的单一"鼻子"的 C 曲线,如图 6-2（a）所示。

（2）碳化物形成元素,主要有铬、钼、钨、钒、钛等。这类元素如溶入奥氏体中也将不同程度地降低珠光体转变和贝氏体转变的速率;同时还使珠光体转变 C 曲线移向高温和贝氏体转变 C 曲线移向低温。当钢中这类元素的含量较高时,将使上述两种转变的 C 曲线彼此分离,使 IT 图出现双 C 曲线的特征。这样,在珠光体转变与贝氏体转变温度范围之间就出现了一个过冷奥氏体的高度稳定区,如图 3 - 2(b)所示。

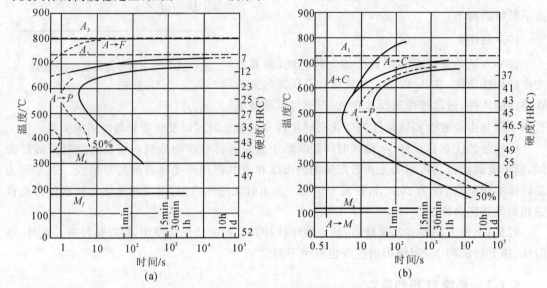

(a)   (b)

图 6 - 2   两类钢的 IT 图

(a) 亚共析钢;(b) 过共析钢

应当指出,在实际应用的大量钢种中,其 IT 图呈现双 C 曲线的情况具有普遍性,因此,可以把单 C 曲线的出现视为一种特例,亦即认为由于两个 C 曲线非常接近,以致造成珠光体转变温度下限与贝氏体转变温度上限相重叠。

下面将讨论一些主要合金元素对 IT 图的影响[2,5-7]。

(1)钴的影响:钴加入钢中可溶入奥氏体,并使等温转变的开始线和终了线都左移,即缩短孕育期,但不改变 C 曲线的形状。图 6 - 3 所示为钴对高碳钢(0.95C - 0.45Mn)IT 图的影响。

(2)镍的影响:图 6 - 4 所示为镍对 IT 图的影响。镍不改变 C 曲线的形状,但能显著提高过冷奥氏体的稳定性,延长孕育期,并使鼻子略向下移。由该图还可看出,随碳和镍质量分数的增高,C 曲线的位置右移,即孕育期增长。

(3)锰的影响:锰为弱碳化物形成元素,其作用与镍相似,使 C 曲线右移但不改变其形状,如图 6 - 5 所示。与图 6 - 4 对比,可见锰使 C 曲线右移的作用大于镍。我国锰资源较丰富,故我国自行研制的合金钢中往往用锰部分地代替镍。

(4)铬的影响:铬能显著提高过冷奥氏体的稳定性,并且使 C 曲线形状改变。图 6 - 6 所示为铬对中碳钢(0.5%C)和高碳钢(1.0%C)IT 图的影响。可见,铬使转变孕育期延长,同时随着铬质量分数的增高,使珠光体转变 C 曲线向高温方向移动,而贝氏体转变 C 曲线向低温方向移动;当铬质量分数较高时(如超过 3%),可使两曲线完全分离;铬对贝氏体转变的推迟作用大于对珠光体转变的推迟作用。还可看出,对铬质量分数相近的钢而言,碳含量高的,其孕育期更长一些。

(5)钼和钨的影响:钼对 IT 图的影响如图 6 - 7 所示。可以看出,钼对珠光体转变有强烈的抑制作用,但对贝氏体转变则影响不显著。钼对非共析钢先共析产物(铁素体或渗碳体)析出的速率也有抑制作用。

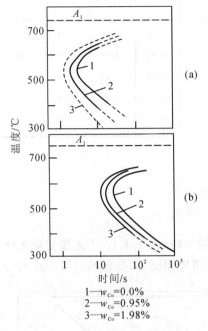

1—w_{Co}=0.0%
2—w_{Co}=0.95%
3—w_{Co}=1.98%

图 6-3　钴对高碳钢 IT 图的影响

(a) 转变开始线;(b) 转变终了线

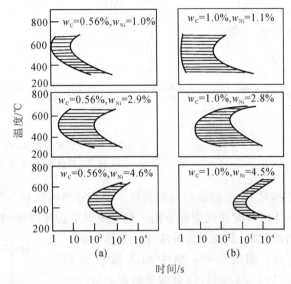

图 6-4　镍对中碳和高碳钢 IT 图的影响

(a) w_C = 0.56%;(b) w_C = 1.0%

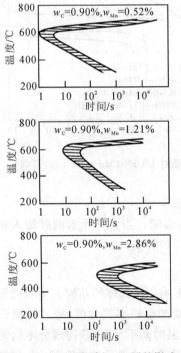

图 6-5　锰对高碳钢 IT 图的影响

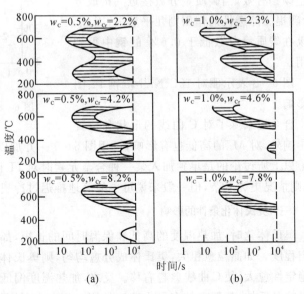

图 6-6　铬对中、高碳钢 IT 图的影响

(a) w_C = 0.5%;(b) w_C = 1.0%

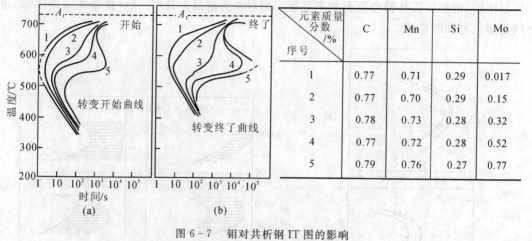

元素质量分数/% 序号	C	Mn	Si	Mo
1	0.77	0.71	0.29	0.017
2	0.77	0.70	0.29	0.15
3	0.78	0.73	0.28	0.32
4	0.77	0.72	0.28	0.52
5	0.79	0.76	0.27	0.77

图 6-7 钼对共析钢 IT 图的影响

（a）转变开始曲线；（b）转变终了曲线

钨对 IT 图的影响与钼相似。但只有当钨质量分数较高时（大于 1.0%）才能使珠光体和贝氏体的转变曲线明显分离。钨对推迟贝氏体转变的作用比钼要小，要使钨的影响达到与钼相当的效果，其质量分数应比钼量多一倍。

（6）硼的影响：钢中加入微量的硼（0.001% ~ 0.005%）就能显著提高过冷奥氏体的稳定性。但当硼质量分数超过 0.007% 后便会生成低熔点共晶，引起钢的热脆性，从而增加热压力加工的困难。

硼对提高钢淬透性的作用主要对低碳和中碳钢有效，当碳质量分数接近共析成分时，硼提高淬透性的作用则几乎消失，因此，硼仅在碳质量分数低于 0.6% 的钢中得到应用。

图 6-8 表示硼对 15CrNi2Mo 钢 IT 图的影响。

合金元素除了对 C 曲线的形状和位置

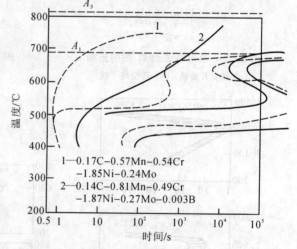

1—0.17C-0.57Mn-0.54Cr
-1.85Ni-0.24Mo
2—0.14C-0.81Mn-0.49Cr
-1.87Ni-0.27Mo-0.003B

图 6-8 硼对 15CrNi2Mo 钢 IT 图的影响

有影响外，对 M_s 的高低也有影响，可用图 6-9 一并加以概括。

以上所讨论的是单独加入某一种合金元素时对 IT 图的影响。当几种元素同时加入钢中时，则情况更为复杂，但一般来说可更显著地推迟过冷奥氏体的转变。

（三）奥氏体化条件的影响

奥氏体化时，加热温度的高低和保温时间的长短，都会影响到奥氏体的晶粒大小和成分的均匀程度。如晶粒愈粗大，奥氏体成分愈均匀，则奥氏体转变的形核率就愈低，即过冷奥氏体的稳定性愈大，使 C 曲线愈趋右移。反之，加热温度偏低，保温时间不足，将获得成分不均匀的细晶粒奥氏体，甚至有较多量未溶解的第二相存在，结果将促进过冷奥氏体的分解，使 C 曲线左移。但应指出，奥氏体晶粒大小对贝氏体转变速率的影响较小。

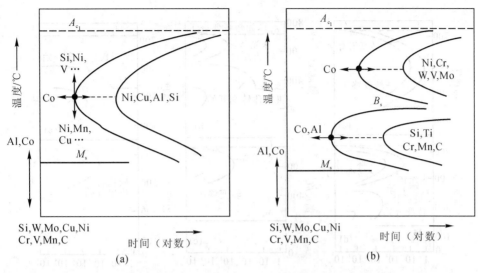

图 6-9　合金元素对 IT 图的影响

(四) 塑性形变的影响

无论在高温(指奥氏体稳定区)或低温(指奥氏体亚稳定区)下对奥氏体进行塑性形变,由于形变可促使碳原子和铁原子的扩散,都将加速珠光体的转变;但对贝氏体转变的影响则不完全相同,表现为高温塑性形变对之有减缓作用,而低温塑性形变对之有加速作用。对此现象,在 5.5 节中已作过解释,不再重复。

最后应指出:在应用 IT 图时,必须注意其标明的试验条件,如奥氏体化温度、晶粒度等是否与实际应用条件相符,因为条件不同,情况会有所差异。

6.1.3　IT 图的基本类型

研究了对 IT 图的主要影响因素后,可以根据 C 曲线的形状以及珠光体转变区和贝氏体转变区相互位置的不同,将 IT 图概括为以下几种基本类型,如图 6-10 所示[8]。

(1) 珠光体转变与贝氏体转变曲线部分相重叠(见图 6-10(a))。在 $A_1 \sim M_s$ 之间,IT 图只有一个"鼻子",该处孕育期最短。在"鼻子"以上进行珠光体转变,在"鼻子"以下进行贝氏体转变。这种类型多见于碳钢或含非(或弱)碳化物形成元素的低合金钢中,如钴钢、镍钢或锰质量分数较低的锰钢等。

(2) 珠光体转变与贝氏体转变曲线相分离,珠光体转变的孕育期比贝氏体转变的长(见图 6-10(b))。图中出现了两组曲线,上面一组代表珠光体转变,下面一组代表贝氏体转变,两个转变区之间出现了一个过冷奥氏体稳定区。当合金元素含量较低时,两个"鼻子"之间的奥氏体稳定区不很明显;而当合金元素含量较高时,两组曲线则截然分开。合金元素对珠光体转变的抑制作用更强,故代表珠光体转变的曲线更靠右。这种类型在含有铬、钼、钨、钒等强碳化物形成元素的钢中经常出现,如 40CrNiMoA 钢。

(3) 只呈现贝氏体转变曲线(见图 6-10(c))。这是因合金元素的作用使珠光体转变孕育期大大延长,以致珠光体转变曲线未能在图中出现。镍含量较高的低碳和中碳铬镍钼钢或铬镍钨钢即属此类,如 18Cr2Ni4WA 钢。

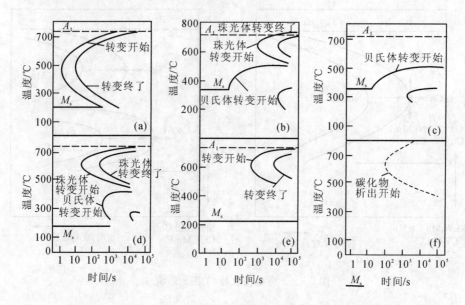

图 6-10 IT 图的基本类型

(a) 碳钢和含非(或弱)碳化物形成元素的低合金钢(如 T8A);(b) 合金结构钢(如 40CrNiMoA);

(c) 镍或锰含量较高的复杂合金结构钢(如 18Cr2Ni4WA);(d) 合金工具钢(如 Cr12MoV);

(e) 高铬工具钢(如 Cr12);(f) 有碳化物析出倾向的奥氏体钢(如 4Cr14Ni14W2Mo)

(4) 珠光体转变曲线与贝氏体转变曲线相分离,珠光体转变的孕育期比贝氏体转变的短(见图 6-10(d))。这种类型在碳含量较高的合金钢中经常出现,如 Cr12MoV 钢。

(5) 只呈现珠光体转变曲线(见图 6-10(e))。这是因合金元素的作用使贝氏体转变孕育期大大延长,以致贝氏体转变曲线未能在图中出现。碳和强碳化物形成元素含量较高的钢即属此类型,如不锈钢 3Cr13,4Cr13 和工具钢 Cr12。

(6) 只析出碳化物,而无任何其他相变(见图 6-10(f))。在碳和合金元素含量较高的情况下,珠光体转变与贝氏体转变都被强烈抑制;同时,M_s 点降到室温以下,于是从 A_1 到室温的整个温度范围内,除了析出碳化物外,不发生任何相变,这类钢的奥氏体通常极其稳定,属于奥氏体钢,如 4Cr14Ni14W2Mo。

6.2 CT 图

由前已知,钢热处理时的冷却转变多数是在连续冷却条件下进行的,如普通淬火、正火和退火等。虽然也可借助于 IT 图来分析连续冷却过程中奥氏体的转变情况,但这往往是粗略的,有时甚至会出现较大的出入,因此建立 CT 图是十分必要和迫切的。

6.2.1 CT 图的建立[1,9,10]

通常,测定钢的 CT 图的方法有金相-硬度法、端淬法、膨胀法以及利用 IT 图作图和计算法等。由于上述方法各有其优缺点,故实践中往往是几种方法配合使用,以取长补短。下面将对前几种主要的测定方法作一简介。

(一) 金相-硬度法

金相-硬度法的原理如图6-11所示,将一组待测钢的试样(通常为 $\phi15\ mm\times3\ mm$)加热至奥氏体化温度并保温后,自奥氏体状态以一定速率冷至指定的温度 $T_1,T_2,T_3,\cdots$ 后,立即急冷(淬入水中),将高温的组织状态固定到室温。通过观察金相组织和测量硬度,可确定过冷奥氏体转变的开始点和终了点。再取另一些冷却速率重复上述操作,即可求得在各种规定冷却速率下的转变开始点、某一定转变量的点以及转变终了点。把各种相同物理意义的点连接起来,就可得到 CT 图。图 6-12 给出了共析碳钢 CT 图的详图。

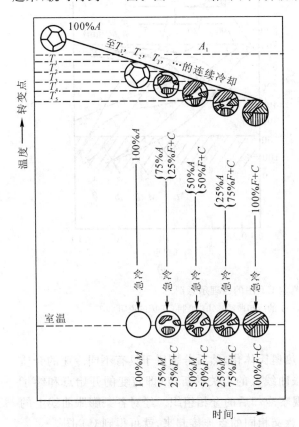

图 6-11 金相-硬度法测定连续冷却转变图的
原理示意图(图中带影线的部分为珠光
体类组织,由 $F+C$ 组成)

M— 马氏体;F— 铁素体;
C— 渗碳体;A— 奥氏体

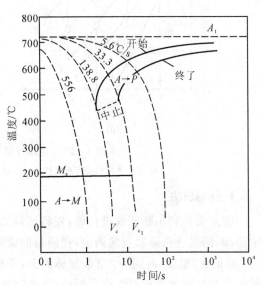

图 6-12 共析碳钢的 CT 图

(二) 端淬法

端淬法是先将一标准试样($\phi25\ mm\times100\ mm$)的圆周上沿长度方向每隔一定距离钻一小孔,每个孔中均焊一热电偶。试验时先将试样进行奥氏体化,随后从炉中取出并立即在其末端喷水冷却,这样,沿试样长度上各点将具有不同的冷却速率,并可通过自动记录仪表把冷却曲线记录下来(见图6-13(a))。接着再将另一试样(圆周表面不钻小孔)重复上述操作,但其末端经过某一定时间(τ_1)喷水冷却后即迅速取下整体淬水(急冷),使该试样上对应于前者带小孔试样相同位置各点的组织状态固定下来,最后将试样圆柱表面磨平(磨去 $2 \sim 3$ mm 深度)进行金相观察,即可知各点的组织转变情况(转变产物及其相对量)。若再取另一些试样重复上述操作,但分别经不同时间如 $\tau_2, \tau_3, \cdots$ 喷水后迅速整体淬水并作金相观察,便可知道试样上各点在整个冷却过程中(不同时间)的组织转变情况,这样便可在冷却曲线上标注出其变化,从而绘制出 CT 图(见图 6-13(b))。

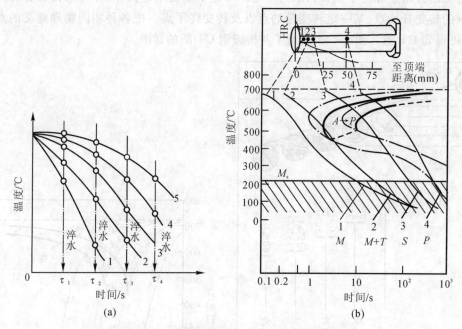

图 6-13　用端淬法测定 CT 图的原理示意图
(a) 试样上沿长度方向上各点(1,2,3,…)的冷却曲线;(b) 绘制 CT 图的说明

(三) 膨胀法

膨胀法是利用膨胀仪进行的,先将试样加热奥氏体化,然后分别置于具有不同冷速的介质中冷却,同时进行膨胀量的测定,把测得的膨胀曲线上的有关转折点(即转变的开始点和终了点)标记在"温度-时间"半对数坐标图上,并观察冷却后的金相组织。经对各条膨胀曲线上的转折点和对应的金相组织作分析后,将各物理意义相同的点连接起来,就可得到 CT 图。

6.2.2　CT 图的分析

先以如图 6-12 所示共析钢的 CT 图为例进行分析。在识图时应沿着冷却曲线由左上方向右下方看。从冷却曲线上可清楚地看出过冷奥氏体在各种冷速下所发生的转变,以及各种转变发生的温度、时间和转变的程度。

图 6-12 表明,共析钢的 CT 图中只出现珠光体转变区和马氏体转变区,而无贝氏体转变区[3],这表明共析碳钢在连续冷却时不会产生贝氏体。其珠光体转变区由三条曲线构成:左边一条为转变开始线,右边一条为转变终了线,下边一条(虚线)为转变中止线。马氏体转变区则由两条线构成:一条是 M_s 线,表示在该温度下马氏体开始形成;另一条是 V_{c_1} 线,表示冷速高于该值时部分或全部奥氏体可过冷到马氏体区,而低于该值时奥氏体将全部转变为珠光体。

现在来分析不同冷却速率下的转变情况。若以 5.6 ℃/s 的速率冷却,当冷却曲线与转变开始线相交时,奥氏体便开始向珠光体转变;与终了线相交时,则转变结束,全部转变成珠光体。冷速增大到 33.3 ℃/s 时,转变情况同前,仍可全部得到珠光体,但转变开始温度与终了温度都较前者降低,转变时间也缩短,所得珠光体也较细。如冷速再增大到 138.8 ℃/s,则冷却曲线不再与转变开始线相交,即奥氏体不再发生珠光体转变而全部过冷到马氏体区,发生马氏体转变。此后再增大冷速,转变情况不再发生变化。但是当冷速处于 33.3 ℃/s(V_{c_1}) 与 138.8 ℃/s(V_c) 之间时,冷速曲线将只与转变开始线相交,而不与转变终了线相交,这意味着过冷奥氏体仅发生了部分转变(分解)即告中止;剩余的部分在继续冷却到 M_s 点以下时便转变为马氏体。

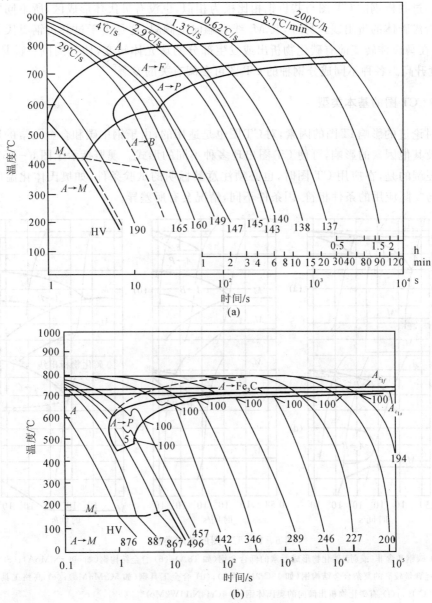

图 6-14　亚共析钢和过共析钢的 CT 图

(a) 亚共析钢:$w_C = 0.19\%$,奥氏体化温度为 900 ℃;(b) 过共析钢:$w_C = 1.03\%$,奥氏体化温度为 860 ℃

由图可见，有两个临界冷却速率，即 V_c 和 V_{c_1}。V_c 是保证奥氏体在连续冷却过程中不发生分解而全部过冷到马氏体区的最小冷速，称为"上临界冷却速率"，通常又称为"淬火临界冷却速率"。V_{c_1} 则是保证奥氏体在连续冷却过程中全部分解而不发生马氏体转变的最大冷却速率，称为"下临界冷却速率"。

现在我们再来分析亚共析钢与过共析钢的 CT 图。如图 6-14 所示，亚共析钢的 CT 图中出现了铁素体析出区，随着冷速的增大，铁素体析出量越来越少直至为零。亚共析钢的奥氏体在一定冷速范围内连续冷却时，可以形成贝氏体。在贝氏体转变区，出现 M_s 线右端向下倾斜的现象，这是由于亚共析钢中析出铁素体后，使未转变的奥氏体中碳含量有所增高，以致 M_s 温度下降。过共析钢的 CT 图与共析钢相比极为相似，也没有贝氏体形成区，所不同的是它有一条先共析渗碳体的析出线。另外，其 M_s 线右端向上倾斜，这是由于过共析钢奥氏体在较慢的冷速下，在马氏体转变前有碳化物析出或发生部分的珠光体转变，使其周围奥氏体贫碳，故使 M_s 温度升高。各种不同成分钢种的 CT 图可参阅有关的专著[2,10,11]。

6.2.3 CT 图的基本类型

前面讨论过的影响 IT 图的因素，对 CT 图也是适用的，由于钢中碳和合金元素的质量分数的不同以及其他因素的影响，可使 CT 图出现多种不同的形式。现概括示于图 6-15 中。

还应强调的是，在应用 CT 图时，也必须注意其标明的试验条件，如奥氏体化温度和晶粒度等是否与实际应用的条件相符，因条件不同，情况会有所差异。

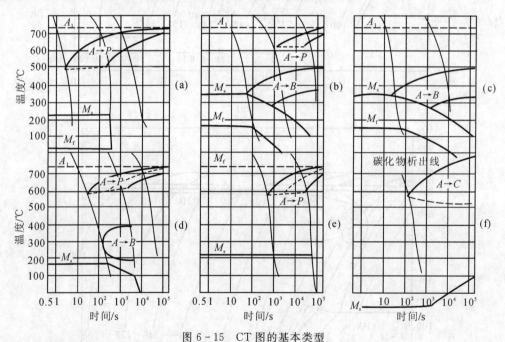

图 6-15　CT 图的基本类型

(a) 碳钢和含非(或弱)碳化物形成元素的低合金钢(如 T8A)；(b) 合金结构钢(如 40CrNiMoA)；(c) 镍或锰含量较高的复杂合金结构钢(如 18Cr2Ni4WA)；(d) 合金工具钢(如 5CrMnMo)；(e) 高铬工具钢(如 Cr12)；(f) 有碳化物析出倾向的奥氏体钢(如 4Cr14Ni14W2Mo)

6.3　IT 图与 CT 图的比较和应用

6.3.1　IT 图与 CT 图的比较

由于 IT 图与 CT 图均采用"温度-时间"半对数坐标,因此可以将两类图形叠绘在相同的坐标轴上,加以比较。

共析碳钢的 IT 图和 CT 图叠示于图 6-16。由图可知,CT 曲线位于 IT 曲线的右下方,这表明连续冷却时过冷奥氏体要在比等温转变时较低的温度并经历较长的时间才开始转变。

我们可以把连续冷却过程看成是由许多个在不同温度下的微小的等温过程组成的,如图 6-17 所示。由图可知,在连续冷却曲线上,每一个微小的时间段($\Delta\tau_i$)都对应着某一个温度(T_i),而每一个温度(T_i)又都对应着一定的孕育期(τ_i)。这样,在过冷奥氏体转变温度范围内任一温度 T_i 下的 $\Delta\tau_i/\tau_i$ 即表示在该温度下的孕育作用或孕育分数,亦即连续冷却时在各温度下停留 $\Delta\tau_i$ 时间所起的作用只相当于该温度下整个孕育期 τ_i 所起作用的一部分。既然不同温度(T_i)下孕育期(τ_i)不同,因而在不同温度下停留 $\Delta\tau_i$ 所起的孕育作用便不同。由 IT 图可知,在"鼻子"以上,在高温区每停留 $\Delta\tau_i$ 所起的孕育作用要比在低温区时小。但只有当孕育分数等于1,或者在一系列温度的孕育分数累计总和等于1时,才能完成孕育作用,使转变得以开始。因此,连续冷却时,转变前所经历的时间必定大于等温时转变前所需时间,从而使连续冷却时转变开始点总是处于冷却曲线与等温转变开始曲线交点的右下方。

可见,由于两类转变图之间存在一定的差别,故简单地用 IT 图来估计连续冷却转变过程是不够精确的,这一点必须注意。

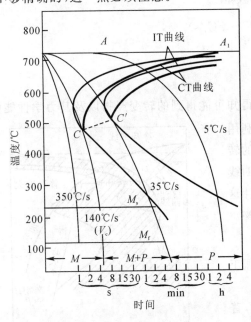

图 6-16　共析碳钢 IT 图与 CT 图的比较

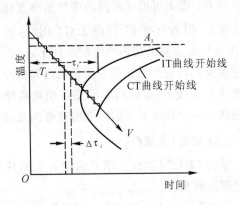

图 6-17　IT 曲线与 CT 曲线之间关系的解释

6.3.2 IT 图和 CT 图的应用

钢的 IT 图与 CT 图是合理制定热处理工艺规程和发展新的热处理工艺(如形变热处理等)的重要依据;对于分析研究各种钢材在不同热处理条件下的金相组织和力学性能,合理选用钢材等方面也有重要的参考作用,因此它在生产实践和科学研究方面应用较广,具有重要的实际意义。现分别举例说明如下。

(一)确定淬火临界冷却速率(V_c)

如前所述,淬火临界冷却速率(V_c)是保证奥氏体在冷却过程中不发生分解而全部过冷到马氏体区的最小冷速。如图 6-18 所示,在 IT 图上,先叠绘一条与 IT 曲线"鼻子"相切的冷却曲线 V_c',由此得到从临界点 A_1 到"鼻子"温度 t_m 的平均冷速 V_c',即

$$V_c' = \frac{A_1 - t_m}{\tau_m} \quad (℃/s)$$

式中 A_1——钢的临界点,℃;

t_m——鼻尖处温度,℃;

τ_m——鼻尖处的孕育期,s。

上式是利用 IT 图来求得淬火临界冷却速率。但由于连续冷却时,其转变曲线总是位于 IT 曲线的右侧,其孕育期较长,故必须对该式进行修正。根据经验,须引入修正系数 1.5,此时便得到淬火临界冷却速率 V_c,即

$$V_c = \frac{A_1 - t_m}{1.5\tau_m} \quad (℃/s)$$

淬火临界冷却速率是选择淬火介质的主要依据。

(二)分析转变产物及性能

从 CT 图上可根据不同的冷却速率方便地得知可能得到的转变产物以及其力学性能(如硬度等)。但若只有 IT 图而无 CT 图时,可以利用 IT 图近似地推测出在连续冷却条件下,奥氏体的转变过程及其转变产物。其方法是把已知的冷却曲线叠绘在 C 曲线上,根据两者的交点便可粗略估计这种钢在某一冷却速率下的转变温度范围及其产物。

(三)确定工艺规程

钢的 IT 图可以直接用来确定有关的热处理工艺规程。例如:

(1)普通退火和等温退火:如图 6-19 所示,普通退火时,可借助于 IT 图确定钢在慢冷时大致的转变温度范围和所需的冷却时间;等温退火时,可直接从 IT 图上确定所需的等温温度和等温时间,并可估

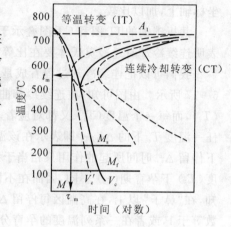

图 6-18 确定淬火临界速率(V_c)的示意图

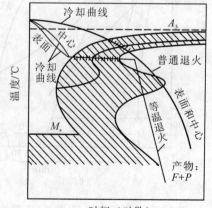

图 6-19 普通退火、等温退火与 IT 图关系

计出其应得的组织。

（2）分级淬火：分级淬火是一种能减小淬火内应力，减少零件变形和避免开裂的淬火工艺。其方法是将奥氏体化后的钢件在 M_s 点以上奥氏体较稳定的某一温度的浴槽中作适当停留，使钢件表面与心部的温差有所减小，然后从浴槽中取出空冷。根据 IT 图可以估计钢件在浴槽中需停留的时间，如图 6-20 所示。

（3）等温淬火：如图 6-21 所示，可根据 IT 图确定等温的温度范围及时间。

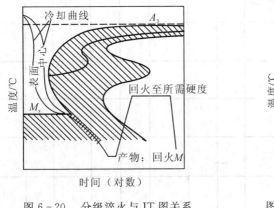

图 6-20　分级淬火与 IT 图关系

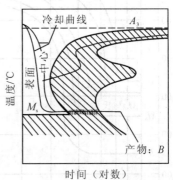

图 6-21　等温淬火与 IT 图关系

（4）形变热处理：它是将压力加工与热处理相结合施行综合强化的一种工艺，根据等温转变图可以确定形变的温度和时间，详见第 10 章有关部分。

（四）根据试棒直径由 CT 图确定其应有的显微组织[9,12]

近年来，英国钢铁公司作出了新的 CT 图集，这对热处理工作者很有参考价值。这种 CT 图是以温度为纵坐标，以棒材直径（代替时间）为横坐标，称为改型 CT 图。根据该图可以确定大量工业用钢在空冷、油冷和水冷条件下，某一已知直径的棒材中心将得到的组织。对于每个钢的 CT 图，都附有相应的棒材直径与硬度（有时为回火后的硬度）的关系。对应于获得马氏体或半马氏体硬度（从而可以判断其组织）的棒材直径代表钢的淬透性，亦即表示钢在淬火时能获得马氏体组织的能力。

图 6-22 表示 $w_C = 0.38\%$ 的普通碳钢的改型 CT 图，其横坐标分别表示空冷、油冷和水冷时的棒材直径，纵坐标表示温度。图上的垂直虚线分别表示空冷、油冷和水冷时某一已知直径的棒材在其中心所预期获得的组织。例如，棒材直径为 10 mm 时，表示空冷的虚线通过了 CT 曲线的某一部位，可看出该棒材中心将得到铁素体、珠光体和少量贝氏体。如棒材直径仍为 10 mm，油冷可得到贝氏体和马氏体，水冷则可得到马氏体。

图 6-23 表示 $w_C = 0.4\%$ 的合金钢的改型 CT 图。由图可知，棒材直径为 10 mm 时，即使采用空冷，也可全部得到马氏体；油冷时，棒材直径为 100 mm 时也将完全淬透获得马氏体；水冷时，能够淬透的直径将更大。

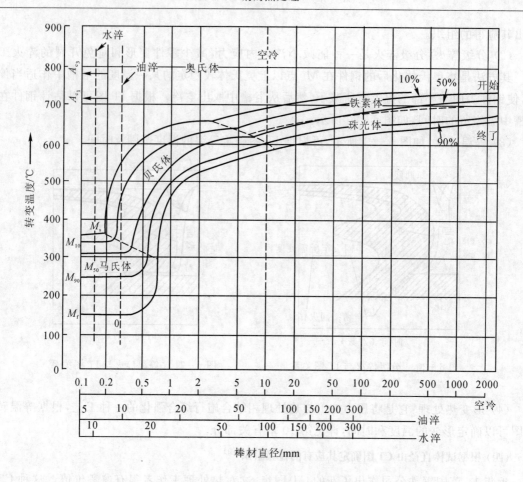

图 6-22 0.38C 钢的改型 CT 图(表明棒材直径与显微组织的关系)

复习思考题

1. 简述过冷奥氏体等温转变(IT)图和连续冷却转变(CT)图的建立方法,并比较其优缺点。

2. IT 图有哪些基本类型? 主要受哪些因素的影响? 为何从不同资料中查到的同一钢种的 IT 图往往有一定差别?

3. 试设计一种采用金相法测定钢的 M_s 点的实验。

4. 何谓淬火临界冷却速率? 如何利用 IT 图来进行估计?

5. 钢的 CT 曲线为何总是处于 IT 曲线的右下方?

6. 试简述 IT 图和 CT 图在热处理中的应用。

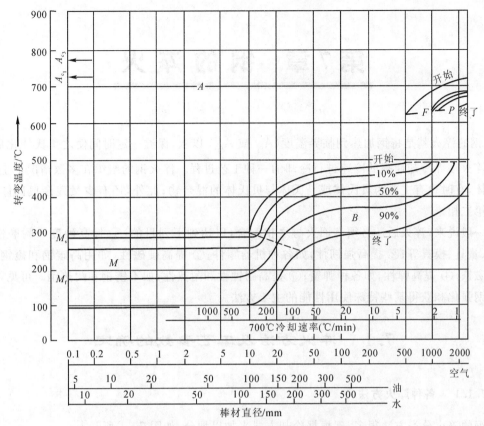

图 6 - 23　0.4C - 1.5Ni - 1.2Cr - 0.3Mo 钢的改型 CT 图

（奥氏体化温度为 850 ℃，预先经过轧制，650 ℃ 低温退火）

参 考 文 献

[1]　热处理手册（第四分册）. 北京：机械工业出版社，1978.

[2]　本溪钢铁公司第一炼钢厂和清华大学机械系金属材料教研室. 钢的过冷奥氏体转变曲线（导论和第一图册）. 北京：机械工业出版社，1979.

[3]　北京航空学院，西北工业大学. 钢铁热处理. 1977.

[4]　钢铁热处理编写组. 钢铁热处理（原理及应用）. 上海：上海科学技术出版社，1977.

[5]　王健安. 金属学与热处理（下册）. 北京：机械工业出版社，1980.

[6]　傅代直，等. 钢的淬透性手册. 北京：机械工业出版社，1973.

[7]　合金钢手册上册第一、二、三、四分册. 北京：中国工业出版社，冶金工业出版社，1971 - 1972.

[8]　Полов А А，Полова Л Е. Справонник Термиста，Изотермические и Термокинетические Диаграммы，Распада Переохложденного Аустенита，Металлугиздат，1965.

[9]　Krauss G. Principles of Heat Treatment of Steel，1980：97 - 101.

[10]　ASM. Atlas of Isothermal Transformation and cooling Transformation Diagrams，1977.

[11]　Adolf Rose. Atlas Zur Wärmebehandlung der Stähle，Band 2，1972.

[12]　Atkins M. Atlas of continuous Cooling Transformation Diagrams for Engineering Steels，British Steel Corp.，Sheffield，1977.

第7章 钢的淬火

钢的淬火就是将钢加热到临界温度（A_{c_3} 或 A_{c_1}）以上，保温一定时间使之奥氏体化后，以大于淬火临界冷却速率的冷速进行冷却的一种工艺过程。淬火钢的组织在多数情况下主要为马氏体，有时也有主要为贝氏体或马氏体与贝氏体的混合物；此外，还有少量残余奥氏体和未溶的第二相。

一般说来，淬火后还必须有回火与之相配合，以达到下列目的：① 提高硬度和耐磨性，如刀具、量具、模具等；② 提高强韧性，如各种机器零件；③ 提高硬磁性，如用高碳钢和磁钢制的永久磁铁；④ 提高弹性，如各种弹簧；⑤ 提高耐蚀性和耐热性，如不锈钢和耐热钢。可见，淬火是使钢强化和获得某些特殊使用性能的主要方法。

7.1 淬火方法及工艺参数的确定

7.1.1 各种淬火方法

钢的淬火分类方法很多，现根据冷却方式来加以划分，如图 7-1 所示[1]。

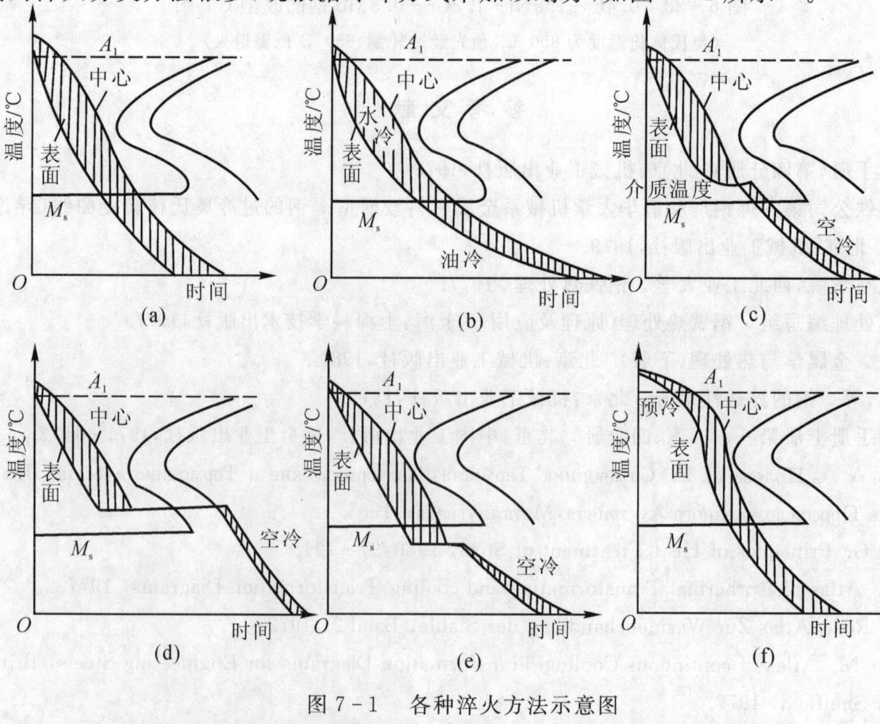

图 7-1　各种淬火方法示意图

(a) 单液淬火法；　(b) 双液淬火法(先水淬后油冷)；　(c) 分级淬火法；
(d) 贝氏体等温淬火法；　(e) 马氏体等温淬火法；　(f) 预冷(空冷)淬火法

（一）单液淬火法

其特点是零件经加热后,置于某一种淬火介质(如水、油或其他等)中冷却,亦即直接淬火,如图 7-1(a) 所示。可见在整个冷却过程中,零件表面与中心的温差较大,这会造成较大的热应力和组织应力(见 7.4 节),从而易引起变形和开裂。但这种淬火方法简便、经济、易于掌握,故广泛用于形状简单的零件淬火。

（二）双液淬火法

它是将加热好的零件,先在盐水中冷却至 400 ℃ 左右,然后迅即转至油中,如图 7-1(b) 所示。先快冷可避免过冷奥氏体的分解,后慢冷可有效地降低变形和开裂倾向。第二种冷却介质不一定局限于油,也可以是其他介质(如热浴)。

双液淬火法的关键是控制零件的水冷时间。据经验总结,碳钢零件厚度在 5～30 mm 时,其水冷时间可按每 3～4 mm 厚度冷却 1 s 来估算;对于形状复杂的或合金钢零件,水冷时间应减少到每 4～5 mm 厚度冷却 1 s。

双液淬火法往往需要操作者具有较熟练的操作技术,否则难于掌握好。

（三）分级淬火法

与单液淬火相比,双液淬火确有一定的优点,但毕竟比较难于掌握,尤其对形状复杂及截面尺寸相差悬殊的零件来说,仍经常出现变形甚至开裂,而分级淬火可有效地克服双液淬火之不足。

如图 7-1(c) 所示,分级淬火法是将加热好的零件置于温度稍高于 M_s 点的热态淬火介质中(如融熔硝盐、熔碱或热油),保持一定时间,待零件各部分的温度达到基本一致时,取出空冷(或油冷)。这种方法的特点首先是缩小了零件与冷却介质间的温差,因而明显减小了零件冷却过程中的热应力;其次,是通过分级保温,使整个零件温度趋于均匀,在随后冷却过程中零件表面与心部马氏体转变的不同时性明显减小;第三,由于恒温停留所引起的奥氏体稳定化作用,增加了残余奥氏体量,从而减少了马氏体转变时所引起的体积膨胀。由于这些因素的影响,零件淬火时的变形和开裂倾向可显著减小。

（四）等温淬火法

等温淬火法有两种,即贝氏体等温淬火法和马氏体等温淬火法,如图 7-1(d),(e) 所示。

贝氏体等温淬火法是将加热好的零件置于温度高于 M_s 点的淬火介质中,保持一定时间,使其转变成下贝氏体,然后取出空冷。该方法的显著特点是在保证有较高强度的同时,还保持有较高的韧性,同时淬火变形也较小。这是因为作等温停留可显著减少热应力和组织应力,且贝氏体的比容较小,在淬火后保留的残余奥氏体量也较多之故。

马氏体等温淬火法是将加热好的零件置于温度稍低于 M_s 点的淬火介质中保持一定时间,使钢发生部分的马氏体转变,然后取出空冷。实际上,把这种方法称为"低于 M_s 点的分级淬火法"更为合适。由于其淬火介质的温度比前述分级淬火的介质温度低,可增大零件的冷却速率,使之不易发生珠光体型转变;此外,由于形成的部分马氏体组织在随后的保温过程中转变为回火马氏体,使产生的组织应力减小,同时在等温过程中,使零件各部分的温度基本上趋于一致,且随后空冷时,冷却缓慢,继续形成的马氏体量又不多,其所引起的组织应力不会很大,故变形和开裂的倾向较小。

（五）预冷淬火法

预冷淬火法是将加热好的零件,自炉中取出后在空气中预冷一定时间,使零件的温度降低一些,再置于淬火介质中进行冷却的一种淬火方法,如图 7-1(f) 所示。

除在空气中预冷外,有时也采取水预冷、油预冷以及擦水、擦油等方法。

预冷可减小零件在随后快冷时各处(薄处与厚处,或表面与心部)之间的温度差,从而降低淬火变形和开裂的倾向。

7.1.2　淬火工艺参数的确定

淬火工艺主要包括淬火加热温度、保温时间和冷却条件等几方面的问题。工艺参数的确定应遵循一定的原则,现分别讨论如下。

（一）淬火加热温度

确定钢的淬火加热温度时,应考虑钢的化学成分、零件尺寸和形状、技术要求、奥氏体的晶粒长大倾向,以及淬火介质与淬火方法等因素。对碳钢来说,根据实践经验,其淬火加热温度对亚共析钢为 $A_{c_3} + 30 \sim 50 ℃$;共析钢和过共析钢为 $A_{c_1} + 30 \sim 50 ℃$。

亚共析钢一般之所以在 $A_{c_3} + 30 \sim 50 ℃$ 加热(在 7.5 节中将讨论的"亚温淬火"属于例外),是因为这样可得到均匀细小的奥氏体晶粒,淬火后即可得到细小的马氏体组织。但若加热温度低于 A_{c_3},组织中将会保留一部分铁素体,使淬火后强度、硬度都较低;而加热温度过高,又易引起奥氏体晶粒粗化,从而使淬火钢的力学性能变坏。由于 $A_{c_3} + 30 \sim 50 ℃$ 这一淬火加热温度处于完全奥氏体的相区,故又称作完全淬火。

过共析钢的淬火加热温度取 $A_{c_1} + 30 \sim 50 ℃$(称为不完全淬火),这是因为它在淬火之前往往都需进行球化退火,使之得到球化体组织,故再加热到上述温度时便得到奥氏体和粒状渗碳体,而淬火后则变为马氏体和粒状渗碳体。由于有粒状渗碳体存在,不但不降低钢的硬度,反而可提高耐磨性;同时,又因加热温度较低,奥氏体晶粒很细,淬火后可得到细小的(隐针)马氏体组织,使钢具有较好的力学性能。但若将加热温度提高到 $A_{c_{cm}}$ 以上,则会带来许多不良后果:① 由于渗碳体全部溶入奥氏体中,使淬火后钢的耐磨性降低;② 使奥氏体晶粒显著粗化,淬火后得到粗大马氏体,从而使形成显微裂纹的倾向增大;③ 由于奥氏体中碳含量显著增高,使 M_s 点降低,淬火后残余奥氏体量将大大增加,从而使钢的硬度降低;④ 加热温度高,会使钢氧化、脱碳加剧,也使淬火变形和开裂倾向增大,同时还可能缩短加热炉的使用寿命,等等。

对于低合金钢来说,淬火加热温度也应根据其临界点(A_{c_3},A_{c_1})来选定。但考虑到合金元素的影响,为了加速奥氏体化而又不引起奥氏体晶粒粗化,一般应选定为 A_{c_3}(或 A_{c_1})+ $50 \sim 100 ℃$。

在实际生产中选择淬火温度时,除必须遵循上述一般原则外,还允许根据一些具体情况,适当地做些调整。例如,① 如欲增大淬硬层深度,可适当提高淬火温度;在进行等温淬火或分级淬火时也常常采取这种措施,因为热浴的冷却能力较低,这样做有利于保证零件淬硬(如 T10A 钢的普通淬火温度为 $770 \sim 790 ℃$,而在硝盐浴分级淬火时则常取 $800 \sim 820 ℃$。② 如欲减少淬火变形,淬火温度应适当降低;当采用冷却能力较强的淬火介质时,为减少变形,也应这样做(如水淬时应比油淬时的淬火温度低 $10 \sim 20$ ℃。③ 当原材料有较严重的带状组织时,淬火温度应适当提高。④ 高碳钢的原始组织为片状珠光体时,淬火温度应适当降低(尤其是共析钢),因其片状渗碳体比球化体中的渗碳体更易于溶入奥氏体中。⑤ 尺寸小的零件,淬火温度应适当降低,因为小零件加热快,如淬火温度高,可能在棱、角等处易引起过热。⑥ 对于形状复杂、容易变形或开裂的零件,应在保证性能要求的前提下尽可能采用较低的淬火温度。

(二) 淬火保温时间

淬火保温时间是指零件装炉后,从炉温回升到淬火温度时起算,直到出炉为止所需要的时间。保温时间包括零件透热时间和组织转变所需的时间。

影响保温时间的因素很多,主要有以下几方面:

1. 钢的成分

随钢中碳及合金元素的质量分数增高,将使钢的导热性下降,故保温时间应增加;另外,由于合金元素比碳扩散慢得多,显著延缓钢中的组织转变,故在实际生产中,高碳钢比低碳钢、合金钢比碳素钢、高合金钢比低合金钢的保温时间要长些。

2. 零件的形状与尺寸

据 HB/Z 5025—77《航空结构钢的热处理》的规定,保温时间按照零件最大厚度或条件厚度来确定。所谓最大厚度是指零件最厚截面处的尺寸,或叠放零件的总厚度,取二者中的最大者。零件的条件厚度是零件实际厚度(壁厚)乘以形状系数。各种截面的零件的形状系数见表7-1。最大厚度或条件厚度又都可统称为计算厚度。

表 7 - 1　各种截面的零件形状系数

形　状	形状系数
 球　正方体	0.75
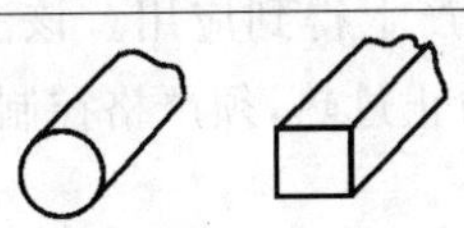 圆棒　方棒	1.0
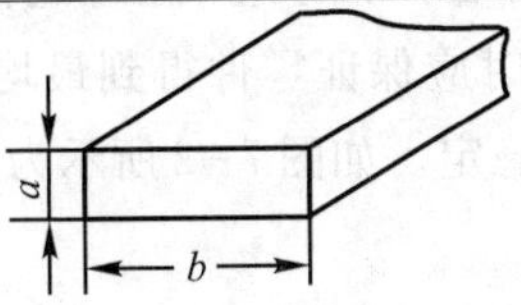 板	① $b \leqslant 2a$:1.50 ② $2a < b \leqslant 4a$:1.75 ③ $b > 4a$:2.0
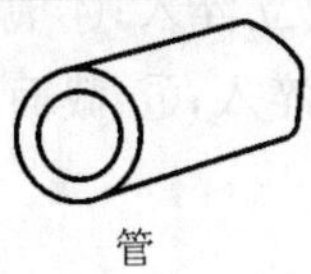 管	① 两端开口短管 $\leqslant 2.0$ ② 一端封闭管 $2 \sim 4$ ③ 长管或两端封闭管 > 4

另外,对于形状复杂或尺寸较大的碳素工具钢及合金工具钢零件,常在淬火加热前采取预热。预热的作用在于消除淬火加热前存在于零件中的残余内应力,减小高温加热时零件表里(或厚、薄部分)的温差以及由此而产生的内应力,并能缩短零件在高温透热或保温时间(比不预热者缩短20%~30%)。由于在高温下保温时间缩短,还可以减轻零件的氧化、脱碳以及过热倾向。对碳钢及一般合金钢,往往采取一次预热,其预热温度为 550 ~ 650 ℃;对高合金钢(如高速钢),往往采取两次预热,第一次为 600 ~ 650 ℃,第二次为 800 ~ 850 ℃。

3. 加热介质

加热介质不同,则加热速率不同,因而保温时间也随之不同。在一般生产中,以铅浴炉加热速率为最快,盐浴炉次之,空气电阻炉为最慢。当其他条件相同时,三者的保温时间(t)之比大致为1/3:1/2:1。表7-2为计算保温时间的经验公式(公式中 D 为计算厚度或直径),可供参考。

表 7 - 2　计算保温时间的经验公式

加热设备类型	钢材品种	经验公式,t/min
盐浴炉	碳素结构钢 碳素工具钢与合金结构钢 合金工具钢	$t = (0.2 \sim 0.4)D$ $t = (0.3 \sim 0.5)D$ $t = (0.5 \sim 0.7)D$(一次预热时间为 $2t$)
空气电阻炉	碳素钢 合金钢	$t = (1 \sim 1.2)D$ $t = (1.2 \sim 1.5)D$

4. 装炉情况

零件在炉中的放置及排列情况对其受热条件有明显影响,故装炉情况不同,其保温时间也不同。

5. 炉温

提高炉温,可缩短加热保温时间。快速加热已在生产上得到应用。该法是将零件放入比正常加热温度高出约 100 ℃ 左右的炉中进行加热;为防止过热,须严格控制加热保温时间。

(三) 冷却方式

淬火的冷却方式甚多,这已在前面讨论过了。为保证产品质量,除应选择正确的淬火方法外,还要注意选用合适的淬入方式,其基本原则是淬入时应保证零件得到最均匀的冷却,其次是应该以最小阻力方向淬入;此外,还应考虑零件的重心稳定。如图7-2所示为上述原则具体化的示例。

一般来说,零件淬入淬火介质时应采用下述操作方法:① 厚薄不均的零件,厚的部分先淬入;② 细长零件一般应垂直淬入;③ 薄而平的零件应侧放直立淬入;④ 薄壁环状零件应沿其轴线方向淬入;⑤ 具有闭腔或盲孔的零件应使腔口或孔向上淬入;⑥ 截面不对称的零件应以一定角度斜着淬入,以使其冷却比较均匀。

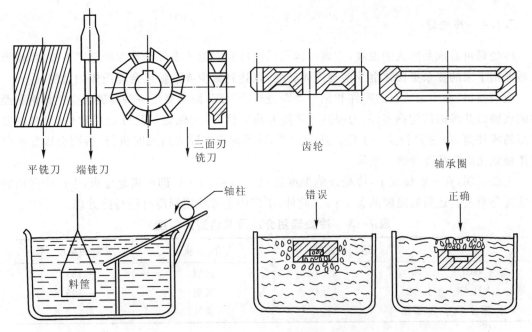

图 7-2　零件正确淬入方式示意图

7.1.3　等温淬火工艺

航空工厂尤其是飞机工厂中等温淬火工艺的应用甚广,现简要介绍如下。

(一) 淬火加热温度与保温时间

等温淬火时由于等温热介质的温度较高,冷却能力较小,为避免从高温冷至等温温度的过程中发生珠光体转变或上贝氏体转变,应设法增大过冷奥氏体的稳定性,故等温淬火时的加热温度一般比普通淬火时要高 $30 \sim 80\ ℃$。

保温时间的确定则与普通淬火相同。

(二) 等温温度与等温时间

等温温度应根据钢的力学性能要求来确定。如要求硬度、强度愈高,则等温温度应愈低,反之亦然。等温温度允许的偏差为 $\pm 5\ ℃$,比淬火加热时的 $\pm 10\ ℃$ 要严格得多,这是因为等温温度对性能影响十分显著,如偏差太大,将难以达到技术要求。

至于等温时间,可根据钢的 IT 图来进行估算。

(三) 等温介质

生产上常用的等温介质为融熔硝盐或碱,后者冷却能力比前者稍大,具体成分介绍见 7.2 节(淬火介质)。等温淬火时对零件的最大厚度有一定限制,超过这一限制,其性能将达不到技术要求。例如30CrMnSiA钢在硝盐浴或碱浴中等温处理时,实心圆柱体最大直径不应超过12 mm;双面冷却的扁平零件和空心圆柱体的壁厚不应超过 6 mm;单面冷却的零件壁厚不应超过 3 mm。

7.1.4　冷处理

冷处理可看成是淬火的继续,亦即将淬火后已冷到室温的零件继续深冷至零下温度,使淬火后保留下来的残余奥氏体继续向马氏体转变,以达到减少或消除残余奥氏体的目的。

应当指出,并不是所有的零件和钢种都需进行冷处理,而主要是一些高碳合金工具钢和经渗碳或碳氮共渗的结构钢零件,为提高其硬度和耐磨性,或为保证其尺寸的稳定性(对精度要求高的零件而言)才进行这一工序。还应注意,冷处理应在淬火后及时进行,否则会因发生奥氏体稳定化而降低冷处理的效果。

实践表明,在一般情况下,冷处理的温度达到 $-60 \sim -80\ ℃$ 即可满足要求,生产中常用的冷处理介质及其达到的温度见表 7-3。此外,工厂中也常使用制冷机进行冷处理。

表 7-3　冷处理用介质及其达到的温度

介　质	达到的温度 /℃	介　质	达到的温度 /℃
25％NaCl＋75％ 冰	－21.3	液氧	－183
20％NH₄Cl＋80％ 冰	－15.4	液氮	－195.8
干冰(固体 CO_2)＋酒精	－78	液氢	－252.8

7.2　淬火介质

淬火工艺中冷却是一道关键的工序,为了获得马氏体组织,钢淬火时一般都须采取快冷,使其冷速大于淬火临界冷却速率 V_c,以避免过冷奥氏体发生分解。从钢的 C 曲线可知,其鼻部温度大约在 $500 \sim 600\ ℃$。可见,当零件冷至该温度以下时便不再需快冷,因为这时过冷奥氏体的孕育期又增长,适当减慢冷却亦无妨,况且在马氏体转变区正须慢冷才能减少组织应力,从而降低淬火变形和开裂的倾向。因此从淬火冷却过程对淬火介质的要求来看,它应当具有在中温($500 \sim 600\ ℃$)时冷却快、低温时冷却慢的特性。如图 7-3 所示即是人们所期望得到的理想淬火介质的冷却曲线,这正是热处理工作者选择、革新淬火介质的依据和方向。

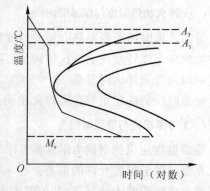

图 7-3　理想淬火介质的冷却曲线

7.2.1　淬火介质的分类

淬火介质的种类很多,根据其物理特性,可分为两大类:

第一类属于淬火时发生物态变化的淬火介质,包括水质淬火剂、油质淬火剂和水溶液等。淬火介质的沸点大都低于零件的淬火加热温度,所以当赤热零件淬入其中后,它便会汽化沸腾,使零件剧烈散热。此外,在零件与介质的界面上,还可以辐射、传导、对流等方式进行热交换。

第二类属于淬火时不发生物态变化的淬火介质,包括各种熔盐、熔碱、融熔金属等。淬火介质的沸点都高于零件的淬火加热温度,所以当赤热零件淬入其中时,它不会汽化沸腾,而只在零件与介质的界面上,以辐射、传导和对流的方式进行热交换。

作为淬火介质,其一般的要求是:无毒、无味、经济、安全可靠;不易腐蚀零件,淬火后易清洗;成分稳定,使用过程中不易变质;在过冷奥氏体的不稳定区域应有足够的冷却速率,在低温的马氏体转变区域应具有较缓慢的冷却速率,以保证淬火质量;在使用时,介质黏度应较小,以增加对流传热能力和减少损耗。

7.2.2　有物态变化的淬火介质

(一) 冷却特性

淬火介质的冷却特性是指试样温度与冷却时间或试样温度与冷却速率之间的关系。测定冷却特性曲线通常是采用导热率很高的银球试样,将其加热后迅速置入淬火介质中,利用安放在银球中心的热电偶测出其心部温度随冷却时间的变化,然后再根据这种温度-时间曲线换算,求得冷却速率-温度关系曲线。如图 7 - 4 所示为银球试样及冷却特性曲线。

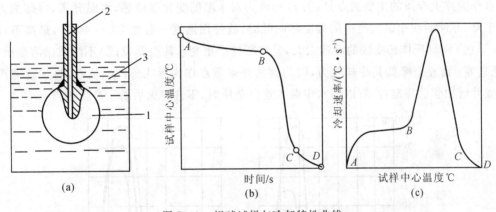

图 7 - 4　银球试样与冷却特性曲线

(a) 银球试样示意图;1— 银球试样(ϕ20 mm),2— 热电偶,3— 介质;

(b) 试样温度与冷却时间的关系;(c) 冷却速率与试样温度的关系

(二) 冷却机理

赤热零件进入淬火介质(以水为例)中后,其冷却过程大致可分为三个阶段:

1. 蒸气膜阶段

在零件进入介质的一瞬间,周围介质立即被加热而汽化,在零件表面形成一层蒸气膜,将零件与液体介质隔绝。由于蒸气膜的导热性较差,故使零件的冷却速率较慢,如图 7 - 4(b)、(c) 中 AB 段。冷却开始时,由于零件放出的热量大于介质从蒸气膜中带走的热量,故膜的厚度不断增加。随着冷却的进行,零件温度不断降低,膜的厚度及其稳定性也逐渐变小,直至破裂而消失,这是冷却的第一阶段。

2. 沸腾阶段

在蒸气膜破裂后，零件即与介质直接接触，介质在零件表面激烈沸腾，通过介质的汽化并不断逸出气泡而带走了大量热量，使冷却速率变快，如图7-4(b)，(c)中 BC 段。沸腾阶段前期冷速很大，随零件温度下降，其冷速逐渐减慢，此阶段一直要持续到零件冷至介质的沸点时为止，这是冷却的第二阶段。

3. 对流阶段

当零件冷至低于介质的沸点时，则主要依靠对流传热方式进行冷却，这时零件的冷速甚至比蒸气膜阶段还要缓慢，如图7-4(b)，(c)中 CD 段。随着零件表面与介质的温差不断减小，冷却速率愈来愈小，这是冷却的第三阶段。

（三）常用淬火介质

1. 水

水是使用最早的一种淬火介质，它价廉易得，而且有较强的冷却能力。图7-5所示为水在静止与流动状态下的冷却特性，可见静止水的蒸气膜阶段温度较高，在 $800 \sim 380\ ℃$ 温度范围，此阶段的冷速缓慢，约 $180\ ℃/s$。温度低于 $380\ ℃$ 以下才进入沸腾阶段，使冷却速率急剧上升，$280\ ℃$ 左右冷速达最大值，约 $770\ ℃/s$。

水作为淬火介质的主要缺点是：① 冷却能力对水温的变化很敏感，水温升高，冷却能力便急剧下降，并使对应于最大冷速的温度移向低温，故使用温度一般为 $20 \sim 40\ ℃$，最高不许超过 $60\ ℃$；② 在马氏体转变区的冷速太大，易使零件严重变形甚至开裂；③ 不溶或微溶杂质（如油、肥皂等）会显著降低其冷却能力，因为这些外来质点作为形成蒸汽的核心，将加速蒸汽膜的形成并增加膜的稳定性，所以当水中混入这些杂质时，零件淬火后易于产生软点。

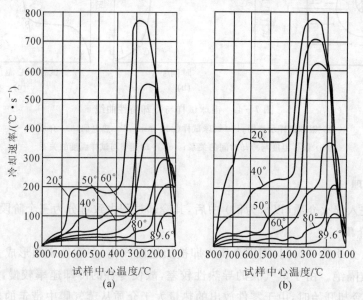

图 7-5　水的冷却特性

（a）静止水；（b）循环水

2. 盐水与碱水

为了提高水的冷却能力,往往在水中添加一定量(一般为 5% ～ 10%)的盐或碱,目前比较普遍采用的是食盐水溶液,其优点是蒸汽膜因加入盐而提早破裂。通常将蒸汽膜破裂的温度,亦即进入沸腾阶段的温度称为特性温度。盐水的特性温度比纯水高,其高温(650 ～ 550 ℃)区间的冷却能力约为水的 10 倍,故使钢淬火后的硬度较高且均匀;同时盐水的冷却能力受温度的影响也较纯水为小,因此目前生产中盐水已完全取代了纯水而广泛用于碳钢的淬火。盐水的使用温度一般为 60 ℃ 以下。盐水的缺点是在低温(200 ～ 300 ℃)区间冷速仍很大。

碱水作为淬火介质,常用的是 5% ～ 15%NaOH 水溶液。它在高温区间的冷却能力比盐水还大,而在低温区间的冷却能力则与之相近。此外,它能与已氧化的零件表面作用而析出氢气,使氧化皮易于脱落,淬火后零件呈银灰色,表面较洁净,一般不需清理,故又称其为光亮淬火。

但碱水的应用不如盐水广泛,其原因是 NaOH 对零件及设备的腐蚀较严重,淬火时有刺激性气体产生,对皮肤有腐蚀性,以及易于老化变质等。

3. 油

淬火用油有植物油与矿物油两大类。植物油如豆油、芝麻油等,虽有较好的冷却特性,但因易于老化、价格昂贵等缺点,已为矿物油所取代。用油作为淬火介质的主要优点是:油的沸点一般比水高 150 ～ 300 ℃,其对流阶段的开始温度比水高得多,由于一般在钢的 M_s 点附近已进入对流阶段,故低温区间的冷速远小于水,将有利于减少零件的变形与开裂倾向。油的主要缺点是:高温区间的冷却能力很小,仅为水的 1/5 ～ 1/6,只能用于合金钢或小尺寸碳钢零件的淬火。此外,油经长期使用还会发生老化,故需定期过滤或更换新油等。

提高油温可降低黏度,增加流动性,因而可提高其冷却能力。油温一般应控制在 60 ～ 80 ℃,最高不超过 100 ～ 120 ℃(即油的工作温度应保持在闪点❶以下 100 ℃ 左右),以免着火。

随着可控气氛热处理的应用,要求热处理后的零件能获得光亮的表面,故需采用光亮淬火油[2]。目前大多在矿物油中加入油溶性高分子添加剂来获得不同冷却能力的光亮淬火油,即高、中、低速光亮淬火油,以满足不同的需要。加入的光亮剂中以咪唑啉油酸盐、双脂、聚异丁烯丁二酰亚胺等的效果较好,含量以 1% 为佳。

在淬火油中,发展的另一系列是真空淬火油。这种油专门用于真空淬火,它具有低的饱和蒸气压,不易蒸发,不易污染炉膛并很少影响真空炉的真空度,有较好的冷却性能,淬火后零件表面光亮,热稳定性好,具体类别可查阅有关专著[3]。

(四) 冷却强度

为了反映不同介质对零件的冷却能力,并便于相对比较,规定以 18 ℃ 静止水的冷却能力作为标准,定义其冷却强度 $H = 1$。如某介质的 $H > 1$,则表示其冷却能力比静止水大;若 $H < 1$,则表示其冷却能力比静止水小。表 7-4 为常用介质的 H 值。由表可看出,水温对其冷却能力的影响较大,50 ℃ 的水在过冷奥氏体不稳定区域(650 ～ 550 ℃)的冷速比 50 ℃ 的矿物油还要慢,

---

❶ 闪点是指油表面的油蒸气和空气自然混合时与明火接触而出现蓝色火苗闪光的温度。油温到达闪点后,就有着火的危险。

然而在马氏体转变区又与 18 ℃ 水几乎一样,这说明水温升高对淬火是不利的。

表 7-4　几种常用淬火介质的冷却强度 H

淬 火 介 质	冷 却 强 度 H	
	650 ~ 550 ℃	300 ~ 200 ℃
0 ℃ 水	1.06	1.02
18 ℃ 水	1.00	1.00
50 ℃ 水	0.17	1.00
100 ℃ 水	0.044	0.71
18 ℃ 10％NaOH 水溶液	2.00	1.10
18 ℃ 10％NaCl 水溶液	1.83	1.10
50 ℃ 菜籽油	0.33	0.13
50 ℃ 矿物油	0.25	0.11
50 ℃ 变压器油	0.20	0.09
10％ 油在水中乳浊液	0.12	0.74
肥皂水	0.05	0.74
空气(静止)	0.028	0.007
真空	0.011	0.004

　　搅动与否以及搅动程度对淬火介质的冷却强度 H 有很大影响[4],[5]。表 7-5 表示不同搅动程度时各介质的冷却强度数值。由所列数据可以看出,剧烈搅动时油的冷却能力为静止油的 4 倍,故当淬透性较低的低合金钢淬火时,对油进行搅动是十分必要的。

表 7-5　不同程度搅拌时各种介质的冷却强度(H 值)

搅拌程度	空　气	油	水	盐　水	盐浴(204 ℃)
静　止	0.008	0.25 ~ 0.30	0.9 ~ 1.1	2.0	0.5 ~ 0.8
轻微搅动		0.30 ~ 0.35	1.0 ~ 1.1	2.0 ~ 2.2	
中等搅动		0.40 ~ 0.50	1.4 ~ 1.5		
激烈搅动	0.20	0.80 ~ 1.10	4		2.25
端淬喷水			2.5	5.0	

7.2.3　无物态变化的淬火介质

　　这类介质主要指熔盐、熔碱及熔融金属,多用于分级淬火及等温淬火。其传热方式是依靠周围介质的传导和对流将零件的热量带走。因此介质的冷却能力除取决于介质本身的物理性质(如比热、导热性、流动性等)外,还和零件与介质间的温度差有关。当零件处于较高温度时,这种介质的冷速很高,而当零件接近于介质温度时,冷速则迅速降低。硝盐浴温度与冷却速率的关系如图 7-6 所示。可见,经常使用的硝盐浴的冷速与油的相近,硝盐浴中的含水量对其冷却能力影响很大,如含水量增加,易使零件周围的硝盐沸腾而提高其冷却能力。对于高合金钢零件,由于其导热性较低,不宜冷得太快,应尽量减少硝盐中的水分。为此,可将其加热到

260 ~280 ℃,保温 6 ～ 8 h,以消除水分的不良影响。

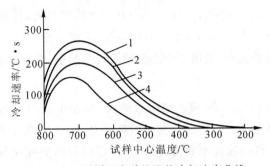

图 7-6 不同温度硝盐浴的冷却速率曲线

1—55%KNO_3 + 45%$NaNO_2$ +(3 ～ 5)%H_2O,170 ℃;

2—55%KNO_3 + 45%$NaNO_2$ +(3 ～ 5)%H_2O,200 ℃;

3—55%KNO_3 + 45%$NaNO_2$,300 ℃;

4—55%KNO_3 + 45%$NaNO_2$,400 ℃

除硝盐浴外,碱浴也用得较多,碱浴的冷却速率要比硝盐浴大些,表 7-6 为常用介质的成分及使用温度范围[6]。

表 7-6 常用的硝盐浴与碱浴

序号	成　　分	熔化温度 /℃	使用温度 /℃
1	50%KNO_3 + 50%$NaNO_3$	220	245 ～ 500
2	55%KNO_3 + 45%$NaNO_3$	137	150 ～ 500
3	72%KOH + 19%$NaOH$ + 2%$NaNO_2$ + 2%KNO_3 + 5%H_2O	～ 140	160 ～ 300
4	100%$NaOH$	328	350 ～ 550

7.2.4 其他新型淬火介质简介

水作为淬火介质的主要缺点是低温区间的冷却速率过大,易引起零件的变形与开裂;而油的缺点则是在高温区间的冷却能力太小,使过冷奥氏体易于分解。两者都不够理想。为此,广大热处理工作者都在致力于寻求新的淬火介质,力图使其兼有水和油的优点,并且可调节其浓度以达到控制冷却速率的目的。现就几种新型淬火介质简要介绍如下。

(一)过饱和硝盐水溶液

其配方为 25%$NaNO_3$,49%$NaOH$,26%KNO_3 以及 35% 水。该介质在高温区冷却能力比盐水小,但比油大,而在低温区其冷却能力与油相近,可以认为该淬火剂综合了盐水和油的优点。

(二)水玻璃淬火剂

它是用水稀释成不同浓度的水玻璃溶液,并在其中加入一种或多种碱类(如 $NaOH$,KOH,Na_2CO_3)或盐类(如 $NaCl$,KCl)物质,通过调节其成分可使之具有不同的冷却速率。如"351"淬火剂的配比为:7% ～ 9% 水玻璃(稀释后密度为(1.27 ～ 1.30) g/cm^3),11% ～ 14%$NaCl$,11% ～ 14%Na_2CO_3,0.5%$NaOH$,62.5% ～ 70.5% 水,使用温度为 30 ～ 65 ℃。其冷却能力介于水与油之间,性能稳定,冷速可调节,能作为淬火油的代用品,其缺点是对零件表面有一定的腐蚀作用。

（三）氯化锌-碱水溶淬液

这种淬火剂的配比为 49%$ZnCl_2$＋49%$NaOH$＋2% 肥皂粉，再加 300 倍水稀释。使用时要搅拌均匀，使用温度范围为 20 ～ 60 ℃。其特点是：高温区冷速比水快，低温区冷速比水慢，淬火后零件变形小，表面较光亮，适用于中小型形状复杂的中、高碳钢制工模具的淬火。

（四）合成淬火剂

其主要成分是 0.1% ～ 0.4% 聚乙烯醇水溶液，附加少量的防腐剂（苯甲酸钠）、防锈剂（三乙醇胺）及消泡剂（太古油）而制成。其使用温度为 25 ～ 45 ℃。这种淬火剂的特点是：高温区冷速与水相近，低温区冷速比水要慢，淬火时在零件表面形成凝胶状薄膜，使沸腾与对流期延长，该膜在以后冷却中会自行溶解。提高合成淬火剂的浓度可使冷却能力下降。这种淬火剂的冷速可调，无毒、无臭、不燃，具有一定的防腐、防锈、消泡能力，目前广泛用于碳素工具钢、合金结构钢、轴承钢等多种材料的淬火，但以中碳钢应用的效果为最好[7]。

（五）聚醚淬火剂

该淬火剂在美国称为"UCONA 淬火剂"。聚醚水溶液淬火剂的主要成分为环氧乙烷与环氧丙烷。它的特点是能以任何比例互相溶解，故可通过调节浓度来控制冷却速率，因而有万能淬火剂之称，其主要缺点是价格昂贵[8]。

7.3　钢的淬透性

7.3.1　淬透性的意义

（一）淬硬层与淬透性

淬火时往往会遇到两种情况：一种是零件从表面到中心都获得马氏体组织，同样具有高硬度，称之为"淬透"了；另一种是零件表层获得马氏体组织，具有高硬度，而心部则是非马氏体组织，其硬度偏低，称之为"未淬透"。

众所周知，零件淬火时，其表面与中心的冷却速率是不同的，表面最快，中心最慢（见图 7 - 7）。如零件截面上某一处的冷速低于淬火临界冷速，则不能得到全马氏体，或根本得不到马氏体，此时零件的硬度便较低。通常，我们将未淬透的零件上具有高硬度马氏体组织的这一层称为"淬硬层"。但是，如某种钢的淬火临界冷速较小，零件截面上各点的冷速都大于其淬火临界冷速，则零件就获得全马氏体组织，亦即淬透了。可见，在同样淬火条件下，钢种不同，由于其淬火临界冷速不同，就会得到不同的结果，有的能淬透，有的淬不透；有的淬硬层深，有的淬硬层浅。

所谓钢的"淬透性"，是指钢在淬火时能够获得马氏体组织的倾向（即钢被淬透的能力），它是钢材固有的一种属性。淬透性也叫可淬性，它取决于钢的淬火临界冷速的大小。

应当特别指出，钢的淬透性与零件的淬硬层深度虽然有密切的关系，但两者不能混为一谈。例如有两个尺寸不同的零件，分别选用不同的钢种来制造，在淬火后可能出现这样的情况：尺寸小的零件，虽然选用钢的淬透性较低，但其淬硬层却较深或完全淬透；而尺寸大的零件，即使选用钢的淬透性较高，但其淬硬层却较浅。从图 7 - 7 已知，淬硬层深度既与钢的淬火临界冷速有关,又与零件截面上冷却速率的大小及其分布状况有关。而冷却速率的大小及其分布状况是由淬火介质的冷却能力和零件尺寸的大小所决定的,因此零件淬硬层深度除取决于钢的淬透性外,还受淬火介质和零件尺寸等外部因素的影响。

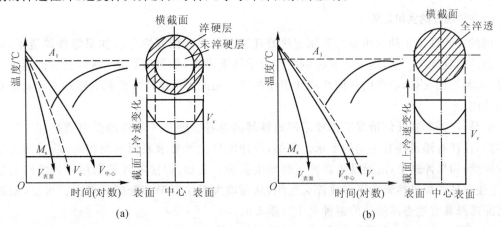

图 7 - 7 零件截面上各处的冷速变化及产生的后果

(a) 未淬透;(b) 淬透

(二) 淬硬性与淬透性

淬硬性也叫可硬性,它是指钢在正常淬火条件下,所能够达到的最高硬度。淬硬性主要与钢中的碳质量分数有关,更确切地说,它取决于淬火加热时固溶于奥氏体中的碳含量。奥氏体中固溶的碳量愈高,淬火后马氏体的硬度也愈高。由此可见,淬硬性与淬透性的含义是不同的,淬硬性高的钢,其淬透性不一定高,而淬硬性低的钢,其淬透性也不一定低。

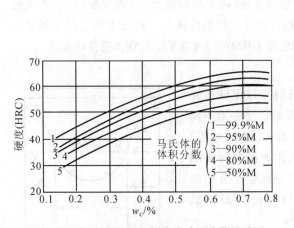

图 7-8 钢的淬火硬度与其碳质量分数的关系

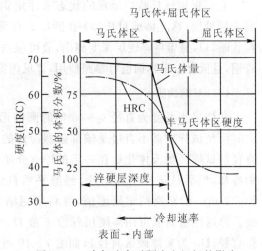

图 7-9 冷却速率对硬度和组织的影响

图 7-8 表示钢的淬火硬度与其碳质量分数的关系,可见马氏体中碳含量愈高,其硬度也愈高。那么如何来判断零件是否淬透了呢? 从理论上讲,淬硬层应当是指具有全马氏体组织的深度。但实际上要用测硬度的办法来确定这一深度是很困难的。因为当零件中某一部分淬火后得到马氏体 + 少量屈氏体时,通常在硬度值上并无明显变化,而只有当马氏体的体积分数下降到 50% 时,硬度才会发生剧烈变化,且在金相组织上也有明显的特征。此外,在断口上也

呈现着由脆性断裂到韧性断裂的转化。鉴于上述原因,便人为地将淬硬层深度规定为从表面至半马氏体组织区的距离。这样,零件淬火后,如中心得到了 50% 马氏体组织就可称其为淬透了。图 7-9 表示零件由表面到内部,随冷却速率降低其硬度和组织的变化。

(三) 淬透性的实用意义

钢的淬透性是正确选用钢材和制定热处理工艺的重要依据之一。如果零件淬透了,则其表里的性能就均匀一致,能充分发挥钢材的力学性能潜力;如果未淬透,则表里的性能便存在差异,尤其在回火后,心部的强韧性将比表层的低。因此多数结构零件都希望能在淬透的情况下供使用。

但是,也并非在任何情况下都要求淬透性越高越好。随各种零件的受力情况和工艺过程的不同,往往对淬透性有不同的要求。例如,冷冲模具主要要求表面硬而耐磨,故其回火温度一般较低;如果淬透了,反而易于在冲压时发生脆裂。又如,焊接零件若选用淬透性高的钢制造,往往容易在焊缝热影响区形成淬火组织,从而增大焊接变形和开裂的倾向。可见,根据具体情况选择具有适当淬透性的钢种是十分重要的。

由于钢的淬透性高低取决于其淬火临界冷却速率的大小,而淬火临界冷却速率的大小又取决于过冷奥氏体的稳定性,因此,凡是影响过冷奥氏体稳定性的因素,也都将影响到钢的淬透性。有关这些影响因素已在第 6 章中作过讨论,这里不再重复。

7.3.2　淬透性的确定方法

淬透性的确定方法甚多,下面介绍常用的几种方法。

(一) 断口检验法

它是根据试样断口呈现的状态来评定钢的淬透性。由于硬脆的淬硬层(马氏体)和软韧的未淬硬层(珠光体或贝氏体)在断口上有明显的区别(前者晶粒细致,呈绢状断口;后者呈粗粒状断口),易于将淬硬层深度测出,故可根据断口来评定钢的淬透性。此法主要适用于碳素工具钢,且低合金工具钢也可参照使用,详见国家标准 GB227—63《碳素工具钢淬透性试验法》。

(二) U 曲线法

此法采用长度为直径 $4 \sim 6$ 倍的圆柱形试样,以保证在淬火时可使试样中部不直接受端部强烈冷却的影响。将一组不同直径的试样经奥氏体化后在一定的淬火介质(如水、盐水、油等)中冷却,然后从试样中部切开,经磨平后自试样表面向内每隔 $1 \sim 2 \text{ mm}$ 的距离测定硬度值,并将所测结果绘成硬度分布曲线。淬透性的高低可用淬硬层深度 h 或 D_H/D 来表示(D 为试样直径;D_H 为未淬硬区直径),如图 7-10 所示。

U 曲线法大多用于结构钢,其优点是直观、准确,与实际淬火情况比较接近;但却比较繁琐费时,对大批量的生产检验来说,不太适用。

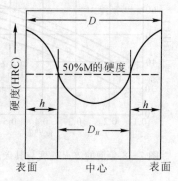

图 7-10　U 曲线法示意图

(三) 临界直径法

将某种钢做成各种不同直径的一组圆柱体试样,按规定的条件淬火以后,可找出其中截面中心恰好是含 50% 马氏体组织的一根试样,该试样的直径就被称为临界淬透直径,以 D_0 表示。这表明,小于此直径时均可被淬透,而大于此直径时不能被淬透。显然,钢材及淬火介质不同,D_0 也就不同。但对于成分一定的钢材,在一定的淬火介质中冷却时 D_0 值是一定的。为了排除冷却条件的影响,引入了理想临界直径的概念,一般用 D_i 表示。它是假定钢材在冷却强度为无限大的冷却介质中淬火($H = \infty$),即当试样投入这种冷却介质后,试样表面的温度便立即冷却到淬火介质的温度,这时试样能够淬透的最大直径(含有 50% 马氏体)就称为理想临界直径。试样直径大于 D_i 时不能完全淬透,D_i 的数值仅仅取决于钢的成分;成分不同,D_i 值也就不同,因此它是一个排除淬火介质的影响而反映钢固有的淬透性的判据。图 7-11 所示为理想临界直径 D_i 与在一定淬火介质中淬火时临界直径 D_0 之间的换算图表。例如已知某种钢的理想临界直径 D_i 为 60 mm,如换算成油淬($H = 0.4$)时的临界直径,由该图求出为 $D_0 = 27$ mm。临界直径法常用于评定结构钢的淬透性。

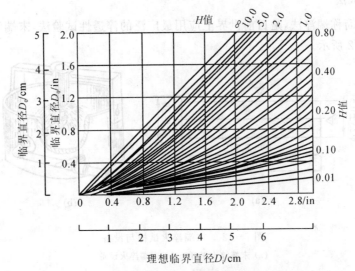

图 7-11　临界直径 D_0 与理想临界直径 D_i 的关系
(在不同 H 值的淬火介质中)

　　掌握临界直径的数据有助于我们判断零件热处理的淬透程度,并制定出合理的热处理工艺,因此对生产实践具有重要意义。表 7-7 为常用钢材的临界直径,可供参考。

表 7-7　钢的临界直径

钢　　号	半马氏体硬度 HRC	20 ～ 40 ℃ 水 D_0/mm	40 ～ 80 ℃ 矿油 D_0/mm
35	38	8 ～ 13	4 ～ 8
45	42	13 ～ 16.5	5 ～ 9.5
60	47	11 ～ 17	6 ～ 12
T10	55	10 ～ 15	< 8
65Mn	53	25 ～ 30	17 ～ 25
20Cr	38	12 ～ 19	6 ～ 12
40Cr	44	30 ～ 38	19 ～ 28

续 表

钢 号	半马氏体硬度 HRC	$20 \sim 40$ ℃ 水 D_0/mm	$40 \sim 80$ ℃ 矿油 D_0/mm
35CrMo	43	$36 \sim 42$	$20 \sim 28$
60Si2Mn	52	$55 \sim 62$	$32 \sim 46$
50CrVA	48	$55 \sim 62$	$32 \sim 40$
38CrMoAlA	44	100	80
18CrMnTi	37	$22 \sim 35$	$15 \sim 24$
30CrMnSi	41	$40 \sim 50$	$32 \sim 40$

(四) 末端淬火法

末端淬火法简称端淬法,是目前世界上应用最广泛的淬透性试验法,末端淬火法用的试样及设备如图 7 - 12 所示。

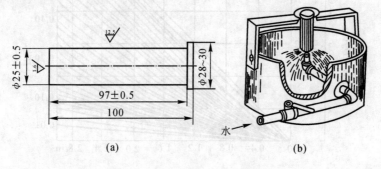

图 7 - 12 末端淬火试样与设备
(a) 末端淬火试样;(b) 末端淬火设备

将加热好的试样,从炉中取出后,迅速放在立架上,并立即喷水冷却试样的末端,使该处快速冷却(见图 7-12(b)),约经 $10 \sim 12$ min 待整个试样冷却后取下,然后磨平试样的两侧(磨削深度约为 $0.2 \sim 0.3$ mm)。再沿试样长度方向,从水冷端到空冷端每隔一定距离测量硬度(见图 7 - 13(b)),并绘出硬度-距离的关系曲线(见图 7 - 13(c)),即淬透性曲线。

为了使试验条件标准化,在 GB225—63《结构钢末端淬透性试验法》中对试验设备的要求和试验规范等均进行了详细规定。

由图 7 - 13(a) 可以看出,水冷端冷却速率最大,随着至水冷端距离之增大,冷却速率逐渐减小,因而硬度也逐渐下降。

由于钢的成分的波动,每一种钢的淬透性曲线并非为一条线,而是一个带,称为淬透性带。图 7 - 14 所示为 40CrNiMoA 钢的淬透性曲线。钢的淬透性常以"J$\dfrac{\text{HRC}}{d}$"的形式表示(d 为 至水冷端距离;HRC 为该处的硬度值)。如 J$\dfrac{42}{5}$ 即表示距水冷端 5 mm 处试样的硬度值为 HRC42。

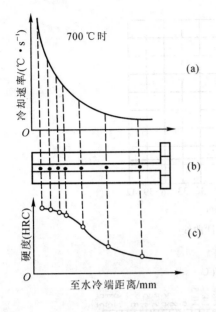

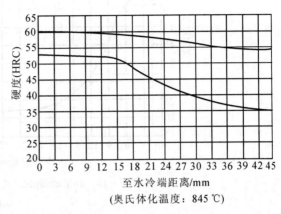

图 7 - 13　末端淬火法的原理示意图
(a) 试样长度方向上冷却速度的变化;
(b) 试样上测硬度的部位;(c) 淬透性曲线

图 7 - 14　40CrNiMoA 钢淬透性曲线

　　除上述确定钢的淬透性方法外,还可采用计算法。这种方法主要是作为设计新钢种的成分或在使用某一钢种而缺乏其淬透性曲线时的参考,不能作为该钢淬透性的依据,因此计算法不能代替实验法。有关这方面的问题可参阅专著[9,10]。

7.3.3　淬透性曲线的应用[9]

　　淬透性曲线在合理选择钢材、预测钢材的组织与性能、制定合适的热处理工艺等方面都有很重要的实用价值,下面介绍几种主要用途。

　　(1) 根据淬透性曲线,求出不同直径棒材(或圆柱形零件) 截面上的硬度分布。例如,截面直径在 100 mm 以下的棒材或圆柱形零件欲选用 45Mn2 钢制造 $\phi50$ mm 的轴,试求经水淬后其截面上的硬度分布曲线。

　　首先查阅 45Mn2 钢的淬透性曲线(见图 7 - 15),然后再参阅图 7 - 16(a)。取直径为 50 mm,引一水平线与表面、$\frac{3}{4}R$、$\frac{1}{2}R$ 及中心的曲线相交,得到离水冷端的距离分别为 1.5 mm,6 mm,9 mm 及 12 mm,再由 45Mn2 钢的淬透性曲线,可查得:

　　至水冷端的距离 1.5 mm 处的硬度为 HRC 55.5;

　　至水冷端的距离 6 mm 处的硬度为 HRC 52;

　　至水冷端的距离 9 mm 处的硬度为 HRC 40;

　　至水冷端的距离 12 mm 处的硬度为 HRC 32。

　　根据以上硬度值,便可作出 45Mn2 钢制 $\phi50$ mm 的轴经水淬后的截面硬度分布曲线。

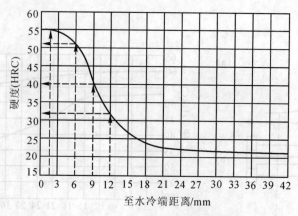

图 7 - 15　45Mn2 钢的淬透性曲线

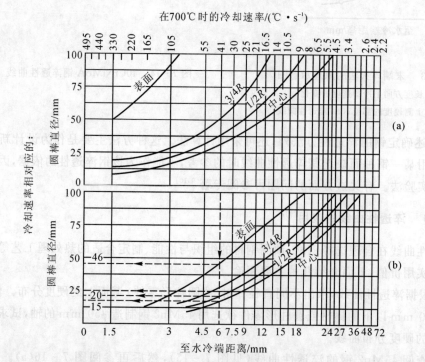

图 7 - 16　沿末端淬火试样的长度、圆棒直径、圆棒内不同位置与冷却速率之间的关系

(a) 圆棒静水中淬火；(b) 圆棒静油中淬火

（2）根据对零件的硬度要求，应用淬透性曲线选择适当钢种及其热处理工艺。现仅以圆形截面的零件为例来介绍其应用方法，至于其他形状截面的零件，其应用方法可参阅文献[9]。

若已知零件的尺寸大小和淬火后对不同部位所要求的硬度和组织，通过淬透性曲线可以查出硬度与对应的淬火冷却速率之间的关系，从而选择适当的淬火介质。例如用 40 钢制造 $\phi45$ mm 的轴，要求淬火后在 $\frac{3}{4}R$ 处有 80% 马氏体组织，而在 $\frac{1}{2}R$ 处的硬度不低于 HRC 40，问采用油淬是否合适？

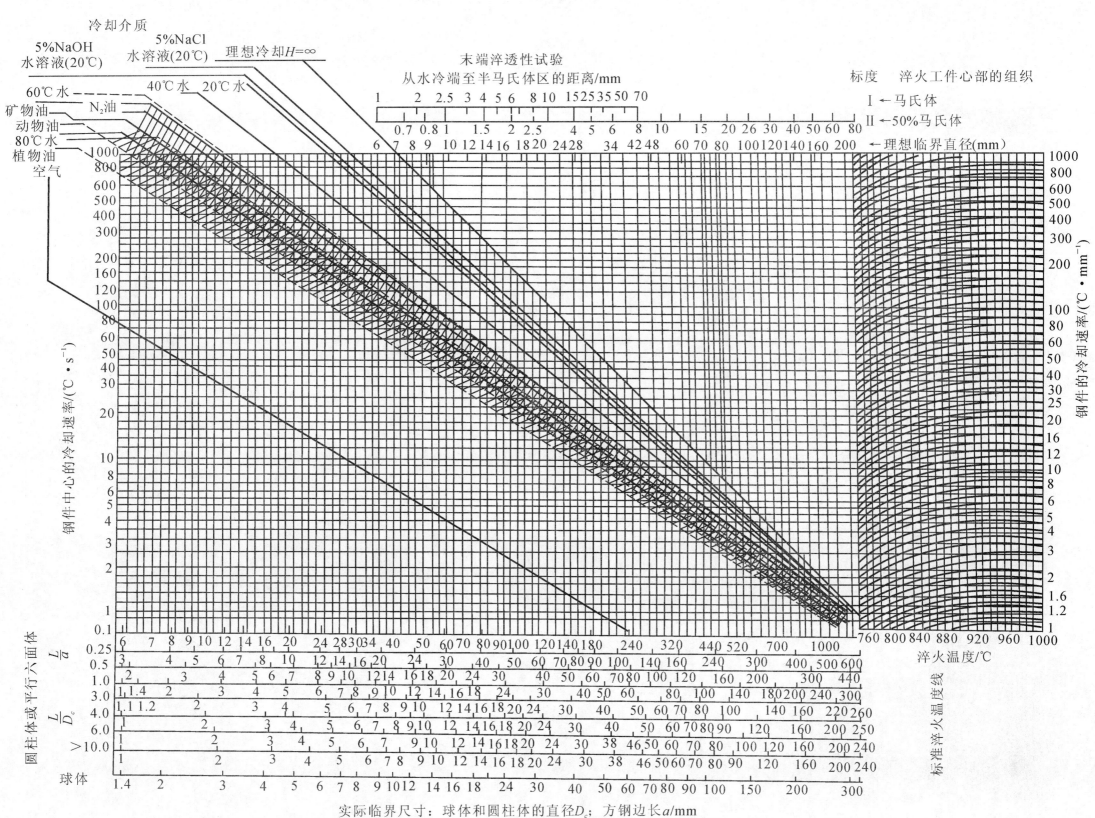

图7-18 确定淬透性的线解图

首先由图 7-8 查得 $w_C=0.4\%$ 钢淬火后具有 80% 马氏体组织时,硬度值为 HRC 45。然后根据图 7-17,从纵坐标上直径为 45 mm 处作一水平线,分别自它在 $\frac{3}{4}R,\frac{1}{2}R$ 处的交点作垂线交于淬透性曲线硬度下限的曲线上。可以看出,淬油不能满足要求,因 $\frac{3}{4}R$ 处的硬度值仅为 HRC 38。但如采用淬水,在 $\frac{3}{4}R$ 和 $\frac{1}{2}R$ 处的最低硬度值分别为 HRC 45 以上和 HRC 42,能够满足工艺要求。如果淬水仍不能满足要求,则必须改用淬透性更好的材料。

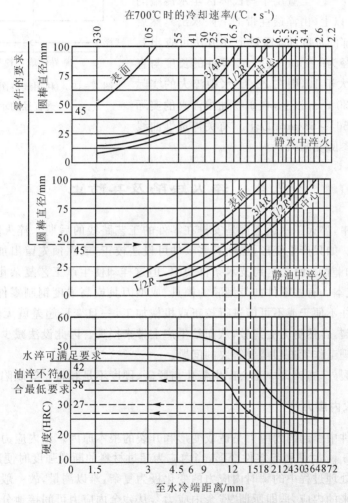

图 7-17　利用淬透性曲线选择钢材热处理工艺的图解

　(3) 根据淬透性曲线,确定钢的临界淬透直径。要确定钢的临界淬透直径,必须借助于三个图;① 钢的淬透性曲线;② 碳质量分数与半马氏体区硬度的关系;③ 确定淬透性的线解图(见图 7-18)。其具体作法是:先根据钢的碳质量分数从图 7-8 上找出半马氏体区的硬度值,再利用钢的淬透性曲线求得与该硬度值相对应的点的位置至水冷端的距离,最后利用图7-18所示的线解图便可求出在某种淬火介质中应有的临界淬透直径。图 7-19 是利用线解图求临界淬透直径的示意图。当已求得半马氏体区至水冷端的距离 x 后,由该点向下作一垂线,与理想冷却介质的线相交于 a 点；再从 a 点向左作水平线，与其他冷却介质的线（如 20 ℃ 水）相交于 b 点；最后从 b 点向下作垂线与最下面的横标尺相交于 c 点。横标尺表示具有各种不同规格的试样的临界淬透直径（或截面）的尺寸，故 c 点的数值就是所求的答案。

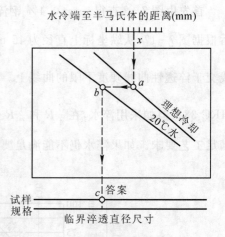

图 7-19　利用线解图求临界透直径的示意图

以 40CrNiMoA 钢为例，其平均碳质量分数为 0.4%，从图 7-8 上找出其半马氏体区的硬度为 HRC 45，再从图 7-14 上查出半马氏体区至水冷端的距离为 22.5 mm 以上（由淬透性带的下限求出），然后利用图 7-18 上部的标度 Ⅱ，通过上述方法可查出其理想临界淬透直径为 90 mm 以上；设零件的长度与直径的比值（L/D）大于 10，则在 20 ℃ 水中淬火的实际临界淬透直径为 80 mm 以上，在矿物油中淬火的实际临界淬透直径为 50 ～ 68 mm 以上。有关淬透性曲线的应用问题还可参阅文献[11] ～ [14]。

7.4　淬火缺陷及其防止

在机械制造中，淬火工序通常都是安排在零件的工艺路线的后期。淬火时最易产生的缺陷是变形和开裂。如只产生变形，虽然有些零件可设法校正，或靠预先留出加工余量，通过随后的机械加工（如磨削）使之达到技术条件要求，但这样却使生产工艺复杂化，且降低了劳动生产率，提高了成本。有些零件如带型腔的模具、成型刀具或高强度钢制零件（如飞机机翼大梁等），淬火后往往不便于或不可能进行校正或机械加工，一旦变形超差就无法挽救而遭致报废。至于零件淬裂，自然更无法挽救，从而给生产上带来损失。因此设法减少零件淬火变形和防止淬裂是热处理工作者迫切需要解决的问题。

除变形和开裂外，在淬火中还会产生氧化与脱碳、硬度不足和软点等缺陷。

7.4.1　淬火内应力[1,15]

淬火时在零件中引起的内应力是造成变形和开裂的根本原因。当内应力超过材料的规定非比例伸长应力 $\sigma_{p0.2}$ 时便引起零件变形，当内应为超过材料的断裂强度时便造成零件开裂。

由于钢在热处理过程中的瞬时内应力的变化极为复杂，难以测量，故一般只能测量钢在热处理后所残存下来的内应力，即所谓"残余内应力"，从残余内应力可间接地分析钢在热处理过程中的内应力变化。

根据内应力产生的原因不同，可分为热应力（温度应力）和组织应力（相变应力）两大类。

（一）热应力

众所周知，零件冷却时，其表层总是比心部冷却得快些，因而使截面上存在着一定的温差。由于温度较低的表层将首先收缩，而温度较高的心部此时尚未收缩，或收缩较少，因此表层的收缩就要受到心部的牵制，从而产生了内应力。像这种由于零件的表层和心部冷缩的不同时性而造成的内应力称为热应力。

内应力的方向可分为轴向的、切向的和径向的三种。为简单起见,现仅讨论其轴向应力的变化。以圆柱形钢试样为例,在加热到 A_1 点以下进行冷却时(此时无组织转变),其热应力的

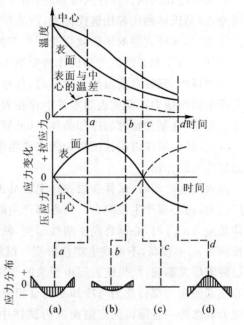

图 7 - 20 　圆柱形试样在 A_1 点以下急冷时热应力的变化

产生如图 7 - 20 所示。由图可知,在冷却开始阶段,表层比心部冷得快,温差逐渐加大。由于表层先冷却收缩,表层对心部便产生压应力;而心部反抗表层的收缩对表层产生拉应力(见图 7 - 20(a))。拉应力和压应力总是共处于一个共同体中,它们互为依存的条件。继续冷却时,表层与心部的温差不断增大,故表层的拉应力和心部的压应力也随之增大。如果心部所受的压应力增大到足以超过钢在该温度下的规定非比例伸长应力 $\sigma_{p0.2}$ 时,便会使心部发生塑性形变,沿轴向缩短(而表层因温度较低,规定非比例伸长应力 $\sigma_{p0.2}$ 较高,不易发生塑性变形),结果使试样截面上的应力有所松弛而不再增大。在进一步冷却过程中,因表层的温度已较低,不再收缩或收缩较小,而这时心部将比表层有较大的收缩,以致使表层的拉应力和心部的压应力趋于减小(见图 7 - 20(b)),直到某一时刻时,终减至零(见图 7 - 20(c))。但此时试样截面上仍然存在着温差,心部还会继续

收缩,而心部早先已被缩短,这样表层将会阻碍心部收缩到室温下应有的长度,结果就使表层由原来的受拉应力变为受压应力,而心部则恰好相反,亦即表层和心部的应力都转化为与冷却初期呈相反方向的应力,这种现象称为"热应力反向"(见图 7 - 20(d))。当心部渐渐冷至室温时,表层所受的压应力和心部所受的拉应力也就愈来愈大,由于在低温时钢的规定非比例伸长应力 $\sigma_{p0.2}$ 已较高,塑性形变较为困难,故这种应力状态将一直保留下来,而成为残余内应力(又称为残余热应力)。综上所述,热应力的变化规律是:冷却前期,表层受拉,心部受压;冷却后期,表层受压,心部受拉。

至于残余热应力在圆柱试样上三个方向的分布情况,如图 7 - 21 所示。其中,径向应力,心部为拉应力,表层应力为零;轴向应力和切向应力,表层均为压应力,心部均为拉应力;特别是轴向拉应力相当大。这是热应力分布的特征。常见的大型轴类零件(如轧辊等),因冷却后心部轴向残余拉应力很大,再加上心部往往存在气孔、夹杂、锻造裂纹等缺陷,故容易造成横向开裂。这是热应力对大型轴类零件造成的不利影响,但对一般形状简单的小轴类零件还有其有利的一面,即所产生的表层压应力可提高其疲劳抗力。

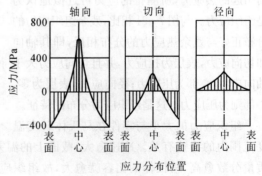

图 7 - 21 　30 钢圆柱试样($\phi 44$ mm)在 700 ℃加热并水冷后残余热应力的分布

(二) 组织应力

经奥氏体化的钢件在淬火冷却时,由于表层冷却较快,其温度先降到 M_s 点,并发生马氏体转变,而马氏体的比容比奥氏体大,故表层将先产生膨胀;但温度较高的心部此时尚未发生马氏体转变,这样表层的膨胀就会受到心部的牵制,其结果也会在零件中产生内应力,像这种由于零件的表层和心部发生马氏体转变的不同时性而造成的内应力称为组织应力。

应当指出,钢件自高温快速冷却时,仅单一地产生组织应力而无热应力存在是不可能的,因为产生组织应力本身就表明零件中存在着温度的不均匀性,因而也就必然伴随着热应力的产生。但是,在某种特殊的冷却条件下(见后),可使热应力较小,以至可以忽略。

这里,我们同样以圆柱试样为例来说明组织应力的产生和分布规律。为简化起见,暂先不考虑热应力的作用。

淬火快速冷却时,试样表层先转变成马氏体而膨胀,但由于受到心部的牵制,将使表层产生压应力,而心部产生拉应力。当心部产生的拉应力大到足以超过钢在该温度下的规定非比例伸长应力 $\sigma_{p0.2}$ 时,心部将发生塑性形变,使心部沿轴向伸长,而表层温度较低,其规定非比例伸长应力 $\sigma_{p0.2}$ 较高,不易发生塑性形变。继续冷却时,心部也将发生马氏体转变而膨胀,此时表层将阻碍其膨胀,结果使表层由原来的受压应力变为受拉应力,而心部则恰恰相反,亦即表层和心部的应力都转化为与冷却初期呈相反方向的应力,这种现象称为"组织应力反向"。这种应力状态将一直保留到室温而成为试样中的残余内应力(又称为残余组织应力)。由此可见,组织应力的变化规律是:冷却前期,表层受压,心部受拉;冷却后期,表层受拉,心部受压,亦即组织应力的方向及其变化规律,正好与热应力相反。

图 7-22 表示 Fe-16Ni 合金圆柱形试样($\phi 50$ mm)淬火后沿截面的应力分布状况。该合金的 M_s 点约为 300 ℃,在此温度以上奥氏体极为稳定,故将试样在 900 ℃ 奥氏体化后缓冷至 330 ℃ 时,亦不发生任何转变。由于冷却缓慢,这时可认为不产生热应力。从 330 ℃ 淬入冰水中快冷时,如果也忽略因快冷而引起的热应力,所测得的应力可近似地认为是组织应力。与图 7-21 相比,残余组织应力的分布正好与残余热应力的分布相反,即其轴向和切向应力,表层为拉应力,并且切向应力大于轴向应力,心部为压应力;径向应力,表层为零,心部则为压应力。这是组织应力分布的特征。

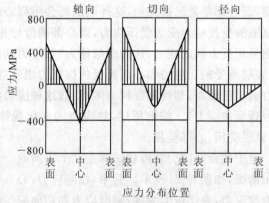

图 7-22　Fe-16Ni 合金圆柱试样($\phi 50$ mm)自 900 ℃ 缓冷至 330 ℃,再在冰水中急冷至室温时残余组织应力的分布

组织应力的大小与零件在马氏体转变温度范围内的冷速有关。冷速愈大,截面上的温差就愈大,因而组织应力也愈大。此外,钢的碳质量分数愈高,马氏体的比容就愈大,故组织应力也愈大。但是有些高碳钢或高碳合金钢淬火后含有大量的残余奥氏体,这将使其体积膨胀量减小,因而组织应力也相应地减小。

应当指出,钢件在淬火过程中,在马氏体转变发生前只有热应力产生,但到 M_s 点以下则热应力与组织应力同时产生,且以组织应力为主。这两种应力综合的结果,便决定了钢件中实际存在的内应力。但这种综合作用是十分复杂的，在各种因素作用下，有时因两者的方向相反而起着相互抵消或削弱的作用，有时又因两者的方向相同而起着加强作用。

7.4.2 淬火变形

淬火变形有两种主要形式：一种是零件几何形状的变化，它表现为尺寸及外形的变化，通常称为扭曲或翘曲；另一种是体积变化，它表现为零件体积按比例地胀大或缩小。生产实践中零件的变形，多是同时兼有这两种情况。前者是淬火零件中热应力和组织应力作用的结果，后者则是组织转变时比容变化而引起[16]。我们把因组织转变所引起的体积变化称为体积变形，也叫比容差效应。

（一）热应力、组织应力和比容差效应所造成的变形趋向

1. 热应力造成的变形趋向

热应力引起的变形表现为使零件沿最大尺寸方向收缩，沿最小尺寸方向胀大，即力图使零件的棱角变圆，平面凸起，变得趋于球状，其形状正好像一个真空中受内压的容器一样，它可用图7-23来示意地说明。如图7-23(a)所示为圆柱体的原始形状，带影线的部分为表层，其余为心部。如果先假设表层的冷缩不受心部牵制，就得到图7-23(b)的情况；但事实上表层的冷缩必然受到强度低、塑性高的心部的牵制，如只考虑轴向应力作用，这时表层受拉应力，而心部受压应力，心部在压应力作用下就会

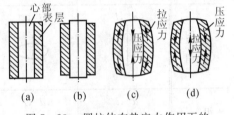

图 7-23 圆柱体在热应力作用下的
变形趋向

在轴向产生塑性压缩，使截面直径变粗，如图7-23(c)所示；继续冷却，心部还要继续冷缩，这时整个圆柱体的高度还要进一步变小，直到心部冷却到室温时为止，最后，圆柱体就变成图7-23(d)所示的腰鼓形状。

2. 组织应力造成的变形趋向

组织应力造成的变形趋向恰好与热应力相反，它表现为零件沿最大尺寸方向伸长，沿最小尺寸方向收缩，力图使零件棱角突出，平面内凹，其外形好像一个承受外压的真空容器一样，它可用图7-24来示意地说明。如图7-24(a)所示为圆柱体的原始形状，带影线部分为表层，其余为心部。假设表层发生马氏体转变引起体积膨胀而不受心部的牵制，就得到如图7-24(b)所示的情况，但实际上由于表层的膨胀必然受到塑性高、强度低的心部的牵制，如果只考虑轴向应力作用，这时表层受压

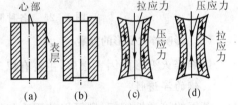

图 7-24 圆柱体在组织应力作用下的
变形趋向

应力，心部受拉应力，心部在拉应力作用下就会引起塑性伸长，并使截面直径缩小，如图7-24(c)所示；继续冷却时，心部还要发生马氏体转变，这时整个圆柱体的高度还有进一步伸长的趋势，直到心部冷却至室温时为止。最后变成如图7-24(d)所示形似朝鲜长鼓状。

3. 比容差效应造成的变形趋向

由组织转变引起的比容变化，一般总是使零件的体积在各个方向上作均匀的胀大或缩小。不过对圆(方)孔体零件(尤其是壁厚较薄的)来说，则当其体积增大或减小时，往往是高

度、外径（外廓）和内径（内腔）等尺寸均同时增大或缩小。内径（内腔）尺寸随体积的同步变化主要是由于体积变化时所引起的内腔周边长度的尺寸变化超过了壁厚方向上的尺寸变化所致。

如果热处理后组织中马氏体量越多，或者马氏体中碳含量越高，则其体积胀大就越多；而如果残余奥氏体量越多，则体积胀大就越少。因此热处理时可以通过控制马氏体与残余奥氏体的相对量来控制其体积变化。如控制得当，则可使体积既不胀大，也不缩小。

热应力、组织应力和比容差效应对变形趋向的影响可用图7-25归纳说明[1]。它可以作为我们分析零件变形规律时的基本依据。

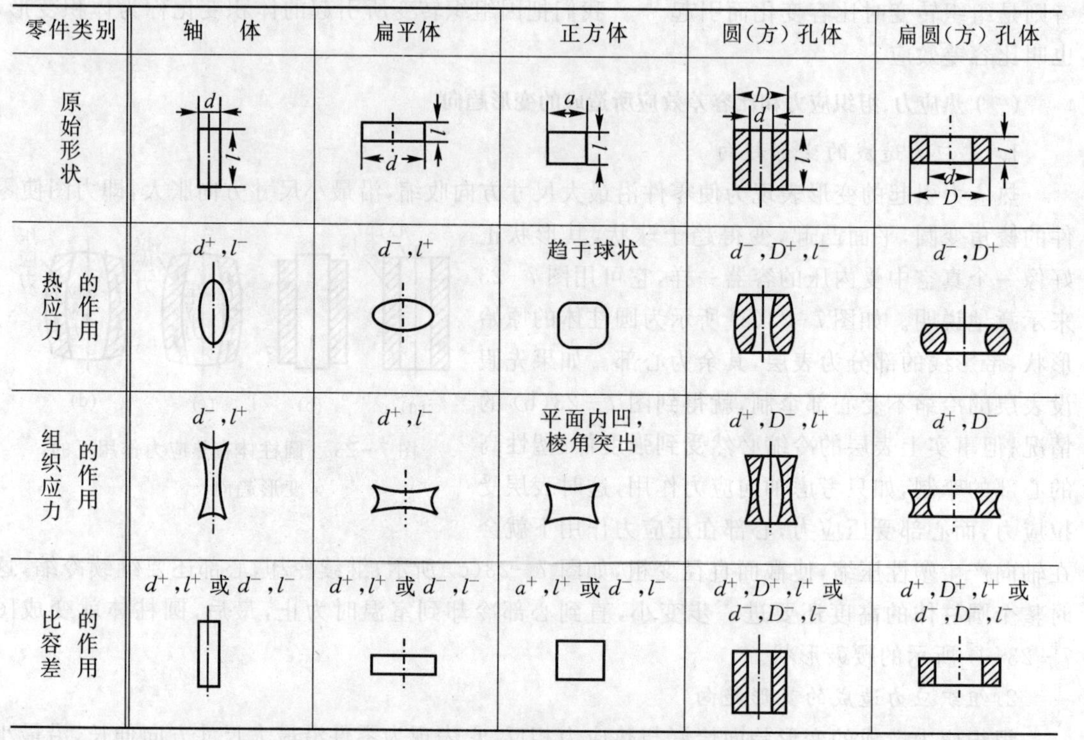

零件类别	轴　体	扁平体	正方体	圆（方）孔体	扁圆（方）孔体
原始形状	d	l d	a l	D d l	l d D
热应力的作用	d^+,l^-	d^-,l^+	趋于球状	d^-,D^+,l^-	d^-,D^+
组织应力的作用	d^-,l^+	d^+,l^-	平面内凹，棱角突出	d^+,D^-,l^+	d^+,D^-
比容差的作用	d^+,l^+ 或 d^-,l^-	d^+,l^+ 或 d^-,l^-	a^+,l^+ 或 d^-,l^-	d^+,D^+,l^+ 或 d^-,D^-,l^-	d^+,D^+,l^+ 或 d^-,D^-,l^-

图7-25　各种简单形状零件的淬火变形趋向

（二）影响淬火变形的因素

影响淬火变形的因素很多，主要有以下几个方面：

1. 钢的淬透性

若钢的淬透性较好，则可以使用冷却较为缓和的淬火介质，因而其热应力就相对较小；再者，淬透性好，零件易淬透，其组织应力和比容差效应的作用就相对较大，因而一般是以组织应力造成的变形为主。反之，若钢的淬透性较差，则热应力对变形的作用就较大。

2. 奥氏体的化学成分

奥氏体中碳含量愈低，热应力的作用就愈大。这是因为低碳马氏体的比容较小，组织应力也较小之故。反之，碳含量愈高，组织应力的作用便愈大。随着合金元素含量的提高，钢的规定非比例伸长应力 $\sigma_{p0.2}$ 也提高；加之，由于合金钢的淬透性较好，一般均采用冷却较缓和的淬火介质，故使淬火变形较小。

奥氏体的化学成分影响到 M_s 点的高低。M_s 点的高低对淬火冷却时的热应力影响不大，但对组织应力却有很大影响。若 M_s 点较高,则开始发生马氏体转变时零件的温度较高,尚处于较好的塑性状态,因而在组织应力的作用下很易变形。所以 M_s 点愈高,组织应力对变形的影响就愈大。如 M_s 点较低,由于零件温度较低而使塑性变形抗力增大,加之残余奥氏体量也较多,所以组织应力对变形的影响就较小,此时零件就易于保留由热应力引起的变形趋向。

3. 淬火加热温度

淬火加热温度提高,不仅使热应力增大,而且由于淬透性增加,也使组织应力增大,故将导致变形增大。

4. 淬火冷却速率

冷却速率愈大,则淬火内应力愈大,淬火变形也愈大。但热应力引起的变形主要决定于 M_s 点以上的冷却速率,而组织应力引起的变形主要决定于 M_s 点以下的冷却速率。

5. 原始组织

这里所讲的原始组织是指淬火前的组织状况,其含义较广,包括钢中夹杂物的等级、带状组织(铁素体或珠光体的带状分布、碳化物的带状分布)等级、成分偏析(包括碳化物偏析)程度、游离碳化物质点分布的方向性以及不同的预备热处理所得到的不同组织(如珠光体、索氏体、回火索氏体)等等。

钢的带状组织和成分偏析易使钢加热至奥氏体状态后存在成分的不均匀性,因而可能影响到淬火后组织的不均匀性,即那些低碳、低合金元素区可能得不到马氏体(而得到屈氏体或贝氏体),或得到比容较小的低碳马氏体,从而将造成零件不均匀的变形。

高碳合金钢(如高速钢 W18Cr4V 及高铬钢 Cr12)中碳化物分布的方向性,对钢淬火变形的影响较为显著,通常沿着碳化物带状方向的变形要大于垂直方向的变形,因此对于变形要求严格的零件,应合理选择纤维方向,必要时应当改锻。

原始组织的比容愈大,则其淬火前后的比容差别必然愈小,从而可减少体积变形。一般以调质处理后的回火索氏体作为原始组织对减少变形有较好的效果。但也不能一概而论,实践证明,如对 T10,T12 等尺寸较大、淬火时体积易于缩小的零件,还是以球化体为好。

6. 零件形状

零件的几何形状对淬火变形的影响极大。一般来说,形状简单、截面对称的零件,淬火变形较小;而形状复杂、截面不对称的零件,淬火变形较大。这是由于截面不对称时会使零件产生不均匀的冷却,从而在各个部位之间产生一定的热应力和组织应力。通常,在棱角和薄边处冷却较快;有凹角和窄沟槽处冷却较慢;外表面比内表面冷却快;圆凸外表面比平面冷却快。下面简述截面不对称零件淬火变形的一般规律。

例如,如图 7 - 26 所示两个零件,均用 45 钢制造,淬火工艺也完全相同(820 ℃ 加热,垂直淬水)结果 T 型零件上冷却较快的一侧(A—A)呈凸起,而轴上冷却较快的带键槽一侧却呈凹入,两种变形趋向完全相反,现简要分析如下:

对 T 型零件来说,开始时由于 A—A 部分冷却较快,先发生收缩,使快冷面一侧在瞬间略有下凹,但因受到冷却较慢的平面部分的牵制而引起不均匀的塑性拉伸;与此相应,使尚处于较高温度的慢冷部分产生不均匀的塑性压缩。结果造成了快冷面有所伸长,慢冷面有所缩短。待随后慢冷面继续冷缩时,快冷面温度已较低,其规定非比例伸长应力 $\sigma_{p0.2}$ 显著升高,不致使其发生压缩形变,因此便造成零件向快冷面凸起的现象。这是由热应力引起的变形趋向。如继续冷却,其快冷面仍先冷到 M_s 点并发生马氏体转变,从而引起体积膨胀,使其继续伸长。由于这时慢冷部分的温度较高,尚有一定的塑性,在快冷部分对其产生的拉应力作用下将会引起一定的伸长;随后再当慢冷部分因发生马氏体转变引起体积膨胀而伸长时,将会使零件朝着同原来相反的方向变形。这是组织应力引起的变形趋向。但是这种"逆向"变形有时可能超过原来的"正向"变形而造成变形反向,有时则不可能,这取决于慢冷部分的组织应力、比容差效应和快冷部分与慢冷部分之间相对截面积的大小。显然 T 型零件是属于后一情况,故仍保持原来的快冷面凸起的状况。但对带键槽轴而言,虽然在 M_s 点以上引起的变形趋向与 T 型零件基本相同,但在 M_s 点以下,由于其慢冷

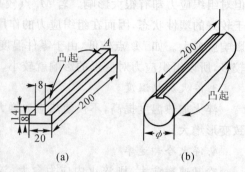

图 7-26 截面形状不对称零件的淬火变形趋向

(a) T 型零件;(b) 带键槽轴

部分相对截面积较大,由该处发生马氏体转变时引起的组织应力所合成的"膨胀"力较大,足以使变形反向,以致最后造成快冷面呈凹入的状况。

综上所述,零件因冷却不均匀而产生翘曲变形时,其变形趋向取决于热应力、组织应力和比容差效应的大小。钢的淬透性愈好,M_s 点愈高,尤其是当慢冷部分的相对截面积愈大时,组织应力的作用愈占上风,往往易使慢冷面凸起。在完全淬透的情况下,淬火冷速愈大,则热应力的作用愈占上风,往往易使快冷面凸起。

由于零件截面不对称是造成翘曲变形的根本原因,所以如能相应地创造某些"不对称"的冷却条件(例如将厚大截面部分先入淬火介质),使零件的不同部分尽可能得到均匀的冷却,则必将可以克服或减少零件的翘曲变形。

7. 淬火前的残余应力大小及分布也会影响淬火变形的程度

例如机械加工、焊接、校正等均能产生残余应力,如果淬火前不进行退火来消除应力,则淬火后变形将可能增大。

总之,淬火变形是复杂多变的,影响因素很多,要防止或减小淬火变形必须从多方面入手采取措施。

7.4.3 淬火开裂

零件淬火后如仅产生变形尚能设法校正,但如淬裂则成为废品。因此,分析研究工件淬火开裂的原因,掌握其规律并提出防止的措施,具有十分重要的意义。

产生淬火开裂的原因是多方面的,但根本原因有二:一是拉应力超过材料的断裂强度 σ_f;二是内应力虽不太高(未超过材料的断裂强度),但材料内部存在缺陷。

(一)淬火裂纹的类型

图 7-27 列出了钢件热处理时产生的裂纹类型。

1. 纵向裂纹

纵向裂纹又称轴向裂纹,如图 7-27(a) 所示。它多半产生在全部淬透的零件上,这往往是由于冷却过快、组织应力过大而造成。纵向裂纹的形成除了热处理工艺及操作方面的原因外,原材料中热处理前的既存裂纹、大块非金属夹杂、严重的碳化物带状偏析等缺陷,也是不容忽视的原因。因为这些缺陷的存在,既增加了零件内的附加应力,也降低了零件的强度和塑性。

在 M_s 点以下尽量慢冷可有效地避免产生这种裂纹。

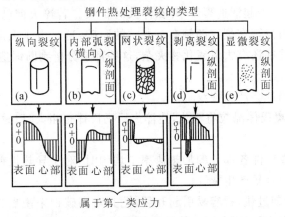

图 7 - 27　钢件热处理时产生的裂纹类型

2．横向裂纹（也包括弧形裂纹）

这类裂纹往往是在零件被部分淬透时，于淬硬层与未淬硬层间的过渡区产生的，如图 7 - 27(b) 所示。截面较大的高碳钢零件，往往会出现这类裂纹。此外，在某些有尖角、凹槽和孔的零件中，由于冷却不均匀和未能淬透，也常常产生这种裂纹。适当地提高淬火温度，增加零件的淬硬层深度，有助于减少这类裂纹的形成倾向。

3．网状裂纹

这是一种表面裂纹，其深度较浅，一般在 $0.01 \sim 2$ mm 范围内，其裂纹往往呈任意方向，构成网状，而与零件外形无关，如图 7 - 27(c) 所示。表面脱碳的高碳钢件，极易形成网状裂纹，这是由于表面脱碳后，其马氏体比容较小，从而在表面形成拉应力所致。

4．剥离裂纹（或表面剥落）

表面淬火零件淬硬层的剥落以及化学热处理后沿扩散层出现的表面剥落等均属于剥离裂纹。这种裂纹一般产生在平行于表面的皮下处。例如某合金钢经渗碳并以一定冷速冷却后，其渗层可能得到以下组织：外层为屈氏体 + 碳化物，次层为马氏体 + 残余奥氏体，内层为索氏体或屈氏体。由于马氏体的比容大，将发生体积膨胀，故使马氏体层呈现压应力状态，但在外层至接近马氏体层的极薄的过渡层内则具有拉应力，如图 7 - 27(d) 所示。剥离裂纹就产生在压应力向拉应力急剧过渡的极薄的区域内。

5．显微裂纹

与前述几种裂纹不同，它是由微观应力的作用而造成的，如图 7 - 27(e) 所示。显微裂纹只有在显微镜下才能观察到，在第 4 章中已对淬火钢的显微裂纹作过论述，这里不再重夏。钢中存在显微裂纹可显著降低淬火零件的强度和塑性。

（二）影响淬火开裂的因素

1．原材料缺陷

钢中存在白点、缩孔、大块的非金属夹杂物、碳化物偏析（尤其是像高速钢、高铬钢等莱氏体钢中的碳化物易于出现大块堆积或呈严重带状、网状偏析）等，都可能破坏钢的基体的连续性，并造成应力集中，故均可能成为淬火裂纹的根源，机械加工留下的较深刀痕也有此影响。

2. 锻造缺陷

如零件锻造不当,可能引起锻造裂纹,并在淬火时扩大。若淬火前已存在裂纹,淬火后在显微镜下观察时则往往可发现在裂纹两侧有较严重的脱碳,这是由于锻造和淬火加热所引起的;同时,锻造裂纹内都往往还有大量氧化物夹杂,这些都是分析判断锻造裂纹的依据。

3. 热处理工艺不当

淬火和回火工艺不当都会产生裂纹。

(1)加热温度过高,奥氏体晶粒将粗化,使淬火后马氏体也粗大,以致其脆性显著增大,易于产生淬火裂纹。

(2)加热速率过快或零件各部分的加热速率不均匀时,对于导热性差的高合金钢或形状复杂、尺寸较大的零件,很容易产生裂纹。

(3)在 M_s 点以下冷却过快,很容易引起开裂,尤其对高碳钢来说更为明显。例如,T8 钢采用水-油淬时,如在水中停留时间过长,使马氏体在快冷条件下形成,将很易造成开裂。又如5CrNiMo 钢模具油淬时,在油中停留的时间不允许过长,一般在模具冷到 250 ℃ 左右即取出 (M_s 点为 220 ℃),空冷至 80 ℃ 左右并立即回火,或者取出后立即回火,否则也易发生开裂。

(4)如果回火温度过低、回火时间过短或者淬火后未及时回火,都可能引起零件的开裂。这是因为奥氏体向马氏体的转变在淬火后的一段时间内还可能继续进行,组织应力仍在不断增加,并且淬火后内应力还在不断地重新分布,可能在某些危险断面处造成应力集中。因此,对于大型零件,不仅淬火后需充分回火(消除内应力),而且回火后出炉温度最好不高于150 ℃,并用敷盖保温的办法使其缓慢冷却到室温。

7.4.4　减少淬火变形和防止淬火开裂的措施

根据以上分析,可概略地提出以下减少淬火变形和防止淬火开裂的措施[17-19]。

(一)正确选择材料和合理设计零件形状

对于形状复杂、截面尺寸相差悬殊的零件最好选用淬透性较高的合金钢,使之能在缓冷的淬火介质中冷却,以减小内应力。对形状复杂且精度要求较高的模具、量具等,可选用低变形钢(如 CrWMn,Cr12MoV 等),并采用分级或等温淬火。

在进行零件形状设计时应尽量减少截面厚薄悬殊、避免薄边尖角;在零件厚薄交界处尽可能平滑过渡,尽量减少轴类的长度与直径的比;对较大型零件,宜采用分离镶拼结构以及尽量创造在热处理后仍能用机械加工修整变形的条件。

(二)正确地锻造和预备热处理

钢材中往往存在一些冶金缺陷,如疏松、夹杂、发纹、偏析、带状组织等,它们极易使零件淬火时引起开裂和无规则变形,故必须对钢材进行锻造,以改善其组织。

锻造毛坯还应通过适当的预备热处理(如正火、退火、调质处理、球化处理等)来获得满意的组织,以适应机械加工和最终热处理的要求。

对于某些形状复杂、精度要求较高的零件,在粗加工与精加工之间或淬火之前,还要进行消除应力的退火。

(三)采用合适的热处理工艺

应尽量做到加热均匀,以减小加热时的热应力;对大型锻模及高速钢或高合金钢零件,应采用预热。

选择合适的淬火加热温度,一般情况下应尽量选择淬火加热的下限温度。但有时为了调整残余奥氏体量以达到控制变形量的目的,也可把淬火加热温度适当提高。

正确选择淬火介质和淬火方法。在满足性能要求的前提下,应选用较缓冷的淬火介质,或采用分级淬火、等温淬火等方法。在 M_s 点以下要缓慢冷却。此外,从分级浴槽中取出空冷时,必须冷到 40 ℃ 以下才允许去清洗。否则也易开裂。

淬火后必须及时回火,尤其是对形状复杂的高碳合金钢零件更应特别注意。

(四) 热处理操作中采取合理措施

对热处理操作中的每一道辅助工序如堵孔、绑扎、吊挂、装炉以及零件浸入淬火介质的方式和运动方向等都应予以足够的重视,以保证零件获得尽可能均匀的加热和冷却;并避免在加热时因自重而引起的变形。

(五) 使用压床淬火

对于一些薄壁圈类零件、薄板零件、形状复杂的凸轮盘和伞齿轮等,由于在自由状态冷却时,很难保证尺寸精度的要求。为此,可采用压床淬火,亦即将零件置于一些专用的压床模具中,在施加一定的压力下进行冷却(喷油或喷水),这样可保证零件变形符合要求。

7.4.5　其他淬火缺陷及其防止

除淬火变形与开裂外,还会产生其他淬火缺陷。如硬度不足、软点、氧化与脱碳等,下面作一简要介绍。

(一) 硬度不足

它是指零件上较大区域内的硬度达不到技术要求。造成硬度不足的原因很多,主要是:

1. 淬火冷速不够

冷速不够的原因可能是淬火介质选择不当、淬火介质的温度升高或混入较多杂质而使其冷却能力下降,或是零件尺寸过大,难以获得足够的冷速。

2. 淬火加热温度过低或保温时间过短

由于奥氏体中碳及合金元素含量不足或奥氏体的成分不均匀,甚至没有完成全部转变,使淬火组织中还残存着珠光体或铁素体,故引起淬火后硬度不足。此外,装炉量过大或炉温不均而使零件欠热或加热不均等,也会引起硬度不足。

3. 操作不当

例如,对采用预冷淬火的零件,预冷时间过长;对双液淬火的零件,在水中停留时间过短,或出水后停留时间过长才转入油中;对采用分级淬火的零件,分级停留时间过长,或分级温度过高(冷速小于淬火临界冷速),以致奥氏体发生分解;等等。

4. 表面脱碳

在实际生产中,当发现淬火后硬度不足时,应对整个热处理过程进行调查和分析,并与金相组织检验相配合,找出其主要原因,以便针对性地加以解决。对硬度不足的零件可以再重新淬火(即返修),但重淬前,应对零件进行一次退火、正火或高温回火以消除淬火应力,防止重淬时产生更大的淬火变形甚至开裂。

（二）软点

它是指零件内许多小区域的硬度不足。软点往往是零件磨损或疲劳断裂的中心，它会显著降低零件的使用寿命，因此成品零件上不允许有软点存在。产生软点的主要原因如下：

（1）零件原始的组织不均匀，如钢材中存在碳化物偏析、带状组织或大块铁素体等，为此，淬火前应进行锻造或适当的预备热处理，使组织尽量均匀化。

（2）零件表面局部脱碳或零件渗碳后其表面碳质量分数不均匀，低碳区淬火后即成软点。

（3）淬火介质冷却能力不足，例如水中混入了油或肥皂等杂质。

（4）操作不当，如零件表面不洁，未清除氧化皮或污垢；零件浸入淬火介质后，运动不充分等。

（三）氧化与脱碳

淬火加热时，由于工艺不合理、操作不当或设备方面的原因，会造成零件的氧化与脱碳。

钢在氧化性介质（氧、二氧化碳、水蒸气等）中加热时，铁和合金元素原子便会被氧化。钢的氧化分为两种：一种是表面氧化，即在钢的表面生成氧化膜；另一种是内氧化，即氧原子在钢内部沿晶界扩散，使在一定深度的表面层中产生晶界氧化。表面氧化会影响零件的尺寸，内氧化则影响零件的性能。

钢加热到 560 ℃ 以上时，表面氧化膜由三种不同铁的氧化物组成，即最外层为 Fe_2O_3、中间层为 Fe_3O_4、最里层为 FeO，其厚度之比为 $1：10：100$，实际上主要由 FeO 组成。FeO 为缺位固溶体，其结构松散，氧原子很容易穿过它继续向里扩散，使内部继续氧化，而且这种氧化膜与基体结合不牢，易于剥落。因此，温度愈高，氧化就愈剧烈。

钢的内氧化是在 $800 \sim 900$ ℃ 较长时间加热发生的。介质中的氧和二氧化碳除了进行表面氧化之外，还沿奥氏体晶界向里扩散。当钢中含有铬、硅、钛、铝等合金元素时，这些元素与氧原子的亲和力远比铁大，因此优先被氧化，沿晶界生成氧化物，从而使晶界附近合金度降低，奥氏体稳定性变小，故淬火时便会沿晶界形成屈氏体网。在抛光而未浸蚀的试样中便可看到沿晶界内氧化的黑色产物（见图 9 – 11）。

淬火加热造成的内氧化层很薄，一般只有几微米，淬火后都能磨去，不影响使用。而渗碳或碳氮共渗层中的内氧化则较深，如果淬火后磨不掉，就会影响表层性能。

防止氧化的方法很多，如 ① 对盐浴进行脱氧；② 采用保护气氛加热；③ 消除零件表面的水渍和锈斑；④ 采用高温短时快速加热；⑤ 表面用涂料防护；等等。

脱碳是指钢在脱碳性介质（氧、二氧化碳、水和氢等）中加热时，钢表层中的固溶碳与之发生化学反应，生成气体逸出钢外，使钢的表层碳含量降低的现象。脱碳最严重时，可使表层变成铁素体。表层脱碳后，内层的碳原子便向表面扩散，这样就使脱碳层逐渐加深，加热时间愈长，脱碳层也愈深。

必须指出，脱碳和渗碳是一对可逆反应。反应向哪方面进行，决定于介质的碳势❶与钢中碳质量分数的相对高低。当介质的碳势与钢中碳质量分数相等时，两者达到平衡，既不脱碳也

---

❶ 碳势表征在一定加热温度下炉内气氛能提供活性碳原子，并通过其渗入以改变钢件表面碳质量分数的能力。渗碳的气氛碳势愈高，则钢件表面可获得的碳质量分数便愈高。在生产中碳势通常以钢件表面欲达到的 w_C 值来表示。

不渗碳,所以防止脱碳的根本办法是采用可控气氛炉加热。此外,在高纯氮或惰性气氛中加热以及采用真空热处理等也都可防止脱碳。前面提到的防氧化措施,也都可以用于防止脱碳。已经脱碳的零件,可以在可控气氛炉中加热进行复碳处理,以恢复到原来的碳质量分数。

7.5　淬火工艺的新发展

人们通过对材料使用中发生的各种失效形式的宏观和微观分析,进一步认识到材料的显微组织、亚结构与各种使用性能间的关系,从而促进了人们去开发具有更高强韧化效果的新途径,其中包括近年来涌现出来的许多新的淬火工艺,现简述如下。

7.5.1　奥氏体晶粒的超细化处理

一般把使钢的晶粒度细化到 10 级以上的处理方法称为"晶粒超细化"处理。经超细化处理后淬火,可使钢获得高的规定非比例伸长应力 $\sigma_{p0.2}$、韧性和低的韧脆转化温度。目前,获得晶粒超细化的方法很多,其中主要的是:

1. 超快速加热法

这主要是靠采用具有超快速加热的能源来实现的。如大功率电脉冲感应加热、电子束加热和激光加热等皆属此类。采用这种方法可使钢件表面或局部获得超细化的奥氏体晶粒,故淬火后其硬度和耐磨性显著提高。

2. 快速循环加热淬火法

这种方法最早是 Grange[20] 提出的,其过程如图 7-28 所示,即首先将零件快速加热到 A_{c_3}以上,经短时间保温后迅速冷却,如此循环多次。由于每加热一次,奥氏体晶体就被细化一次,所以经过 4 次循环后,便使 45 钢的晶粒度从6 级细化到 12 级。这种方法对于其他所有能淬硬的钢均可使用。一般来说,原始组织中的碳化物愈细小,加热速率愈快,最高加热温度愈低(在合理的限度内),其晶粒细化效果愈好。至于在 A_{c_3} 以上的保温时间应以均温为限,不宜过长;循环次数也不需过多,因为当晶粒细化到一

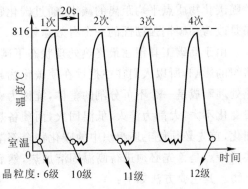

图 7-28　45 钢采用快速循环加热淬火法的工艺过程

定程度后就与其自身的长大倾向相平衡而不再有明显的细化效果。应当指出,对于尺寸较大的零件要使整体都得到快速的加热和冷却是困难的。

3. 形变热处理法

这是一种把压力加工与热处理相结合的方法,如图 7-29 所示[20]。其过程是先将钢加热至略高于 A_{c_3} 的温度,使之奥氏体化,随后进行热轧,使奥氏体发生强烈的形变,接着再等温保持适当时间,使形变奥氏体发生起始再结晶,并于晶粒尚未开始长大之前进行淬火。这样可以获得显著的超细化效果。

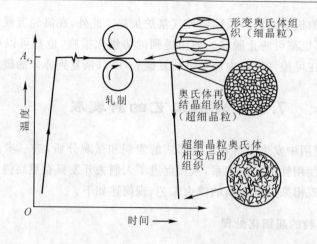

图 7-29　获得超细晶粒的形变热处理法工艺过程

7.5.2　碳化物的超细化处理

目前,生产中除了奥氏体晶粒超细化处理外,高碳钢中碳化物的超细化处理也同样受到普遍重视。这是因为碳化物的尺寸、形态、分布和数量对钢的力学性能(如韧性、疲劳强度、硬度和耐磨性等)有着显著影响。研究指出[21],高碳钢中,当碳化物直径大于 $1\,\mu m$ 时,在较高的应力状态下,裂纹往往发源于碳化物质点处。有人发现[22],当钢的碳质量分数一定时,其断裂韧性随碳化物质点平均距离的减小(通过碳化物细化)而增加。可见,细化碳化物并使之均匀分布是改善高碳钢强韧性的一个有效途径。

由于高碳工具钢在最终热处理状态下碳化物的尺寸、形态和分布在很大程度上受其原始组织的影响,所以人们往往把旨在使碳化物超细化而获得适当原始组织的预备热处理与最终热处理看成是一个不可分割的整体,统称为碳化物超细化处理。但实际上最终热处理工艺一般变化不大,大都为淬火、低温回火,而预备热处理工艺却变化多样。为了使高碳钢中碳化物细化,首先必须使毛坯组织中的碳化物全部溶解,因此作为碳化物超细化的预备热处理的一个共同特点是首先必须进行高温固溶加热,然后再采取不同的工艺方法得到细小均匀分布的碳化物。其主要方法如下:

1. 高温固溶化淬火＋高温回火(即高温调质处理)

高温固溶化后采取淬火,不仅可以抑制先共析碳化物的析出,而且淬火得到的马氏体＋残余奥氏体组织经高温回火后,可得到球状的碳化物,并呈均匀弥散的分布。据报道[23],退火的 GCr15 钢料经 $1\,050\,^{\circ}C$,30 min 加热后在沸水中淬火,并随即进行高温回火($740\,^{\circ}C$,2 h),可使其碳化物平均粒度细化到 $0.3\,\mu m$。又如[24],为了提高 T8 钢冲头的韧性和耐磨性,以调质处理($800\,^{\circ}C$ 加热、水-油冷,$560\,^{\circ}C$ 回火 2 h)代替球化退火,经低温淬火($750\,^{\circ}C$ 加热,水-油冷)＋$280\sim300\,^{\circ}C$ 回火后,可消除大块崩刃现象,并使寿命提高 10 倍。

2. 高温固溶等温处理

有人[25]在研究 GCr15 钢碳化物细化问题后提出,先于 $1\,040\,^{\circ}C$ 加热 30 min 进行高温固溶化,继之于 $625\,^{\circ}C$ 或 $425\,^{\circ}C$ 下进行等温处理,这样可得到片状珠光体($625\,^{\circ}C$ 等温)或贝氏体($425\,^{\circ}C$ 等温)组织,最后再按通常工艺进行淬火、回火。这时碳化物尺寸可达 $0.1\,\mu m$,从而使钢的接触疲劳寿命提高 2 ～ 3 倍。

7.5.3　控制马氏体、贝氏体组织形态及其组成的淬火

实践表明,充分利用板条状马氏体和下贝氏体组织的特性是改善钢强韧性的一条重要途径。现举例说明如下:

1. 中碳合金钢的超高温淬火

中碳合金钢经正常温度淬火后,一般得到片状马氏体与板条状马氏体的混合组织。片状马氏体的存在对钢的断裂韧性不利。提高中碳合金钢的淬火温度,有利于在淬火后得到较多的板条状马氏体,研究指出[26-27],4340 钢(相当于 40CrNiMoA 钢)采用高温(1 200 ℃)淬火(油冷)后与正常温度(870 ℃)淬火相比,其断裂韧性可提高约 70%。其原因是超高温淬火后得到的几乎都是板条状马氏体,而且在马氏体板条周围有 $1\times10^{-5}\sim2\times10^{-5}$ mm 厚的残余奥氏体薄膜存在,这种薄膜很稳定,即使冷至液氧温度(-183 ℃)也不转变,它对高的局部应力集中不敏感,不易产生裂纹,故能提高断裂韧性。此外,高的奥氏体化温度可以使合金碳化物完全溶解,并且也抑制了脆性元素沿晶界的析出,因而也对改善断裂韧性产生有利影响。但是超高温淬火后往往得到粗大的晶粒,其冲击韧性值较低。因此,这种工艺尚有待于进一步研究。

2. 高碳钢的低温短时加热淬火

高碳钢在采用普通淬火工艺时,往往得到片状马氏体组织,此时具有较高的脆性。但如适当控制淬火加热时奥氏体的碳含量,也可使淬火后得到以板条状马氏体为主的组织,使钢在保持高硬度的同时,还具有良好的韧性。高碳钢采用快速加热至略高于 A_{c_1} 的温度、短时保温淬火,可以实现上述要求[24]。这是因为低温短时加热时可以得到较细的晶粒,而且奥氏体的碳含量较低,使 M_s 点较高,故淬火后可得到以板条马氏体为主加细小碳化物的组织。这是保证其具有较高强韧性的原因。但是,为了使低温短时加热淬火取得好的强韧化效果,对淬火前的原始组织有一定的要求,即其碳化物应尽量细小。

应当指出,上述工艺只适用于碳质量分数高于 0.5% 的钢,对碳含量低于此限的钢,强韧化效果则不明显。

3. 控制等温处理规范或连续冷却时的冷却速率获得复合组织的淬火

在 5.5 节中已指出,通过这种办法获得适当数量的贝氏体加马氏体的复合组织,可以使钢得到良好的强韧性。

7.5.4　使钢中保留适当数量塑性第二相的淬火

淬火钢中存在的塑性第二相不外乎是自由铁素体和残余奥氏体。为了发挥它们对钢强韧性的有益作用,近年来已发展形成了一些新型的热处理工艺。

1. 亚共析钢的亚温淬火($\alpha+\gamma$ 两相区淬火)

近年来发现,结构钢采用亚温淬火对改善钢的韧性、降低韧脆转化温度和抑制可逆回火脆性具有明显效果。亚温淬火对处理前的原始组织有一基本要求,即不应有大块状的自由铁素体存在[28]。因此在亚温淬火前往往需进行正常淬火或调质(有时也可正火),使之得到如马氏体、贝氏体、回火索氏体、索氏体之类的组织。

亚温淬火之所以能对钢的性能产生上述有益影响,是由于以下原因:

(1) 晶粒细化和杂质偏聚浓度减小。亚温淬火的加热温度处于 $\alpha+\gamma$ 两相区内,由于温度

较低,加之钢中尚存在的细小弥散分布的难溶碳、氮化物质点对奥氏体晶粒长大的阻碍作用,使此时的奥氏体晶粒十分细小。同时,它与铁素体晶粒相间存在,使 $\alpha-\gamma$ 相界面积比一般热处理时奥氏体晶界面积约大 $10\sim50$ 倍[29]。在较大的晶界和相界面积上杂质元素的偏聚浓度自然大大减小。此外,亚温淬火、回火后钢中存在适当数量细小的自由铁素体可以大大减轻裂纹尖端的局部应力集中,阻止裂纹扩展。以上这些因素都将对改善韧性和降低(可逆)回火脆性倾向产生有益作用。

(2)杂质元素在 α 和 γ 晶粒中的再分配。钢中所含各种元素可分为扩大 γ 区元素(如碳、锰、镍、氮等)和缩小 γ 区元素(如磷、锑、锡、硅等)两大类。图 7-30 表示两类二元铁基合金的相图。由图可知,在 $\alpha+\gamma$ 两相区内,扩大 γ 区的元素应富集在 γ 相内,而缩小 γ 区的元素则应富集在 α 相内。磷、锑、锡等属(可逆)回火脆性的致脆元素,经亚温淬火后则富集于 α 相中,使其在 γ 相中的含量减少,因而有益于降低钢的(可逆)回火脆性倾向。

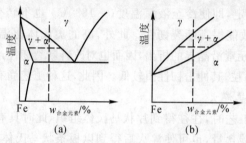

图 7-30 二元铁基合金相图
(a)扩大 γ 区元素;(b)缩小 γ 区元素

(3)减少碳化物的沿晶析出。对含有铝、铌、钒、钛等元素的钢来说,在亚温区加热时,会有微量的细小弥散碳化物、氮化物存在,在淬火后进行回火时,它们可作为碳化物在晶内析出的晶核,从而减少了碳化物的沿晶析出,这对改善钢的韧性十分有益。

但应指出,亚温淬火的强韧化效果与钢的碳质量分数密切相关,碳含量愈高,强韧化效果愈小。当钢的碳质量分数高于 0.4% 以后,即基本上无效果[28]。这是因为当钢的碳含量较低时,亚温淬火后可得到板条状马氏体组织,而当碳含量较高时,则将得到较多的片状马氏体组织。另外,亚温淬火后的强韧化效果还与回火温度有关。如与普通淬火后采用相同的回火温度对比,随回火温度升高,愈能显示出亚温淬火对改善强韧性的优越性,而回火温度较低时,亚温淬火的效果则往往不能充分发挥。据认为,这是由于回火温度较低时,钢的组织为回火马氏体加铁素体,两者的强度差较大,在应力作用下微裂纹多起源于铁素体,使钢易于呈现高的脆断倾向[31]。

2.控制残余奥氏体形态、数量和稳定性的热处理

残余奥氏体对钢强韧性的影响主要与它的形态、分布、数量和稳定性有关。对于一定成分的钢来说,通过调整淬火加热温度、冷却规范(包括等温处理的温度和时间)以及回火工艺等可以在很大程度上控制残余奥氏体的形态、分布、数量和稳定性。例如,中碳合金钢经超高温淬火后可以得到板条马氏体和在其板条间分布的 $1\times10^{-5}\sim2\times10^{-5}$ mm 厚的残余奥氏体薄膜,大大改善了钢的断裂韧性。轴承钢 GCr15 采用不同淬火介质冷却后残余奥氏体量可在 $0\sim15\%$ 范围内变化,钢的接触疲劳强度随残余奥氏体量增多而提高,如图 7-31 所示[32]。变

塑钢利用残余奥氏体的形变诱发相变,在伴随吸收大量应变能的同时,显著提高了强韧性。超高强度钢 30CrMnSiNi2A 在油淬后选择适当的温度(250 ℃)回火,可使残余奥氏体得到最高的机械稳定性,从而使钢具有最佳的综合力学性能[33]。

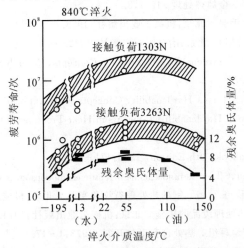

图 7 - 31　残余奥氏体量对 GCr15 钢接触疲劳寿命的影响

复习思考题

1. 试说明各种淬火方法的优缺点。

2. 淬火加热温度确定的基本原则是什么? 在实际生产中根据某些具体情况应怎样进行调整? 试举数例加以说明。

3. 有物态变化的淬火介质的冷却特性和冷却机理是什么?

4. 几种常用淬火介质(盐水、碱水和油)各有何特点?

5. 钢的淬透性、淬硬层深度及淬硬性的含义及其影响因素如何? 确定淬透性的末端淬火法的基本原理如何? 怎样应用淬透性曲线确定钢的临界淬透直径?

6. 试说明钢件淬火冷却过程中热应力和组织应力的变化规律及其沿工件截面上的分布特点。

7. 热应力、组织应力和比容差效应造成的变形趋向如何?

8. 影响淬火变形的主要因素有哪些?

9. 减少淬火变形和防止淬火开裂有哪些主要措施?

10. 高速钢(高碳高合金工具钢)有时采用分级淬火法,即工件从分级浴槽中取出后常常置于空气中冷却,但如果当工件尚处于 100 ~ 200 ℃ 时便用水清洗,将会发生什么问题? 为什么?

11. 淬火工艺近年来有哪些新发展? 试简述之。

参 考 文 献

[1]　北京航空学院,西北工业大学.钢铁热处理.西安:西北工业大学,1977.

[2]　王运迪.淬火介质.上海:上海科学技术出版社,1981.

[3]　中山久彦.真空热处理.北京:机械工业出版社,1976.

[4]　安运铮.热处理工艺学.北京:机械工业出版社,1982.

[5] Krauss G. Principles of Heat Treatment of Steel，1980：134 - 152.

[6] 航空结构钢的热处理，HB/Z5025—77.

[7] 一机部机电研究所. 金属热处理. 1976,1.

[8] 浙江大学金相教研组，等. 金属热处理. 1977,3.

[9] 傅代直,等. 钢的淬透性手册. 北京：机械工业出版社,1973.

[10] 合金钢手册(上册第三分册). 北京：冶金工业出版社,1972.

[11] Siebert C A, et al. The Hardenability of Steels - Concepts, Metallurgical Influences and Industrial Application，ASM, 1977.

[12] Doane D V, Kirkaldy J S(Eds). Hardenability Concepts with Application to Steel，AIME, 1978.

[13] Doane D V. Application of Hardenability Concepts in Heat Treatment of Steel，J. Heat Treating, 1979 (1)：5 - 30.

[14] Jatczak C. Metals Handbook，9th Edition，1978：471 - 484.

[15] Нахимов д м. справочник(Ⅱ)—металоведение и термическая обработка стали，Москва 1962：805 - 818.

[16] 《钢的热处理裂纹和变形》编写组. 钢的热处理裂纹和变形. 北京：机械工业出版社,1978.

[17] (日)吉田享,等. 预防热处理废品的措施. 北京：机械工业出版社,1974.

[18] 浙江大学"新技术译丛"编写组. 热处理变形与开裂.1973：1 - 17.

[19] 朱利卿. 钢的热处理变形. 武汉：湖北人民出版社,1980.

[20] Grange R A. ASM Trans, Quarterly, 1966(59)：26.

[21] McMahon C J. Acta Met. ,1965(13)：591.

[22] Rawal S P, Gurland J. Met, Trans. , 1977(8A)：691.

[23] 哈尔滨工业大学. 轴承,1980：1.

[24] 陕西机械学院. 金属热处理,1978：2 - 3.

[25] Stickles C A. Met. Trans. ,1974(5)：865.

[26] Lai G Y, et al. Met. Trans. , 1974(5)：1663.

[27] Zackey V F, et al. Materials Science and Engineering, 1974(16)：201.

[28] 王传雅. 金属热处理(第二届全国热处理年会论文选集). 上海：上海科学技术出版社,1981.

[29] Wada T, Doane D V. Met. Trans. , 1974(5)：231.

[30] Сазнов Б Г. МиТОМ,1957(4)：30.

[31] 富田惠之,等. 铁と钢,1977(63)：1 321.

[32] 矢岛悦次郎,等. 日本金属学会誌,1972(36)：711.

[33] 黄麟鋈,等. 第三届国际材料热处理大会论文选集. 北京：机械工业出版社,1985.

第8章 回火转变与钢的回火

将淬火后的钢在 A_1 以下的温度加热、保温,并以适当速率冷却的工艺过程称为回火。

回火的基本目的是提高淬火钢的塑性和韧性,降低其脆性,但却往往不可避免地要降低其强度和硬度;回火的另一目的是降低或消除淬火引起的残余内应力,这对于稳定工具钢制品的尺寸特别重要。一般来说,淬火零件不经回火就投入使用是危险的,也是不允许的。某些碳含量较高的钢制大型零件或形状复杂零件甚至淬火后在等待回火期间就曾发生过突然爆裂,这更清楚地说明了淬火钢的脆性和残余应力之大,也说明了回火和及时回火的重要性。

回火可以在 A_1 以下很宽的温度范围内进行,钢的性能也可以在很宽的范围内变化,因此,回火是调整钢制零件的性能以满足使用要求的有效手段。

8.1 淬火钢在回火时的组织变化

淬火钢的组织主要是马氏体和一定量的残余奥氏体,有时还有少量的渗碳体(或碳化物)等。对于碳钢,当碳质量分数小于 0.5% 时,残余奥氏体(A_R)体积分数常常小于 2%;碳质量分数为 0.8% 时,A_R 体积分数约为 6%;碳质量分数为 1.25% 时,A_R 体积分数可能超过 30%[1]。对于合金钢,随着所含合金元素的种类和数量的不同,A_R 量的变化幅度可能更大,以下先讨论碳钢的回火。

淬火组织是高度不稳定的。这是因为:① 马氏体中的碳是高度过饱和的;② 马氏体中有很高的应变能和界面能,③ 与马氏体并存的还有一定量的残余奥氏体。正是由于马氏体和残余奥氏体的不稳定状态与平衡状态间的自由能差,提供了转变的驱动力,使得回火转变成为一种自发的转变,一旦动力学条件具备,转变就会自发进行。这个动力学条件就是使原子具有足够的活动能力;回火处理就是通过加热提高原子的活动能力,使转变能以适当的速率进行,或在适当时间内,使转变达到所要求的程度。

根据在不同温度范围发生的组织转变,可将碳钢的整个回火过程分为以下 5 个有区别而又互相重叠的阶段[1-4]:

(1) 碳原子的重新分布 —— 时效阶段(100 ℃ 以下)。

(2) 过渡碳化物(ε/η 或 ε')的沉淀 —— 回火第一阶段(100 ~ 300 ℃)。

(3) 残余奥氏体的分解 —— 回火第二阶段(200 ~ 300 ℃)。

(4) 过渡碳化物(ε/η 或 ε')转变为 Fe_3C —— 回火第三阶段(200 ~ 350 ℃)。

(5) Fe_3C 的粗化和球化,以及等轴铁素体晶粒的形成 —— 回火第四阶段(350 ℃ 以上)。

应当指出,回火转变是随着温度的升高连续进行的,由于所采用的试验方法和精度不同,不同文献给出的各阶段温度范围会有一些差异,甚至对回火阶段的划分也不尽相同。

8.1.1 碳原子的重新分布 —— 时效阶段(100 ℃ 以下)

人们很早就知道碳钢马氏体回火时要经历一系列复杂的反应,其最终产物是渗碳体弥散分布在铁素体基体中。Jack[5]发现回火时首先沉淀出 ε 碳化物,并把 ε 碳化物的沉淀作为回火第一阶段的标志,对于回火的其他阶段也都做了划分确定。到了 20 世纪 60 年代,随着测试手段的发展,人们发现远在 ε 碳化物沉淀以前,马氏体中还有更小尺度的组织变化。为了不改变人们对回火阶段的传统划分法,Olson 和 Cohen[6]建议把回火第一阶段以前所发生的组织变化归属于时效阶段。

人们之所以没能检测出马氏体回火时的时效反应,部分原因还由于这种反应在室温进行很快,只有当钢的 M_s 点足够低,可以获得不发生自回火或时效的"原生"马氏体("virgin"martensite)时,才能在开始检测或观察以前,不发生碳原子受热激活的重新分布。

早在 1962 年,Winchell 等[7]就发现,原生马氏体在从远低于室温到略高于室温的温度范围时效时,硬度有明显的变化(见图 8-1),此时并没有任何碳化物开始沉淀。

Eldis 等[8]发现,Fe-24Ni-0.26C 马氏体在不同温度时效 1 h 后,0.6% 压缩流变应力也有类似的变化,如图 8-2 所示,图中还示出电阻率的变化(流变应力和电阻率均在 -196 ℃测定)。

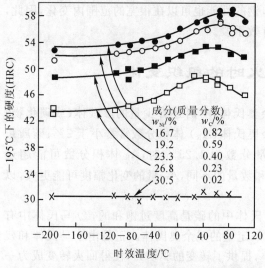

图 8-1　Fe-Ni-C 合金马氏体在不同温度时效 3 h 后,于 -195 ℃测得的硬度

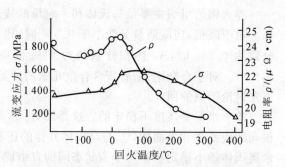

图 8-2　Fe-24Ni-0.26C 合金马氏体在不同温度时效 1 h 后,流变应力和电阻率的变化

Taylor 等[9]用电阻法研究了 Fe-Ni-C 合金马氏体的时效动力学,两个合金的相对电阻率变化曲线(见图 8-3)都出现峰值,且峰值出现的时间随时效温度的升高而减小,这说明马氏体的时效是一个热激活过程。同时还可以看到,碳含量较高的合金,电阻率的峰值也较高,且达到峰值所需的时间也较长。

由于镍不是碳化物形成元素,也不溶于渗碳体,因此镍在以上各图所示的 Fe-Ni-C 试验合金中的作用只是把 M_s 点降低到 -40 ℃左右,以保证在淬火过程中不会发生自回火或时效,因而可得到原生马氏体。在 -196 ℃测量电阻率可以保证试样在测量时不会发生时效。

文献[4]报道,将 Fe-1.13C 合金在盐水中淬火,并接着在液氮中冷却,然后在室温及 60 ℃测定其维氏显微硬度随时间的变化,如图 8-4 所示。由图可以看出,在室温时效 15 h 后,硬度增加 80 HV 并达到峰值;再经过 20 h,硬度略有下降(约降低 20 HV)后就基本保持不变。在 60 ℃时效也可以看到硬度的最初增加;硬度的第二次增加(约有 70 HV)则是由于过渡碳化物的沉淀所引起的。

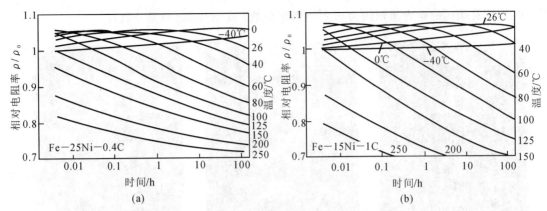

图 8-3　两种合金在不同温度时效不同时间后，相对电阻率（在 －196 ℃ 测定）的变化
原始电阻率（ρ_0）分别为 25.3 $\mu\Omega \cdot$ cm 和 36.3 $\mu\Omega \cdot$ cm
(a) Fe-25Ni-0.4C 合金；　(b) Fe-15Ni-1C 合金

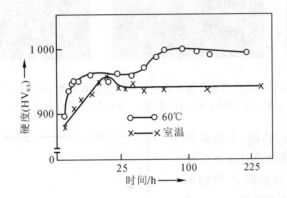

图 8-4　Fe-1.13C 合金在室温及 60 ℃ 时效时硬度的变化

　　对 Fe-Ni-C 合金马氏体的 TEM❶ 研究表明，在室温短时间时效后，一个精细尺度、粗花呢织物状的碳浓度调幅组织沿马氏体的〈203〉方向形成，如图 8-5(a) 所示。初始成分波长与碳含量有关，如图 8-6 所示，图中还给出 Kusunoki 和 Nagakura 对 Fe-C 合金所得的数据。由图可以看出，在碳质量分数为 0.2% ～ 2% 的范围内时，波长随碳含量的增加而减小，但是到了约 1.4% 后就基本不再减小，并保持在 1 nm 附近。

　　调幅组织的波长还随时效时间的延续而增加，例如 Fe-25Ni-0.4C 和 Fe-15Ni-1C 马氏体在室温时效一个月后，其波长分别达到 5 nm 和 9 nm 左右（见图 8-5）。这表明上述原生马氏体是以调幅机理进行分解的。

　　TEM 研究表明[14]，Fe-Ni-C 合金马氏体的时效阶段对应于图 8-3 中 ρ/ρ_0 大于 0.95 ～ 1.00 的部分。

　　对 Fe-15Ni-1C 合金马氏体时效组织的原子探针场离子显微术分析表明，调幅组织中富碳区的碳含量随时效时间的延续而增加，经过在室温长时间时效（例如 1 580 h，约 66 d）达到约 11%（摩尔分数）或 2.5%（质量分数）后就不再增加，这一成分接近理想配比值 Fe₈C（或

---

❶　TEM 是 Transmission Electron Microscopy 的英文缩写，即透射电子显微学或透射电子显微术之意。

$Fe_{16}C_2$），而贫碳区的碳含量则约为 0.2%（摩尔分数）或 0.04%（质量分数）。

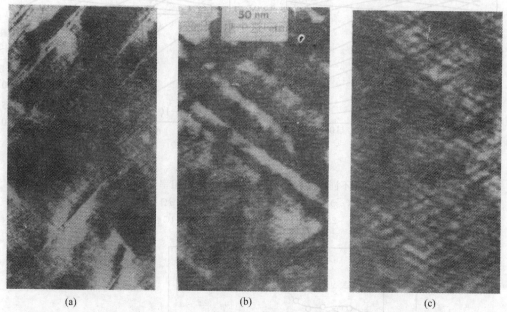

(a)   (b)   (c)

图 8 - 5 Fe - 15Ni - 1C 合金马氏体在室温时效不同时间后的调幅组织（TEM 照片）[9]

(a) 5.5 h（[100] 取向）； (b) 2 d（[331] 取向）； (c) 48 d（[100] 取向）。

Ferguson 和 Jack[11] 观察到，碳、氮含量接近的 Fe - C - N 铁素体于室温时效时会形成亚稳碳氮化物 $\alpha'' - Fe_{16}(C,N)_2$，这说明 α'' 结构中可以溶解相当多的碳。值得注意的是，从 Fe_4C 结构（见图 8 - 7）中取走一半间隙原子（图中有影线的碳原子）即可得到 $Fe_{16}C_2$，并与已经确立的 $\alpha'' - Fe_{16}N_2$ 结构属同晶型。因此 Taylor 等[9] 推测，Fe - C 马氏体时效时以调幅分解方式形成的高碳相可能与 Fe - N 马氏体时效时沉淀的 $\alpha'' - Fe_{16}N_2$ 属同晶型。

类似 Fe - Ni - C 合金马氏体时效后的碳浓度调幅组织在 Fe - C，Fe - Mn - C，Fe - Cr - C 等合金中也曾见到，因此可以说，调幅组织的发展是 Fe - X - C 马氏体时效行为的一般特征，而且在工业用重要合金中也能形成。图 8 - 8 中所示为 4340 钢（相当于我国编号的 40CrNiMo 钢）新淬火马氏体中的调幅组织，其波长约为 10 nm，这些组织比较粗，是由于自回火造成的（此钢的 M_s 点约为 295 ℃）。

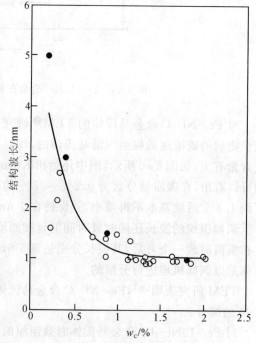

图 8 - 6 初始调幅波长与马氏体碳含量的关系[9]

○ — 取自 Kusunoki 和 Nagakuar 的数据[10]

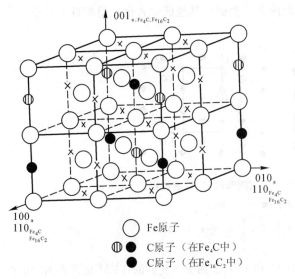

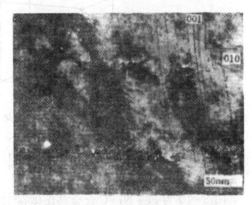

图 8-7　Fe_4C 结构示意图[9]
("×" 表示 C 轴方向空缺的八面体间隙位置)

图 8-8　4340 钢新淬火后的调幅组织
(TEM 照片)[9]

8.1.2　过渡碳化物(ε/η 或 ε')的析出 —— 回火第一阶段($100 \sim 200\ ℃$)

过渡碳化物的析出构成了回火第一阶段,Jack[5] 的 X-射线衍射分析表明,ε 碳化物具有密排六方结构,他无法确定碳原子在结构中的位置,但提出 ε 相的成分在 Fe_2C 至 Fe_3C 之间(约 $Fe_{2.4}C$)。ε 碳化物与基体(低碳马氏体 α')之间存在如下确定的晶体学取向关系:

$$(0001)_\varepsilon \parallel (011)_{\alpha'}$$

$$(10\bar{1}1)_\varepsilon \parallel (101)_{\alpha'}$$

$$[1\bar{2}10]_\varepsilon \parallel [11\bar{1}]_{\alpha'}$$

随后的许多研究者也证实了上述取向关系。

X-射线测定结果表明,$(10\bar{1}1)_\varepsilon$ 与 $(101)_{\alpha'}$ 的面间距相差在 0.5% 以内,因此在沉淀初期,点阵的共格是很可能的。在回火第一阶段末期,马氏体结构仍具有正方性,这表明其碳质量分数仍在 0.25% 左右。因此,碳含量较低的钢不大可能沉淀出 ε 碳化物。这个回火阶段的激活能在 $60 \sim 80\ kJ \cdot mol^{-1}$ 之间,并与碳含量呈线性关系,这正是碳在马氏体中进行扩散所需的。

Hirotsu 和 Nagakura[12] 以及 Hirotsu 等[13] 对 $Fe-1.22C$ 和 $Fe-Ni-C$ 合金马氏体进行的大量电子衍射分析表明,碳原子在过渡碳化物中可能呈现规则排列。图 8-9 为文献[12] 提出的、具有正交结构的过渡相晶体结构示意图,并称之为 η 碳化物,对应的成分为 Fe_2C,以区别于 Jack 提出的 ε 碳化物。

Taylor 等[14] 指出,由于 η 碳化物与 ε 碳化物在结构上的相似性,可以把前者称为有序相 ε' 碳化物(只须取 $b_\varepsilon = \sqrt{3}a_\varepsilon$,就可使 ε 碳化物的晶胞定义为正交晶系结构)。Tanaka 和 Shimizu[15] 报道,ε' 碳化物与马氏体基体之间有如下取向关系:

$$(001)_{\varepsilon'} \parallel (011)_\alpha$$

$$[100]_{\varepsilon'} \parallel [100]_\alpha$$

这一结果与 Jack 得出的六方晶系 ε 碳化物的取向关系类似。其他研究者也获得相近的结果。

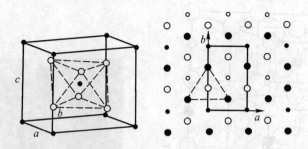

图 8-9　η 碳化物的晶体结构示意图和沿 C_η 轴的投影[12]

●,○—Fe 原子；●·○—C 原子

原子位置 Fe：$\frac{1}{2}\ \frac{1}{6}\ \frac{1}{4}$；$0\ \frac{2}{3}\ \frac{1}{4}$；$0\ \frac{1}{3}\ \frac{3}{4}$；$\frac{1}{2}\ \frac{5}{6}\ \frac{3}{4}$；　C：$000$；$\frac{1}{2}\ \frac{1}{2}\ \frac{1}{2}$

图 8-10 为 Fe-Ni-C 合金马氏体在 100 ℃ 和 150 ℃ 回火 1 h 后的 TEM 显微照片,电子衍射分析证实沉淀相为 ε′ 碳化物,其惯析面为 $\{012\}_a$,并且沿富碳带非均匀形核。图 8-10 表明,ε′ 碳化物的形态可能是棒状或片状,但是从图 8-11 所示的另一取向的 TEM 暗场像可以看出,沉淀相有相当的宽度,因此应当是片状。此外,在图 8-11 中还可以看到在沉淀相内还有细小的周期性条纹,其间隔约为 $1 \sim 1.5\ nm$,且大约平行于马氏体的 $\{011\}_a$ 晶面,这说明 ε′ 碳化物沿基面发生了广泛的错排,这是一种自协调机理,以减小弹性应变能。

图 8-12 为 Fe-15Ni-1C 合金马氏体试样抛光后在 150 ℃ 时效 24 h 后的表面浮凸效应示意图,这进一步证实,在回火第一阶段发生了某种内切变。Balliett 和 Krauss[16] 将 Fe-1.22C 合金马氏体的抛光试样在 200 ℃ 回火 30 min 后也形成了表面浮凸。

TEM 研究表明[14],Fe-Ni-C 合金马氏体的回火第一阶段对应于图 8-3 中 ρ/ρ_0 值介于 $1.00 \sim 0.95$ 至 0.75 之间的部分。

8.1.3　残余奥氏体的分解 —— 回火第二阶段(200 ~ 300 ℃)

淬火钢在 $200 \sim 300$ ℃ 回火时,残余奥氏体要进行分解。Nagakura 等[2] 将含有大量残余奥氏体的高碳钢试样放在电子显微镜中进行回火并作原位观察,证实其分解产物为 Fe_3C(又称 θ 相)和铁素体。同时还发现,当温度为 175 ℃ 时,残余奥氏体的分解始于它和回火马氏体之间的界面,而当温度高于 225 ℃ 时,分解也可以在奥氏体内进行。在所有情况下形成的 Fe_3C 均为粒状,其大小约为 5 nm,并含有缺陷。分解产物的取向关系为

$$(100)_\theta \parallel (011)_\alpha \parallel (111)_\gamma$$
$$[010]_\theta \parallel [11\bar{1}]_\alpha \parallel [10\bar{1}]_\gamma$$

残余奥氏体分解过程的激活能约为 $115\ kJ \cdot mol^{-1}$,这与碳在奥氏体中的扩散激活能是一致的。

Thomas[17] 用高分辨 TEM 和精确暗场像研究低、中碳钢中的残余奥氏体时首先发现,残余奥氏体以连续的薄层位于马氏体板条之间。在时效阶段和回火第一阶段,这部分残余奥氏体并不发生变化,而在 $200 \sim 300$ ℃ 时分解为比较连续板条间碳化物。如图 8-13 所示为 4340 钢的马氏体在 350 ℃ 回火后形成的板条间碳化物。

图 8-10　Fe-Ni-C 合金马氏体回火后的 TEM 显微照片[14]
Fe-25Ni-0.4C：(a) 100 ℃，1 h；(b) 150 ℃，1 h
Fe-15Ni-1C：(c) 100 ℃，1 h；(d) 150 ℃，1 h

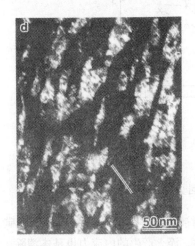

图 8-11　Fe-15Ni-1C 合金马氏体在
150 ℃ 回火 1 h 后的 TEM 暗
场像[14]（图中所示迹线为马
氏体的{011}ₐ面）

图 8-12　Fe-15Ni-1C 合金马氏体预抛光试样在
150 ℃ 时效 24 h 后的表面浮凸[14]

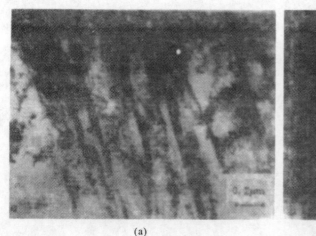

(a)　　　　　　　　　　　　　　　　(b)

图 8-13　4340 钢的马氏体在 350 ℃ 回火后形成的板条间渗碳体[18]

(a) 明场像；(b) 暗场像，$(210)_\theta$ 衍射束

　　上述板条间碳化物对韧性是有害的，它使得中碳钢在 200 ～ 400 ℃ 间回火后引起回火马氏体的穿晶型脆化[17-20]（参见 8.4 节）。图 8-14 为几个中碳钢马氏体在图中所示温度回火 1 h 后，残余奥氏体和渗碳体含量的变化。图中，4130 钢相当于我国编号的 30CrMn 钢；A,B,C 三个试验用钢的钼质量分数分别为 0.20%，0.50%，0.75%，铌质量分数分别为 0,0.032%，0.038%，氮质量分数分别为 0.017%，0.018%，0.018%。由图可以看出，由于 4340 钢的碳含量较高并含有镍，淬火后残余奥氏体量较多；钼含量对 4130 钢回火时残余奥氏体量的变化影响不大，但是渗碳体的含量却随钼含量的增加而减少，此外，这些钢残余奥氏体消失和渗碳体出现均发生在 250 ～ 300 ℃ 之间。

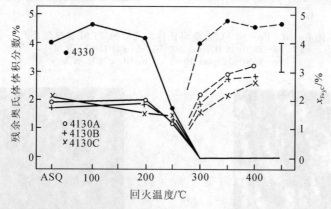

图 8-14　几个中碳钢的残余奥氏体和渗碳体含量与回火温度的关系[21]（回火时间均为1 h）

8.1.4　过渡碳化物(ε/η 或 ε')转变为 Fe_3C—— 回火第三阶段(200 ～ 350 ℃)

　　与残余奥氏体分解的同时，马氏体中的过渡碳化物逐渐被渗碳体所取代，回火马氏体的碳含量也降低到铁素体的平衡碳含量，并失去其晶体结构的正方性。淬火产生的内应力也基本消除。

　　在低碳钢和中碳钢中，渗碳体在马氏体板条中形核，沿马氏体的(110)惯析面长成细片

状,并与基体有如下确定的晶体学取向关系[1]

$$(001)_\theta \parallel (211)_\alpha$$

$$[100]_\theta \parallel [01\bar{1}]_\alpha$$

$$[010]_\theta \parallel [\bar{1}11]_\alpha$$

图 8-15 为 Fe-0.26C-3Cr-2Mn-0.5Mo 合金马氏体在 200 ℃ 回火 1 h 后的 TEM 显微照片,可以看到在马氏体板条中形成的 Fe_3C。

随着渗碳体在低碳马氏体中形成,由于小角度板条界面的消除,单位体积马氏体板条界面面积迅速减少[22]。剩下的大角度板条界面被早期形成的碳化物钉扎住,因此,淬火马氏体的板条形态尽管发生了粗化,仍可稳定存在到相当高的回火温度。

近年来的研究发现,高碳马氏体在回火第三阶段首先形成的碳化物不是渗碳体,而是 χ 碳化物。它具有单斜结构,并可用分子式 Fe_5C_2 表示。然而,在此阶段长时间回火后,χ 碳化物将被渗碳体所取代[2,23]。如图 8-16 所示为 Fe-1.22C 合金在 350 ℃ 回火后,在片状马氏体内及界面形成的 χ 碳化物。

图 8-15 Fe-0.26C-3Cr-2Mn-0.5Mo 合金马氏体在 200 ℃ 回火 1 h 后的 TEM 显微照片[19],48 000×

图 8-16 Fe-1.22C 合金在 350 ℃ 回火后形成的 χ 碳化物[23]

Nagakura 等拍摄到回火第三阶段形成的碳化物颗粒内的 TEM 点阵像,在一个碳化物颗粒内得出的点阵条纹间距,除了有对应于 χ 碳化物 Fe_5C_2 和 θ-Fe_3C 外,还有对应于一般成分式 θ_n-$Fe_{2n+1}C_n$ 的其他高阶碳化物,例如 θ_3-Fe_7C_3,θ_4-Fe_9C_4 等,如图 8-17 所示。在此阶段长时间回火后,通过铁原子的短程位移和碳原子的扩散,Fe_3C 将最终取代 χ 碳化物和其他碳化物[2,24]。

图 8-17 Fe-1.3C 合金在 270 ℃ 回火 1 h 后,不同碳化物的 TEM 点阵像[2]

8.1.5　Fe₃C 的粗化和球化,以及等轴铁素体晶粒的形成 —— 回火第四阶段(350 ℃ 以上)

在回火第四阶段,渗碳体颗粒发生粗化并基本失去其原来析出时的棒状或片状形态而逐渐球化。粗化始于 300 ～ 400 ℃ 之间,而球化则一直持续到 700 ℃。棒状 Fe₃C 球化的驱动力是表面能的减小。在板条间界面和原奥氏体晶界处的渗碳体会优先长大和球化,因为在这种界面处的扩散更容易进行。

由于渗碳体的密度小于铁素体,当渗碳体向铁素体中长大时,这个区域的密度要减小,这就要求有额外的空位补充到这里,以适应渗碳体的长大。而较小的渗碳体片或颗粒溶入铁素体时,会产生多余的空位,因此那里的空位和碳原子都会向正在长大的渗碳体扩散过来。实验测得的空位扩散激活能(210 ～ 315 kJ·mol⁻¹)比碳在铁素体中的扩散激活能(约 84 kJ·mol⁻¹)大得多,而更接近于 α-Fe 的自扩散激活能(约 250 kJ·mol⁻¹)。因此,空位的扩散(而不是碳原子的扩散)很可能是渗碳体长大和球化速度的控制因素。

经过长时间回火后(例如 700 ℃,12 h),最终将得到等轴铁素体基体中分布着较粗的球状碳化物。过去一般认为等轴铁素体晶粒是再结晶的产物,但是 Krauss[23] 指出,等轴铁素体晶粒不是再结晶的产物,而是晶粒长大的结果,理由如下:

(1) 在回火第三阶段的中期,马氏体亚结构中发生了回复和多边化,减少了为再结晶提供的驱动力(应变能),提高了渗碳体-铁素体板条的稳定性。

(2) 渗碳体颗粒的粗化程度已经不能再有效地钉扎住剩余的大角度板条界面[23,25]。因此,这些界面可以重组成等轴晶粒界面,以降低界面能。

图 8-18 中所示为 $w_C = 0.18\%$ 钢的马氏体经 600 ℃ 回火 10 min 后的显微组织。由图可以看出,铁素体仍保持条束状的外形,其内部也比较"干净",说明位错密度已大大降低。图 8-19 中所示为 $w_C = 0.18\%$ 钢的马氏体经 600 ℃ 回火 96 h 后的显微组织,图中左上部分的铁素体仍保持条束状,但右下部分的铁素体已等轴化,渗碳体颗粒也比较粗大。图 8-20 中所示为 $w_C = 0.4\%$ 钢的马氏体经 705 ℃ 回火 24 h 后的显微组织,此时铁素体已全部等轴化(晶界没有被腐蚀显示出来),渗碳体颗粒的长大和球化也比较完全。

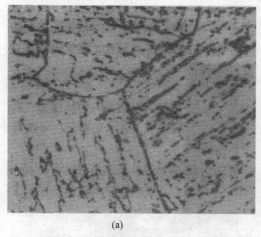 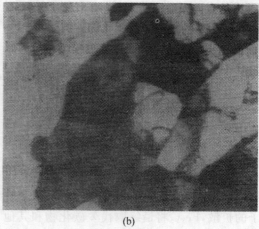

(a)　　　　　　　　　　　　　　　(b)

图 8-18　$w_C = 0.18\%$ 钢的马氏体经 600 ℃ 回火 10 min 后的显微组织

(a) 光学金相照片,1 000×; (b) TEM 照片,20 000×

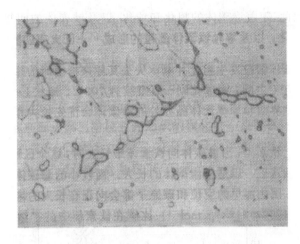

图 8-19　$w_C = 0.18\%$ 钢的马氏体经 600 ℃ 回火 96 h 后的显微组织，1 000×

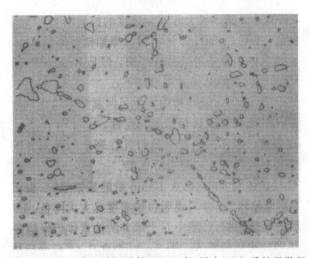

图 8-20　$w_C = 0.4\%$ 钢的马氏体经 705 ℃ 回火 24 h 后的显微组织，500×

8.2　淬火钢回火后力学性能的变化

淬火钢回火后，随着回火温度的不同，力学性能将发生变化，这种变化是显微组织变化的必然结果。

图 8-21 所示为不同碳质量分数钢的硬度随回火温度变化的情况[26]。由图可见，随着回火温度的升高，钢的硬度连续降低。但是，高碳钢在 100 ℃ 左右回火时，硬度却略有增高。更仔细的研究[27] 得到如图 8-22 所示的结果，低温回火时硬度峰值的出现与 η 碳化物的共格析出有关。不过也应该指出，此时基体马氏体的碳质量分数并未降低太多，这也是硬度峰值出现的一个重要基础。由第 4 章已知，马氏体的硬度最主要来自过饱和碳的固溶强化效应。除了时效阶段外，回火的整个过程都伴随着马氏体中碳质量分数的降低，这就是回火时钢的硬度降低的基本原因。至于过渡碳化物的析出，虽可产生一定的硬化效果，但其影响小于固溶强化作用的减弱。在渗碳体已析出、基体碳质量分数已降低到平衡值后，起作用的强化机理基本上是

渗碳体的弥散强化。因此，随着渗碳体的粗化和球化，以及铁素体的回复和等轴化，钢的硬度将进一步降低。

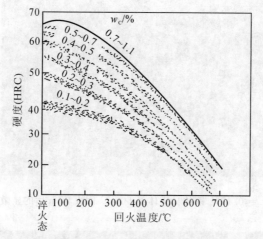

图 8-21　不同碳质量分数钢的硬度随回火温度变化的情况

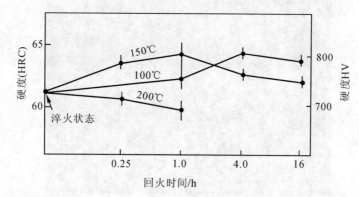

图 8-22　$w_C = 1.22\%$ 钢的硬度与回火温度和时间的关系

图 8-23[28] 给出三种碳钢的抗拉强度、规定非比例伸长应力 $\sigma_{p0.2}$、断后伸长率和断面收缩率随回火温度变化的情况。由图可见，随着回火温度的升高，强度、硬度都降低，而断后伸长率和断面收缩率则提高。不过应该注意到，当碳含量高时(见图 8-23(c))，由于低温回火时钢的脆性很大，拉伸试验时试样发生早期脆断，因此测不出强度值。

图 8-23 中弹性极限随回火温度的变化也值得注意。这三种钢的弹性极限值在 300～400 ℃ 之间都出现峰值。高温回火后弹性极限值低是因为钢的强度太低，而低温回火后弹性极限值低则主要是由于其内应力(由马氏体转变和急冷所引起)没有得到充分的消除[28]。因此，弹簧钢一般在 300～400 ℃(或稍高)之间回火。

高碳钢淬火后，在片状马氏体的结合处往往生成许多显微裂纹。实测表明，单位体积马氏体中所含裂纹面积可达 15 mm²/mm³ 左右，其中晶界裂纹约有 11～14 mm³/mm³[29]。回火对于消除这些裂纹有很大作用(见图 8-24)，这主要是因为 η 碳化物析出[29] 和碳化物聚集长大[30] 对消除显微裂纹有明显作用，前者是借助于内应力的降低，马氏体正方度的明显减小和体积收缩等引起塑性流变的作用；后者是借助于碳化物聚集长大时的桥接作用和扩散控制的愈合作用。显微裂纹的减少,必然会改善钢的力学性能。

回火对钢的韧性的影响将在 8.4 节中作详细讨论。

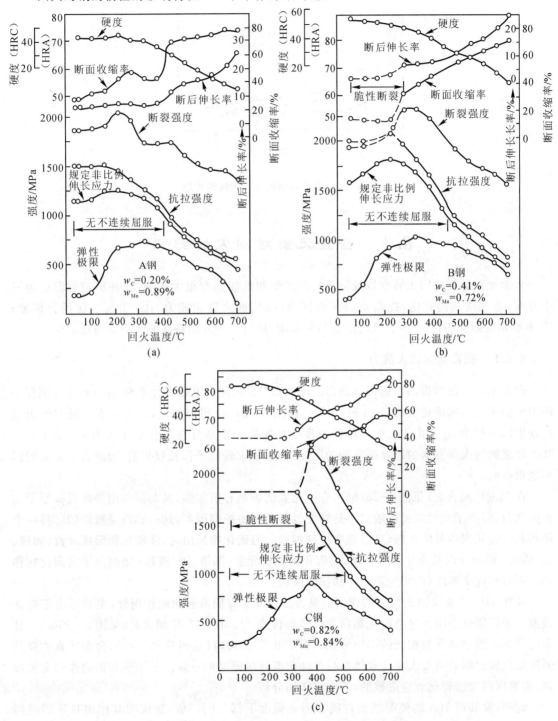

图 8-23　回火温度对三种碳钢力学性能的影响

(a) $w_C = 0.2\%$ 钢;(b) $w_C = 0.41\%$ 钢;(c) $w_C = 0.82\%$ 钢

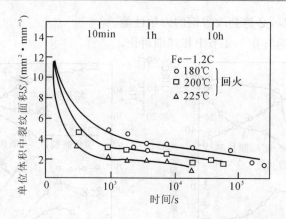

图 8-24　回火对消除显微裂纹的作用

8.3　合金元素对回火的影响

合金元素对钢的回火转变以及回火后的组织和性能都有很大影响,这种影响可归纳为三个方面:① 延缓钢的软化,提高钢的回火抗力(即抗回火软化能力);② 引起二次硬化现象;③ 影响钢的回火脆性。 本节只讨论前两个方面,最后一个方面将在 8.4 节中讨论。

8.3.1　提高钢的回火抗力

合金元素一般都提高钢的回火抗力。图 8-25 为几种常见合金元素对 $w_c = 0.2\%$ 钢在不同温度回火后引起的硬度增量(Δ HV)[31]。 由图 8-25(a) 可以看出,合金元素对低温回火后的硬度影响很小,这是由于在时效阶段所发生的碳原子重新分布与合金元素无关。在 $100 \sim 200$ ℃ 之间回火所发生的过渡碳化物的沉淀,并不要求碳原子作长程扩散,因此合金元素的影响也很微弱。

在 316 ℃ 回火时(见图 8-25(b)),合金元素的影响有所加强,其共同作用是降低碳原子的扩散系数,但由于此时碳的扩散已不是转变过程的速率控制因素,这一影响是微弱的。另一个作用是合金元素本身的扩散,这是速率控制因素。当碳化物析出时,非碳化物形成元素(如镍、硅、磷等) 倾向于向马氏体基体移动,而碳化物形成元素(如铬、钼、钒等) 则倾向于向碳化物移动。不过在这个阶段,两类元素的运动都较微弱。

硅在 316 ℃ 提高回火抗力的作用最显著。这除了有固溶强化的作用外,主要是由于硅在该温度附近能强烈阻止过渡碳化物向渗碳体的转变[31]。 在 427 ℃ 回火时(见图 8-25(c)),合金元素阻碍渗碳体颗粒粗化的影响加强。在 538 ℃ 回火时(见图 8-25(d)),合金元素主要是通过阻止碳化物聚集长大和铁素体晶粒等轴化而延缓硬度的下降。至于钒和钼的作用突然加强,则是所谓二次硬化效应造成的,下面将详细分析。

此外,镍和磷引起的硬度增量在所有回火温度下都是同一值,这说明其作用只是固溶强化,而与回火转变无关。但铬和锰引起的硬度增量随回火温度变化较大,这说明它们对碳化物转变的各个阶段都有一定影响。

当淬火钢中存在残余奥氏体时,合金元素对残余奥氏体的分解也有影响。有时,残余奥氏体甚至可以在回火时转变为珠光体或贝氏体。如果回火保温时残余奥氏体没有分解,在随后的冷却中,由于催化(又称反稳定化)作用,它很可能发生马氏体转变,这一现象称为二次淬火。二次淬火并不会使硬度增加很多,因为新生成的马氏体量很少,但是钢的脆性却因此而明显增大。因此,对产生了二次淬火的钢必须再次进行回火。这对于高碳高合金工具钢和中、高合金钢渗碳后的零件具有现实意义。据知,有些工厂在高速钢或高合金模具钢高温回火后,往往再加一道低温回火,就与此有关。

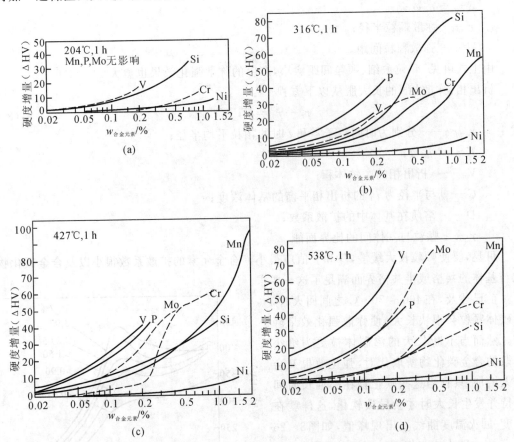

图 8-25　几种常见合金元素对 $w_C = 0.2\%$ 钢在不同温度回火后引起的硬度增量(ΔHV)

8.3.2　引起二次硬化

所谓二次硬化,是指某些淬火合金钢在 $500 \sim 650 \ ℃$ 回火后硬度有所增高,在硬度-回火温度曲线上出现峰值的现象。只有当钢中含有强碳化物形成元素(如钒、钛、钼、钨、铬等),且其含量超过一定值时才会引起二次硬化;非碳化物形成元素(如镍和硅)和弱碳化物形成元素(如锰)都不能引起二次硬化。二次硬化本质上是由于合金碳化物的共格析出和弥散强化引起的。合金碳化物越稳定、越细小,造成的强化效果就越大。二次硬化效应在工业应用上有十分重要的意义,例如工具钢靠它可保持高的红硬性(指钢在高温下保持高硬度的能力),某些耐热钢靠它可维持高温强度,某些结构钢和不锈钢靠它可以改善力学性能。

根据 Orowan 的不可变形球形颗粒的弥散强化理论,可以将弥散强化后材料的规定非比例伸长应力 $\sigma_{p0.2}$ 与基体的规定非比例伸长应力 $\sigma'_{p0.2}$ 以下式联系起来:

$$\sigma_{p0.2} = \sigma_{p0.2}' + \Delta\sigma \tag{8-1}$$

式中,$\Delta\sigma$ 表示因弥散强化引起的强度增量,并且可由以下抗剪切强度的增量 $\Delta\tau$ 来估计:[32]

$$\Delta\tau = \frac{Gb\alpha}{4r}\ln\left(\frac{d-2r}{2b}\right)\left[\frac{1}{(d-2r)/2}\right] \tag{8-2}$$

式中　G—— 剪切模量;

　　　　b—— 柏氏矢量;

　　　　α—— 常数;

　　　　r—— 弥散颗粒半径;

　　　　d—— 弥散颗粒间距。

由上式可见,颗粒愈细、颗粒间距愈小,产生的弥散强化效果也愈大。

析出相(弥散相)的长大服从以下方程[33]:

$$r_t^3 - r_0^3 = KV_m^2 CD\gamma t \tag{8-3}$$

式中　r_0,r_t—— 分别为时间等于零和 t 时的颗粒平均半径;

　　　　K—— 常数;

　　　　V_m—— 析出相的摩尔体积;

　　　　C—— 与半径为 r_0 的析出相平衡的基体浓度;

　　　　D—— 溶质在基体中的扩散系数;

　　　　γ—— 颗粒与基体间的比界面能。

可见,要使颗粒长大缓慢,D 和 γ 值应很小。合金元素的扩散系数很小以及合金碳化物微粒与基体的共格或半共格界面满足了这一要求。

前已述及,在 $400 \sim 700$ ℃ 之间回火时,渗碳体颗粒会很快长大,使弥散强化效果降低。然而当不断长大的渗碳体被更为细小分散的合金碳化物所取代时,强化效果又会大大增加,只有当这些碳化物在高温长时间保持并发生长大时才会导致软化,这样就在硬度-回火温度曲线上出现峰值,如图8-26所示[33]。图中横坐标之一所用的参数 $T(20 + \lg t) \times 10^{-3}$ 表示温度(T,K)和时间(t,h)的共同影响;另一个标尺则表示温度的作用,回火时间均为 1 h。

渗碳体之所以会被合金碳化物所取代是因为后者在热力学上更稳定。因此,有些合金钢的回火过程还有一个由渗碳体向合金碳化物转变的过程。对于几种常见的碳化物形成元素,这一转变的完整序列分别为:

钒钢:$Fe_3C \rightarrow V_4C_3$ 或 VC;

钛钢:$Fe_3C \rightarrow TiC$;

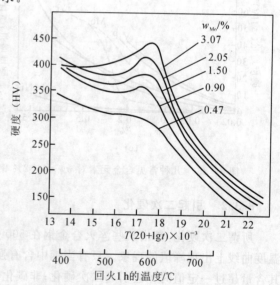

图 8-26　不同钼含量钢($w_C = 0.1\%$)回火时出现的二次硬化现象

钼钢：$Fe_3C \rightarrow Mo_2C \rightarrow Mo_6C$（或 Fe_3Mo_3C）；在一定条件下还有出现 MoC，$Mo_{23}C_6$，Mo_3C 的可能；

钨钢：$Fe_3C \rightarrow W_2C \rightarrow (W_{23}C_6) \rightarrow W_6C$；

铬钢：$Fe_3C \rightarrow Cr_7C_3 \rightarrow Cr_{23}C_6$。

所谓完整的序列是指在合金元素含量足够高、合金元素与碳的含量比足够大，以及回火温度足够高、保温时间足够长的条件下所可能达到的最充分的转变序列。如果这些条件不完全具备，上述转变就不能进行到底。例如铬质量分数不够高时（小于 7％），就不会出现 $Cr_{23}C_6$。应当指出，对二次硬化有意义的合金碳化物有 Mo_2C，W_2C，VC，TiC 和 Cr_7C_3 等；以上完整序列中最右边的那些碳化物一般要在 650 ℃ 以上长时间回火后才会出现，而且一旦出现，钢的硬度就会下降，通常称其为过时效。

合金碳化物取代渗碳体的方式有两种：一种是就地转变，另一种是分立转变。就地转变是指合金碳化物在渗碳体与铁素体的界面上形核，并向渗碳体内长大。由于渗碳体已经有所长大，这样生成的合金碳化物颗粒较大，颗粒间距也较大，因而强化作用较小。分立转变是指合金碳化物主要在位错处形核和长大，这样生成的碳化物十分弥散，强化效果也大。上述引起二次硬化的合金碳化物，主要都是在位错处形核和长大。图 8-27 所示的例子能很好地说明合金碳化物颗粒的大小决定了硬化作用的大小，这两个钢中 W 或 Mo 与 C 的摩尔分数比均为 2∶1，即满足生成 W_2C 或 Mo_2C 的原子配比。图中钼钢在所有回火温度的硬化效果都大于钨钢，这是由于回火时析出的 Mo_2C 颗粒细小（直径为 $1 \sim 2$ nm，长度为 $10 \sim 20$ nm）而密度大（$2 \sim 4 \times 10^7$ cm^{-3}），W_2C 颗粒则较大（直径为 $2.3 \sim 3.5$ nm，长度为 $20 \sim 30$ nm）而密度较小（1×10^6 cm^{-3}）之故。

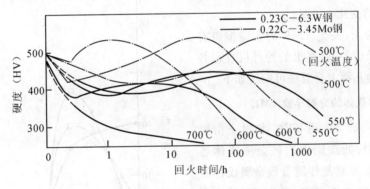

图 8-27　钨钢和钼钢回火曲线的比较[34]

同时加入多种碳化物形成元素可使析出颗粒更小，密度更大，而且所用合金元素总量还有所下降。这一原理对于发展在高温下使用的铬钢具有重要意义。因为欲提高钢的抗氧化性，必须加入铬，而铬的二次硬化效果并不强，即使大量加入也是如此，但是如果同时再加入一些钼、钒、钛等元素，则会收到很好的强化效果。

8.4　回火脆化现象

在回火对钢的力学性能的影响中，最复杂、也最有趣的是对韧性的影响。与钢的强度和塑性的变化都不同,随着回火温度的提高,其冲击韧性不是单调地降低或升高,而是可能出现两个马鞍形,如图8-28所示(在高温影线部分的温度区回火后快冷除外)。回火时这种韧性下降的现象,通称为回火脆化或回火脆性。

回火脆化可分为回火马氏体脆性(Tempered Martensite Embrittlement,简称 TME)和回火脆性(Temper Embrittlement,简称 TE)两类。这两类回火脆性产生的温度范围部分重叠,而且其产生的机理也有部分相似之处,有时很难在其间划出严格的界线,但二者还是两类不同的现象,下面分别加以介绍。

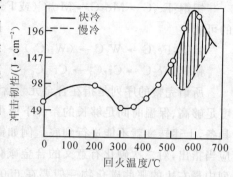

图 8-28　回火温度对淬火钢(0.3C-1.47Cr-3.4Ni)韧性的影响

8.4.1　回火马氏体脆性(TME)

TME 的最明显特点是,淬火钢在250～400 ℃回火1 h以上,随后不论快冷或慢冷,钢的夏氏缺口冲击功都会降低,在冲击功-回火温度曲线上出现马鞍形。此外还发现,钢的韧脆转化温度升高,断口中沿晶(晶界)断裂的比例增大;钢的平面应变断裂韧性(K_{1c})下降。不过对于这些现象还有互相矛盾的报道,目前还没有定论。如图8-29所示为三个不同钢产生 TME 后冲击功下降的情况,由图可以看出,各钢在300～400 ℃之间回火后,冲击功都会出现马鞍形的变化。

直到目前为止,关于 TME 的实验报道有些仍然是互相矛盾的,所提出的种种机理也各不相同。目前的几种主要看法可归纳如下。

(一)残余奥氏体的分解导致 TME

Thomas 等人[17,19]用 TEM 和电子衍射仔细地研究了中、低碳钢中的残余奥氏体后发现,产生 TME 时总是伴随着残余奥氏体的分解,即在板条间产生了 Fe_3C 薄膜,而正是这种 Fe_3C 薄膜导致了 TME。由于一般中、低碳钢淬火后主要形成板条状马氏体,残余奥氏体则存在于马氏体板条之间,因此分解而成的 Fe_3C 也处于板条之间。其所造成的断裂对于马氏体而言是沿晶断裂,而对于原奥氏体而言则是穿晶断裂。图8-30给出马氏体板条间碳化物的形态,这是根据0.25C-3.0Cr-2.0Ni-0.5Mo钢在400 ℃回火1 h后的 TEM 明场照片和暗场照片描

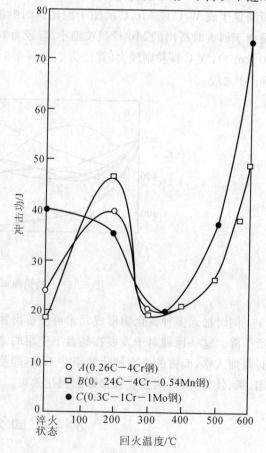

图 8-29　不同钢产生 TME 后冲击功下降的情况[36]

绘出的。

　　如果马氏体板条间的残余奥氏体是热稳定的(即没有分解),钢的韧性将得到改善。如果回火时分解出碳化物,则韧性将会降低。Horn 等[37] 根据对 4340 钢和 300M 钢的研究指出,板条间残余奥氏体在 TME 温度范围内回火时,也不一定全部分解,余下部分在随后的受力过程中还可能转变,从而进一步增加脆性,这就是在第 4 章已经讨论过的残余奥氏体机械稳定性问题,这里不再详述。

(二) 杂质偏聚在原奥氏体晶界引起 TME

　　Bandyopadhyay 和 McMahon[38] 对 4340 类型钢的研究结果表明,这类钢的 TME 现象基本上是一个晶间脆化问题,它与碳化物沿原奥氏体晶界析出有关,但根本原因是因为晶界在奥氏体化时有磷和硫的偏聚而受到削弱。他们发现,基本上不含锰和硅的高纯 4340 钢产生 TME 的倾向最小,而在高纯 4340 钢中加入正常含量的锰和硅时则产生 TME,他们认为这是由于锰和硅促使杂质的偏聚。此外,不含锰和硅的高纯 4340 钢在 350 ℃ 回火后,残余奥氏体量最少,断口中晶间断裂所占比例最大,但是韧性却最高,因此作者认为,残余奥氏体的分解并不能产生 TME,而只是与 TME 同时发生的一个过程。

图 8 - 30　马氏体板条间碳化物形态

(三) 杂质的偏聚和马氏体板条间的碳化物都引起 TME

　　持这种观点的有文献[18],[20],[29] 等,这可以看成是前面两种观点的综合,依钢的具体成分和热处理条件而定。

　　过去还有人提出,ε 碳化物向 Fe_3C 的转变引起 TME,从而可以解释硅和铝使 TME 温度升高的效应(硅和铝能推迟上述转变),有人提出氮化物在晶间析出是产生 TME 的原因,从而可以解释锰和铬在一定条件下有加强 TME 的作用,等等,这里不再详述。看来,杂质的偏聚和马氏体板条间残余奥氏体的分解可能是产生 TME 的两个主要原因,想用一个机理来解释所有的实验事实是不可能的。顺便还要指出,回火马氏体脆性一词容易被误解为是由回火马氏体引起的,在明白了上述机理后,相信这种误解是可以消除的。

降低 TME 的方法有以下几种：① 提高原材料纯度并改善熔炼方法，以降低钢中的杂质含量；② 采用铝脱氧或加入能细化晶粒的元素，如钛、钨、钼等，以获得细小的奥氏体晶粒，从而降低单位界面面积上的杂质偏聚量；③ 加入钼以减弱磷在晶界偏聚；④ 降低锰的含量，因为锰能促进磷在晶界偏聚；⑤ 采用等温淬火代替淬火-回火也可以抑制 TME。值得强调的是，不论采用何种方法，都不可能完全消除 TME，因此这个产生脆性的温度范围往往被视为回火的禁区。最近的一些工作表明，有些零件在这个温度范围回火后性能反而好。例如，高碳钢冲头在 230～300 ℃ 回火后使用寿命最高，这个问题将在后面进一步说明。

8.4.2　回火脆性(TE)

(一)概述

通常，碳钢或低合金钢淬火后，从高于 575 ℃ 回火后慢冷或在 375～575 ℃ 之间回火不同时间后会变脆，这种现象称为回火脆性，简称 TE。产生 TE 的标志有：① 冲击功-回火温度曲线出现马鞍形，即冲击韧性下降；② 韧脆转化温度升高；③ 断口通常是沿原奥氏体晶界的沿晶断口；④ 原奥氏体晶界上有杂质元素和某些合金元素的偏聚。前两点可以说是产生 TE 的性能判据，后两点可以说是 TE 的断口形态和成分判据。

图 8-31[40] 为含高磷的镍钢和镍铬钢经过淬火及回火后，再在一定温度区间加热一定时间后水冷，最后测定其冲击功。冲击功下降所对应的温度区间就是该钢产生 TE 的温度区间。

目前有两种测量韧脆转化温度的办法，一种是测量夏氏缺口试样的冲击功随温度的变化，将未脆化(韧性)状态与脆化(脆性)状态的中间值所对应的温度定为韧脆转化温度(Ductile to Brittle Transition Temperature，简称 DBTT)。图 8-32[41] 为 5140 钢(美国牌号，一种含铬的中碳低合金钢，相当于我国的 40Cr

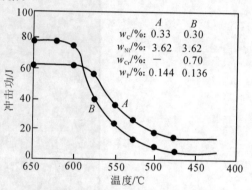

图 8-31　含高磷的镍钢和镍铬钢的回火脆化温度范围

钢)经过淬火并在 650 ℃ 回火后快冷或慢冷的冲击功-温度关系曲线，回火后水冷的 DBTT 值约为 -66 ℃，通常以此作为无脆化参考状态；回火后随炉冷却的 DBTT 值约为 +13 ℃。可以看出，回火后慢冷，钢的 DBTT 值显著升高。

另一种是在扫描电子显微镜下观察经过不同热处理后的冲击试样断口，以出现纤维状断口(相当于无脆化状态)和沿晶断口(相当于脆化状态)面积各占一半时所对应的温度定为韧脆转化温度，又称断口形态转化温度(Fracture Appearance Transition Temperature，简称 FATT)。用 FATT 值或韧性状态和脆性状态下断口形态转化温度的差值(ΔFATT)都可以定量评定钢对回火脆性的敏感程度。通常两种测定方法得出的韧脆转化温度值吻合很好，由于扫描电子显微镜的使用日益普及，断口形态法有用得越来越多的趋势。

与 TME 相比较，TE 有两个显著特点，一个是对时间有更大的依赖性，另一个是可逆性。

所谓对时间的依赖性有两层含义：

(1) 在某一脆化温度下，保温时间越长，韧脆转化温度(DBTT)越高。图 8-33 所示[42] 为 SAE 3140 钢(美国牌号，一种中碳镍铬低合金钢)回火后在能够产生 TE 的温度范围内等温停留不同时间后的 DBTT 值与等温温度和停留时间的关系。此钢在 900 ℃ 奥氏体化 1 h 后水淬（原奥氏体晶粒度号数为 8 级），获得全马氏体组织，经 675 ℃ 回火 1 h 后水冷，其 DBTT 为 −83 ℃，并以此温度作为无脆化参考状态。然后将此钢在 375 至 650 ℃ 之间进行等温处理，停留时间从 10 min 至 200 h，并测定其 DBTT 值，图中各曲线分别由 DBTT 值相同的数据点连接而成。

为了弄清楚随着停留时间的延长，FATT 是否会出现一个极大值或恒定值，从而为研究 TE 的机理提供线索，还进行了更长时间的试验。

Gould[43] 报道，对于某种镍铬钼钒合金钢，回火 10 000 h 后的 FATT 达到一恒定值，甚至 30 000 h 后也没有明显的下降。但是 Ohtani[44] 却报道了随回火时间的延长，FATT 出现极大值的情况，如图 8 − 34 所示。

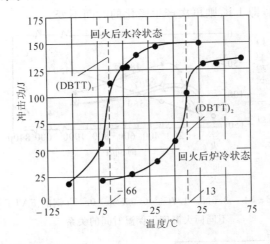

图 8 − 32　5140 钢经淬火并在 650 ℃ 回火后快冷或慢冷的冲击功-温度关系曲线
（DBTT 值分别约为 −66 ℃ 和 +13 ℃）

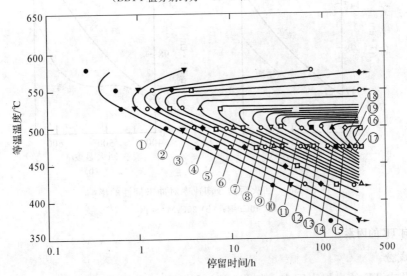

图 8 − 33　SAE3140 钢 DBTT 值相同的曲线与等温温度和停留时间的关系
自左至右 19 条曲线的 DBTT 值（℃）如下：
①−60；②−55；③−50；④−45；⑤−40；⑥−35；⑦−30；⑧−25；⑨−20；⑩−15；
⑪−10；⑫−5；⑬−0；⑭−5；⑮−10；⑯−15；⑰−20；⑱−25；⑲−30

（2）在脆化温度或高于此温度下回火时，随后的冷却速率对 TE 的出现与否具有决定性的影响，如果快冷，一般不出现 TE，反之则出现。这说明在脆化温度范围的停留时间不能过长。如图 8-35 所示为回火后的冷却速率对 40Cr 和 30CrMnSi 钢冲击韧性影响的情况。

所谓可逆性是指如果钢先在较高温度回火并快冷，不会产生脆性；如果再将其在脆化温度范围内加热或慢冷通过此温度区间，则会产生脆性。如果将上述脆化了的钢再进行高温回火并快冷，脆性又会消失，称为脱脆。如果脱脆处理后的钢再进行上述导致脆化的处理，又会致脆。如果将已经发生脆化的 SAE3140 钢再次加热到图 8-33 中鼻尖以上温度，即使只保温 1 min，然后快冷，也可以使该钢达到完全去脆化状态。如果此后再次将此钢在脆化温度范围加热，则脆化状态将再次恢复，而且产生脆化所需的时间将更短；但如果去脆化的时间与原来在 675 ℃ 回火时间相同，即 1 h，则再次产生脆化的时间不变。

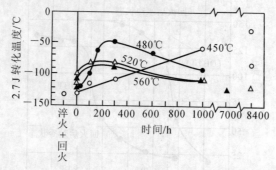

图 8-34　3.5Ni-1.7Cr-0.065Sb-0.1Ti 钢的 FATT 与
不同回火温度下保温时间的关系

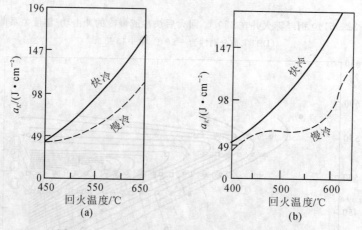

图 8-35　回火后的冷却速率对冲击韧性的影响
(a) 40Cr 钢；(b) 30CrMnSi 钢

（二）影响 TE 的因素

1. 钢的成分

成分是影响 TE 的最根本因素。例如，不含合金元素的碳钢，便没有 TE。根据钢中成分对 TE 的作用，大体上可以把不同合金元素分为以下三类[46]：

（1）致脆元素，如锰、铬、镍、硅等。当单独加入时，其致脆作用大小按锰、铬、镍、硅的顺序递减。但这类元素的致脆作用必须有磷、锡、锑、砷等杂质存在才能表现出来。例如不含上述杂质的高纯镍铬钢就不显示 TE[47,48]。当两种或两种以上这类元素同时加入时,其致脆能力往往大于单独加入时二者作用之和,表 8-1[49] 是一个很好的实例。

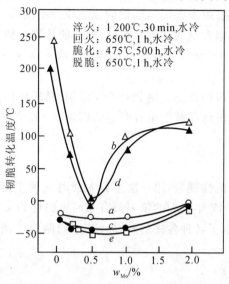

图 8-36 回火制度和钼质量分数对 0.3C-1Cr-1Mn-0.25Si 钢 FATT 的影响

a— 淬火 + 回火
b— 淬火 + 回火 + 脆化;
c— 淬火 + 回火 + 脆化 + 脱脆;
d— 淬火 + 回火 + 脆化 + 脱脆 + 脆化;
e— 淬火 + 回火 + 脆化 + 脱脆 + 脆化 + 脱脆

表 8-1   杂质元素和合金元素对 Δ FATT 的影响

钢 种	每含 0.01%(质量分数) 杂质元素引起的 Δ FATT/℃			
	Sb	P	Sn	As
Fe-0.4C-3.5Ni	6	8	18	4
Fe-0.4C-1.7Cr	6	17	8	2
Fe-0.4C-3.5Ni-1.7Cr	112	30	55	8

(2) 促脆元素,如磷、锡、锑、砷、硫、硼等。这类元素要引起 TE,必须以存在致脆元素为前提。例如碳钢中虽含有以上某些杂质,却不存在 TE。从试验数据看,锑、锡、磷是影响最大的杂质元素,其余的影响较小。一般来说,如果杂质质量分数在 10^{-5} 数量级,影响较小;但如果杂质质量分数在 10^{-4} 以上,往往会引起明显的 TE。表 8-1 和表 8-2[50] 都是说明杂质元素引起 TE 的实例。

表 8-2 w_P = 0.05% 对 0.2C-Ni-Cr-Mn 钢 Δ FATT 的影响

合金元素质量分数 /%			Δ FATT/℃
Ni	Cr	Mn	
0.1	2.3	1.0	228
3.0	0	1.6	166
3.2	2.1	0.1	132

(3) 去脆元素,如钨、钼、钒、钛等。这类元素对 TE 有抑制作用,其中又以钼的作用最为显著,钨次之。许多研究都表明,钼含量有一个最佳值,高于或低于这个值都不能很好地抑制TE。据统计,最佳钼质量分数约为 0.5%,随钢的化学成分不同,w_{Mo} 可能在 $0.2\% \sim 0.7\%$ 之间变化。当加入的钨含量为钼含量的 2 倍左右时,大约能达到与钼相同的抑制效果。

2. 热处理制度(参看本小节概述中关于 TE 对时间的依赖性一段)

3. 组织状态

这里主要是指回火前的组织状态。例如对于镍铬钢,马氏体回火时脆性最严重,贝氏体次之,珠光体最轻。此外,原奥氏体晶粒度也有明显的影响,一般情况下,原奥氏体晶粒愈粗大,钢的脆化程度愈大。

(三) TE 的形成机理

人们很早就发现了回火脆性现象,第一次世界大战时发现了枪炮钢变脆的现象并称之为"克虏伯(Krupp)病"。从 1917 年发表的第一篇有关回火脆性的文章到现在,人们一直在探寻产生回火脆性的原因,并提出了各种各样的解释。其中的两大流派是平衡偏聚理论和非平衡偏聚理论。

1. 平衡偏聚理论

由 McLean[51] 于 1948 年提出,他认为回火脆性是由于碳原子在晶界的偏聚,使晶界成为过饱和固溶体(即马氏体)而变脆。后来的工作证明,引起脆性主要是锑、磷、锡、砷等元素,这些元素的偏聚会削弱晶界,使晶界的断裂强度降低。杂质原子在晶界的偏聚是由于能够降低畸变能(与杂质原子分布在晶内相比较),即杂质在晶界的偏聚是一个向平衡状态过渡的自发过程。这一理论又称为平衡偏聚理论,但并不是任何杂质都倾向于在晶界偏聚,因此,不是任何杂质都会导致回火脆性。平衡偏聚理论可以解释回火脆性的下列特征:① 脆化发生在一定温度范围;② 脆化程度随脆化时间的延长而增加;③ 回火后的冷却速度有巨大影响;④ 脆化过程具有可逆性;⑤ 脆化主要是一种晶界现象,脆化断口是沿晶断口。但是这个理论不能解释为什么钢中要同时存在某些合金元素和杂质才会发生这种脆性。为此有人提出了以下两点修正。

Capus[48] 根据不含杂质的钢中存在合金元素偏聚的现象提出,合金元素是在奥氏体化温度下由晶内偏聚到奥氏体晶界上,随后在脆化温度下,杂质元素因受合金元素的吸引而偏聚到合金元素含量很高的晶界区。合金元素与杂质的化学亲和力按钼、铬、锰、镍的顺序递减,这与铬、锰、镍等促进回火脆性的作用相一致,但却不能解释钼减缓脆化的作用。因此他又根据钼可增加杂质元素扩散激活能的事实来说明钼的作用是提高马氏体的回火抗力,因而在脆化温度下保存有较多的位错,提高了杂质元素在晶内的溶解度。这一理论又称为二次偏聚理论。

Guttmann[52] 认为,在一个含有杂质元素和合金元素的三元固溶体内,杂质元素与合金元素存在化学交互作用,合金元素是在回火时向晶界偏聚的,根据合金元素与杂质元素之间化学亲和力的不同,可以出现三种情况:当亲和力很强时,就会在晶粒内沉淀出稳定的化合物,从而抑制回火脆性的发生,钼就属于这种情况;当亲和力适中时,就会同时在晶界偏聚并引起脆化;当亲和力很弱时,杂质原子不会向晶界偏聚,因此也不会引起脆化。凡是对回火脆性敏感的钢中,杂质和合金元素的作用都属于第二种情况。根据这一想法计算出的晶界偏聚的平衡浓度和实验结果符合得较好。这一理论又称为三元固溶体的平衡偏聚理论。

2. 非平衡偏聚理论

这个理论起源于最早的关于 Fe_3C 在晶界沉淀引起回火脆性的设想。由于这一设想不能解释杂质元素的作用,因而又提出,在 Fe_3C 析出后,杂质元素会在其周围富集,从而引起脆化。Kula 等[53] 以及随后 Rellick 和 McMahon[54] 提出,偏聚在渗碳体/铁素体界面上的杂质元素(可能还有某些合金元素,如镍等)是由渗碳体片中"排挤"出来的,因为它们在渗碳体中的溶解度非常小。基于这个模型,McMahon 等人进行了镍和锑偏聚的计算,所得结果对镍而言,与实际符合得很好;但对锑而言,则较实测值小。他们认为偏聚的锑还有一部分是在镍的吸引下由基体扩散而来。由于这样引起的偏聚是一种过渡状态,在高温加热后,杂质向铁素体内部扩散,以及碳化物部分溶解而使渗碳体/铁素体界面净化,从而使脆性消失,这种理论又称为非平衡偏聚理论。图 8-37 为这一机理在解释回火脆性的示意图。

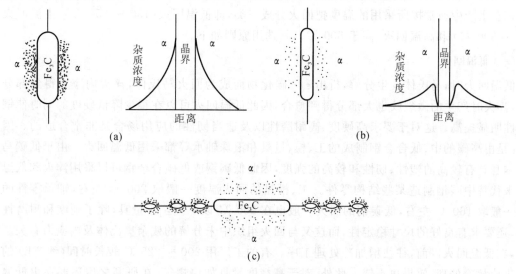

图 8-37　非平衡偏聚理论示意图
(a) 慢冷导致的起始脆化;(b) 加热到 650 ℃ 后快冷引起的脱脆;(c) 在 480 ℃ 加热引起的再脆化

值得注意的是,非平衡偏聚理论认为回火脆性(TE) 和回火马氏体脆性(TME) 是一个系统中的两种现象,是一个事物在两个温度区间的不同反应,因此可以用同一机理解释这两种脆性。这个想法很有参考价值。

(四)抑制回火脆性的方法

根据以上所述可知,采取以下措施可以抑制回火脆性:① 在钢中加入适量的钼、钨等元素;② 减少钢中的杂质含量,特别是锑、磷、锡等;③ 用铝脱氧或加入钒、钛等元素,以获得细小的奥氏体晶粒;④ 高温回火后快冷;⑤ 采用亚温淬火(在 7.5 节中已讨论过)。其中,前三项属于改变钢的成分和提高冶金质量的问题,这些是最根本的措施,因为对于大截面零件,回火后快冷是很难做到的;对于那些要在脆化温度范围长期工作的零件,如汽轮机轴等,则只有使用对回火脆性不敏感的材料,才能保证零件工作的可靠性。

8.5　回火工艺

钢的回火工艺,从操作上看比较简单,因为它的加热温度不高(低于 A_1),保温时间不长(几小时以内),冷却不复杂(除了对回火脆性敏感的钢,在高温回火后需要油冷或水冷外,一般均为空冷），对设备的要求也不高（一般可使用空气循环炉）。但是，要制定出合理的回火工艺，使之既满足使用要求，避免缺陷，又充分发挥材料的潜力，提高经济效益，却不十分容易。制定回火工艺，就是根据对工件性能的要求，考虑钢的化学成分、淬火条件、淬火后的组织和性能，正确选择回火温度、保温时间和冷却方法。以下将着重介绍正确选定回火温度和保温时间两个问题。

8.5.1 回火温度的确定

回火温度是决定回火钢的组织和性能最重要的因素，因此制定回火工艺首先是选定回火温度。在生产中通常按所采用的温度把回火分成三类，即低温回火（150 ～ 250 ℃）、中温回火（350 ～ 500 ℃）和高温回火（高于 500 ℃），其选用原则如下。

（一）低温回火

低温回火时，马氏体发生分解，析出 ε/η 碳化物而成为回火马氏体，淬火内应力得到部分消除，淬火时产生的微裂纹也大部分得到愈合，因此低温回火可以在很少降低硬度的同时使钢的韧性明显提高。这对于要求高硬度、高耐磨性以及适当韧性的应用场合是非常合适的。因此，凡是由高碳的中、低合金钢制成的工、模、量具和滚珠轴承等都采用低温回火。由于低碳马氏体本身具有较高的塑性、韧性和较高的强度，因此低碳钢或低碳合金钢可以采用淬火和低温回火来代替中碳钢制造某些结构零件。工、模具的回火温度一般取 200 ℃ 左右，轴承零件的回火一般取 160 ℃ 左右，低碳钢的回火一般也在 200 ℃ 以下。至于量具，除了硬度和耐磨性以外，还要求有良好的尺寸稳定性，而这又与回火组织中未分解的残余奥氏体及内应力有关。因此，在低温回火以前，往往增加冷处理工序。有的工厂用 200 ～ 225 ℃ 较长时间（约 8 h）的回火来代替冷处理，效果也不错。此外，对于高精度量具如块规等，在研磨之后还要在更低温度（100 ～ 150 ℃）进行时效处理，以清除内应力和稳定残余奥氏体。

渗碳和碳氮共渗零件，不仅要求表面硬而耐磨，同时也要求心部有较好的塑性和韧性。但因其实质上相当于表层为高碳钢与心部为低碳钢的一种复合材料，因此用低温回火可以满足两部分的要求。通常渗碳和碳氮共渗零件的回火温度取为 160 ～ 200 ℃。

低合金超高强度钢的最终热处理也是淬火后低温回火，这类钢中所含的硅，能使钢的低温回火抗力显著提高，将马氏体回火脆性区向高温方向移动，使钢得以在较高温度（250 ～ 300 ℃）下回火，从而改善了其塑性、韧性和缺口敏感性。

（二）中温回火

前已述及（见 8.2 节），钢的弹性极限往往在回火温度为 200 ～ 400 ℃ 之间时出现极大值。在 350 ～ 500 ℃ 范围内的中温回火就是利用这一特征，使钢获得最高的弹性极限。因此中温回火主要用于各种弹簧钢。碳素弹簧钢的回火取此温度范围的下限，例如 65 钢在 380 ℃ 回火；合金弹簧钢的回火取此范围的上限，例如 55Si2Mn 钢在 480 ℃ 回火，因为合金元素提高了钢的回火抗力。

碳钢中温回火后的组织中，渗碳体颗粒已开始发生粗化和球化，但其尺寸仍很小，无法在光学显微镜下分辨，这种组织又称回火屈氏体。

（三）高温回火

钢经高温回火后，得到由铁素体和弥散分布于其中的细粒状渗碳体组成的组织，称为回火索氏体。与渗碳体呈片状的珠光体相比较,在强度相等时,回火索氏体的塑性和韧性有很大提高。例如 40 钢经过正火和淬火加高温回火两种不同的热处理后,当强度相等时,后一种热处理的断后伸长率可提高 50%,断面收缩率可提高 80%,冲击值可提高 100%[55]。因此,高温回火不仅广泛用于那些要求优良综合性能的结构零件,如涡轮轴、压气机盘以及汽车曲轴,机床主轴等,一般结构零件也广泛采用。

淬火加高温回火的操作又称调质处理。其回火的温度主要依据钢的回火抗力和技术条件而定。目前已对各种工业用钢测出了其力学性能随回火温度变化的曲线(又称钢的回火曲线),可以作为选择回火温度的依据。

对于具有二次硬化效应的高合金钢,往往采用高温回火获得高硬度、高耐磨性和红硬性,高速钢就是其中的典型。但是采用这种高温回火时有两点必须注意:① 必须与恰当的淬火相配合,才能获得满意的结果。例如 Cr12 钢,如果在 980 ℃ 淬火,由于许多碳化物未能溶入奥氏体中,使其合金元素和碳含量较低,淬火后的硬度虽高,但高温回火后,硬度反而下降。如果将淬火温度提高到 1 080 ℃,使奥氏体中的合金元素和碳含量大增,淬火后由于出现大量残余奥氏体,虽其硬度较低,但二次硬化效果却十分显著。② 高温回火后还必须至少在相同温度或较低温度再回火一次。这是由于高温回火后,部分残余奥氏体在随后的冷却过程中会发生二次淬火,形成新的淬火马氏体。前已指出,未经回火的马氏体是不允许直接使用的(除非其碳含量较低),因此必须再次回火。再回火的次数取决于钢的回火抗力,例如高速钢通常要在 560 ℃ 回火三次,而国外有的工厂甚至在三次回火后还要加一次 200 ℃ 的低温回火,以消除任何可能出现的未回火马氏体。

调质处理有时也用做工序间的处理或预备热处理。 例如淬透性很高的合金钢18Cr2Ni4WA 渗碳后心部硬度很高,难于进行切削加工,这时就可以采用高温回火来降低其硬度;需要用感应加热淬火的重要零件最好以调质处理作为预备热处理;氮化零件在氮化前一般也应经过调质处理,等等。在这种情况下,高温回火的温度是根据所要求的强度或硬度,并结合钢的成分来选定的。

实际生产中,往往根据现有的技术文件和标准来选择回火温度。但是,仅靠查手册或技术文件是不够的,尤其是对于高碳合金钢。至于如何通过调整回火温度更好地发挥材料的潜力,还需要做更多的工作。例如某厂 45Cr 钢制的模锻锤杆,原热处理工艺为 850 ℃ 淬火,650 ℃回火,其使用寿命仅有 17 天(每天约锻 15 000 件),后来将回火温度降至 500 ℃ 或 450 ℃ 后,则分别可工作 6 个月或 4 个月以上仍未损坏[56]。这个例子说明,即使对于传统材料和工艺,也是可以改进的。最后还必须指出,前面给出的三个回火温度范围,没有包括 250 ~ 350 ℃ 这一段❶,这是由于在此温度区间回火会产生回火马氏体脆性,因而一向被认为是一个"禁区"。在8.4 节中曾提到在这个温度区间回火取得成功的例子,但是这并不是唯一的例子。在所谓禁区内回火之所以可行,主要是由于零件的工作条件或处理情况使脆性表现不出来,并不是脆性不存在了。例如,有的钢在扭转冲击试验条件下才明显表现出 TME,而实际零件(如冲模)并不在扭转冲击条件下工作。又如当模具截面较大而淬不透(或不希望淬透)时,即使在脆性区回火,零件的脆性就整体而言也不会太大。

---

❶ 有些合金钢也允许在 300 ℃ 以下回火。

8.5.2 回火时间的确定

确定回火时的保温时间看起来简单,但实际要考虑的因素却不少。一般的做法是根据零件截面厚度而定,一般每 25 mm 厚度保温 1～2 h,回火温度高时可酌情缩短。航空工业部标准[57] 则规定:300 ℃ 以下回火时,对空气炉为 2～3 h＋每毫米条件厚度(条件厚度的计算法可参见 7.1.2 节)1 min;盐浴炉则为 2 h＋每毫米条件厚度 0.5 min。300～600 ℃ 回火时,对空气炉为 40～60 min＋每毫米最大厚度 2～3 min,等等。但是从这些规定不能清楚地看出回火时间的影响。

Hollomon 和 Jaffe[58] 系统地研究了各种碳钢回火后的硬度与回火温度和时间的关系,提出了如下经验公式:

$$H_t = f(P) \tag{8-4}$$
$$P = T(C + \lg t) \tag{8-5}$$

式中　　H_t —— 回火后的硬度(HRC);

　　　　P —— 回火参量;

　　　　T —— 回火温度,K;

　　　　t —— 在该温度下的时间,h;

　　　　C —— 与钢的成分有关的常数,对大多数碳钢和合金钢都可取为 20,所引起的误差不会超过 ±1.5 HRC。

式(8-4) 仅仅说明 H_t 是 P 的函数,至于究竟是个什么函数,还要取决于钢种。实际上总是先对每种钢测出其 H_t-P 曲线;再由所采用的温度和时间的搭配得到的不同 P 值,根据上述曲线预测硬度的变化。式(8-5)说明了回火参量与回火温度和时间的关系。由该式可以看出两点:① 回火参量实际上表明回火的程度,而且通过在较低温度、较长时间回火与在较高温度、较短时间的回火可以达到相同的回火程度,即相等的回火参量;而硬度则是回火程度的反映;② 回火时间对回火程度的影响远小于温度的影响。众所周知,回火是由扩散过程所控制的,尽管各个阶段的扩散激活能不同,但温度和时间影响的相对大小不变,这正是式(8-5)所说明的内容。在 Hollomon 和 Jaffe 的文章中不仅从实践中归纳出了式(8-5),而且从扩散控制反应的一般速度方程推导出上述方程,从而把所得的关系式置于坚实的理论基础之上。

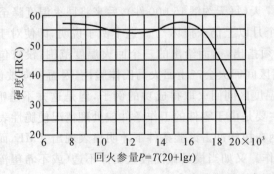

图 8-38　H13 钢(0.35C-5Cr-1.5Mo-1V)的硬度与回火参量关系曲线[59]

Hollomon 等的公式已被广泛接受,在实际中也得到了广泛的应用。例如对许多钢已经测出了回火硬度与回火参量的关系曲线,如图 8-38 所示。然而,硬度-回火参量曲线用起来不大方便,瑞典的 Bofors 公司发展了一种具体标出温度和时间的回火曲线图,如图 8 - 39 所示[59]。图的上半部分是通常的回火曲线,在各温度的保温时间均为 1 h。如果想知道在某一回火温度保温更长时间对硬度有何影响,可以从上图垂直往下,直到与下图回火 1 h 水平直线相交,然后沿相应回火温度的倾斜直线往右下方移动,直到与所需保温时间水平直线相交。从这一点垂直往上进入回火曲线,在交点处即可得出对应的硬度值。例如 H13 钢在 500 ℃ 回火 1 h,其硬度为 HRC 56;如果想知道在同一温度回火 10 h 的硬度,可沿下图中 500 ℃ 斜线移到与 10 h 水平直线相交处,然后垂直往上与回火曲线相交,得出硬度为 HRC 55。同理,如果在 500 ℃ 回火 100 h,其硬度为 HRC 53,如果在 575 ℃ 回火 1 h,也可获得与在 500 ℃ 回火 100 h 相同的硬度值。

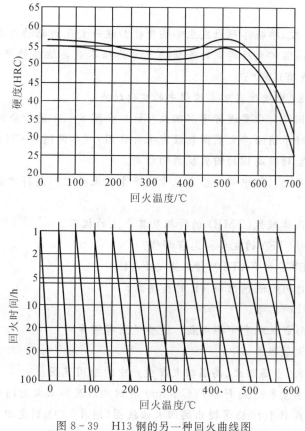

图 8 - 39　H13 钢的另一种回火曲线图

(1 025 ℃ 油淬或空冷)

值得指出,Hollomon 关系不仅用于回火是成功的,当用于蠕变断裂,再结晶和晶粒长大时,也是成功的[39,60]。这是由于这些过程都受扩散控制,服从共同的速率方程。文献[36] 研究了几种回火参量的有效性问题,可作为深入研究此问题时的参考。

我国对回火参量及其应用的研究很少,也没有做过系统的实验,这种状况亟待改进。

最后,在制定回火工艺时还有一些其他问题也必须考虑,例如回火应当及时,有时甚至不待工件冷到室温就应入炉回火(但应补加一次回火,以免留下未回火马氏体)。此外,还有一些特殊回火方法,如电热回火、局部回火、自回火、定形回火等等,这里不再详述。

复习思考题

1. 为什么要用"原生"马氏体研究回火？（参阅文献[4]）

2. 为什么说马氏体的时效是一个热激活过程？

3. 简述马氏体在时效阶段所发生的组织转变和相应的性能变化。

4. 简述回火第一阶段所发生的组织转变，电阻率在此阶段有何变化？

5. 低、中碳钢中的残余奥氏体分布在什么地方？为什么回火时残余奥氏体的分解产物对韧性有害？

6. 简述回火第三阶段所发生的组织转变。为什么淬火马氏体的板条形态可以保持到较高的回火温度？

7. 在回火第四阶段，渗碳体颗粒发生哪些变化？这一变化的驱动力是什么？

8. Krauss提出，高温回火后得到的等轴铁素体晶粒不是再结晶的产物，而是晶粒长大的结果，你认为他的论点有道理吗？

9. 试分析图 8-21 中硬度在回火过程中的变化特点。

10. 为什么弹簧钢淬火后要进行中温回火？试结合图 8-23 进行分析。

11. 为什么回火对于消除淬火显微裂纹有很大作用？（参阅图 8-24）

12. 简述合金元素对提高钢的回火抗力的作用。

13. 什么是二次硬化？钢中哪些合金元素能产生二次硬化？怎样才能得到最大的二次硬化效果？

14. 简述回火马氏体脆性(TME)的特征及其产生的机理。

15. 产生回火脆性(TE)的主要标志有哪些？

16. 怎样测定 DBTT 和 FATT？什么是 ΔFATT？

17. 简述 TE 对时间的依赖性和 TE 的可逆性。

18. 简述影响 TE 的因素。

19. 关于 TE 的形成机理有哪些观点？这些观点有何异同？

20. 如何抑制回火脆性？

21. 简述低温回火、中温回火、高温回火在生产中的应用范围。

22. 怎样从回火参量表达式 $P = T(C + \lg t)$ 看回火温度和回火时间对回火程度的影响？

23. 如何根据瑞典 Bofors 公司提出的回火曲线图（图 8-39）制定回火工艺？

24. 已知 H13 钢在 600 ℃ 回火 1 h 的硬度为 HRC 49，试由图 8-39 求出：① 该钢在 600 ℃ 回火 5 h 和 10 h 后的硬度为多少？② 回火 5 h 和 10 h 后的硬度仍为 HRC 49，应分别在什么温度回火？

参 考 文 献

[1] Honeycombe R W K. Steels：Microstructure and Properties, Edward Arnold, 1981.

[2] Nagakura S, et al. Met. Trans., 1983(14A)：1025.

[3] Sherman A M, et al. Met. Trans., 1983(14A)：995.

[4] Liu Cheng, et al. Met. Trans., 1988(19A)：2415.

[5] Jack K H. JISI, 1951(169)：26.

[6]　Olson G B, Cohen M. Met. Trans. , 1983(14A):1057.

[7]　Winchell P G, et al. Trans. ASM, 1962(55):347.

[8]　Eldis G T, Cohen M. Met. Trans. , 1983(14A):1007.

[9]　Taylor K A, et al. Met, Trans. , 1980(20A):2717.

[10]　Kusunoki M, Nagakura S. J. Appl. Crystallogr. , 1981(14):329.

[11]　Ferguson P, Jack K H. Tempering '81, Metals Society, London, 1983:158.

[12]　Hirotsu Y, Nagakure S. Acta Met. 1972(20):645.

[13]　Hirotsu Y, et al. Trans. JIM, 1976(17):503.

[14]　Taylor K A, et al. Met. Trans. , 1989(20A):2749.

[15]　Tanaka Y, Shimizu K. Trans, JIM, 1981(22):779.

[16]　Balliett T A, Krauss G. Met. Trans. , 1976(7A):81.

[17]　Thomas G. Met. Trans. , 1978(9A):439.

[18]　Materkowski J P, Krauss G. Met. Trans. , 1979(10A):1643.

[19]　Sarikaya M, et al. Met. Trans. , 1983(14A):1121.

[20]　Zia-Ebrahimi F, Krauss G. Met. Trans. , 1983(14A):1109.

[21]　Williamson D L, et al. Met. Trans. , 1979(10A):379.

[22]　Caron R W, Krauss G. Met. Trans. , 1972(3):2381.

[23]　Krauss G. Proc. of an Int. Conf. on Phase Transformation in Ferrous Alloys, Edited by Marder A R and Goldstein J I ,1984:113.

[24]　Ma C-B, et al. Met. Trans. , 1983(14A):1033.

[25]　Hobbs R M, et al, JISI, 1972(210):757.

[26]　Grossmann M A, Bain E C. Principles of Heat Treatment, 5th Ed. ASM, Metals Park, 1964.

[27]　Williamson D L, et al. Met. Trans. , 1979(10A):1351.

[28]　Muir H, et al. Trans. ASM, 1955(47):380.

[29]　Briant C L, et al. Met. Trans. , 1979(10A):1729.

[30]　Marder A R, et al. Met. Trans. , 1974(5):778.

[31]　Grange R A, et al. Met. Trans. , 1977(8A):1775.

[32]　Ashby M F. Acta Met. , 1966(14):679.

[33]　Ervine K J, et al. JISI, 1960(194):137.

[34]　Honeycombe R W K. Structure and Strength of Alloy Steels, Climax Molybdenum Co. Publication, 1972.

[35]　Olefjord I. Temper Embrittlement (Review 231), International Metals Reviews, 1978, 4:149.

[36]　Murphy S, et al. Met. Trans. 1972(3):727.

[37]　Horn R M, et al. Met. Trans. , 1978(9A):1039.

[38]　Bandyopadhyay N, McMahon C J Jr. Met. Trans. , 1983(14A), 1313.

[39]　Larson F R, et al. Trans. ASM, 1954(64):1377.

[40]　Greaves R H, et al. JISI, 1925(11):231.

[41]　Low Jr. J R, The Effect of Quench-Aging on the Notch Sensitivity of Steel, in *Welding Research Council Research Reports*, 1952(17):253s.

[42]　Carr F L, et al. Trans. AIME, 1953(197):998. (转引自[50]).

[43]　Gould G C. Temper Embrittlement in Steel, ASTM STP 407, 1968:90.

[44]　Ohtani H, et al. Met. Trans. , 1976(7A):1123.

[45]　帮武立郎,等. 钢の烧モとし脆性に關すろ研究,材料研究委員會報告,1976:45.

［46］　王传雅．金属热处理，1980：12.

［47］　Steven W, et al. JISI, 1959(193)：141.

［48］　Capus J M. ASTM STP 407：1968.

［49］　Low J R, et al. Trans. AIME, 1968(242)：14.

［50］　Seah M P. Acta Met. , 1977(25)：345.

［51］　McLean D, et al. JISI, 1948(158)：169.

［52］　Guttmann M. Surface Science, 1975(53)：213.

［53］　Kula E B, et al. J. of Materials, 1969(4)：817.

［54］　Rellick J R, et al. Met. Trans. , 1974(5)：2439.

［55］　北京航空学院，西北工业大学．钢铁热处理，1977.

［56］　钢铁热处理编写组．钢铁热处理——原理及应用．上海：上海科学技术出版社，1979.

［57］　航空工业部标准，HB/Z5025 - 77.

［58］　Hollomon J H, et al. Trans. AIME, 1945(162)：223.

［59］　Thelning K - E. Steel and its Heat Treatment, Bofors Handbook, Butterworths, London and Boston，1975.

［60］　Larson F R, et al. Trans. ASME, 1952(74)：765.

第 9 章　钢的化学热处理

9.1　化学热处理概述

钢的化学热处理是将钢件在特定的介质中加热、保温,以改变其表层化学成分和组织,从而获得所需力学或化学性能的工艺的总称。随着工业技术的发展,对机械零件提出了各式各样的要求。例如发动机上的齿轮和轴,不仅要求齿牙和轴颈的表面硬而耐磨,还必须能够传递很大的扭矩和承受相当大的冲击负荷;在高温燃气下工作的涡轮叶片,不仅要求表面能抵抗高温氧化和热腐蚀,还必须有足够的高温强度,等等。所有这类对零件表面和心部的不同性能要求,在采用同一种材料制作零件并经受同一种热处理的情况下是不能很好得到满足的,这就推动了化学热处理的发展。

目前工业上广泛使用的化学热处理方法都是在钢制零件表面渗入某种元素,即渗入法。依据所渗入的元素,可以将化学热处理分为渗碳、渗氮、渗铝、渗硼等。如果同时渗入两种以上的元素,则称之为共渗,如碳氮共渗、铬铝硅共渗等。钢中渗入的元素,可能溶于铁中形成固溶体(如渗碳),也可能与铁形成某种化合物(如渗硼),总之它们与基体金属间有着相互作用。但近年来新兴的一类处理方法则是将具有某种特殊性能的化合物直接沉积于基体表面,形成一层与基体金属无关的覆盖层。例如气相沉积碳化钛、氮化钛等。但限于篇幅,这里不拟介绍。

概括地说,一切渗入法化学热处理的过程,都可以分为三个互相衔接而又同时进行的阶段,即分解、吸收和扩散。

分解是指在钢件周围介质的分解,以形成渗入元素的活性原子。例如 $CH_4 \rightleftharpoons 2H_2 + [C]$,$2NH_3 \rightleftharpoons 3H_2 + 2[N]$,其中[C],[N]分别为活性的碳、氮原子。所谓活性原子即指初生的、原子态(即未结合成分子)的原子。只有这种原子才能固溶于钢中。

吸收是指活性原子被金属表面吸收的过程。吸收的先决条件是活性原子能固溶于表层金属中,否则吸收过程将不能进行。例如,碳不能固溶于铜中,如在钢件表面镀一层铜,便可阻断对碳的吸收过程,使钢件防止渗碳。

扩散是指渗入元素原子在基体金属中的扩散,这是化学热处理得以不断进行和获得一定深度渗层的保证。从扩散的一般规律可知,欲使扩散进行得快,必须要有大的驱动力(即存在渗入元素原子大的浓度梯度)和足够高的温度。

保证三个阶段的协调进行是成功地实施化学热处理的关键。

本章将仅对工业上最广泛使用的渗碳、渗氮、碳氮共渗、渗硼和渗铝等工艺进行介绍。

9.2 钢 的 渗 碳

渗碳是将钢件置于具有足够碳势的介质中加热到奥氏体状态并保温，使其表层形成一个富碳层的热处理工艺。根据所使用的介质的物理状态，可以将渗碳分为气体渗碳、液体渗碳和固体渗碳三类。气体渗碳具有碳势可控、生产率高、劳动条件好和便于直接淬火等优点，因此应用最为广泛。本节将对其进行重点讨论。

9.2.1 渗碳原理(以气体渗碳为例)

渗碳过程也可以分为三个阶段。

(一)渗碳介质的分解

当前在工业中使用的气体渗碳方法可分为两类：一类是用吸热式或放热式可控气氛(近年来使用氮基气氛的也日益增多)作为载体气，另外再加入某种碳氢化合物气体(如甲烷、丙烷、天然气等)作为富化气以提高和调节气氛的碳势；另一类是将含碳有机液体直接滴入渗碳炉，使之在炉中产生所需要的气氛。不论是哪种方法，气氛中的主要组成物都是 $CO, CO_2, CH_4,$ H_2, H_2O(水蒸气)等 5 种(气氛中的 N_2，因其为惰性气体，可不考虑；另外，其中少量的高碳烷烃和稀烃，最后也会分解为 CH_4 等)，其中 CO 和 CH_4 是起增碳作用的，其余的是起脱碳作用的。因此，整个气氛的渗碳能力取决于这些组分的综合作用，而不只是哪一个单组分的作用。据估计，在渗碳炉中可能同时发生的各种反应(炉气各组分与零件间的及各组分相互间的反应)约有 180 种之多[1]。但与渗碳有关的最主要的反应只是下列 4 个：

$$2CO \rightleftharpoons [C] + CO_2 \tag{9-1a}$$
$$Fe + 2CO \rightleftharpoons Fe(C) + CO_2 \tag{9-1b}$$

$$CH_4 \rightleftharpoons [C] + 2H_2 \tag{9-2a}$$
$$Fe + CH_4 \rightleftharpoons Fe(C) + 2H_2 \tag{9-2b}$$

$$CO + H_2 \rightleftharpoons [C] + H_2O \tag{9-3a}$$
$$Fe + CO + H_2 \rightleftharpoons Fe(C) + H_2O \tag{9-3b}$$

$$CO \rightleftharpoons [C] + \frac{1}{2}O_2 \tag{9-4a}$$
$$Fe + CO \rightleftharpoons Fe(C) + \frac{1}{2}O_2 \tag{9-4b}$$

式中，Fe(C)表示碳溶入铁(γ-Fe)中形成的固溶体(奥氏体)；[C]表示生成的活性碳原子。

从以上各式可知，当气氛中的 CO 和 CH_4 增加时，平衡将向右移动，分解出的活性碳原子增多，使气氛碳势增高；反之，当 CO_2, H_2O 和 O_2 增加时，则分解出的活性碳原子减少，使气氛碳势下降。因此，为了控制气氛碳势，必须研究上述反应平衡的情况。

不应孤立地看待上述反应。例如，在反应式(9-1)和(9-3)中都有 CO，由于这两个反应同处于一个空间，当整个体系达到某一平衡状态时，只能有一个确定的 CO 体积分数，换言之，这一 CO 体积分数必须同时能满足反应式(9-1)和(9-3)的平衡。为此，可将二式联立。现将式(9-1)减去式(9-3)，得

$$CO + H_2O \rightleftharpoons CO_2 + H_2 \tag{9-5}$$

反应式(9-5)常称为"水煤气反应"。同样,将式(9-2)减去式(9-1),式(9-2)减去式(9-3),式(9-3)加式(9-4),则分别得

$$CH_4 + CO_2 \rightleftharpoons 2CO + 2H_2 \tag{9-6}$$

$$CH_4 + H_2O \rightleftharpoons CO + 3H_2 \tag{9-7}$$

$$2CO + H_2 \rightleftharpoons 2[C] + H_2O + \frac{1}{2}O_2 \tag{9-8}$$

式(9-5)~(9-8)都是在高温下气氛间存在的相互联系和制约的一些反应。

在吸热式气氛中,由于 CO 和 H$_2$ 所占的体积分数很高,如果供应的原料气的组分稳定,在正常工作情况下,CO 和 H$_2$ 的体积分数只是在较小范围内变化,因此可以认为其基本上不变。这样,从式(9-5)~(9-8)中便可看到 CO$_2$ 与 H$_2$O,CH$_4$ 与 H$_2$O,CH$_4$ 与 CO$_2$ 以及 O$_2$ 与 H$_2$O 体积分数之间是有一定制约关系的,亦即在一定条件下,一定量的 CO$_2$ 就对应着一定量的 H$_2$O,CH$_4$ 和 O$_2$。

CO$_2$ 与 H$_2$O 之间的相互制约关系已清楚地反映在式(9-5)中,其平衡常数为

$$K_P = \frac{P_{CO}P_{H_2O}}{P_{CO_2}P_{H_2}} \tag{9-9}$$

K_P 与温度 T(K) 的关系为

$$\lg K_P = \frac{-1\,763}{T} + 1.627 \tag{9-10}$$

由式(9-9)知,在温度一定时,如气氛中的 H$_2$O 体积分数增加,则 CO$_2$ 体积分数也会相应增加,因而碳势降低;反之,则碳势升高。另外,由式(9-10)知,当温度升高时,将出现新的平衡,使 K_P 增大,则水煤气反应式(9-5)将向右进行,从而使 CO$_2$ 体积分数降低,H$_2$O 体积分数增高,导致碳势降低;而当温度降低时,则发生与上述相反的变化。

根据以上分析可知,在供应的原料气组分稳定的情况下,只要控制气氛中微量组分 CO$_2$,H$_2$O,CH$_4$ 或 O$_2$ 中任何一个的体积分数,便可控制上述反应达到某一个平衡点,从而实现控制气氛碳势的目的。通常,生产中使用露点仪来控制 H$_2$O 的体积分数(因气氛的露点与其中所含水蒸气量有着对应关系,水蒸气含量愈高,露点就愈高);或用红外线仪控制 CO$_2$ 的体积分数;20 世纪 70 年代新发展起来的氧探头法则控制 O$_2$ 的体积分数。

图 9-1[4,6] 所示是一组曲线图,分别给出了由丙烷制取的吸热式气氛的碳势与其 CO$_2$ 体积分数及露点的关系。这些图在用于碳钢和一般低合金钢时具有指导意义。

应当指出,以上所有的讨论都是假定平衡已经达到,而没有考虑达到平衡的时间。然而,事实上,由于渗层深度一般都不大,因此渗碳时间不是很长,生产中往往出现达不到平衡的情况。图 9-2 所示是低碳钢在吸热式载体气+丙烷的气氛中于 925 ℃渗碳时表面碳质量分数随渗碳时间变化的情况。图中右侧的 CO$_2$ 体积分数对应的气氛碳势为左侧所示之值;其倾斜线部分表明,在该渗碳条件下,在 20 h 以前气氛碳势与零件的表面碳质量分数间未达到平衡。因此,在实际生产中往往必须根据气氛种类、表面碳质量分数的要求、温度和时间等因素确定出一个在不平衡情况下的合适的 CO$_2$ 体积分数,才能真正确保所需的表面碳质量分数。

还应指出[5],我国目前供生产使用的吸热式气氛的原料气组分尚不稳定(经常有变动)。在这种情况下,仅靠单一地控制某一组分(称单参数控制)来实施气氛碳势控制往往会带来较大误差,为此必须采用多参数控制法,目前我国工厂大都采用这种办法。

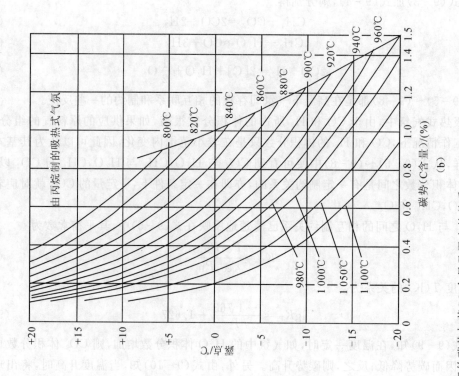

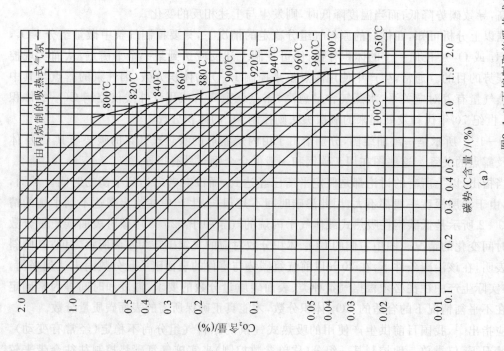

图9-1 由丙烷制取的吸热式气氛的碳势与其CO₂含量及露点的关系

(a) CO₂含量; (b) 露点

(二)碳原子的吸收

要使反应生成的活性碳原子被钢件表面吸收,必须满足以下条件:①零件表面应清洁,无外来阻挡,为此零件入炉前务必清理表面;②活性碳原子被吸收后,剩下的 CO_2,H_2 或 H_2O 须及时被驱散,否则增碳反应无法继续进行下去,这就要求炉气有良好的循环;③控制好分解和吸收两个阶段的速率,使之恰当配合,如供给碳原子的速率(分解速率)大于吸收的速率,工件上便会出现积碳,这会在一定程度上影响吸收速率。

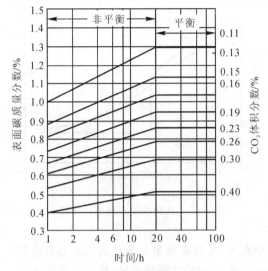

图 9 - 2　低碳钢在吸热气＋丙烷气氛中于 925 ℃渗碳时零件表面碳质量分数 与时间的关系

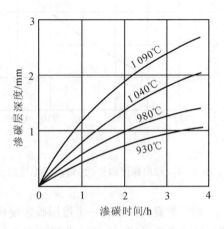

图 9 - 3　在不同渗碳温度下渗碳时间 对渗碳层深度的影响 (0.15C - 1.8Ni - 0.2Mo 钢)

(三)碳原子的扩散

碳原子由表面向心部的扩散是渗碳得以进行并获得一定深度渗层所必需的。扩散的驱动力是表面与心部间的碳浓度梯度。已知碳在铁中形成间隙式固溶体,故碳在铁中的扩散以间隙扩散的方式进行,其扩散系数比形成置换式固溶体的合金元素如镍、铝等的要大得多。据测量[7,8],碳在 γ - Fe 中的扩散系数为

$$D = (0.04 + 0.08 \times w_C) \exp\left(\frac{-31\,350}{RT}\right) \qquad (9 - 11)$$

或

$$D = (0.07 + 0.06 \times w_C) \exp\left(\frac{-32\,000}{RT}\right) \qquad (9 - 12)$$

可见,温度和 w_C 都影响碳的扩散系数。间隙原子的扩散也服从 Fick 定律,因此由该定律解出的一个基本关系

$$d = \Phi\sqrt{t} \qquad (9 - 13)$$

对渗碳也适用。式中,d 为原子扩散距离,这里即是渗碳层深度;t 是扩散进行的时间;Φ 是一个比例系数,也称为渗层深度因子。可见,式(9 - 13)中 d 与 t 之间呈抛物线关系。图9 - 3[11]所示为 0.15C - 1.8Ni - 0.2Mo 钢在不同温度下渗碳时间对渗碳层深度的影响。对低碳钢和

一些低碳合金钢进行的测量表明,Φ 随渗碳温度有如图 9-4 所示的变化[1]。可见,当渗碳时间相同时,如渗碳温度提高 100 ℃就会使渗层深度增加一倍;或者,如渗碳温度提高 55 ℃,则在得到相同深度渗层的时间可缩短一半。

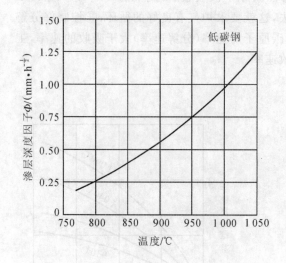

图 9-4   渗层深度因子(Φ)随渗碳温度的变化

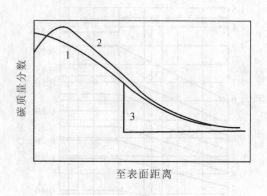

图 9-5   几种碳浓度梯度的比较

与扩散有关的还有一个渗层碳浓度梯度问题。原则上,希望碳质量分数从表面到心部连续而平缓地降低,如图 9-5 中曲线 1 所示。然而,由于对通常采用的二阶段渗碳(即第一阶段用高碳势快速渗碳,第二阶段将碳势调到预定值进行扩散)工艺控制不当,有可能得到如图 9-5 中曲线 2 所示的碳浓度梯度。出现这种碳浓度梯度曲线,不仅会使表面硬度降低,而且会产生不理想的残余应力分布。由于钢的马氏体点 M_s 随碳质量分数升高而下降,所以表面下的高碳带将会最后转变为马氏体,从而在表面层造成不希望出现的残余拉应力。这种碳浓度梯度曲线显然是不理想的。图9-5中曲线 3 所代表的碳浓度梯度是在渗碳温度低于 A_{c_3} 时形成的,这可从图 9-6 中得到解释。这种在渗层与心部之间的碳质量分数突降,必然引起组织的突变(即使组织类型一样,例如同样都淬火获得马氏体,其比容差别也会较大),从而引起额外的残余内应力,削弱渗层与心部的结合,因此,这种碳浓度梯度曲线也是不理想的。

(四)钢中合金元素对渗碳过程的影响

当合金钢渗碳时,钢中的合金元素将对渗碳过程产生以下影响:

1. 合金元素对表面碳质量分数的影响

许多研究都表明,凡是碳化物形成元素如钛、铬、钼、钨及质量分数大于 1% 的钒、铌等,都增加渗层表面的碳质量分数;凡非碳化物形成元素如硅、镍、铝等都降低渗层表面的碳质量分数。但是当钢中合金元素含量不高时,这种影响可以忽略。此外,一般钢中都同时含有这两类元素,它们的作用可以在一定程度上互相抵消。有关这方面的详细分析,可参阅文献[9]。

2. 合金元素对渗层深度的影响

如图 9-7 所示,锰、铬、钼能略微增加渗层深度,而钨、镍、硅等则使之减小。合金元素是通过影响碳的扩散系数和表面碳质量分数来影响碳的扩散速度的。例如,镍虽增大碳在钢中的扩散系数,但同时又使表面碳质量分数降低,而且后一种影响大于前者,所以最终使渗碳层深度下降。工业上常用的钢种一般不只含一种合金元素,因此要考虑各元素的综合影响,不过目前还不能精确计算这种影响。

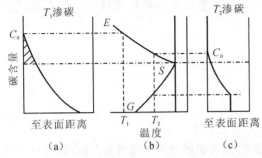

图 9-6　渗碳层的表面碳质量分数及碳浓度梯度与
　　　　渗碳温度的关系(示意图)

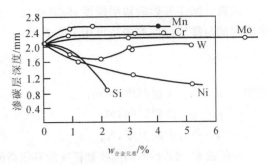

图 9-7　合金元素对渗层深度的影响

9.2.2　气体渗碳工艺

(一)工艺过程概述

渗碳钢的碳质量分数一般在 $0.12\%\sim0.25\%$ 之间,其所含主要合金元素一般是铬、锰、镍、钼、钨、钛等。在渗碳前,零件往往须经过除油、清洗或吹砂,以除去表面油污、锈迹或其他脏物。对需局部渗碳的零件,须在不渗处涂防渗膏或镀铜加以防护。零件在料盘内必须均匀放置,以保证渗碳的均匀性。渗碳过程中必须恰当地控制气氛碳势、温度和时间,以保证技术条件所规定的表面碳质量分数、渗层深度和较平缓的碳浓度梯度。渗碳后,根据炉型或采用直接淬火,或采用重新加热淬火,以获得预期的性能。

(二)渗碳工艺参数的选择与控制

1. 气氛碳势的选择与控制

从统计资料来看,一般渗碳件表面的碳质量分数可在 $0.6\%\sim1.1\%$ 间变化[1]。确定最佳表面碳质量分数的出发点,首先是获得最高的表面硬度。钢的成分与此有密切关系,如图9-8所示[2,10]。由图可见,随着钢中镍、铬含量的提高,不仅最大硬度对应的表面碳质量分数下降,而且最大硬度值也下降。这显然与该两元素较强烈地降低 M_s 和 M_f 点,从而使残余奥氏体量较多有关。其次是使渗层具有最高的耐磨性和抗磨损疲劳性能。一般认为,渗碳层中有适量的碳化物存在才能有高的耐磨性。近年来国内外的研究表明,对于一般低合金渗碳钢,表面碳质量分数为 $0.8\%\sim1.0\%$ 时可能获得最佳性能。对于镍、铬含量较高的钢,相应的碳质量分数可比上述值略有降低。最佳表层碳质量分数确定后,即可根据图9-1和9-2控制气氛碳势,以获得合格的零件。

2. 渗碳温度的选择与控制

渗碳温度是渗碳工艺中极为重要的参数。首先,温度影响着分解反应的平衡,粗略地说,如气氛中 CO_2 体积分数不变,则温度每降低 10 ℃,将使气氛碳势增加大约 0.08%;其次,温度也影响碳的扩散速度,如果气氛碳势不变,温度每提高 100 ℃,可使渗层深度增加 1 倍;第三,温度还影响着钢中的组织转变,温度过高会使钢的晶粒粗大。目前在生产上广泛使用的温度是 920～930 ℃。但对于薄层渗碳,温度可降到 880～900 ℃,这主要是为了便于控制渗层深度;而对于深层渗碳(大于 5 mm),温度往往可提高到 980～1 000 ℃,这主要是为了缩短渗碳时间。

3. 渗碳时间的确定与控制

渗碳时间主要影响渗层深度,同时也在一定程度上影响渗层的碳浓度梯度。据文献[1],渗碳时间与渗层深度的关系可用下式表示:

$$d = \frac{802.6\sqrt{t}}{10^{(3\,720/T)}} \tag{9-14}$$

式中 d —— 渗层深度,mm;

　　　t —— 渗碳时间,h;

　　　T —— 渗碳温度,K。

一般说来,对渗碳时间的控制精度没有很高的要求,因为扩散是一个缓慢的过程;而且真正需要控制的主要是高碳势渗入段和扩散段的时间,而升温阶段和淬火前预冷阶段的影响是有限的。

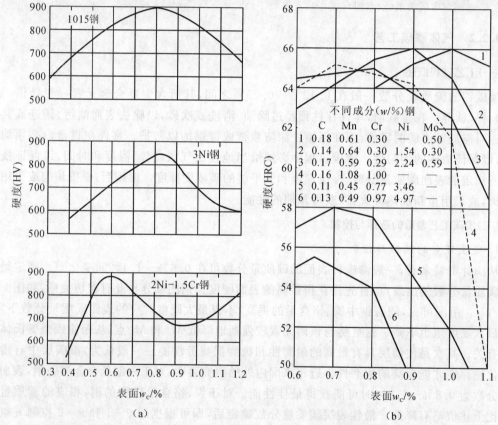

图 9-8　不同成分的钢渗碳淬火后表面硬度与表面碳质量分数的关系

(a) 925 ℃渗碳后直接淬火;(b) 920 ℃渗碳后直接淬火

(三)工艺参数的综合选择

由于各工艺参数间相互影响较大,同时也为了缩短渗碳的总时间,所以通常在渗碳过程中都是对各参数经常进行综合调节。最典型的做法是将整个渗碳过程分为 4 个阶段:①升温阶段,是零件达到渗碳温度前的一段时间,用较低碳势;②高速渗碳阶段,在正常温度或更高温度下,用高于所需表面碳质量分数的碳势,时间较长;③扩散阶段,零件降到(或维持在)正常渗碳温度,碳势降到所需表面碳质量分数,时间较短;④预冷阶段,使温度降到淬火温度,便于直接淬火。这种分阶段的安排可使整个渗碳时间比一个阶段(或不分阶段)的渗碳缩短 20% ～60%,还可使在近表面处碳浓度梯度变化平缓,从而得到理想的渗层。

建立微机自动监控系统,是有效地实现渗碳工艺多参数综合控制的保证,是今后渗碳热处理生产发展的方向,目前我国有些先进工厂已迈开了这一新的步伐。

9.2.3 固体和液体渗碳简介

(一)固体渗碳

固体渗碳系因其使用固态的渗碳介质而得名。固体渗碳剂通常由木碳(90%左右)和催渗剂(如 $BaCO_3$,$CaCO_3$ 或 Na_2CO_3 等,10%左右)组成,呈粒状。将零件埋入渗剂中,密封渗碳箱并加热到渗碳温度后,箱中存在的氧与木碳将发生下列反应:

$$2C+O_2 \rightleftharpoons 2CO \tag{9-15}$$

但是箱中存在的氧是有限的,因而依靠它通过上述反应来获得 CO 也是有限的,而加入催渗剂后,由于催渗剂在高温下发生下列分解反应(以 $BaCO_3$ 为例):

$$BaCO_3 \rightleftharpoons CO_2+BaO \tag{9-16}$$

所生成的 CO_2 与木碳相作用,即

$$CO_2+C \rightleftharpoons 2CO \tag{9-17}$$

可生成大量 CO,并在钢件表面分解,从而提供活性碳原子,即

$$2CO \rightleftharpoons [C]+CO_2$$

或

$$2CO+Fe \rightleftharpoons Fe(C)+CO_2$$

可见,催渗剂分解出的 CO_2 起着将木炭中的碳源源不断地输送到钢件表面的作用。固体渗碳实际上仍然是通过气体介质进行的,这一气氛的碳势虽然也可通过改变渗碳剂的成分(催渗剂含量或新、旧渗碳剂的比例)来适当调节,但调节精度很差。固体渗碳时零件表面碳质量分数主要是受奥氏体中的饱和固溶度限制,它可通过改变渗碳温度来控制。

由于渗碳剂传热慢,固体渗碳所需时间比气体渗碳要长得多。

归纳起来,固体渗碳的优点是:①可适用于各种零件,尤其是小量生产;②可使用各种普通的加热炉,设备费用低;③渗后慢冷,零件硬度低,有利于渗碳后的切削加工。其缺点是:①不适于浅渗层零件的生产;②表面碳质量分数很难精确控制;③渗后不能直接淬火;④渗碳时间长,劳动条件差。因此固体渗碳的应用已愈来愈少。

(二)液体渗碳

液体渗碳就是在液体介质中进行的渗碳。它可分为两类:一类是加有氰化物的盐浴,另一类是不加氰化物的盐浴。因氰化物有剧毒,故前类盐浴已不采用。现仅介绍不加氰化物的盐浴。这种盐浴的组成大体上可分三部分:一是加热介质,即 NaCl 和 KCl;二是催渗剂,即 Na_2CO_3;三是供碳介质,即尿素 $(NH_2)_2CO$ 和木炭粉。这种盐浴在渗碳时发生的反应如下:

$$3(NH_2)_2CO+Na_2CO_3 \rightleftharpoons 2NaCNO+4NH_3+2CO_2 \tag{9-18}$$

$$4NaCNO \rightleftharpoons 2NaCN+Na_2CO_3+CO+2[N] \tag{9-19}$$

$$2NaCNO+O_2 \rightleftharpoons Na_2CO_3+CO+2[N] \tag{9-20}$$

$$2CO \rightleftharpoons CO_2+[C]$$

由以上反应可以看出：①虽然是液体渗碳，但渗碳反应仍然是在钢件表面的气相反应；②原材料虽然无毒，但反应的结果仍使盐浴中含有 NaCN(约 0.5％)；③盐浴还有一定的渗氮功能。

液体渗碳的优点是加热速率快，生产率高，加热均匀，便于直接淬火；其缺点是易腐蚀零件，碳势调整幅度小且不易精确控制，劳动条件差，等等。

9.2.4 渗碳后的热处理

钢件经渗碳后，从表面到心部形成了一个不同碳含量的梯度层，如果缓冷下来，对于低淬透性钢(如碳钢)而言，将得到珠光体类型的组织：过共析区为珠光体＋网状渗碳体；共析区为珠光体；亚共析区为珠光体＋铁素体，且铁素体的数量由外向里不断增加，就好像把 Fe-Fe$_3$C 相图中不同碳质量分数的钢的组织连续地排列在一起似的。然而，渗碳的目的是为了使表面得到高的硬度和耐磨性，显然上述组织不能满足要求。因此，渗碳后必须进行热处理，即淬火和回火，对某些钢种还包括冷处理。

(一)淬火

淬火是为了获得马氏体组织，以得到高硬度。通常有三种方法，即预冷直接淬火、一次加热淬火和二次加热淬火等。渗碳零件淬火温度的选择要兼顾高碳的渗层和低碳的心部两方面的要求。原则上，过共析层的淬火温度应低于 $A_{c_{cm}}$，而亚共析层的淬火温度应高于 A_{c_3}。如果 $A_{c_{cm}} > A_{c_3}$，很容易选择一个淬火温度来同时满足这两者的要求；如果 $A_{c_{cm}} \leqslant A_{c_3}$，则很难同时兼顾。在这种情况下，要根据对零件的主要技术要求、钢件心部能否淬透、渗碳后零件的表面碳质量分数和所采用的淬火方法等综合考虑加以决定。

直接淬火时，淬火温度通常在 820～850 ℃之间，该温度高于 A_{c_1}，接近于一般钢心部的 A_{c_3}，而略低于表层的 $A_{c_{cm}}$，可以满足表层和心部两方面的要求。由于采用细晶粒钢，渗碳后仍保持细晶粒组织，而且直接淬火可节约人力、能源和减小零件变形，所以工厂一般都尽可能采用直接淬火法。

在我国航空工厂中，以往主要采用井式炉进行气体渗碳，采用直接淬火有一定不便，而更主要的是希望渗碳后再重新进行一次加热淬火，可使奥氏体晶粒进一步细化，以获得更好的性能。在选择一次淬火的加热温度时，除应考虑与上者相同的问题外，而且允许根据不同钢种的渗碳情况对淬火温度作适当的调整。航空工厂对此规定了一定的变动范围：例如，12Cr2Ni4A 钢淬火温度为 800±30 ℃，12CrNi3A 钢为 810±30 ℃，18Cr2Ni4W4 钢为 850±20 ℃，等等。

二次加热淬火法对于高温(980～1 050 ℃)渗碳的零件是不可缺少的。因为高温渗碳后奥氏体晶粒很粗大，故第一次淬火温度通常高于心部的 A_{c_3}，而第二次淬火温度在渗层的 A_{c_1}～$A_{c_{cm}}$ 之间。经过两次淬火，奥氏体晶粒可以得到充分的细化，表层的碳化物可变成粒状，残余奥氏体量也会适当减少，尤其是二次淬火可以显著提高渗碳后钢的疲劳强度[14]。但二次淬火法生产成本高，工序长，零件的脱碳倾向大，变形也大，故除在航空工业中某些重要场合外，一般较少应用。

(二)回火

渗碳淬火后的零件，一般都要经过回火后才能使用。为了不使渗碳淬火零件表面硬度因回火而过多地降低，通常回火温度取 150～190 ℃。这种低温回火可消除部分内应力和使残余奥氏体趋于稳定。

(三)冷处理

冷处理的作用是减少或消除残余奥氏体，从而适当提高渗层的硬度，如图 9-9 所示。渗层中含有残余奥氏体会使硬度降低,并可能导致零件尺寸的变化和不理想的残余应力分布,因此应适当减少。但也有人认为[1],弥散存在的残余奥氏体即使含量高达 30%,也对接触疲劳(麻点剥落)强度无害,而聚集存在的残余奥氏体即使含量再少也有害。

由于冷处理生产成本高,又增加了工序,目前生产中除特殊的渗碳零件外,一般很少采用。

9.2.5 渗碳层深度的测量

渗碳层深度是对渗碳零件的主要技术要求之一。在生产中采用了两种渗层深度的定义:一种是全渗层深度,即指由渗层的表面至刚到达心部时的垂直距离;另一种是有效渗层深度,即指零件经渗碳淬火后由表面至硬度为 HV 550(或 HRC 50)的

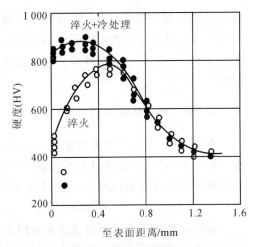

图 9-9 0.12C-1.5Cr-3.5Ni 钢于 925 ℃ 渗碳并直接淬火和经冰冷处理后沿渗层的硬度分布规律

最远一点的垂直距离。精确的、重复性好的渗层深度测量技术,对生产检验是十分重要的。目前,我国现有的测量方法有化学分析法、硬度测量法和金相法等。

化学分析法是从试样表面至心部逐层取样后进行化学(或光谱)分析的方法。由所测得的碳含量-至表面距离的关系曲线便可确定全渗层深度。

金相法有宏观金相法和显微金相法之分。宏观金相法最为简便,对于渗碳后的冷却速率没有特定要求,宜于作为炉前监控用。其程序是打断(或切断)试样、磨光、腐蚀,然后用放大镜测出整个呈乌黑色外层的厚度作为全渗层深度。显微金相法要求试样先镀铜退火(或在保护介质中退火)以获得平衡组织,然后在显微镜下测出过共析区、共析区和亚共析区(到心部边缘)的总厚度,由此得全渗层深度。退火时,在高温下的保温时间应尽可能短,在 700~800 ℃

间的冷却速率要足够慢。淬火状态的试样也可用来测定全渗层深度,但因渗层与心部的交界不明显,误差较大。

硬度法是目前最广泛采用的方法,其优点是测量便捷、结果精确、设备简单。零件或试样经渗碳淬火后即切取下来(注意切取时不使其受热回火),用砂纸磨光,然后垂直于渗碳表面(或成一定角度)测维氏硬度(载荷 9.8 N),根据所测得硬度与至表面距离的关系曲线,以硬度大于 HV 550(相当于 HRC 50)的层深作为有效渗碳层深度,如图 9-10 所示。从实用的角度看,有效渗层深度具有重要的实际意义,因为它代表的是真正硬化了的层深。研究[12]表明,渗碳或氮化齿轮的接触疲劳寿命是随有效硬化层深度的增加而增加的。

必须指出,由于种种原因,在我国渗碳层深度的

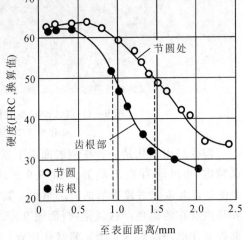

图 9-10 0.2C-0.5Cr-0.5Ni-0.2mn 钢制齿轮渗碳淬火后用硬度法测有效渗层深度的示例

检验方法一直沿用金相法。渗碳层深度被定义为"过共析层＋共析层＋1/2（或2/3）过渡区的深度"（所谓过渡区系指由共析区内沿至心部组织外沿之间的区域），而且往往是在渗碳空冷的状态下进行检查。目前世界各工业国都采用硬度法作为标准方法，并共同制定了相应的国际标准[13]。

9.2.6 渗碳热处理的常见缺陷

在生产中，零件经渗碳和淬火-回火后容易出现的主要缺陷有：①表面硬度偏低；②渗层深度不够或不均匀；③金相组织不合格，例如渗层出现网状碳化物或大块状碳化物；晶粒粗大（表现为淬火后马氏体组织粗大），渗层残余奥氏体过多；心部铁素体过多等；④渗碳层出现内氧化；⑤零件变形超差；⑥心部硬度过高。下面做一些简单的分析。

表面硬度偏低的原因可能是表面脱碳，或是出现了非马氏体组织，或是表层马氏体的回火抗力低等。渗碳后如不直接淬火，在渗后冷却和淬火前再加热过程中极易引起脱碳。过高的表面碳含量、淬火冷速不够快或内氧化则易导致非马氏体组织的形成。过多碳化物的出现往往是引起马氏体回火抗力降低的间接原因。渗层深度不足往往是渗碳时间过短所致；深度不均匀则说明炉气循环不良或温度不均匀，这往往与炉子设计和零件装炉情况不良有关。金相组织不合格的原因虽然较复杂，但归纳起来，一般可通过下述措施加以克服：①不要采用过高的气氛碳势，从根本上防止生成网状碳化物；②采用细晶粒钢；③采用一次重复加热淬火（当出现网状碳化物或粗大晶粒时）；④采用冰冷处理以消除或减少残余奥氏体；⑤适当提高淬火温度以减少心部铁素体。

图9-11 15CrNi2钢气体渗碳淬火后内氧化的组织，1 000×

(a) 抛光后未腐蚀；(b) 经2%硝酸酒精腐蚀后

渗碳层内氧化是一种在钢表面以下发生的选择性氧化的现象，氧化物可能弥散地分布于晶粒内，也可能存在于晶界。如图9-11所示是15CrNi2[❶]钢于吸热式气氛＋丙烷中经930 ℃，5 h渗碳并淬火后的表层组织。其中图9-11(a)清楚地显示出晶界存在的黑色氧化物和晶内存在的黑色点状氧化物；而图9-11(b)则显示出晶界附近的非马氏体组织，这是由于晶界氧化而使晶界区合金元素贫化所致。因此，内氧化对钢的性能极为不利。内氧化是因为渗碳气氛中含有超量的O_2，H_2O，CO_2等氧化性组分，而钢中又含有与氧原子的亲和力比铁

❶ 即瑞典SIS2511钢。

强的合金元素造成的。如果零件渗碳后经过磨削可将内氧化层除去则无妨,然而对渗碳后不经磨削的零件,内氧化的存在则是不允许的。

9.2.7　渗碳后钢的力学性能

渗碳可以在多方面提高钢的力学性能,现简介如下。

(一)硬度和耐磨性

经渗碳并淬火后可显著提高钢件表面的硬度。

表面硬度的提高对于抵抗均匀磨损(或磨耗)直接有益,但对抵抗接触疲劳却不一定有直接的作用。研究表明,当金属表面承受一定的脉动压强时(如齿轮或滚动轴承的工作面),将会在接触点下面一定深度处产生最大的脉动切应力。如果这一切应力超过材料的剪切抗力,则会引起微裂纹,裂纹扩展的结果,将会引起同深度的一小块金属剥落,形成一个小坑。滚动的结果,便会形成一系列的麻坑。可见,提高接触疲劳抗力的关键是要形成足够深的有效硬化层,使最大切应力处的应力不超过渗层的剪切强度。此外,在表面层造成残余压应力以部分地抵消最大切应力也是提高接触疲劳抗力的有效办法。在合理选择表面碳质量分数、渗层的碳浓度梯度和渗层深度以及采取恰当热处理的条件下,以上两点是能够做到的。

(二)冲击韧性和断裂韧性

钢经渗碳后冲击韧性和断裂韧性都会降低,而且表面碳质量分数越高、渗层越深,这两种性能降低得也越多。表 9-1 给出了两种钢在假渗碳(即钢经受与渗碳同样的热循环,但其周围无渗碳介质)和真渗碳后冲击韧性的对比,可以看出渗碳的影响[15]。图 9-12 表示表面碳质量分数、渗碳层深度和淬火工艺对冲击韧性的影响。

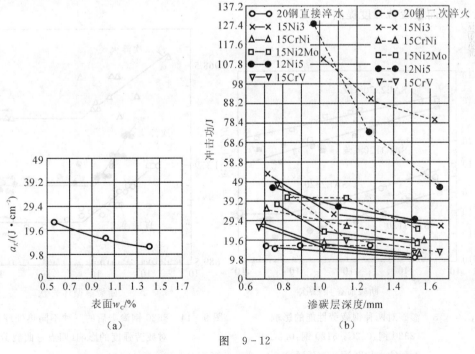

图　9-12

(a) 18CrMnMo 钢渗碳及一次淬火后表面碳质量分数对冲击韧性的影响;

(b) 渗碳层深度和淬火工艺对各种钢冲击功的影响

表 9-1　两种钢假渗碳和真渗碳后的冲击韧性

钢　号	渗碳规范		淬火温度/℃	回火温度/℃	假　渗　碳		真　渗　碳		
	温度/℃	时间/h			抗拉强度/MPa	冲击韧性/J·m^{-2}	冲击韧性/J·m^{-2}	表面硬度（HRC）	心部硬度（HRC）
20Cr	910	12	870	200	1 559	$5.39×10^{-3}$	$8.82×10^{-4}$	60～63	42～43
	980	7			1 588	$5.78×10^{-3}$	$1.27×10^{-4}$	59～63	43
20CrMn	910	12	870	200	1 490	$9.8×10^{-3}$	$7.84×10^{-4}$	60～63	42～43
	980	7			1 471	$9.99×10^{-3}$	$10.8×10^{-4}$	61～63	43

(三)疲劳强度

同高频感应加热淬火一样,渗碳也可显著提高钢的疲劳强度,这是因为在淬火时,高碳的渗层发生马氏体转变比心部晚,而且其马氏体的比容比心部大得多,使表层存在较大的残余压应力。这种残余压应力可以抵消相当一部分由于外加负载在表层引起的拉应力,从而提高疲劳强度[17]。自然,渗层的高强度也有助于疲劳强度的提高。图 9-13[18]证明了渗碳对提高钢疲劳强度的显著效果。研究表明[16],表面碳质量分数超过 0.8%时,由于表面层出现过多的残余奥氏体将使表面硬度和表层压应力都下降,因而使疲劳强度降低。文献[14]研究了渗碳后热处理对疲劳强度的影响,发现渗碳后二次淬火的试样具有最高的疲劳强度,一次淬火者次之,直接淬火者最低,如图 9-14 所示。此图是用美国 8620 钢(0.2C-0.89Mn-0.47Cr-0.21Mo-0.53Ni)作出,试样经 927 ℃渗碳 6 h 后分别进行直接淬火(油冷)、一次加热淬火(843 ℃,1 h,油冷)和二次加热淬火(843 ℃,1 h,油冷+788 ℃,1 h,油冷),然后测出 $S-N$ 曲线。对显微组织的观察表明,重新加热淬火可以有效地细化晶粒,使淬火后渗碳层中的微裂纹大大减少,从而使疲劳强度提高。

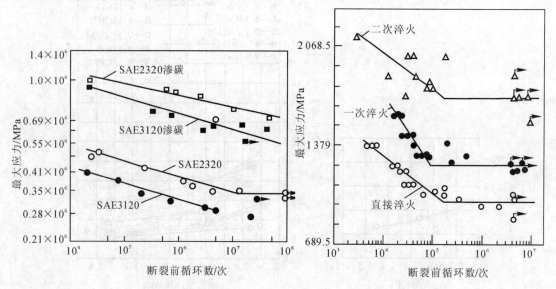

图 9-13　渗碳对两种钢疲劳性能的影响　　　图 9-14　8620 钢渗碳后的三种不同热处理制度
（2320 钢:0.2C;3120 钢:0.2C-　　　　　　　对疲劳强度的影响(四点弯曲疲劳)
0.65Cr-1.25Ni-0.75Mn)

总之,渗碳可以大大改善钢的力学性能,特别是使疲劳强度和耐磨性有明显提高,因此渗碳是化学热处理中最重要最常用的一种有效强化方法。随着科学技术的发展,渗碳工艺也在不断发展。例如,为了缩短渗碳时间,提高渗碳温度的办法已愈益得到应用,其温度可达 $980 \sim 1\,080$ ℃。由于真空炉的推广,也大大促进了真空渗碳工艺的发展。离子氮化成功地用于生产也带动了离子渗碳的研究。为了节约能源消耗,直接在工作炉内滴注有机液体以获得渗碳气氛,或以氮基气为载体气的气体渗碳法目前也有了长足的进展。采用微机对渗碳过程进行全自动控制是一个重要的发展方向。

9.3　钢的氮化

9.3.1　氮化的特点和分类

氮化(渗氮)是将氮渗入钢件表面,以提高其硬度、耐磨性和疲劳强度的一种化学热处理方法。它的发展虽比渗碳晚,但如今却已获得十分广泛的应用,尤其是在航空工业中,这主要是因为它具有以下特点:

1. 高的硬度和耐磨性

当采用含铝、铬、钼的氮化钢时,氮化后表面的硬度可达 HV($1\,000$(约相当于 HRC 70 或 HRA 86)$\sim 1\,200$),而渗碳淬火后的硬度只有 HRC($60 \sim 62$),尤其是氮化层的高硬度可以保持到 500 ℃左右,而渗碳层的硬度在 200 ℃以上便会剧烈下降。由于硬度高,其耐磨性也较高。

2. 高的疲劳强度

氮化层内的残余压应力比渗碳层大,故氮化后可获得较高的疲劳强度。此外,缺口试样氮化后的疲劳强度可与光滑试样氮化后相媲美。

3. 变形小且规律性强

因为氮化温度低,氮化过程中零件心部无相变,氮化后又不再需任何热处理,故变形小;而引起氮化零件变形的基本原因只是氮化层的体积膨胀,故变形的规律性也较强。

4. 较高的抗"咬卡"性能

"咬卡"是由于短时间缺乏润滑并过热,在相对运动的两表面间产生的卡死、擦伤或焊合现象。氮化层的高硬度和高温硬度,使之具有良好的抗咬卡性能。

5. 较高的抗蚀性能

这种性能来源于氮化层表面获得了化学稳定性高而致密的 ε 化合物层(也称为白层)。如欲降低渗层脆性而抑制 ε 层形成,则于抗蚀性不利。

氮化的主要缺点是处理时间长、生产成本高、氮化层较薄且脆性较大。

氮化可分为普通氮化和离子氮化两类,而前者又可分为气体氮化、液体氮化和固体(粉末)氮化三种。本节将主要介绍最常用的气体氮化、离子氮化和液体氮化(即软氮化)等工艺。

9.3.2　铁-氮相图和纯铁氮化层的组织

为了了解钢的氮化工艺和氮化层组织,必须先了解铁-氮相图。图 9-15 即铁-氮相图的低氮端[19]。图中有两个共析反应:在 590 ℃, $w_N = 2.35\%$ 处,发生 $\gamma \rightarrow \alpha + Fe_4N(\gamma')$ 反应;在

650 ℃，w_N＝4.55％处，发生 ε→γ＋γ′ 反应。相图中所出现的各相的特点如下：① α 相——氮在 α-Fe 中的间隙式固溶体，体心立方点阵，w_N 最大约为 0.1％（590 ℃），随着温度下降，w_N 可降到 0.001％（100 ℃）。② γ 相——氮在 γ-Fe 中的间隙式固溶体，面心立方点阵，只在 590 ℃以上才稳定；氮在 γ-Fe 中的固溶度较大，在共析温度 590 ℃下 w_N＝2.35％，在另一共析温度达到最大值 2.8％；γ 相的硬度约为 HV 160，淬火后转变为含氮马氏体，硬度可达 HV 650。③ γ′ 相——是以氮化物 Fe_4N（w_N＝5.9％）为基的固溶体，其 w_N 可在 5.7％～6.1％之间变化；γ′ 相是有序 面心立方点阵的间隙相，其硬度约为 HV550；温度高于 680 ℃时，γ′ 相会转变为 ε 相。④ ε 相——是含氮范围很宽的化合物，在 500 ℃以下，ε 相的成分在 Fe_3N（w_N＝8.1％）与 Fe_2N（w_N＝11.1％）之间变化；温度升高时，其 w_N 将变化，如图 9-15 所示；ε 相是有序密排六方点阵的间隙相，它的显微硬度约为 HM（也可表示为 HV）250。⑤ ζ 相——ζ 相是以 Fe_2N 化合物为基的固溶体，w_N 在 11.0％～11.35％之间变化；ζ 相是具有正交菱形点阵的间隙相，性脆；当渗氮后表面 w_N 高到足以出现 ζ 相时，则氮化层的脆性与它有密切关系。

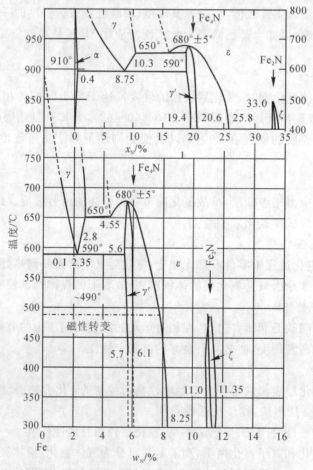

图 9-15　铁-氮相图

根据铁-氮相图，不难作出纯铁在 500～590 ℃之间氮化后及慢冷到室温后氮化层的成分和组织变化的示意图，如图 9-16 所示。自然，工业用氮化钢在氮化后的组织比它更复杂，但这却是了解更复杂的组织变化的必要基础。

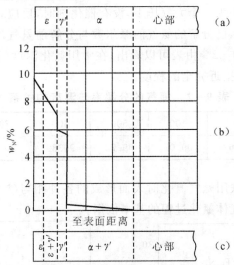

图 9-16　纯铁在 500~590 ℃之间氮化后及缓冷到室温后的成分和组织示意图
(a) 590 ℃时的组织；(b) 相应的 w_N 的变化；(c) 冷到室温后之组织

9.3.3　气体氮化原理

气体氮化时一般使用无水氨气(或氨+氢、或氨+氮)作为供氮介质。整个氮化过程也可以分为三个阶段。

(一)氨气的分解

氨气在加热时很不稳定,将按照下式发生分解并提供活性氮原子:

$$NH_3 \rightleftharpoons [N] + \frac{3}{2}H_2 \tag{9-21}$$

或

$$Fe + NH_3 = Fe(N) + \frac{3}{2}H_2 \tag{9-22}$$

其平衡常数为

$$K' = \frac{(P_{H_2})^{3/2}}{(P_{NH_3})}[N\%]f_N \tag{9-23}$$

或

$$[N\%] = K\frac{(P_{NH_3})}{(P_{H_2})^{3/2}} \tag{9-24}$$

式中　$K = K'/f_N$，K 也可称为平衡常数；

　　　f_N——氮在铁中的活度系数；

　　　P_{H_2}，P_{NH_3}——氢气和氨气在混合气氛中的分压。

反应式(9-21)是一个吸热反应,其热效应为 $-46\,222$ J,平衡常数与温度的关系可以表示为

$$\lg K' = \frac{20\,800 - 14.21\lg T - 7.58T}{-4.576T} \tag{9-25}$$

式中 T——温度,K。

如果定义氨气的分解率为一个大气压下,没有催化剂时,反应到达平衡(相当于氨在密闭容器中自然分解的情况)后,已分解的氨气的摩尔数与分解前氨气的摩尔数之比即氨分解率,其随温度的变化可示于表 9-2。由表可以看出,在常用氮化温度(500~540 ℃)下,如果时间足够,氨气的分解可以达到接近完全的程度。

表 9-2 氨气的分解率与温度的关系

分解温度/℃	300	400	500	600	700	800	900
分解率/%	95.62	99.07	99.72	99.89	99.95	99.97	99.99

图 9-17[20]给出了纯铁用氨气氮化时表面形成的各种相与(NH_3+H_2)混合气平衡的条件。这个图可以用做控制气体氮化过程的基本依据。

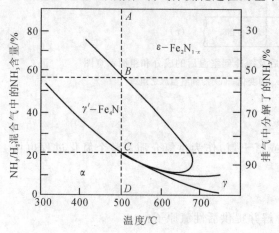

图 9-17 纯铁氮化时表面形成的各种相与
(NH_3+H_2)混合气平衡的条件

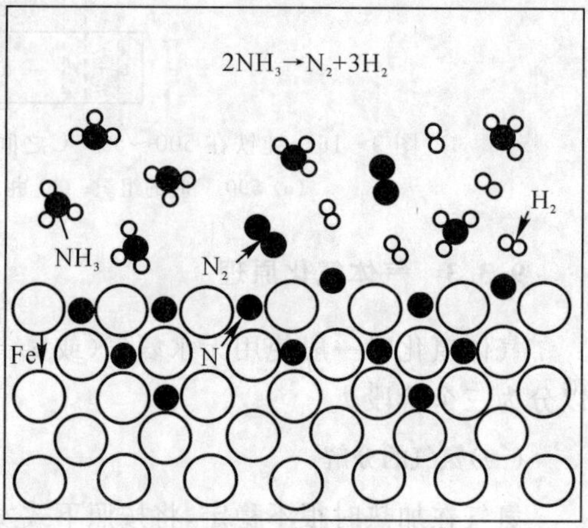

图 9-18 氨在钢件表面的分解和
氮原子被吸收的示意图

(二)氮原子的吸收

当通入炉中的氨气被加热到一定温度时,就有可能发生分解。但是氨气按式(9-22)分解形成的活性氮原子只有一部分能立即被钢件表面吸收,而多数活性氮原子则很快地互相结合成氮分子而逸去。这一过程可示意地表示在图 9-18 中[2]。

在气体氮化时,由于气氛氮势❶很容易超过生成 ε 化合物所必需的值,故在钢件表面极易生成一层 ε 化合物,这时氮原子将溶于化合物层中,并不断向内扩散。

(三)氮原子的扩散

氮在铁中的扩散系数可以下式表示[21]:

$$D_N^\alpha = D_0 \exp(-Q/RT) \tag{9-26}$$

式中 D_N^α——氮在 α-铁中的扩散系数;

D_0——常数(0.3 mm²/s);

---

❶ 氮势表示渗氮气氛的渗氮能力。

　　　　R——气体常数；

　　　　Q——激活能(76.12 kJ/mol)。

　　由于氮的原子半径(0.071 nm)比碳的(0.077 nm)小，故氮原子的扩散系数要比碳原子的大(碳的相应常数 $D_0 = 2.0$ mm²/s, $Q = 84.1$ kJ/mol)。与渗碳时类似，氮化层的深度也随时间呈抛物线的关系增加，即符合 $d(层深) = K(常数)\sqrt{t(时间)}$ 的关系。图 9-19 所示为 0.4C-1.6Cr-0.2Mo-1.1Al 钢在 510 ℃氮化时氮化层深度与氮化时间的关系。图中每条曲线旁的硬度值表示该曲线是以表面至该硬度值处的距离作为层深而绘出的。

(四)合金元素的影响和氮化强化机理

　　合金元素中，形成氮化物的元素对氮化的影响最显著。这些元素包括铝和全部碳化物形成元素。合金元素一般都减低氮化层的深度，其中尤以铝、钛最为显著，铬次之。图 9-20 表示上述三个元素对渗层深度的影响[2]。图中渗层深度是从表面至 HV 400 处的距离，氮化温度为 520 ℃，时间为 8 h。钢中的碳也会降低氮化层深度，碳的这种影响很可能是由于钢中形成的碳化物阻碍了氮原子的扩散所致。

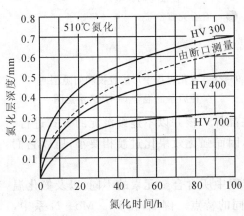

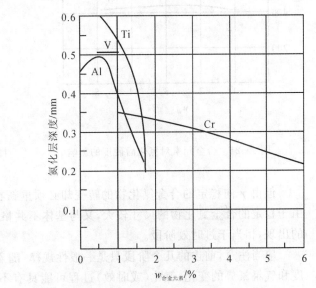

图 9-19　0.4C-1.6Cr-1.2Mo-1.1Al 钢 510 ℃
　　　　氮化时氮化层深度与氮化时间的关
系

图 9-20　合金元素对氮化层深度的影响

　　合金元素对氮化层硬度的影响更显著，如图 9-21 所示[2]。图中所用钢的基本成分为 0.35C-0.30Si-0.70Mn，经过氮化后硬度可达 HV 400。由图可知，铝、钛能强烈提高氮化层的硬度，铬、钼次之，而镍由于不形成氮化物，对硬度几乎没有影响。由于铝、铬、钼的上述作用，因而工业中使用的氮化钢大都含有这些元素。但钛却不用，这是因为钛在钢中将首先形成极其稳定的碳化物，而对氮化层硬度的提高贡献很小。

　　铝、铬、钼等合金元素之所以能显著提高氮化层硬度，是因为氮原子向心部扩散时，在渗层中依次发生着：①氮和合金元素原子的偏聚，形成所谓 G-P 区(即原子偏聚区)；② α''-Fe₁₆N₂ 型过渡氮化物的析出等组织变化，而这些共格的偏聚区和过渡氮化物的析出，会引起硬度的强烈增高[22]。上述整个过程，同淬火-时效的过程几乎一样。

图 9 - 22 是氮化过程中形成 G - P 区的示意图。G - P 区呈盘状,与基体共格,并引起较大的点阵畸变,从而使硬度显著提高。

随着氮化时间的延长或温度的升高,偏聚区氮原子数量将发生变化,并进行有序化过程,使 G - P 区逐渐转变为 α'' - $Fe_{16}N_2$ 型过渡相而析出。在有合金元素(如钼、钨)存在的情况下,析出物可以表示为 $(Fe,Mo)_{16}N_2$ 或 $(Fe,W)_{16}N_2$,等等。关于 $\gamma'(Fe_4N)$ 相的晶体结构,前面已有介绍。由 α'' 向 γ' 的转变是一种就地转变,即不须重新形核,而只是作成分调整(提高氮质量分数)。当含有合金元素 (如钼)时,γ' 相可以表示为 γ'-$(Fe,Mo)_4N$ 之类。

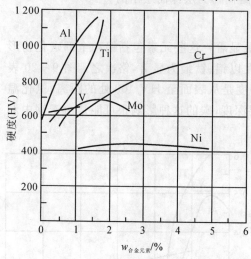

图 9 - 21   合金元素对氮化后硬度的影响

图 9 - 22   氮化过程中形成置换和间隙型两种原子的混合 G - P 区示意图

但由 γ' 向稳定的合金氮化物的转变却必须重新在晶界形核并以不连续沉淀的方式进行。由于稳定的合金氮化物的尺寸较大,又与基体不共格,因而强化效果比过渡相要小,所以它们的出现,相当于过时效阶段。

应当注意,前述的几个阶段只是一般性规律,随着钢中所含合金元素的不同,以及氮化温度和气氛氮势的变化,氮化(或时效)过程可能具有不同的特点。例如,在 Fe - Mo - N 系中,时效的几个阶段可清楚地区分;而对于 Fe - W - N 系,其 G - P 区阶段很快就完成,并立即进入过渡氮化物形成阶段。由于加入不同合金元素时氮化物析出特点和尺寸大小不同,其强化效果不一,故氮化层硬度便不同。又如,随着氮化温度的提高,G - P 区阶段会缩短,并迅即析出较粗大的过渡氮化物,从而使氮化层硬度降低。相反,过低的氮化温度和过低的氮势气氛,也会使 G - P 区和析出氮化物的量减少而造成硬度不足。

9.3.4   氮化前的热处理

氮化与渗碳的强化机理不同,前者本质上是一种时效强化,是在氮化过程中完成的,所以氮化后不需再进行热处理;而后者是依靠马氏体转变强化,所以渗碳后必须淬火。渗碳后的淬火也同时改变着心部的性能,而氮化零件的心部性能是由氮化前的热处理决定的。可见,氮化前的热处理是十分重要的。

氮化前的热处理一般都是调质处理。在确定调质工艺时淬火温度由钢的 A_{c_3} 决定;淬火介质由钢的淬透性来决定;回火温度的选择不仅要根据对心部的硬度要求,而且还必须考虑其对氮化结果的影响。一般说来,回火温度低,不仅心部硬度高,且氮化后氮化层硬度也较高,因而有效渗层深度也会有所提高。图 9-23[2] 给出了两个实例,其中图 9-23(a)表明中碳Cr-Mo钢随回火温度降低而使氮化后硬度增高,这可用叠加效应来解释,即由氮化引起的硬度增量可认为不变,则原来硬度高的,氮化后硬度自然也高。图 9-23(b)表示高铬工具钢(2.1C-12Cr-0.7W)的试验结果,其低温回火后氮化层硬度高是因此时铬主要处于固溶体中,易于生成氮化物,故有强烈的时效硬化效果,而 700 ℃高温回火后,铬则基本上都形成了稳定的碳化物,难以再形成氮化物,故几乎无氮化效果。由此例可见,在选择调质回火温度时,对高合金工具钢更应谨慎。在一般情况下,为了保证心部组织的稳定性,避免氮化时心部性能发生变化,通常都使回火温度比氮化温度高 50 ℃左右。

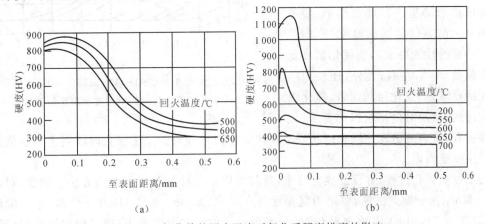

(a)   (b)

图 9-23 氮化前的回火温度对氮化后硬度梯度的影响

(a) 0.32C-3.0Cr-0.4Mo 钢在 510 ℃氮化 60 h; (b) 2.1C-12.0Cr-0.7W 钢在 510 ℃氮化 10 h

9.3.5 气体氮化工艺

欲正确制定气体氮化工艺,关键在于选择好三个参数,即氮化温度、氮化时间和气氛氮势。下面将分别予以介绍。

(一)氮化温度和时间的选择

氮化温度影响着渗层深度和氮化层硬度,而时间则主要影响层深。图 9-24表示氮化温度对钢氮化层深度和硬度梯度的影响[2]。由图可见,在给定的氮化温度范围内,温度愈低,表面硬度愈高,硬度梯度愈陡,渗层深度愈小;而且硬度梯度曲线上接近表面处有一个极大值,亦即最表面有一低硬度层。这一低硬度层估计是由于表面出现白层造成的。据分析表明[23],氮化层表面的白层是由 $\gamma'-Fe_4N$ 和 $\varepsilon-Fe_2N_{1-x}$ 组成

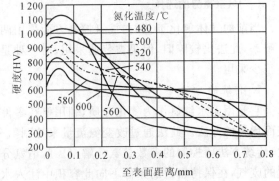

图 9-24 温度对 0.42C-1.0Al-1.65Cr-0.32Mo 钢氮化后硬度和渗层深度的影响(氮化时间 60 h)

的,而且ε/γ'之比值随至表面距离的增大而降低,到一定深度后便只是由单相 γ' 组成。这两种

化合物的硬度都不如过渡合金氮化物时效强化所引起的硬度高(而脆性却很大),因此表面的硬度较低。氮化温度对于气体氮化时所生成的白层厚度也有影响。其规律是白层厚度随温度上升以某种指数关系增加,而随氮化时间以某种抛物线规律增加,如同总渗层深度的变化一样。

图 9-25 表示氮化时间对硬度和渗层深度的影响[2]。由图可见,在某一个时间以前,硬度随氮化时间不断上升,此后则基本上无影响。

氮化温度的选择主要应根据对零件表面硬度的要求而定,要求硬度高者,氮化温度应适当降低。在此前提下,要考虑照顾氮化前零件的回火温度(亦即照顾零件心部的性能要求),使氮化温度低于回火温度 50 ℃左右;此外,还要照顾对层深的要求(当氮化层较深者,氮化温度不宜过低)以及对金相组织的要求(氮

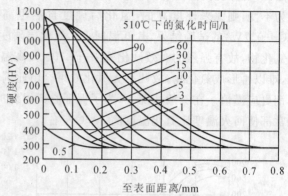

图 9-25　温度对 0.42C-1.0Al-1.65Cr-0.32Mo 钢在510 ℃下氮化时间对硬度和渗层深度的影响

化温度愈高,愈容易出现白层和网状或波纹状氮化物);等等。至于氮化时间则主要是依据所需的渗层深度而定。

为了加快氮化过程,并保证硬度要求,目前发展了各种分阶段氮化的方法。例如,对常用的 38CrMoAlA 钢制气缸筒,要求渗层深度为 0.5~0.8 mm,硬度 HRA≥80 时,第一阶段取低温(510±5 ℃,50 h)、用高氮势(或低分解率),以加大扩散驱动力;第二阶段取高温(550±5 ℃,50 h)、用低氮势(或高分解率),以加快扩散和调整表面氮质量分数。也可以采取525 ℃+540 ℃的两段氮化工艺。还可以采用低温—高温—低温或低温—高温—高温(低氮势)的工艺,等等。这样既可保证硬度要求,又可缩短氮化时间。至于不锈钢等高合金钢的氮化,由于氮原子在这类钢中扩散困难,往往不易得到较深的渗层,故一般都采用较高的氮化温度(550~650 ℃),以提高氮化速度。

(二)气氛氮势的选择

当前的气体氮化工艺,在气氛控制方面采用两种方法:一种是传统的不控制氮势而控制氨分解率,此法比较陈旧,但仍被普遍采用;另一种是控制气氛氮势,此法比较先进,但目前国内还很少采用。

1. 传统的方法

它是用无水纯氨作为氮化介质,利用氨在零件表面的分解(见式(9-21)、式(9-22))而使表面增氮的方法。此法通过改变氨流量来控制氨分解率,从而达到控制气氛的渗氮能力。因此,传统方法所控制的参数是氨分解率。所谓氨分解率是这样测量的:取 100 份从氮化炉中排出的废气,在保持密封的条件下向此容积中注入水,由于氨可以全部溶入水中(常温下 1 体积水可以溶解 700 体积氨),因此所注入的水占有的体积就是废气中含有的氨的体积,而剩下的那部分空间表示 H_2 和 N_2 所占的体积,它与总体积之比被定义为氨的分解率,如图 9-26所示。

但是,这样测得的分解率并不是真正的已分解的氨的百分数。为此,下面将用测得分解率

与真实分解率两个名词来区别它们。根据测量方法,有

$$测得分解率\ a = \frac{废气中氢、氮体积之和}{废气中氢、氮、氨体积之和(总体积)}$$

如果考虑 1 单位体积的氨气,其真实分解率(即分解的氨气占原氨气(单位体积)之比例)为 x,则分解后产生的氢、氮分别为 $1.5x$ 和 $0.5x$。如果假定氮全部被钢件吸收,则测得分解率为

$$a = \frac{1.5x}{1-x+1.5x} = \frac{1.5x}{1+0.5x} \tag{9-27}$$

由此可见,当 $0 < x < 1$ 时,$a > x$,即测得分解率总是大于真实分解率。

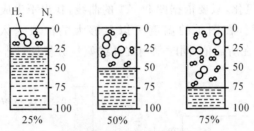

不同分解率时的水柱高度

图 9-26　测定氨分解率的原理与氨分解率的定义示意图

　　传统工艺在选择(测得)氨分解率时的基本原则是:欲使气氛氮势高,应选择低分解率;反之,则选择高分解率。至于具体的数值,可以参考手册和工厂的技术文件。关于分解率与氮势间的关系,可作如下解释:首先设想一种极端情况,即把氨充满氮化箱后将其密闭(此时氨的流速为零),在这种条件下氨将充分分解并达到如表 9-2 所示的分解率值。尽管已分解出的活性氮原子一部分可被钢件吸收(而其余氮原子迅即结合成氮分子),但由于没有新的氨气补充,不能继续提供活性氮原子,因此这种气氛的供氮能力等于零。随着氨气通过氮化箱的流速增大,由于氨气在氮化箱内停留的时间缩短,来不及达到平衡,使氨的分解率不断降低,但分解主要是在零件表面发生,而且表面有越来越多的新鲜氨气流过,可以提供的活性原子不断增多,因而气氛的供氮能力也不断提高。最后,再设想另一种极端情况,即氨气流量增大到足以使氨分解率等于零,显然这时气氛的供氮能力也将为零。因此,分解率从零变到 100% 的范围内,氨气的供氮能力必然会有一个极大值出现。

　　我们也可以从气氛氮势 $[N\%]$ 的定义来理解氨分解率的影响。据式(9-24)

$$[N\%] = K\frac{P_{NH_3}}{(P_{H_2})^{3/2}}$$

将真实分解率 x 代入得

$$[N\%] = K\frac{1-x}{(1.5x)^{3/2}} \tag{9-28}$$

再将测得分解率 a[式(9-27)]代入,得

$$[N\%] = K\left(\frac{1.5-1.5a}{1.5-0.5a}\right)\bigg/\left(\frac{1.5a}{1.5-0.5a}\right)^{3/2} = K\left(\frac{1-a}{1-a/3}\right)\bigg/\left(\frac{a}{1-a/3}\right)^{3/2} \tag{9-29}$$

由式(9-29)可以算出,当 a 增加时,气氛的氮势是下降的。但是所得具体数值是否与实际吻合,则尚待实验证明。

　　2. 控制氮势氮化法

　　虽然前述传统方法可通过控制氨分解率在一定范围内改变气氛氮势,但氮势水平仍然偏

高,因此长期以来始终未能避免在氮化零件表面形成白层。为了除去脆性的白层,人们曾采取了多种办法:如氮化后磨削,或氮化后将零件置于氢气中退火使之还原,以及在氮化的后期用高分解率的气氛或通氢处理,等等,但效果都不太理想。

1973 年 Bell 等人[23,24]根据对反应式(9-21)平衡的研究,进行了在氨-氢混合气中完成可控氮势氮化的试验,并取得了初步的成功。近几年我国所进行的可控氮化理论和实验的研究也取得了可喜的结果[25]。

文献[23]采用 $r = P_{NH_3}/(P_{H_2})^{3/2}$ 而不是式(9-24)来表示氮势,并称 r 为氮化势。使用 r 的好处是回避了平衡常数,便于直接测量。图 9-27 表示在钢表面生成白层时氨含量(或 r)的门槛值,因此要进行可控氮化,只要依据图 9-27 的曲线,找出不生成白层的门槛值,然后按此配好 $NH_3 + H_2$ 的混合气,在图示的温度下以足够大的流量送入炉中,以保证排气中的 NH_3/H_2 比值恒定并维持在所需值,同时采用红外线氨气分析仪对排气中的 NH_3 量进行分析和控制即可。

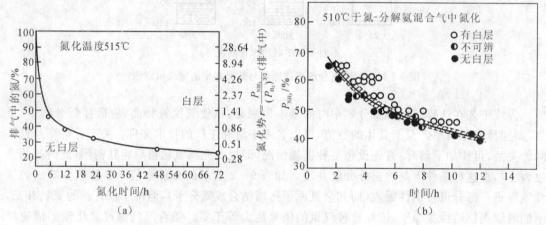

图 9-27　钢在氮化时生成白层的氮化势 r 的门槛值

(a) En19(0.4C-1.2Cr-0.3Mo)钢,515 ℃;　(b) 38CrMoAlA 钢,510 ℃

9.3.6　氮化零件的检验和常见缺陷

对氮化零件的技术要求一般包括表面硬度、渗层深度、心部硬度、金相组织和变形量等几项。表面硬度的检验主要应注意载荷的选择,以防止压穿氮化层,通常选用 $HV_{10(kg)}$ 或 $HR_{N15(kg)}$(表面洛氏硬度)。如果表面硬度偏低,可能是表面氮浓度不足或渗前处理时回火温度过高所致。渗层深度的检验也可采用测渗碳层所用的各种方法,但仍以硬度法最为精确。目前对于确定有效渗层深度的分界硬度值,在国际上尚无统一认识,例如有的规定为硬度大于HRC 50(HV 550)的层深为有效层深,而有的则以 HV 400 来分界。

心部硬度的超差,往往是回火温度选择不当所致。

氮化层的正常金相组织应当是表层无白层或白层很薄,内部无网状、针状和鱼骨状氮化物,波纹状氮化物层不太厚,晶粒不粗大;此外,心部也不允许存在自由铁素体。图 9-28 是38CrMoAlA 钢经 560 ℃,20 h 气体氮化(分解率 40%～50%)后的组织,它可代表氮化层的一般组织特点。产生金相组织不合格的原因主要是气氛势过高、氮化温度过高和氮化前处理时发生表面脱碳或细化晶粒不够等。可以针对具体情况分析解决。

图 9-28　38CrMoAlA 钢经 560 ℃,20 h 气体氮化(分解率 40%～50%)后的组织

400×(表面有白层,离表面一定距离处有波纹状氮化物)

9.3.7　离子氮化

(一)离子氮化的特点

离子氮化又称辉光放电氮化或等离子氮化,它早在 1931 年就已在实验室里取得成功并获专利[26]。但由于大电流的稳定辉光放电设备在制造技术上的困难;一直延迟到 20 世纪 60 年代初离子氮化才在少数国家生产中得到应用。目前世界各国包括我国在内,离子氮化生产已获得迅猛发展。与气体氮化相比,离子氮化具有许多优点。

(1)离子氮化时间短,能缩短到气体氮化时间的 2/3～1/3。例如,对 38CrMoAlA 钢,如要求氮化层硬度大于等于 HR_{N15} 92、渗层深度为 0.5 mm 时,气体氮化需 60 h,而离子氮化仅需 30～40 h。

(2)离子氮化表面形成的白层很薄,甚至没有。

(3)离子氮化引起的变形小,特别适宜于形状复杂的精密零件。

(4)易于实现局部氮化,只要设法使不欲氮化的部分不产生辉光即可。

(5)易于实现均匀氮化,只要能产生辉光的表面就能进行氮化。

(6)可以适用于各种材料,包括要求氮化温度高的不锈钢、耐热钢,以及氮化温度较低的工模具(工具钢)和精密零件,而低温氮化对气体氮化来说是相当困难的。

(7)可节约电能和氨气的消耗,电能消耗为气体氮化的 1/2～1/5,氨气消耗为气体氮化的 1/5～1/20。

(8)劳动条件有所改善,不产生污染。

离子氮化也有缺点,主要是设备复杂且投资大,准确测定零件温度困难;对于大型炉、各类零件混合装炉时难以保证各处工件温度一致。

(二)离子氮化处理

离子氮化装置示意图如图 9-29 所示。在进行离子氮化时,零件被置于一个充有氨气或氮、氢混合气的真空容器中,气体压力为 13.3～1 333 Pa。当以零件作阴极,容器壁作阳极(或另设合适的阳极),并在其间加以 500 V 左右的直流电压时,容器中的稀薄气体便会被电离,并在零件上产生辉光放电现象。

离子氮化原理图如图 9-30 所示。在产生辉光放电时,电子向阳极运动,并在运动过程中不断使气体分子电离,而电离所产生的 N^+,H^+ 等正离子则在电场的加速下射向阴极,在这个过程中还可能与未电离的中性粒子相撞,使之也以高速冲向阴极。当这一综合运动过程达到稳态时,就可以在零件表面获得稳定的辉光。此时电压和电流基本上保持稳定,零件表面覆盖着一层紫蓝色或紫红色的悦目的辉光,其感觉厚度在 $4 \sim 8$ mm 之间(取决于容器内的压力和外加电压)。高速正离子对零件表面的轰击,一方面使零件加热,另一方面使零件表面铁原子(也有碳和氧)部分地飞溅出来,造成所谓的阴极溅射现象。据资料[28,29]介绍,由阴极溅射出来的铁原子在阴极位降区与氮结合生成 FeN,然后回散射或沉淀在阴极表面;在高温及离子轰击的作用下,FeN 又很快转变成低价氮化物(Fe_2N 和 Fe_3N),并放出活性氮原子,其中一部分氮原子即渗入零件表面并向内部扩散而形成氮化层,另一部分则又回放到等离子区,和其他氮原子一样重新参与氮化过程。

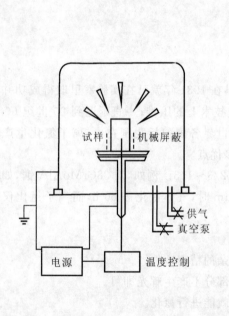

图 9-29　离子氮化装置示意图

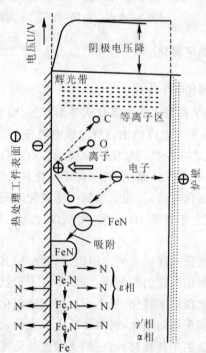

图 9-30　离子氮化原理图

但据文献[27]认为,离子氮化是通过氨不完全分解产生的 NH_2^+ 和 NH^+ 离子对阴极(工件)的轰击,并在阴极分解出活性氮原子,氮原子再向内扩散而完成的。其主要根据是,当使用不含氢的气氛如氮气或氮氩混合气进行离子氮化时,几乎没有氮化层产生。关于离子氮化机理,迄今尚未定论。

(三)离子氮化工艺

拟进行离子氮化的零件必须经过彻底的清洗,以免因油污、锈斑、挥发物等而引起电弧,损伤零件。零件在装炉时,其间隙必须足够大而均匀,装载过密处往往会引起温度过高。对局部氮化的零件,可在非渗部位用外罩(对凸出面而言)或塞子(对内凹面或孔而言)屏蔽,以避免在该处起辉。装炉时还要注意合理地分布测温监控热电偶。

离子氮化的工艺参数可分为互有密切关系的三组,即电参数,热参数和气参数,电参数包括电压和电流;热参数包括温度和时间;气能数包括气体成分、气压和流量。在选择工艺参数时主要是确定温度、时间和气氛,然后改变或调节电参数和气压来满足温度等的要求。但是辉光放电的特性本身又决定了电、气参数只可能在一定范围以内变化。下面分别进行简介。

氮化温度是最主要的参数。它是根据零件的材料和对零件的技术要求(主要是硬度)来决定的,其选择原则和普通气体氮化相似。一般说来,对于氮化钢,温度可选为 520~540 ℃,对其他合金结构钢可在 480~520 ℃间选择,高合金工具钢一般为 480~540 ℃,不锈耐热钢为 550~580 ℃。在温度决定后,时间则依渗层深度而定。表 9-3 给出了常用钢种经离子氮化后得到最大硬度的氮化温度范围,可供参考。

表 9-3 常用钢种离子氮化后的硬度极值及相应的氮化温度范围❶

钢 种	钢 号	最大硬度范围(HV)	相应的氮化温度/℃
结构钢	18Cr2Ni4WA	750	490~530
	20Cr	700	480~530
	20CrMnTi	800	510~530
	20Cr2Ni4A	600	480~520
	30CrMoAl	950	490~510
	30CrMnSi	900	490~510
	30CrNi3	650	520~540
	35CrMo	620	500~530
	35CrMnSi	650	450~470
	38CrMoAl	1 200	510~530
	40Cr	600	470~490
	40CrNiMo	600	480~500
	42CrMo	650	510~530
	45MnMoB	500	500~560
工具钢	3Cr2W8	1 150	500~520
	5CrNiMo	680	450~480
	50CrV	800	480
	Cr12MoV	1 100	460~470
	W18Cr4V	1 150	540~560
	25Cr3Mo3VNb	1 100	480~500
不锈钢	1Cr18Ni9Ti	1 220	560~600
	2Cr13	1 100	530~550
	9Cr18	1 050	540~580
	17-4PH	1 156	530~550
	4Cr9Si2	1 000	510~530
	4Cr14Ni14W2Mo	850	560~580
	Cr14Ni24Ti2MoAlVB	1 000	600~630

❶ 本表系根据文献[30]整理而得。

选择气氛不仅要考虑炉内氮势及其控制,也要考虑其他因素。国内目前以用纯氨居多,而国外一般用分解氨。用纯氨有许多缺点:炉内各处氨的分解情况不一,因此气氛氮势也不相同,很易造成零件硬度和渗层的不均匀,尤其是各个零件之间,可能差别很大;加之氮势也不能控制,故渗层金相组织也不理想。目前,国外最常用的是:零件升温阶段用纯氨,到温后用分解氨。文献[33]表明,通过改变炉气成分,可以控制炉中氮势,以达到完全消除白层的目的。炉内气体压力在工作温度下一般维持在$266.6 \sim 999.75$ Pa 之间,低压端用于处理结构钢,高压端用于处理工具钢。在升温阶段,气体压力应随温度升高而逐步加大,直到工作温度下的稳定值。渗氮气体的流量也必须选择适中,过小则供氮不足,氮化层深度和表面硬度都会下降;而过大则造成渗层深度不均匀。由于流量和压力有一定关系,所以应进行综合调节。

离子氮化时电参数的选择和控制也很重要。图 9-31 是辉光放电时的电压-电流特性曲线[27]。图中 a 点的电压称为点燃电压,bc 为正常辉光放电区,cd 为异常辉光放电区,de 为孤光放电区。在正常辉光放电区中,电压保持恒定而电流密度可以变化;在异常放电区中,电流密度随电压升高而升高。离子氮化实际上是在正常辉光放电区和异常辉光放电区的过渡区间进行的。这是因为零件是借辉光放电本身加热,如果选择正常辉光放电区,则电压或电流不可调,使对过程失去控制,但若选择在异常辉光放电区的高压端,则又极易产生电弧放电,由于起弧时强大的电流集中于零件上某个很小的面积内,很容易造成零件的烧伤甚至熔化,因此应当绝对避免。

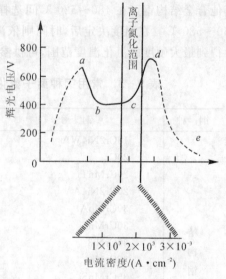

图 9-31 辉光放电特性曲线

9.3.8 软氮化

(一)软氮化的发展

软氮化的本质实际上是氮碳共渗,其确切名称应是铁素体氮碳共渗。它是在早期的液体氮化和低温液体氰化的基础上发展起来的,只是由于历史的原因才有了软氮化之称。为了照顾历史和习惯,姑且仍在此讲述。软氮化所使用的盐浴一般是$(40\% \sim 50\%)$NaCN$+(30\% \sim 40\%)$Na$_2$CO$_3$$+(20\% \sim 25\%)$KCl;或者是$(55\% \sim 65\%)$NaCN$+(35\% \sim 45\%)$KCN。这种盐浴依靠自然氧化而获得氰酸根:

$$2NaCN+O_2 \rightleftharpoons 2NaCNO \qquad (9-30)$$

而通过下述反应:

$$2NaCNO+O_2 \rightleftharpoons Na_2CO_3+CO+2[N]$$

$$2CO \rightleftharpoons CO_2+[C]$$

来获得活性碳、氮原子。由于是依靠自然氧化来获得氰酸根,所以盐浴的活性极差,处理效果不好。德国 Degussa 公司据此采取向盐浴中人工通入干燥空气或氧气的办法,使上述反应大大强化,从而发展了所谓液体软氮化(Tufftride)或吹气氮化的方法。为了克服氰盐具剧毒之弊病,随后又发展了无毒盐浴。

在认清了软氮化的本质是氮碳共渗之后,美国 Ipson 公司于 1970 年发展一种使用 50%NH₃+50% 吸热式气氛的气体软氮化方法(商名 Nitemper),稍后 Midland-Ross 公司发展了一种使用 20%NH₃+80% 放热式气氛的气体软氮化方法(商名 Triniding),日本又发展了一种利用尿素热分解气的气体软氮化法(商名 Unisof)。目前,在世界范围内,软氮化已得到广泛的应用;在国内,软氮化工艺主要是采用尿素热分解法和含碳、氮有机液体的滴入法。

(二)软氮化处理后钢的组织和性能特点

软氮化总是在可以同时提供碳、氮原子的介质中于 570±10 ℃ 处理 0.5～5 h。这样形成的渗层可以分为两层:外层是化合物层,由 $\varepsilon-Fe(C,N)$ 和 $\gamma'-Fe_4N$ 组成;内层是扩散层,如果慢冷,则由渗前的基体组织和高度弥散的氮化物组成,如果快冷,则氮溶于基体中,无氮化物出现。对外层成分的分析表明[31,32],其碳、氮的质量分数分别为 1.25%～1.5% 和 8.15%～8.25%。图 9-32 是一种低碳易削钢经软氮化后的组织,可以看出,其外层是由两种化合物组成,并有碳、氮原子沿晶界高速扩散的迹象。正是由于具有这样的组织特点,使软氮化表现出以下特性:

(1)软氮化可大大提高零件的耐磨性和抗咬卡、抗擦伤性能。图 9-33 是 15 钢经几种不同处理后耐磨性的比较。软氮化后的良好耐磨性来源于其表面化合物层的组织,该组织不仅耐磨性好、摩擦因数小,且具有足够的韧性。尤其是,这种外层组织基本上不随钢中合金元素的含量而变,因此用普通碳钢替代合金钢可得到相同效果。

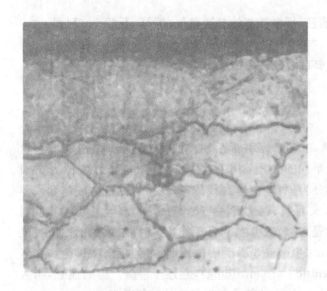

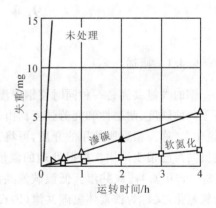

图 9-32　$w_C=0.08\%$ 的易削钢经 570 ℃ 气体软氮化
3 h 并油淬后的渗层组织,1 000×

图 9-33　15 钢经不同处理
后耐磨性的比较

(2)软氮化可大大提高零件的疲劳强度,其提高的幅度与气体氮化相当。例如 15 钢软氮化后疲劳强度可提高 80%。软氮化使疲劳强度提高主要是因氮过饱和地固溶于扩散层中,在表层引起较大的残余压应力的结果,因此软氮化后必须快冷。

(3)软氮化渗入速度快、生产率高。例如,38CrMoAlA 钢要得到 0.25 mm 的渗层,气体氮化需 20 h 左右,而软氮化仅需 3 h。软氮化的渗速为何快,目前尚不很清楚。有一种解释[44]

认为,这是由于碳在 $\alpha-Fe$ 中的固溶度低,因而共渗开始不久就会在零件表层形成许多极细小的 Fe_3C 质点,这些质点能使 Fe_4N 和 Fe_3N 化合物较快形成,即对氮化过程起着媒介和加速作用,但目前尚未见到这种说法的实验依据。

(4)可提高钢的抗大气和海水腐蚀的能力,这是化合物层的贡献。

(三)软氮化工艺

1. 气体软氮化工艺

使用吸热式(或放热式)气加氨,温度 570 ± 10 ℃,时间 $1\sim4$ h。

2. 液体软氮化工艺

使用尿素:碳酸钢:氯化钾$=3:2:2$(重量)的盐浴,通过下列反应得到活性碳、氮原子:

$$2(NH_2)_2CO+Na_2CO_2\rightarrow2NaCNO+2NH_3+CO_2+H_2O$$

$$2NaCNO+O_2\rightarrow Na_2CO_3+CO+2[N]$$

$$2CO\rightarrow CO_2+[C]$$

温度一般为 $520\sim580$ ℃,最常用的仍为 570 ℃,时间为 $0.5\sim3$ h,视层深而定。

3. 尿素直接分解气体软氮化工艺

此法系将尿素的白色结晶粉末直接送入氮化炉,在 500 ℃以上,尿素发生如下分解得到活性碳、氮原子:

$$(NH_2)_2CO\rightarrow CO+2[N]+2H_2 \tag{9-31}$$

其他反应及工艺参数与上述类同。

其他方法如三乙醇胺$+$乙醇混合液滴注,甲酰胺滴注并通氨气,等等,不再一一列举。

9.4 钢的碳氮共渗

9.4.1 概述

钢的碳氮共渗是一种同时使钢中渗入碳、氮原子并随后快冷的化学热处理方法。它可提高零件的硬度、耐磨性和疲劳强度。由于早期的工艺采用了氰盐或含氰气氛作为渗剂,故曾有"氰化"之称。根据所使用的介质,可将其分为固体、液体和气体碳氮共渗。目前,固体和液体碳氮共渗已很少采用。根据处理的温度,又可将其分为高温($820\sim920$ ℃)碳氮共渗和低温($520\sim580$ ℃)碳氮共渗。低温碳氮共渗是以渗氮为主,它近于氮化,实际上就是前面所讨论的软氮化,又称为铁素体氮碳共渗(Ferritic Nitrocarburizing)。因此,本节仅限于讨论高温气体碳氮共渗,或称奥氏体碳氮共渗(Austenitic Carbonitriding),它近于渗碳。应当注意,当人们不加限定地使用"碳氮共渗"这一术语时,一般指的就是高温奥氏体碳氮共渗。

与渗碳相比,高温碳氮共渗具有下列优点:①耐磨性较高;②渗层的回火抗力较高;③渗层淬透性较高,这一结论对于碳钢和一般低合金钢都是适用的;④较高的疲劳强度;⑤较快的渗入速度,例如在 875 ℃碳氮共渗 1 h 时所得渗层为 0.42 mm,而同温度下渗碳 1 h 的渗层仅为 0.34 mm,故碳氮共渗正愈来愈多地取代薄层渗碳(层深<0.75 mm)在生产中得到应用。

9.4.2 高温碳氮共渗原理和工艺

既然高温碳氮共渗近于渗碳,所以下面将以渗碳为基础,对比讨论由于工艺的改变所引起的渗入反应的不同,以及渗层成分、组织和性能的变化。

高温气体碳氮共渗的工艺通常是:温度 800～880 ℃,时间 0.5～4 h,气氛为渗碳气(载体气＋富化气)＋1％～10％氨气。目前,国内仍有使用滴注苯或煤油同时通入氨气的碳氮共渗工艺。

氨气加入渗碳气氛中不仅起稀释作用,还与其中的组分发生反应:[34]

$$NH_3 + CO \rightleftharpoons HCN + H_2O \tag{9-32}$$

$$NH_3 + CH_4 \rightleftharpoons HCN + 3H_2 \tag{9-33}$$

而所生成的氰化氢则依下式发生分解:

$$HCN \rightleftharpoons \frac{1}{2}H_2 + [C] + [N] \tag{9-34}$$

从而促进渗碳和渗氮。图 9-34 表示碳氮共渗气氛中氰化氢的平衡含量与加入的氨量的关系。

氨通过稀释和与其他组分发生反应这两种作用也会影响到气氛的碳势。图 9-35[35] 即表明,氨的加入降低了气氛碳势,这种影响可能是通过降低 CH_4 含量(见式(9-33))或是增高气氛露点(见式(9-32))而引起的。

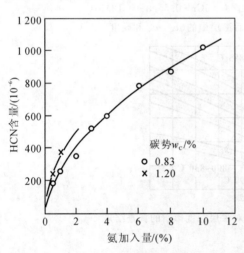

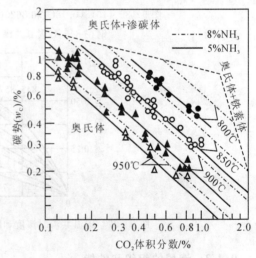

图 9-34　870 ℃时在两种碳势下氰化氢含量　　　图 9-35　由丙烷制成的吸热式气在加氨和不加
　　　　　与加入氨量的关系　　　　　　　　　　　　　氨时碳势与 CO_2 体积分数的关系

碳氮共渗后渗层的成分随气氛的碳势和氨的加入量而变化。在一般通用的规范下,表层 w_C 在 0.8％左右,w_N 在 0.5％左右,如图 9-36 所示[1](图中实验所用气氛氨体积分数约为 5％)。文献[36]对渗层淬透性和显微组织进行研究后认为,表层成分 w_C 为 0.6％～0.9％,w_C 为 0.3％～0.5％时,渗层淬透性最高,其残余奥氏体量也最少;并且在氨加入量相同时,气氛碳势的变化只影响零件渗层的 w_C,而对 w_N 影响很小。

温度和时间对渗层深度的影响规律与渗碳相同,但渗入速率却相对较大,尤其是在短时间内,如图 9-37 所示。碳氮共渗时渗入速率之所以较高,可能是因为共渗时渗入的间隙原子总量(把碳和氮当做一种原子看待)增加较多,而扩散系数是随渗层中 w_C 和 w_N 的增加而增加的。

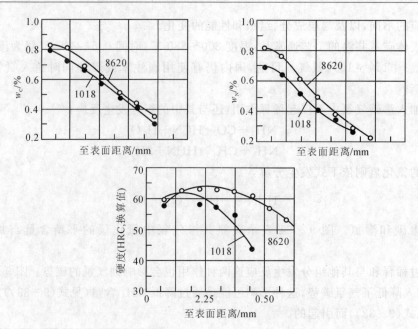

图 9-36　1018(0.18C)和 8620(0.2C-0.65Cr-0.55Ni-0.12Mo)
钢在 845 ℃碳氮共渗 4 h 后渗层中的 w_C, w_N 和硬度

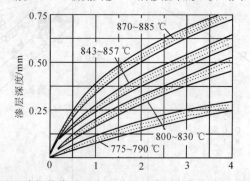

图 9-37　碳氮共渗时温度和时间对渗层深度影响的普查结果

9.4.3　渗层的组织和性能

　　高温碳氮共渗零件一般都是由共渗温度直接淬火,然后于 135～205 ℃之间回火:要求较高耐磨性者取低限温度,要求较高韧性者取高限温度。但大部分碳氮共渗零件都在190～205 ℃间回火,并且仍可保持 HRC 58 以上的硬度,可见共渗层的回火抗力较高。由渗层成分和随后的热处理可知,碳氮共渗后的渗层组织与渗碳后的很相似,但残余奥氏体量较多。

　　碳氮共渗后渗层的淬透性也较高,因此在相同淬火条件下要比渗碳件的淬硬层深度大些。这是由于氮可延缓珠光体转变,使 C 曲线右移之故。但氮的这种作用是有条件的,如果钢中所含合金元素与氮作用生成了氮化物,则不仅使氮的作用消失,而且还会因其夺取了渗层中的合金元素使淬透性剧烈下降,使某一区域在淬火后形成非马氏体组织。文献[37]专门研究了碳氮共渗并淬火后表面层或亚表面层出现贝氏体的情况,并认为进行碳氮共渗最好选择含镍、锰、钼的钢,尤其是锰和钼最为理想;铬、硅、硼等则因易形成氮化物而在基体中贫化,从而使贫化区的淬透性下降而形成非马氏体组织,因此不宜用于碳氮共渗钢。

碳氮共渗零件经常易出现一些组织缺陷,其中主要包括:①表面残余奥氏体量过多,这是由于表面碳、氮含量过高造成的;②渗层中出现空洞,这是由于氮含量过高,使氮原子聚集成分子逸出而造成的[38,39];③内氧化,其氧化物可能呈点状或小块状分布,或沿晶界分布,其扩展深度一般在 $10\ \mu m$ 之内,内氧化也可能导致晶界非马氏体组织的出现,这同渗碳时的情况极为相似;④淬火后在渗层中出现非马氏体(如贝氏体)组织带,使该处的硬度偏低。

9.5 钢 的 渗 硼

将硼渗入金属表面以获得高硬度和高耐磨性的化学热处理方法称为渗硼。渗硼主要用于钢件,但也可用于有色金属如钛、镍等材料。

钢的渗硼主要应用于各类模具,包括冷、热作模具;也应用于各种耐磨损零件,如工艺装备中的钻模、靠模、夹头,精密偶件中的活塞、柱塞,微粒磨损件中的石油钻井钻头,以及各种在中温腐蚀介质中工作的阀门零件等。在所有这些应用中,渗硼都能使使用寿命成倍、甚至十倍的提高,并且可以用普通碳钢代替高合金钢,显示了巨大的技术、经济价值。

渗硼有如此大的作用,是因为渗硼层有如下的性能特点:①表面的超硬度,如果表面层获得 FeB 组织,硬度可达 HV 1 800~2 000;如果获得 Fe_2B 组织,硬度可达 HV 1 400~1 600。②高的热硬性,上述硬度值可保持到接近 800 ℃。③一定的抗蚀性,例如在 20%HCl,30% H_3PO_4 或 10% H_2SO_4 中,渗硼层的抗蚀性可比钢的基体有成百倍的增长[40],尤其是不论钢中含何种合金元素及其含量高低如何,渗硼后表面总是生成铁的硼化物,使合金元素或是溶于其中,或是被"挤"至化合物层下面,因此得到的硬度差别都不太明显。这说明,除有特殊要求外,用碳钢来代替高合金钢是可行的。

渗硼的工艺方法多种多样,有固体粉末法、液体法(电解或不电解)、气体法、糊膏法,等等。表 9-4 是渗硼工艺的一个概要介绍。气体法用的介质有毒,易爆炸,来源也不充分。液体电解法设备投资大。液体非电解法存在溶盐黏稠、易腐蚀零件和坩埚以及盐难于清理等问题。固体法是较好的工艺方法,它可通过调整活化剂的含量来控制箱内气氛的硼势,因此使用较广泛。

对于渗硼时发生的反应研究得还很不够,以下反应都是可能存在的,但哪一步是决定硼势的关键反应,目前还不清楚。对于液体渗硼,有

$$Na_2B_4O_7 \longrightarrow Na_2O + 2B_2O_3 \qquad\qquad (9-35)$$

$$2B_2O_3 + 2SiC \longrightarrow 2CO + 2SiO_2 + 4[B] \qquad\qquad (9-36)$$

$$2B_2O_3 + 3B_4C \longrightarrow 3CO_2 + 16[B] \qquad\qquad (9-37)$$

即

$$Na_2B_4O_7 + 2SiC \longrightarrow 2CO + Na_2O \cdot SiO_2 + SiO_2 + 4[B] \qquad\qquad (9-38)$$

或

$$Na_2B_4O_7 + 3B_4C \longrightarrow Na_2O + 3CO_2 + 16[B] \qquad\qquad (9-39)$$

对于固体渗硼,有

$$12MCl + B_4C \longrightarrow 2B_2Cl_6 + 12M + C \qquad\qquad (9-40)$$

$$B_2Cl_6 + 4Fe \longrightarrow 2BCl_3 + 4Fe \longrightarrow 2Fe_2B + 3Cl_2 \qquad\qquad (9-41)$$

$$B_2Cl_6 + 2Fe \longrightarrow 2BCl_3 + 2Fe \longrightarrow 2FeB + 3Cl_2 \qquad\qquad (9-42)$$

表 9 - 4　各种渗硼方法简介

渗硼介质状态	渗硼介质	方 法	温 度/℃	时 间/h
气 体	BF_3,BCl_3,$BBr_3 + H_2$ $B_2H_6 + H_2$ $(CH_3)_3B/(C_2H_5)_3B$(三甲基硼/三乙基硼)	通入炉内	750~950 800~850	3~6 2~5
液 体	$Na_2B_4O_7$ $Na_2B_4O_7 + (NaCl 或 B_2O_3 或 SiC)$ $HBO_2 + NaF$	电压 10~20 V 电流密度 3~25 A/dm^2	750~950	2~6
	$Na_2B_4O_7 + B_4C$ $Na_2B_4O_7 + (SiC 或 Fe - B 合金)$ $B_4C + BaCl_2 + NaCl + Fe - B 合金$	零件浸入	900~1 000	3~5
固 体	无定形硼粉 Fe - B 合金粉 B_4C　＋活化剂　$\begin{cases}NH_4Cl\\Na_3AlF_6\\(NH_4)BF_4\\KBF_4\end{cases}$＋ 填充剂($Al_2O_3$)	零件埋入	950~1 050	2~6
	$B_4C + Na_3AlF_6 + 硅酸乙酯$ $Fe - B 合金 + Na_3AlF_6 + 硅酸钠$	糊膏涂于零件表面	1 000~1 200	0.3~0.5

　　渗硼时生成的两种硼化物都是稳定的化合物。由图 9 - 38[19] 可见,Fe_2B 中 $w_B = 8.83\%$,熔点为 1 389 ℃;FeB 中 $w_B = 16.23\%$,熔点约为 1 550 ℃。研究表明[43],Fe_2B 具有正方点阵,其膨胀系数在 200~600 ℃ 间为 $2.9 \times 10^{-8}K^{-1}$,理论密度为 7.43 g/cm^3。FeB 属于正交点阵,其膨胀系数在 200~600 ℃ 间为 $8.4 \times 10^{-8}K^{-1}$(纯铁的膨胀系数在同温度范围内为 $5.7 \times 10^{-8}K^{-1}$),理论密度为 6.75 g/cm^3。

　　渗硼层的组织包括化合物层和扩散层,化合物层又可能包括上述两种化合物或其中之一。图 9 - 39 所示是一组实际渗硼层的金相照片。图 9 - 39(a)中最外层是 FeB 层,其次是 Fe_2B 层(带有明显的锯齿状),内层为扩散层。形成 FeB/Fe_2B 两相渗层是很不理想的,这不仅是因为 FeB 很脆,还因为两相间源于不同膨胀系数和密度而存在的极大内应力,使之极易出现两相层间的裂纹。图 9 - 39(b)中最表层无 FeB。图 9 - 39(c)表明当钢中碳质量分数较高时,使渗硼层中硼化

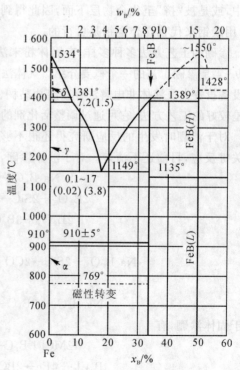

图 9 - 38　铁-硼系相图

物齿变得不突出,组织变化平缓。图 9 - 39(d)表明钢中的铬和碳会阻碍渗层的增厚。实际上,几乎所有的合金元素都阻碍渗层的增厚,如图9 - 40所示[41]。

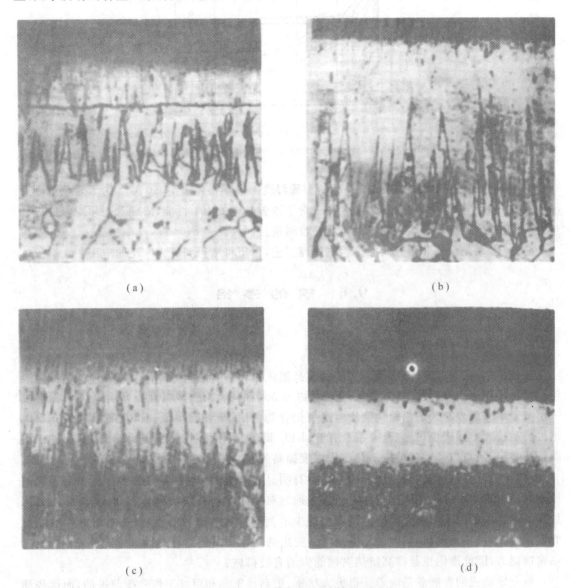

(a)　　　　　　　　　　　　　　　　　　　(b)

(c)　　　　　　　　　　　　　　　　　　　(d)

图 9 - 39　实际渗硼层金相组织,200×
(a) 0.2C 钢于 900 ℃渗硼 4 h;(b) 0.2C 钢于 900 ℃渗硼 10 h;
(c) 0.45C 钢于 900 ℃渗硼 4 h;(d) 1.0C - 1.6Cr 钢 950 ℃渗硼 4 h

研究表明[42],如果垂直于渗层表面来看渗硼层,可发现其表面有许多小孔(图 9 - 39 中也可看出从表面至硼化物齿间存在的孔洞)。出现这些小孔洞有利于保存润滑剂,使渗硼层的摩擦因数减小,可防止冷焊,提高抗磨损的寿命。但是这种孔洞也有不良作用,当渗硼的拉伸模拉制软金属如紫铜、纯铝时,软金属的黏附往往使制件表面光洁度下降或急剧地增高拉拔力,甚至使制件拉断。

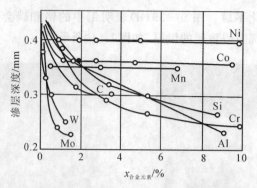

图 9-40　在含 B_4C 之熔融硼砂中于 1 100 ℃渗硼 5 h,合金元素对渗硼层深度的影响

为了避免出现共晶组织(见图 9-38),渗硼温度一般不得超过 1 050 ℃。为了避免渗硼后出现裂纹并减小内应力,渗硼后必须缓冷。为了改善基体的力学性能,渗硼后还须对渗件进行热处理,但应采用冷却较缓和的淬火介质并及时进行回火。

总之,渗硼是一种非常有效的化学热处理工艺,可望将来得到更为广泛的应用。

9.6　钢 的 渗 铝

9.6.1　钢渗铝后的性能特点及应用

使铝扩散渗入钢或合金表面以提高其抗高温氧化和热腐蚀能力的化学热处理工艺称为渗铝。渗铝处理可以在钢件表面形成一层 w_{Al} 约为 50% 的铝铁化合物(在镍基合金表面则形成一层 w_{Al} 为 23%～34% 的铝镍化合物),这层化合物中由于铝的含量很高,在高温含氧介质中钢件(或镍基合金)表面可形成一层致密的 Al_2O_3 膜,从而使钢件(或镍基合金)得到保护。实践证明,渗铝后可以使零件的抗氧化工作温度提高到 950～1 000 ℃。

渗铝在提高零件的抗热腐蚀能力方面也有明显的作用。热腐蚀是在高温零件上有硫酸钠沉积时所出现的一种加速氧化现象。硫酸钠通过对氧化膜的溶解而破坏氧化膜,因此使氧化加速。燃料中的硫和海洋大气中的钠或多或少地会导致硫酸钠的形成,因此对沿海的或海面的电站、海军飞机发动机,热腐蚀是一个十分突出的问题。氧化铝膜(和氧化铬膜)有较好的抗热腐蚀能力,因此渗铝也是提高抗热腐蚀能力的有效措施。

航空发动机的发展总是向着获得更大功率、更高推重比和更高工作效率前进的,而这些都要求不断提高涡轮前温度。为了使耐热合金的高温强度不断提高以配合涡轮前温度的提高,就必须加入更多的强化元素钨、钼、铝、钛、钴、钽、铪等并同时降低铬的含量,以避免脆性的 σ 相出现。然而,这样做虽然提高了合金的高温强度,却因铬量的减少而降低了抗氧化和抗热腐蚀性能。于是出现了下述现象:高温强度越高的合金越需要保护,或者说,如果没有渗铝(或渗铬)等保护,这些高强度的材料就不能胜任工作。由此看来,渗铝(或渗铬)等工艺对于航空工业来说是必不可少的。不过,渗铝工艺主要仍是用于一般热力工程机械方面,有的国家在许多应用领域用以代替不锈钢和耐热钢,经济效果十分显著。

渗铝工艺有多种,例如液体热浸扩散法、静电喷涂扩散法、电泳沉积扩散法、固体粉末装箱法、固态气相法、低压渗铝法、料浆喷涂扩散法、包覆法、化学或物理蒸气沉积法等等。限于篇幅,本节仅作一概括的介绍。

9.6.2　渗铝工艺原理

目前已有的渗铝工艺,就其实质而言,可以分成下述两大类:一类是使金属铝(例如铝粉)与欲处理之表面直接接触,通过在高温下较长时间保温,使铝原子扩散到基体中,以形成渗层。热浸扩散、电泳扩散、静电喷涂扩散等均属于此类,其共同特点是不加活化剂;另一类是以纯铝粉或铝铁合金粉(固态粉末渗铝或料浆渗铝)或铝铁合金块(固态气相法或低压渗铝法)与适量的活化剂混合,通过高温下活化剂的作用把铝原子从铝粉或铝铁合金块上转移到零件表面,再扩散到基体中,以形成渗层。由于活化剂的作用,铝源可以不与欲渗表面直接接触。活化剂(以氯化铵为例)的作用如下:

$$NH_4Cl \rightleftharpoons NH_3 + HCl \qquad\qquad (9-43)$$

$$6HCl + 2Al \rightleftharpoons 2AlCl_3 + 3H_2 \quad (在铝铁合金表面) \qquad (9-44)$$

$$AlCl_3 + 2Al \rightleftharpoons 3AlCl \qquad (在铝铁合金表面) \qquad (9-45)$$

$$3AlCl \rightleftharpoons AlCl_3 + 2[Al] \qquad (在零件表面) \qquad (9-46)$$

当用其他卤族化合物作活化剂时,其作用也与上述类似。对于使用活化剂的工艺,可以像固体渗铝那样,将零件和渗剂密封,也可以像固态气相法或料浆法那样,用氢气作为“载流”气体造成炉内的循环,以保证渗层均匀。

9.6.3　渗层组织和性能

图 9-41(a)[3,19] 是铁-铝相图,图 9-41(b)[19] 是镍-铝相图。由图 9-41(a)可见,钢件渗铝时,渗铝层的组织可能由 $\theta(FeAl_3) + \eta(Fe_2Al_5) + \zeta(FeAl_2) + \beta_2(FeAl) +$ 过渡区组成,而外层究竟是 Fe_2Al_5 或 $FeAl_2$ 或其他什么相,完全取决于气氛的铝势。由图 9-41(b)可见,镍基合金渗铝层一般由 $\beta(NiAl)$ 外层 $+ \gamma'(Ni_3Al) +$ 过渡区组成。

零件经过渗铝后,抗氧化性和抗热腐蚀性都有明显提高,但力学性能却有所下降。不过一般渗铝层都不是很厚,因此这种不利的影响,在绝大多数情况下都是可以容许的。

由于铝在钢中的扩散速度很低,因而渗铝时往往采用较高的扩散温度,通常是 $800 \sim 1\,000\ ℃$。尽管如此,经过 10 h 左右的扩散后也仅能获得 $10 \sim 40\ \mu m$ 的渗层。

渗铝零件在高温工作过程中,由于铝要向外扩散以形成 Al_2O_3 膜(膜会不断增厚,在一定的条件下还会剥落);同时又会向内扩散,使渗层增厚,因此整个渗层中的铝含量会越来越低,组织也会相应地经历着一个“蜕变”过程。这个过程的特点是高铝相(如 NiAl 或 Fe_2Al_5)不断变化为低铝相(如 Ni_3Al 或 Fe_3Al)。当组织变成以 Ni_3Al 或 Fe_3Al 为主时,渗层将完全失去保护能力,这是因为这两个相不能提供足够的铝原子,以使零件表面生成致密的 Al_2O_3 膜之故。研究还证明,渗层的铝主要损失于向内的扩散。

为了解决这一问题,可以促使低铝相也生成致密的氧化膜,为此人们采取了设置氧化物弥散质点扩散障、镀铂渗铝的方法;此外,也可采用二元、多元共渗的办法,如 Al-Cr,Al-Si,Al-Cr-Si 共渗,稍后发展的 Co-Cr-Al-Y 或 Fe-Cr-Al-Y 涂层工艺等,其性能更为良好。但这些方法主要用于航空工业中,而其他工业中采用的仍大多是渗铝法。

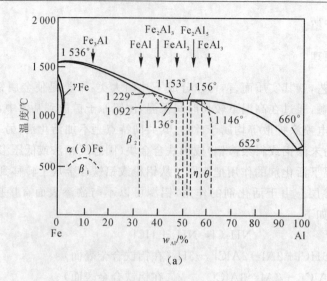

(a)

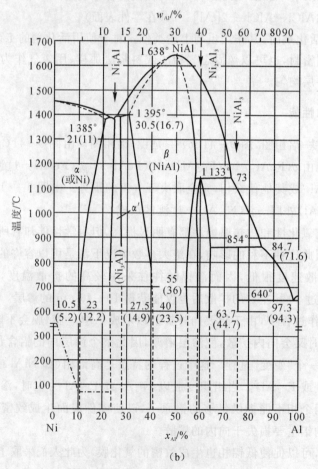

(b)

图 9-41 铁-铝与镍-铝相图

(a) Fe-Al 相图；(b) Ni-Al 相图

复习思考题

1. 简述钢的气体渗碳原理(三个阶段)。

2. 钢的气体渗碳工艺参数的确定原则如何(包括气氛碳势的选择,控制原理,渗碳温度的选择,渗碳时间的确定)?

3. 如何选择钢渗碳后的热处理方法?

4. 钢经渗碳并热处理后,其力学性能将发生怎样的变化? 为什么?

5. 钢渗碳并热处理后会有哪些常见缺陷? 其产生的原因如何?

6. 氮化钢在成分上有何特点? 氮化后钢在性能上有何特点?

7. 试比较钢经渗碳和氮化后其渗层的强化机理。

8. 钢的氮化工艺参数应如何选择?

9. 离子氮化原理及其特点如何?

10. 什么叫软氮化? 它有何特点?

11. 高温碳氮共渗的原理和工艺如何? 其渗层有何特性?

参 考 文 献

[1] Carburizing and Carbonitriding, ASM, 1977.

[2] Thelning K E. Steel and its Heat Treatment, Bofors Handbook, 1975.

[3] 日本钢铁协会. 钢的热处理,改订 5 版,1969.

[4] 可控气氛热处理编写组. 可控气氛热处理——应用与设计(上册). 北京:机械工业出版社,1982.

[5] 曾祥模. 热处理炉. 西安:西北工业大学出版社,1989.

[6] Ipson 公司产品说明书.

[7] Блантер М. Жур. Тех. Физ. , 1950(20):1001.

[8] Wells C, et al. Trans. AIME, 1950(188):553.

[9] Collin R, et al. JISI, 1972(210):785.

[10] Dawes C, et al. Metals Technology, 1974(1):397.

[11] 卜高金-阿列克谢也夫 Г И, 等. 钢的气体渗碳. 北京:机械工业出版社,1960.

[12] Xun Yumin, et al. Preprint volume of the third IFHT International Congress on Heat Treatment of Materials, 1983:61.

[13] ISO 2639—1973,中译本,钢—表面渗碳硬化层有效深度的测定和校验.

[14] Apple C A, et al. Met, Trans, 1973(4):1 195.

[15] 北京航空学院,西北工业大学. 钢铁热处理,1977.

[16] Diesburg D E, et al. Met. Trans. , 1978(9A):1 561.

[17] Ebert L J. Met. Trans. , 1978(9A):1 537.

[18] Brooks C R. Heat Treatment of Ferrous Alloys, McGraw-Hill Co. , 1979:131.

[19] Hansen P M. Constitution of Binary Alloys, 2nd Edi. , 1958.

[20] Lehrer E Z. Electrochem. , 1930(36):383.

[21] Wert C J. Appl. Phys. , 1950(21):1 196.

[22] Jack K H. Nitriding, Heat Treatment 1973:39.

[23] Bell T, et al. Heat Treatment 1973:51.

[24] Lightfoot J, et al. Heat Treatment 1973:59.

［25］ 上海交通大学,等．金属热处理,1982.

［26］ Egan J J. US Patent No. 1837526：1931.

［27］ Jones C K, et al. Heat Treatment 1973：71.

［28］ Keller K. Härt. Techn. Mitt. , 1971(26)：120.

［29］ Hombeck F, et al. Inetrn. Cong. Phys. Metall. Asp. Surf. Coat. , ISI, 1973, London.

［30］ 机械工业部机床研究所．离子渗氮指导资料,1984.

［31］ Bell T, et al. Heat Treatment, 1973：99.

［32］ Berneron R, et al. Heat Treatment, 1979：45.

［33］ Edenhofer B. Heat Treatment, 1979：52.

［34］ Slycke J. Heat Treatment, 1976：57.

［35］ Belló J M, et al. Heat Treatment of Metals, 1974(4)：138.

［36］ Holm T. Heat Treatment 1973：125.

［37］ Simon A, et al. Heat Treatment 1976：51.

［38］ Prenosil B. Carbonitriding, Praha,1964,转摘自[37].

［39］ 李炳生,等．第一届国际材料热处理大会论文集．北京：机械工业出版社,1978.

［40］ Von Matuschka A G. Boronizing, 1980.

［41］ Kunst H, Schaaber O. Härt. -Techn. Mitt. , 1962(17)：131；1967(22)：18,275,284,288.

［42］ 热处理(日)．10(1970),金属(日),1972.

［43］ Kiessling R. Acta Chem：Scand. , 1950(4)：209.

［44］ 钢铁热处理编写组．钢铁热处理——原理及应用．上海：上海科学技术出版社,1979.

第10章 特种热处理

10.1 表面热处理

钢的表面热处理是使零件表面获得高的硬度和耐磨性,而心部仍保持原来良好的韧性和塑性的一类热处理方法。与化学热处理不同的是,它不改变零件表面的化学成分,而是依靠使零件表层迅速加热到临界点以上(心部温度仍处于临界点以下),并随之淬冷来达到强化表面的目的。

依加热方法的不同,表面热处理主要可分为感应加热表面热处理、火焰加热表面热处理、电接触加热表面热处理和近年来新发展起来的激光热处理等。本章仅讨论感应加热表面热处理和激光热处理。

10.1.1 感应加热表面热处理

这是目前应用最广、发展最快的一种表面热处理方法,其主要优点在于:①加热速率快、热效率高,这是因为处在交变磁场中的零件靠自身产生的热量来加热,其热损失少,热效率可达60%以上,且加热速率每秒可达几百度至几千度;②热处理质量高,因为加热时间短,零件无氧化和脱碳,且由于零件心部处于低温状态,强度较高,故淬火变形小;③便于实现机械化和自动化,且产品质量稳定等。

(一)感应加热基本原理

将一个线圈通以交变电流,在线圈周围便会产生交变磁场。若再将一导体(零件)置于该交变磁场中(见图 10-1),则导体中将产生感应电流。感应电流的频率与线圈中电流的频率相同。由于零件本身有阻抗,当有电流通过时便会发出热量,因而感应加热时,零件是依靠在其自身中流通的感应电流(或称涡流)产生热量而被加热的。但导体中通过交变电流时会产生"集肤"效应,使截面上电流的分布不均匀,即表层的电流密度大,而心部的电流密度小,并且这种不均匀程度随电流频率的增大而增大,如下式所示:

$$J_x = J_0 \exp\left(-\frac{2\pi}{c}\sqrt{\frac{\mu f}{\rho}}\, x\right) \tag{10-1}$$

式中　J_0—— 导体表面的电流密度,A/m^2;

　　　x —— 至表面的距离,mm;

　　　J_x —— 距表面 x 处的电流密度,A/m^2;

　　　c —— 光速(3×10^8 m/s);

　　　μ —— 被加热材料的相对导磁率;

　　　f —— 电流频率,Hz;

　　　ρ —— 被加热材料的电阻率,$\Omega\cdot cm$。

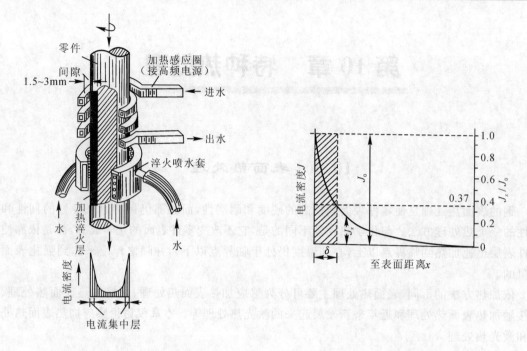

图 10-1　感应加热示意图　　　　　图 10-2　交变电流在导体中的分布

上式也可表示在图 10-2 中。计算表明,如果把从表面到 $J_x/J_0=1/e\approx0.37$ 处的深度定义为电流的透入深度 δ,则在此深度内电流所产生的热量约为全部热量的 85%～90%,这时有

$$x=\delta=50\,300\sqrt{\frac{\rho}{\mu f}}\ (mm) \tag{10-2}$$

由式(10-2)可看出:

(1)电流频率愈高,电流透入深度就愈小,因此应根据零件所要求的淬火层深度来选择频率,从而选定设备。例如,若要求淬火层深度为 50 mm 左右时,应选用工频(50 Hz)感应加热;若为 3.5～20 mm 时,应选用中频(500～8 000 Hz)感应加热;若淬火层较浅时,则应选用高频(100～500 kHz)感应加热。

(2)电阻率愈大,导磁率愈小,则电流透入深度愈大。当钢件从室温被加热到 1 000 ℃时,则电阻率将增大 10 倍;而当温度超过居里点(A_2)后,相对导磁率将由室温的 200～600 降到 1,因此电流透入深度将剧增(在 20 ℃ 和 1 000 ℃ 时钢的电流透入深度 δ 分别约为 $20f^{-1/2}$ 和 $600f^{-1/2}$)。这时,整个电流透入层中的电流密度即迅速下降,从而使表层加热速率变慢,并导致温度沿断面的分布在表层较为平缓。这种温度分布是十分有利的,它既可保证零件有一定的淬硬层深度,又不易使表层过热。这是它比火焰加热表面热处理优越之处。

(二)高频感应加热表面淬火后的组织与性能

为了弄清高频感应加热表面淬火后的组织,首先应了解在高频感应加热时钢的相变特点。

1. 快速加热时钢的相变特点

高频感应加热时尽管钢中所发生的仍然是由珠光体(原始组织)向奥氏体的转变,并且新相也是通过形核和长大过程形成的,但由于加热速率极快,加热时间很短,使其相变具有以下一些特点:[1]

（1）临界温度（A_{c_1}，A_{c_3}）升高，转变在一个较宽的温度范围内完成。在快速加热时出现的这一现象实际上在第 2 章图 2-19 中即已看出。由于高频感应加热时的加热速率极快，为了确保在加热时组织转变的完成，往往需要知道在不同加热速率下的实际临界温度。为此，图 10-3 给出了不同加热速率对不同碳质量分数的钢临界温度（A_{c_3}）的影响。可以看出，加热速率愈快，临界温度（A_{c_3}）愈高。

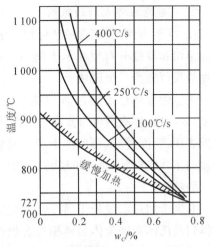

图 10-3　加热速率对不同碳质量分数的钢临界温度（A_{c_3}）的影响

（2）奥氏体晶粒较细。在快速加热时，由于相变在很大的过热度下进行，形核率和长大速率都很大。但随过热度的增加，形核率增加得更快，而且由于加热时间短，晶粒来不及长大，因而随加热速率的提高，将使奥氏体晶粒变得愈加细小。这样，淬火后便可得到隐针马氏体组织，这对改善钢的力学性能显然是有利的。当然，这是指正常情况而言。若操作不当（如加热时间过长），表层也会发生过热，得到粗大马氏体组织而成为高频感应淬火中常见的缺陷之一。图 10-4 表示在不同加热速率下加热温度对奥氏体晶粒大小的影响。

（3）奥氏体成分不均匀，有时组织中还残存一些第二相。在快速加热时扩散过程往往来不及充分进行，因而奥氏体成分（主要指碳含量）不易达到均匀化，这样淬火后马氏体中的碳含量也是很不均匀的。对于亚共析钢，有时甚至在淬硬层内也可能有铁素体存在。这也被认为是高频感应淬火常见的缺陷之一。为了避免这种因快速加热而易于引起的缺陷，通常在高频感应淬火之前须对钢件进行适当的预备热处理，以获得尽可能均匀的原始组织。最常用的预备热处理是调质处理，这时可得到回火索氏体，这种组织不仅对高频感应淬火最为合适，而且也可使心部获得良好的综合力学性能。对于不太重要的零件也可采用正火作为预备热处理。

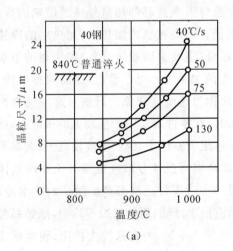

（a）

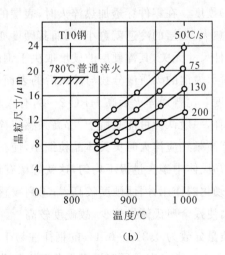

（b）

图 10-4　在不同加热速率下加热温度对奥氏体晶粒大小的影响

2. 高频感应淬火后的组织

以45钢为例,在正常的感应加热条件下,钢件中沿断面上温度的分布以及淬火冷却后相应的组织和硬度分布规律示于图10-5中。可见,整个加热层可分为三个区域:

Ⅰ区为加热温度超过A_{c_3}(指快速加热时的临界温度)的一层,淬火后可得到完全马氏体的组织。但越靠近表面,温度越高,马氏体组织也越粗大,往往呈现明显的条状或针状;而靠里层的马氏体则较细,带有隐针状的特征。

Ⅱ区为加热温度处于$A_{c_1} \sim A_{c_3}$之间的一层,淬火后得到马氏体和铁素体的两相混合组织,并且越远离表面铁素体量越多。该层也叫过渡层。由于加热时间短,高温下与铁素体相接壤的奥氏体中碳含量很低,因而淬透性很低,以致淬火后在铁素体周围往往易于形成少量屈氏体(在光学显微镜下观察呈黑色)。

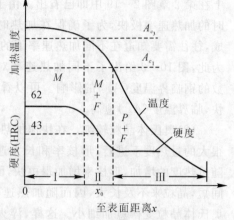

图10-5 45钢高频感应淬火后的组织和硬度(x_0为淬硬层深度)

Ⅲ区为温度低于A_{c_1}的一层,由于加热时未得到奥氏体,冷却时不会发生马氏体转变,因而基本上仍保留着原始组织。但若高频感应淬火前零件为调质状态,那么该区内温度高于调质回火温度的那一部分,将会发生进一步的回火,从而使硬度降低。

至于过共析钢,经高频感应淬火后,一般表层组织为马氏体+碳化物+一定量的残余奥氏体;过渡层组织为马氏体+碳化物+少量屈氏体(如索氏体);心部组织为珠光体+碳化物。

3. 高频感应淬火后零件的力学性能

经高频感应淬火后,零件力学性能的变化不仅与钢的成分有关,而且还与淬硬层深度以及淬硬层和心部的组织有关。现就其一般规律简述如下:

(1)硬度。在零件穿透加热淬火时,表层的冷速将因受到心部热量外传的影响而变小,零件尺寸愈大,表层的冷速就愈小,因而其硬度亦愈低。但高频感应加热时,加热层的冷速实际上与零件尺寸无关,其淬硬层的硬度取决于钢的成分(主要是碳质量分数)和所得的组织。图10-6所示为钢的碳质量分数与淬火后的表面硬度的关系[2]。可以看出,经高频感应淬火后,表面硬度要比普通淬火后高HRC 2~3,有人将此称为超硬度现象。目前对这一现象尚无统一的解释,一般认为可能是由于:①高频感应淬火时,在零件表层中产生较大的压应力,使硬度增高;②高频感应淬火时奥氏体晶粒细小,使马氏体组织亦细小,因而硬度较高[1];③高频感应淬火时马氏体中碳含量极不均匀,这就好像有许多高碳马氏体分散在低碳马氏体的基体上起着弥散硬化的作用,因而硬度较高[3];④高频感应淬火时零件通常都经受激烈的喷水冷却,冷速极快,使残余奥氏体量较少,故硬度较高[3]。但应指出,钢的原始组织不均匀,原始晶粒粗大时,碳质量分数为0.2%~0.4%的钢往往易于出现淬火不足,与普通淬火相比,硬度反而要低些。关于在正常状态下硬度沿零件截面上的分布状况已如图10-5所示,这里不再重复。

(2)疲劳强度。高频感应淬火后可以有效地提高零件的弯曲、扭转疲劳强度,通常小零件可提高2~3倍,大零件可提高20%~30%。

表面淬火之所以能提高零件的疲劳强度,主要是因为淬硬层中马氏体的比容比原始组织为大,使表层中形成很大的残余压应力所致。疲劳强度的大小与淬硬层深度有关。图10-7[4]清楚地表明,随着淬硬层深度的增加,疲劳强度有一个极大值出现。这可能是由于过深的淬硬层会使表面的压应力下降,而过浅的淬硬层又会使张应力区接近表面,因而都不利于疲劳强度的提高。

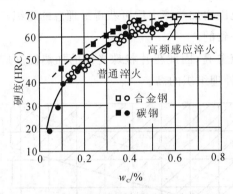

图 10-6　钢的碳质量分数与淬火后
　　　　　表面硬度的关系

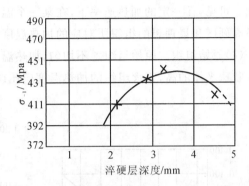

图 10-7　25 钢淬硬层深度与疲劳强度 σ_{-1} 的关系

(3)其他力学性能。高频感应淬火后零件的静强度如抗弯强度和扭转强度皆有提高,且随淬硬层深度的增大而增大;而塑性和韧性的变化则完全相反。多冲抗力随淬硬层深度的增加有一极大值,即淬硬层深度过小或过大都不好[4]。

综上所述,高频感应表面淬火后可使零件获得许多优良的性能。与渗碳零件相比较,当中碳钢表面淬火淬硬层与低碳钢渗碳层的深度相同时,前者的静强度和疲劳强度均优于后者,但耐磨性劣于后者,因此,当零件主要要求高的疲劳强度时,以选用前种工艺为宜。

(三)高频感应表面淬火工艺的制定

对普通淬火来说,其加热过程只须控制加热温度和保温时间,但高频感应加热时情况则较为复杂,为了满足对零件组织和性能的要求,须控制其加热温度、加热速率和淬硬层深度,而这三个热参数又需通过控制设备的电参数(电流频率、单位表面功率❶)和加热时间来保证。例如,电流频率决定了电流透入深度,而电流透入深度和加热时间又决定了淬硬层深度;单位表面功率决定了加热速率,也会影响到加热温度;加热时间在很大程度上决定了加热温度(感应加热速率很快,测温较困难,通常采用控制加热时间的办法来间接地控制加热温度)。由此可见,高频感应淬火的工艺参数中除热参数外,尚有电参数,而且两者间有着密切的关系。现简述如下。

1. 加热温度和加热速率的确定

由于高频感应加热时沿零件截面上温度的分布是不均匀的,故所谓加热温度是指零件表面的温度而言。在选择加热温度时应当考虑以下方面:

(1)加热速率。前已述及,高频感应加热时临界温度随加热速率而变,因此加热温度的选

---

❶　详见 281 页中 3 所述。

择必须考虑加热速率的影响。图10-3可作为这方面的参考。

(2)表面的硬度要求。图10-8[1]表示40钢的加热温度、加热速率和表面硬度间的关系。可见,在一定的加热速率下,在某一个温度范围内加热淬火后可获得最高的硬度。因此,所选加热温度就应落在该温度范围内。

(3)淬硬层要求的组织。图10-9[5]是T10钢加热温度、加热速率和所得淬硬层组织的关系图。可见,在一定的加热速率下,在某一个温度范围内加热淬火后可获得最理想的组织。一般最高硬度和最理想的组织所对应的加热温度是一致的。

(4)原始组织。原始组织愈不均匀,加热温度应愈高,因此粗片状珠光体的加热温度应比细片状珠光体的高,正火组织的加热温度应比调质处理组织的高。

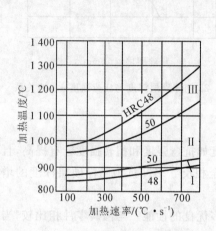

图10-8 40钢高频感应加热温度、加热
速率和表面硬度间的关系(预
备热处理为调质处理)
Ⅰ,Ⅲ—允许规范;Ⅱ—最佳规范

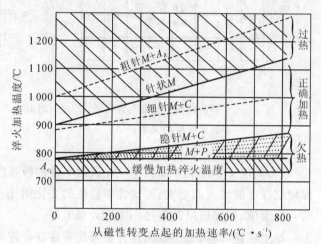

图10-9 T10钢高频感应加热温度、加热速率和
所得组织的关系

2. 淬硬层深度和电流频率的选择

零件的淬硬层深度主要决定于对力学性能和耐磨性的要求。淬硬层深度的确定应保证零件在允许磨损的深度内有足够高的硬度和耐磨性。研究指出[1],淬硬层深度为零件半径的10%左右时,可在静强度、疲劳强度和塑性方面获得最佳结果。当淬硬层深度选定后,应当选择合适的电流频率,使电流透入深度能保证得到要求的淬硬层深度。生产实践表明,对一般外廓不太复杂的零件,电流透入深度(δ)与所要求的淬硬层深度(x)之间应满足下列经验关系[3]:

$$\delta/4 < x < \delta \tag{10-3}$$

并认为,$x = (0.4 \sim 0.5)\delta$时最为合适。将式(10-2)代入式(10-3),可得下列不等式:

$$15\,000/x^2 < f < 250\,000/x^2 \tag{10-4}$$

而最合适的频率为$60\,000/x^2$。据此即可选定设备。

但实际生产中有时是设备已定,而电流频率又是不能随意调节的。如果设备的电流频率能满足式(10-4)的要求,则加热速率快,热效率高,过渡层窄,此时可较好地保证产品质量;如果设备的电流频率太低,则电流透入深度太深,无法达到表面加热的目的;如果设备的电流频

率太高,则电流透入深度太浅,这就必须依靠热传导使内层加热,以达到所要求的淬硬层深度,结果不仅易使表面过热,而且过渡层较宽,热损失也较大。

3. 单位表面功率和加热时间的确定

所谓单位表面功率是指被加热零件单位表面上实际接受的功率,它是通过调节电源的有效输出功率来获得的,它直接决定了零件的加热速率,即单位表面功率愈大,加热速率愈快。一般认为,单位表面功率 $\Delta P = 0.3 \sim 1.5 \text{ kW/cm}^2$ 时较为合适。若单位表面功率过大,则加热速率过大,而为了保证一定的淬火温度,加热时间势必过短,以致难于操作和控制;但若单位表面功率过小,则使加热时间过长,这不仅降低生产率,增大热损失,而且有可能使淬硬层过深。生产中实际采取的原则是:当电流频率一定时,所要求的淬硬层愈深,则选用的单位表面功率就应愈小,其相应的加热时间应愈长。

如果已有设备的功率不足,或零件细长而不宜于一次同时完成加热时,可采用局部地边加热边淬火的连续(或顺序)加热淬火法,即将零件按一定的速率相对于感应器作移动,当被加热部分移出感应器后,随即淬冷。此外,还有叫做"同时加热淬火法"的,即对零件上欲淬硬表面整体地同时进行加热,随后立即淬冷。这两种基本的淬火法如图 10-10 所示。

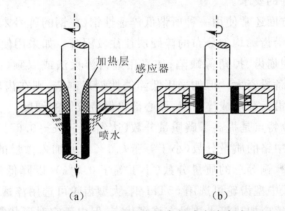

图 10-10　两种基本的高频感应淬火法
(a)连续加热淬火法;(b)同时加热淬火法

4. 高频感应淬火的冷却

由于高频感应加热的特点,决定了它在大多数情况下都采用喷射冷却,即把淬火介质从装在零件周围喷射器的小孔中喷向零件,使之快速冷却。由于采用这种喷射冷却时淬火介质不存在气膜期,故大大提高了零件的冷速。常用的淬火介质中以水为主,其次是油、乳化液或其他介质,但油易燃,成本也高。

5. 高频感应淬火后的回火

高频感应淬火后的零件应当进行适当的回火,以减小内应力,并达到所要求的力学性能。其回火工艺无异于普通淬火法。至于回火方法有在炉中加热回火、感应加热回火和利用心部余热对表面进行自回火等。

应当指出,在感应加热中,选择频率、单位表面功率和控制加热时间等是保证淬火质量的主要关键。但是零件是通过感应器被加热的,因此合理地设计感应器也是保证产品质量的重要环节。实际生产中,零件的形状和尺寸千变万化,这就必须有与之相适应的感应器,但设计感应器是一项专门技术,有关这方面的问题可参考专门的资料,这里不作介绍。

(四)表面淬火用钢

表面淬火常常用于碳质量分数为 0.4%～0.5% 的中碳钢和球墨铸铁。这是因为中碳钢经预先热处理(正火或调质)后再进行表面淬火,既可保持心部有较高的综合力学性能,又可使表面具有较高的硬度(大于 HRC 50)和耐磨性,故常用于制造各种齿轮和传动轴等零件。同样,球墨铸铁经表面淬火后也可大大提高表面硬度和耐磨性,故常用于制造柴油机曲轴、凸轮轴、机床导轨和内燃机汽缸套等零件。

碳质量分数低于 0.35% 的钢,由于不能获得高的表面强化效果而很少应用。碳质量分数过高的钢,尽管淬火后可使表面硬度和耐磨性提高,但心部的塑性和韧性却较低,故高碳钢的表面淬火主要用于承受冲击小和在交变载荷下工作的工具、精密丝杠和高冷硬轧辊等。

由于表面淬火时只要求表面硬化,不论碳钢或合金钢,单就表面淬火对钢淬透性的要求来看均可得到满足,因此表面淬火时使用碳钢和低合金钢的情况较多(如 40,45,50,40Cr,40MnB,42CrMo 等)。至于采用合金元素含量较高的钢(如 5CrNiMo,40CrNiMoA 等),则主要是考虑在预先热处理(调质)时要保证足够的淬透性,使心部获得较高的综合力学性能,以满足承载较大的重要零件的要求。

在表面淬火用钢方面还常使用一种所谓低淬透性钢(在钢的牌号末尾标以 d)。生产中对于中、大型齿轮要得到沿齿廓均匀分布的淬硬层往往较困难。如采用使齿轮透热淬火,则易造成心部硬度过高而出现崩齿、掉角等缺陷;如采用逐齿淬火法或双频(即先中频后高频)淬火法,则生产率较低或设备投资大。但如采用低淬透性钢来制造,则在齿轮透热淬火后,由于其淬透性低,使齿轮只会沿齿廓形成淬硬层,而心部仍保持较低的硬度。

低淬透性钢的成分特点是提高了碳质量分数(达到 0.55%～0.65%),以提高钢的硬度和耐磨性;严格限制了钢中铬的质量分数(小于等于 0.1%),并加入微量的钛(0.05%～0.1%),同时还降低了锰、铬、镍、铜等总的质量分数(小于等于 0.5%),以降低淬透性,钛还具有阻止晶粒长大的作用。一般中型齿轮可选用 55Tid 钢,大型齿轮可选用淬透性稍高的 60Tid 钢。

最后应指出,高频感应加热淬火法虽有许多优点,但由于它对形状复杂的零件不易得到均匀的硬化层,而且耐磨性与化学热处理相比还较差;加之其设备费昂贵,对不同类型的零件都需配以相应的感应器,使生产成本较高。因此,在一定程度上限制了它的应用。

10.1.2　激光热处理

激光自 20 世纪 60 年代问世以来,以其极有价值的特性引起了各个技术部门的重视,在很短的时间里,即在激光理论、控制技术和应用等方面得到了迅速的发展,而由于它的广泛应用又有力地推动了各项技术的发展。目前在以激光作为热源对材料进行热处理的试验研究和实用方面已取得了可喜的成果,充分显示了激光热处理的优点和效果,它将成为一种有效的新型热处理方法在工业中得到应用。

(一)激光的原理、特性和加热金属的热学分析[6,7]

1. 激光的原理和特性

激光是由激光器产生的。激光器主要由激活媒质、激发装置和光学谐振腔组成。激光器有多种,金属热处理时大都使用 CO_2 激光器,因为它的输出功率大(可达几十千瓦)、效率高,并可连续工作。其原理图如图 10-11 所示。这种激光器的激活媒质是 CO_2 气体分子,其光学谐振腔由激光器腔体和在轴向两端的反射镜组成。

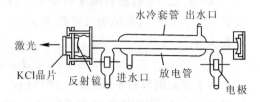

图 10-11　CO_2 激光器原理图

激活媒质受到外界的激发后(例如光或电激发),便可使某两个能阶间处于高能阶的粒子数多于处于低能阶的粒子数,如这时有光子趋近高能阶的粒子,且光子频率又符合某种条件,便会产生受激辐射,即高能阶的粒子跃迁到低能阶上,与此同时发射出一个同样的光子(频率、传播方向和振动方向均相同),这样,加上原入射的光子就成为两个光子,从而得到了增益。这时在光学谐振腔内其传播方向与腔体轴向相同的光子碰到反射镜片后便被反射折回,经两个反射面的互相反射而往返运行,在此过程中又将引起其他激发态的激活媒质产生感应跃迁(即受激辐射)而获得增益。如这种增益能补偿由其他原因(如界面透射、吸收、散射、衍射等)造成的损失,则这种传播就会持续地进行下去,形成光振荡,并由输出端给出,即成激光。

激光的主要特性如下:

(1)高方向性。一般光源发出的光具有发散性,而激光则具有高度的方向性,其光速的发散角可小于一个到几个毫弧度(mrad),故可认为光束基本上是平行的。

(2)高亮度性。从激光器发射出来的光速可以通过聚焦,使其会聚到一个极小的范围,因而可具有非常高的能量密度。

(3)高单色性。从激光器发出的光的频率范围非常窄,使其相干性非常好。

上述三个特性是相互关联的,因为只有相干的光在其传播过程中才能保持平行,从而能把光波的能量传输到较远处,并通过聚焦使其会聚到极小的区域而得到很高的能量密度。

2. 激光加热金属的热学分析

当激光照射到金属表面时,便将其能量传输给金属而变成热能,从而加热金属。现对这一热学过程进行简要介绍。

(1)最小光斑直径和集束光的强度。如将发散角为 η(rad)的光用焦距为 f(cm)的透镜聚焦时,焦点平面上的光斑直径 d(cm)可表示为

$$d = f\eta \qquad\qquad (10-5)$$

高功率的激光,η 约为 $10^{-2} \sim 10^{-3}$ rad;用焦距为数厘米的透镜聚焦时,光斑直径 d 仅为几十到几百微米。集束光的强度,即功率密度 F 可用激光输出功率 P 除以光斑面积来表示,即

$$F = 4P/\pi d^2 \qquad\qquad (10-6)$$

表 10-1 列出了几种能源功率密度的比较。可以看出,激光和电子束的功率密度是较高的。

表 10-1　几种能源功率密度的比较

能　源　项　目	氧-乙炔焰	太阳光	电子束	激光*
最小光斑面积/cm^2	10^{-2}	10^{-3}	10^{-7}	10^{-5}
功率密度/($W \cdot cm^{-2}$)	10^4	10^5	10^9	10^9

* 激光输出:10^4 W,$\eta \approx 10^{-3}$ rad,$f = 3$ cm。

（2）激光照射时材料温度的变化。当功率密度为 F 的激光照射到材料表面时，若表面的反射率为 γ，材料对光的吸收系数为 $\alpha(\text{cm}^{-1})$，自表面起算的深度为 $Z(\text{cm})$，则材料内的光强 I 可表示为

$$I = (1-\gamma)F\,e^{-\alpha Z} \qquad\qquad (10-7)$$

由于金属的吸收系数 α 很大（约为 $10^5 \sim 10^6\ \text{cm}^{-1}$），故光几乎全能被金属吸收而转变为热量 Q，即 $Q=I$。但正由于吸收系数很大，可以认为整个热量仅被金属表面（$Z=0$）所吸收，因此可按小圆形平面热源加热金属的设想（见图 $10-12$）来计算在一定半径（r）、一定深度（Z）和一定时间（t）作用下的温度 $\theta_{r,z,t}$。有关的数学表达式可参见文献[7]。

用激光加热金属表面时，为了不使表面受到损伤（过热、熔化或烧损），一般表面最高温度不应超过 1 200 ℃，并规定最大淬硬深度是从表面到温度为 900 ℃ 处。因此可以根据被加热金属的某些物理参数和相应的计算公式估算出所需激光器的容量、淬硬层深度和加热时间等。一般来说，当功率密度大时，加热时间短，淬硬深度浅；功率密度小时，加热时间长，淬硬深度大。但前者温度梯度大，获得局部加热状态的倾向更大，具体选择时应根据实际需要而定。

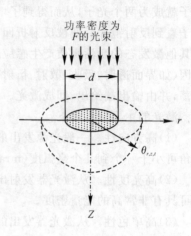

图 $10-12$　圆形光束加热金属时热的透入

（3）反射率的影响和利用。如被加热零件的表面粗糙、无光泽、表面氧化或色深，即反射率 γ 较低，则吸收的能量就大；反之，如零件表面很光亮，即反射率 γ 较高，则对激光热处理很不利。因此，在激光热处理前需对零件表面进行黑化处理（如氧化、磷化、涂石墨等），使其反射率接近于零。

反射率的这种影响可以被利用来进行零件表面的选择性图案硬化，即在光亮的零件表面上将需硬化的部分进行黑化，以实现硬化。

（二）激光热处理工艺及其优点

激光热处理的原理和普通热处理相同，只不过其加热时间很短（在千分之几到十分之几秒范围），区域也很小，仅一个点、一条线或一个小面。利用激光作热源能使金属表面的一个小部分迅速升温。理论和实践均证实，表面温度和热穿透深度都与激光照射持续时间的平方根成正比。因此，适当地调节光斑尺寸、扫描速度和激光功率，其表面温度和热穿透深度是能够控制的。当激光束移开加热表面后，该处的热量便迅速传导至其余冷态部分去，即相当于自行激冷淬火，而无须采取别的急冷措施。在进行激光束扫描时，还可通过光束摆动机构改变摆动的振幅和频率来调节功率密度，从而控制淬硬层深度和覆盖面积。

但应指出，激光热处理时由于光斑或光束摆动的面积较小，而只能借光束在零件表面上逐条地扫描来进行，为了不致因后一条扫描带边缘的热量把前一条已淬硬的部分回火软化，应设法使光束或摆动面边缘的能量分布尽可能陡峭。这可利用光栅来达到。

激光热处理具有许多优点：①处理过程极快，故大气气氛对表面的影响一般较小。②热能是由光束传递给零件表面的，属无接触加热，不会发生因接触引起的表面沾污。③由于采用了特制的望远镜头聚焦，其焦深很长（可达 100～150 mm），因此零件表面在焦深范围内上下变

动,对光能的吸收无影响,这对处理表面凹凸不平的零件来说是非常有利的,并且可使一台热处理装置同时适应多种尺寸和形状不同、外形复杂的零件,使设备简化,工夹具等辅助装置减少;如果利用一套可调节的反射镜或光导纤维,可将激光束照射到零件须热处理的任何部位,以实现硬化。④因加热区域小且是扫描式的加热,故热处理变形小。⑤可进行局部表面合金化处理,即通过用激光照射有涂层或镀层的表面,使其超过熔点,从而形成一层薄的具有特殊性能的合金化表层。⑥易实现自动化,并可节约能量和改善劳动条件。

总之,激光热处理是一种新兴的富有生命力的热处理方法,但由于目前在技术设备上还不够完善,尤其是激光器的功率尚有限,使淬硬层较薄,尚不能用于承受重负荷的零件上,而且激光器价格昂贵,生产成本也较高,故使其应用尚受到一定限制。

最后应特别指出,激光对人眼可产生极大的危害(烧伤眼底),故操作时应注意安全防护。

10.2　真空热处理

10.2.1　关于真空的基本知识

所谓真空是指压力较正常大气压小(即负压)的任何气态空间。完全没有任何物质的"绝对真空"是不存在的。若将热处理的加热和冷却过程置于真空中进行,就称为真空热处理。

在真空状态下,负压的程度称为真空度。气压越低,即真空度越高;反之,即真空度越低。目前真空度最常用的度量单位是 Pa(1 atm=760 Torr, 1 Torr=133.3 Pa)。根据真空度的大小,通常可将其划分为四级:$(10 \sim 10^{-2}) \times 133.3$ Pa 时称为低真空,$(10^{-3} \sim 10^{-4}) \times 133.3$ Pa 时称为中真空,$(10^{-5} \sim 10^{-7}) \times 133.3$ Pa 时称为高真空,$10^{-8} \times 133.3$ Pa 以上时称为超高真空。

在真空炉中气体的成分十分复杂,除残存的空气外,还有从炉体材料和零件内释放出的气体、从密封衬垫和润滑油中放出的气体以及外界渗漏进来的气体等。因此,为了保证达到所要求的真空度,在炉子工作过程中就必须用真空泵不停顿地进行排气。

如果在正常大气压下(101 325 Pa)炉内的气体体积分数是 100% 的话,随真空度的提高,其体积分数将不断降低,例如在 133.3×10^2 Pa 时,其体积分数 $= \dfrac{13\,330}{101\,325} \times 100\% = 13.4\%$。假定这种气体都是杂质气体,则可将其体积分数称为相对杂质量。另外,据测定在真空中残存气体内有 70% 是水蒸气,而水蒸气的体积分数通常用露点来表示。这样,即可用相对杂质量或露点来表示相应的真空度,它们之间的关系如表 10-2 所示[8]。

表 10-2　真空度与相对杂质量、露点的关系

真空度/Pa	10^2 ×133.3	10 ×133.3	1 ×133.3	10^{-1} ×133.3	10^{-2} ×133.3	10^{-3} ×133.3	10^{-4} ×133.3	10^{-5} ×133.3
相对杂质量/%	13.1	1.34	0.134	0.0134				
相对杂质量/(10^{-6})					13.4	1.34	0.134	0.0134
露点/℃		+11	−18	−40	−59	−74	−88	−101

工业中通常使用的纯度良好的惰性气体中,多数含有约 0.1% 的反应性杂质气体。与表 10-2 对照,其纯度大体上只相当于 133.3 Pa 的真空度。如直接以这种纯度的惰性气体作为保护气氛,杂质气体将与被加热金属发生反应。但如果用高纯度的惰性气体,使其相对杂质量达到 10^{-6} 左右,就必须经过昂贵而复杂的精制过程,然而据表 10-2 所知,此时也不过只相当于 $10^{-3} \times 133.3$ Pa 的真空度。从目前的真空技术来看,要获得 $10^{-3} \times 133.3$ Pa 的真空度是较容易实现的。另外,在采用普通保护气氛的无氧化加热中,所控制的露点值充其量也不过 $-30 \sim -40$ ℃,与其相对应的真空度约为 $10^{-1} \times 133.3$ Pa 左右,这是真空炉极易达到的。因此,对比之下可以明显看出,使用真空加热是十分简便和有良好效益的。

10.2.2 真空热处理的特异效果和伴生现象

金属及合金在真空热处理时可在改善产品表面质量方面获得一般热处理时所没有的特异效果,充分显示了真空热处理的优越性。

1. 表面保护作用

大多数金属及合金在氧、水蒸气和二氧化碳等氧化性气氛中加热时将会发生氧化,对钢来说还会引起脱碳。但在真空中加热时,因氧化性气氛的含量极低,氧的分压很低,可使钢防止氧化和脱碳。从理论上讲,要达到无氧化的目的,必须使炉内氧的分压低于氧化物的分解压力。这是因为在一定温度下金属(M)与其氧化物(MO)间存在下列反应:

$$2MO \rightleftharpoons 2M + O_2 \tag{10-8}$$

这里所谓分解压力是指由于分解而产生的气体(O_2)的压力(P_{O_2})。当氧的分压大于在反应温度下的分解压力 P_{O_2} 时,反应向左方向进行(生成氧化物);而当氧的分压小于分解压力时,则反应向右方向进行(氧化物分解),这对表面无氧化物的金属来说,即意味着不会发生氧化现象。实践表明,只要炉内氧的分压达到 $10^{-5} \times 133.3$ Pa 时,几乎大多数金属都可以避免氧化,而获得光亮的表面。

在真空炉中,氧气除来源于残存的气体外,主要来源于渗漏的空气(尤其是在处理时间较长的情况下);而且随炉内真空度的提高,漏气率[1]加大。因此,为了防止或减少炉内的氧化和脱碳作用,应尽量减少设备的漏气率。

2. 表面净化作用

从对式(10-8)的讨论中已知,金属在真空中加热时,只要满足氧的分压小于氧化物分解压力这一条件,不仅可以防止氧化,而且可使表面已有的氧化物发生分解,使之去除,从而获得光亮的表面。这就是表面的净化作用。各种氧化物的平衡分解压力示于图 10-13。但应指出,在实际进行真空热处理时,尽管炉内氧的分压要比金属氧化物的分解压力高得多,却仍能很好地去除氧化物或防止氧化而得到光亮的表面。可见,仅从金属氧化物平衡分解压力的观点出发,尚难以说明其原因。有人认为,在高温、真空下金属氧化物会转变为低级氧化物(亚氧化物),它极不稳定而易于发生升华,从而使表面净化。也有人认为,由于真空炉内石墨纤维加热元件的蒸发和一些油蒸气的混入,可使真空加热室内存在一定数量的碳原子,它们将与残存气体中的氧作用,使实际的氧的分压大大降低,以致炉内气氛变成还原性的,因而使表面净化。

---

[1] 漏气率是真空炉的重要技术指标之一,以往以 L·Pa/min 来度量,近年渐以压升率(μPa/min)代之。

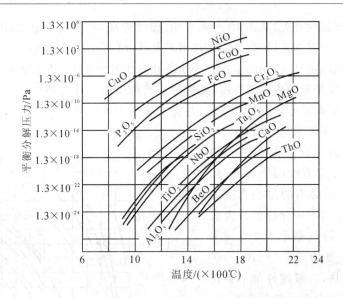

图 10 - 13 各种氧化物的平衡分解压力

3. 脱脂作用

零件在热处理前,由于压力加工或机械加工,往往使表面沾有油垢。这些油垢是碳、氢、氧的化合物,其蒸气压较高,如在真空中加热,便会分解成氧、水蒸气和二氧化碳等气体,被真空泵排出,此即脱脂作用。因此,当零件沾污程度很轻时,在真空热处理前允许免于进行专门的脱脂处理。不过,生产中一般还是以预先进行脱脂处理为好,这对防止或减轻真空系统的污染是有利的。

4. 脱气作用

真空脱气作用不仅在真空熔炼时表现较为显著,而且对固态金属来说也是可以被利用的。根据西弗斯定律,H_2,N_2 和 O_2 等双原子气体在金属中的溶解度(S)与其分压力(P)的平方根成正比,即

$$S = KP^{1/2} \tag{10-9}$$

式中 K——西弗斯常数。

由此可见,在真空下随气体分压的降低,气体在金属中的溶解度将减小,即真空度愈高,脱气效果愈好。

一般认为,金属的脱气是按下列步骤进行的:①金属中的气体向表面扩散;②气体从金属表面逸出;③气体从真空炉内排出。其中第①步的扩散速度是影响脱气效果的主要因素,已知扩散系数随温度升高而增大,所以在同样的真空度下,提高温度就能增进脱气效果。但是将氢、氧和氮等气体相比较,氢较易扩散,而氧和氮则较难扩散,故在真空热处理时脱氢易,而脱氧、氮难。

5. 元素的脱出(蒸发)现象

在真空加热时,钢或合金中某些蒸气压高的合金元素往往会从表面脱出,即蒸发逸去。这是由于炉内的压力低于这些合金元素的蒸气压所造成的。这种现象的出现,不仅对材料本身的性能带来损害,而且由于这些元素的蒸发会产生真空蒸镀,使零件之间相互粘连,以及使蒸发物在炉内黏附和引起以后的再蒸发等,从而影响真空热处理的质量和给工艺过程带来种种麻烦。

金属的蒸气压与温度有关,从图 10-14 可知,温度愈高,其蒸气压愈高,因而在一定的真空度下就愈易于蒸发。对钢来说,在真空加热时最易蒸发的合金元素是锰和铬,而它们又正是钢中最常用的元素,故应予以特别的重视。为了防止这类现象发生,必须根据具体情况适当控制炉内的真空度,或采用先抽成高真空度,随后通入高纯度的惰性气体(或氮),将真空度降低 20~26.7 Pa。这样做除了可防止元素蒸发,并保证零件表面的光亮外,还由于充入的惰性气体的对流而更有利于零件的均匀加热。

综上所述,在钢进行真空热处理时,最佳真空度的选择主要应兼顾两个方面,即足以防止氧化、脱碳所必需的最小真空度和足以防止合金元素蒸发所允许的最大真空度。实践证明,在漏气率小于 133.3×10^{-3} L·Pa/s、真空度为 $(10^{-2} \sim 10^{-1}) \times$ 133.3 Pa 的炉内加热,一般钢件都不会发生明显的氧化、脱碳和合金元素蒸发[10]。

6. 真空加热油淬引起钢件渗碳

一些实验结果表明,钢经真空加热油淬后会引起渗碳。例如,SKH9(日本高速钢)在真空度为 $(10^{-1} \sim 10^{-3}) \times 133.3$ Pa、加热温度为 1 180~1 220 ℃的条件下油淬,发现有 50 μm 厚的渗碳层,表层最高碳质量分数可达 1.5% ~ 1.7%[8]。又如,对 30CrMnSiA 和 30CrMnSiNi2A 钢在真空度为 $10^{-2} \times 133.3$ Pa、加热温度为 900 ℃

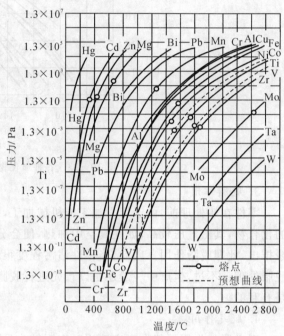

图 10-14 金属的蒸气压力与温度的关系

的情况下油淬也发现有渗碳现象[11]。据认为,这是由于在高温真空加热时对表面的净化作用而使它处于活性状态,当赤热的零件与淬火油接触后,在油蒸气包围下便引起渗碳过程。但目前对引起渗碳过程的各工艺参数的影响,以及形成渗碳层后对零件性能的影响等还了解得较少。有人[12]提出了几种可能减轻或避免渗碳的方法,例如:①推迟零件浸入油中的时间,亦即使零件在入油前于中性气体中先采用对流方式或强制循环方式冷到较低温度,再进行淬油;②在淬火的开始阶段使油的上空保持低压(100 Pa),尽管这样会延长蒸气膜时间,降低最初的冷速,但由于低压的环境使产生的蒸气膜也处于低压,使包围钢件表面的渗碳气分子的密度很低,从而不利于渗碳的进行;③在零件浸入油中前稍微氧化,也可减轻或消除渗碳过程。但究竟哪一种方法合适,则应视不同钢种和对性能的要求而定。至于对性能影响方面的认识还颇不一致。有人认为真空油淬模具的寿命高于真空气体淬火的原因,除了由于前者的冷速快,碳化物析出也较少外,更主要的是由于表面形成了渗碳层的结果[8]。但是对高强度结构钢(30CrMnSiA 和 30CrMnSiNi2A)真空油淬后力学性能的研究表明[11],当表面有极薄的渗碳层存在时,除了能使表面硬度和弯曲疲劳强度有所提高外,对钢的低周疲劳寿命、断面收缩率和缺口敏感性都不利。经对低周疲劳试样断口的分析表明,它呈现出疲劳源区几乎遍及整个断口圆周的脆性特性。可见,对此问题尚有待进行深入研究。

10.2.3　真空热处理的应用

由于真空热处理具有某些特异的效果,加之它无公害且安全性好,近年来应用范围已愈益扩大。下面仅对钢的真空退火、真空淬火和真空化学热处理(渗碳)等进行简要介绍。

(一)钢的真空退火

对钢来说,采用真空退火的主要目的之一是要求表面达到一定的光亮度。实践表明,真空退火时钢件的光亮度与真空度、退火温度和出炉温度有关。光亮度的标准是这样确定的:将经过抛光的标准试样的光亮度作为基准,定为 100%,再将待测试样与之作对比。

对于结构钢来说,不同退火温度下真空度对钢材光亮度的影响示于图 10-15[9]。可见,在 700~850 ℃范围内,真空度为 $10^{-2} \times 133.3$ Pa时,平均光亮度为 60%~70%;当真空度提高到 $(10^{-3}～10^{-4}) \times 133.3$ Pa时,则光亮度可达 70%~80%。生产中可根据实际需要加以选择。

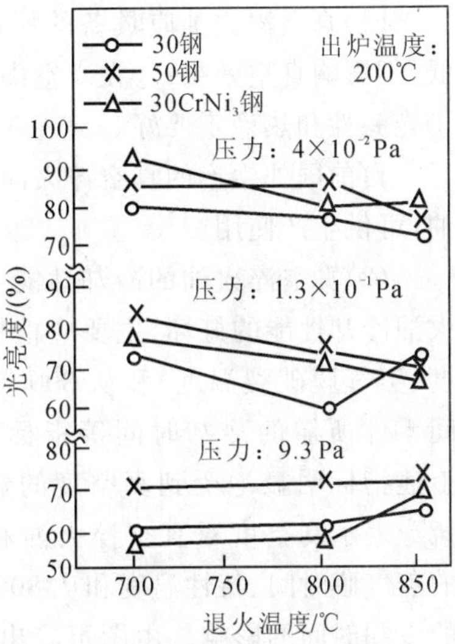

对于工具钢(尤其是含铬的合金钢)来说,如图 10-16[9]所示,在 $10^{-2} \times 133.3$ Pa 真空度下退火,光亮度较差,一般都在 40%以下(个别的最高值达 50%强),欲得到较高的光亮度,须提高真空度;当真空度为 $10^{-4} \times 133.3$ Pa 时,除 Cr12 型高铬钢外,光亮度均可达 90%以上。高铬钢真空退火后光亮度低的原因,是由于铬比铁对氧有更大的亲和力,易于使表面形成铬的氧化膜。

对于各种不锈钢来说,只有在高于 $10^{-3} \times 133.3$ Pa的真空度下退火才可使光亮度达到 70%以上。

真空退火时的出炉温度对产品光亮度的影响也很大。出炉温度愈高,光亮度就愈低。实践表明,除抗氧化性能较好的高合金钢(如不锈钢)外,出炉温度均应在 200 ℃以下。

图 10-15　结构钢真空退火温度、真空与光亮度的关系

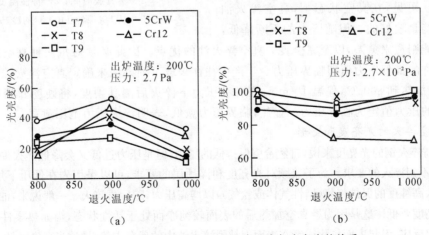

（a）　　　　　　　　　　　　　　（b）

图 10-16　工具钢真空退火温度、真空度与光亮度的关系

(二)钢的真空淬火及回火

真空淬火与真空退火不同之处是冷却速率快,这就要求采用适当的淬火介质来予以保证。这种淬火介质主要是气、油和水等。气冷的冷速较小,而且气体的价格较贵(尤其是惰性气体),使其应用范围受到限制;水冷的冷速虽较快,但却只适用于低碳、低合金钢,而且还有不少缺点,故应用也较少;唯有油冷具有较广泛的适用范围。但是,在真空状态下淬火油的物理性能和冷却特性与在正常大气压下不同,因而使真空油淬的效果,即淬硬层深度和硬度也将会受到影响。此外,真空淬火的光亮度和变形也是十分重要的问题。现对有关问题分别讨论如下。

1. 真空淬火油

(1)真空淬火油应具备的特性。主要是:①蒸发量要小,不易引起炉内污染;②蒸气压要低,不影响真空效果;③在真空中冷却性能要好,冷却能力可在较大的真空度范围内不受影响;④光亮性和热稳定要好。

目前国外生产的真空淬火油均为专利产品,近年来,我国也已研制出性能优良的真空淬火油,可供生产使用。

(2)真空淬火油的冷却性能。评价真空淬火油冷却性能的好坏,主要应根据油的特性温度(蒸气膜破裂温度)和从 800 ℃ 至 400 ℃ 区间零件所需的冷却时间等指标来综合考虑。上述指标明显地受到真空度的影响。图 10-17[8] 表示真空度对真空淬火油和普通淬火油的蒸气膜时间、特性温度和从 800 ℃ 至 400 ℃ 的冷却时间的影响。由图可看出,在真空中油的冷却特性的变化规律:在压力为 $10^5 \sim 10^3$ Pa 范围内真空淬火油与普通淬火油相比,前者的特性温度高,蒸气膜时间短;至于从 800 ℃ 至 400 ℃ 的冷却时间,在一定的压力范围内也是前者较短。可见,在真空状态下,真空淬火油的冷却性能是较好的。但随压力的不断降低,

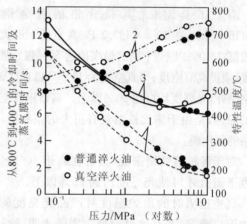

图 10-17 真空度对两种淬火油冷却特性的影响
1—蒸气膜时间;2—特性温度;
3—从 800 ℃ 至 400 ℃ 的冷却时间

其冷却性能则愈来愈差,以至完全丧失真空淬火油的优点。因此必须对每一种真空淬火油给出一个允许的最低压力值即临界压力。生产中往往采取下列办法来确定真空淬火油的临界压力:将试样加热到 800 ℃,保温 10 min,在各种压力下淬火后测其硬度,将硬度开始明显下降时所对应的压力值定为临界压力。显然,临界压力愈低,表明淬火压力范围愈宽。

2. 真空淬火的光亮度和变形

从提高淬火钢的光亮度来说,自然希望保持低的压力,但是压力过低又会降低淬火油的冷却性能,以致达不到淬火的要求。为了兼顾对光亮度和淬硬层的要求,可以采用先在低压下加热,在临淬火前通入高纯度的保护气氛(惰性气体或氮气),以增高压力,随后再淬火。一般说来,油淬比气冷淬火的光亮度要低。这是因为经真空加热后的表面较纯净而处于活性状态,当赤热零件与油接触后便易产生反应,引起表面氧化或者在表面上粘附淬火油中的残存碳粉,导致光亮度降低。

真空淬火的变形一般均比普通淬火(盐浴加热、可控气氛炉加热)要小,关于变形小的原因至今还不完全清楚,但可以肯定,真空热处理时加热缓慢(因零件在真空中加热时主要靠辐射传热,而在

600 ℃以下辐射传热作用很弱)应是使零件中引起的应力和变形较小的不可忽视的原因之一。

3. 真空回火

前已述及,在 600 ℃以下在真空中加热缓慢,故真空回火时最好是先进行排气和升温,而后立即通入惰性气体,以进行强制对流传热,最后再冷却。自然,也可以不通入惰性气体。

(三)真空渗碳

1. 真空渗碳的特点

真空渗碳是近年来在真空淬火和高温渗碳基础上发展起来的一种新工艺。与普通渗碳法相比,它具有下列许多优点:

(1)渗碳时间显著缩短。由于渗碳温度由普通渗碳时的 920～930 ℃提高到 1 030～1 050 ℃,加之真空加热时的表面净化作用使表面处于活化状态,故大大加速了渗碳过程。

(2)渗碳质量好。渗碳层均匀,渗层中的碳浓度梯度平缓,表面光洁,渗层深度易精确控制,无反常组织和晶间氧化产生。

(3)作业条件好。基本上无环境污染,也无热的烘烤,显著改善了劳动条件。

但其缺点是设备投资大、成本高以及周期式生产的产量低等,故尚难以普及。

2. 真空渗碳工艺

真空渗碳的工艺曲线见图 10-18[13]。零件入炉后,先排气使真空度达到 133.3 Pa,随即通电加热使温度达到渗碳温度(1 030～1 050 ℃)。在加热过程中,由于零件和炉体内材料的脱气会使炉内真空度降低,待净化作用完成后炉内真空度又上升,使之达到 $10^{-2}×133.3$ Pa,再经过适当的均热保温后,即通入渗碳剂进行渗碳。此时炉内真空度又下降,约经数分钟后停止供给渗剂,则真空度又再次上升,经保温数分钟,进行扩散。如此循环数次使渗碳和扩散过程充分进行,直至渗碳完毕。随后通入氮气并将零件移入炉内冷却室中,待冷至 550～660 ℃后,再重新移入加热室内,在真空条件下加热到淬火温度,借重结晶使晶粒细化。待加热保温结束后,再一次通入氮气并将工件进行油淬。

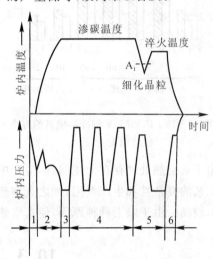

图 10-18　真空渗碳的工艺曲线
1—抽真空；2—升温脱气；3—均热；4—渗碳及扩散；5—淬火加热(细化晶粒)；6—淬火冷却

在真空渗碳过程中,由于碳原子的渗入和扩散是以反复交替的方式进行的,而且每一次循环中渗碳时间又很短,因而使渗层中的碳浓度梯度平缓,并消除了过渡渗碳的危险;而且,由于间歇地通入渗剂,使渗碳气氛的流动性大,因而使零件上各部位的渗层深度均匀一致。同时,通过控制渗碳和扩散的时间可以较精确地控制渗层表面的碳质量分数和渗层深度。由于真空渗碳所用渗剂是不含 CO, CO_2 和 H_2O 的碳氢化合物,故也不会产生反常渗碳层和晶间氧化。

(四)真空热处理后钢的力学性能

由于真空热处理具有防止氧化、脱碳,并可脱气(尤其是脱氢)等良好作用,因而对钢件的力学性能带来有益影响。这主要表现在使强度有所提高,特别是使疲劳寿命和耐磨性等与钢件表面状态有关的性能提高。一般认为,对模具寿命来说,真空热处理要比盐浴处理高40％～400％;对工具寿命来说可提高3～4倍[14]。图10-19表示对Cr12MoV钢冷冲模具寿命的试验结果。可以看出,经真空热处理后的寿命要比经盐浴炉处理的长得多。

(五)真空热处理时应注意的问题

首先,由于在真空中是靠辐射传热,考虑到辐射传热直射的特点,零件在炉内的放置应尽量避免有"背阴"(不直接面向辐射体)部分,以防加热不均;在真空辐射加热升温中零件的温度总是滞后于炉温,故应视零件大小适当增加保温时间(见图10-20[15]);其次,应注意防止在真空加热时合金元素的蒸发和真空油淬时零件表层引起增碳(即渗碳)。

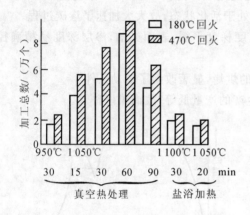

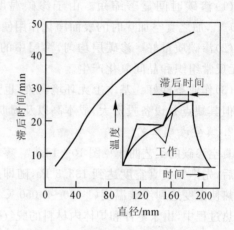

图10-19 Cr12MoV钢冷冲模具的寿命
试验结果

图10-20 在真空炉中加热时工件的直径
与升温滞后时间的关系

由于真空热处理存在上述问题,生产中往往须采取种种技术措施以确保产品质量,这就增加了工艺的复杂性和生产费用,加之真空热处理设备一般比较复杂和庞大,价格昂贵,因而生产成本较高。由于以上种种原因,使真空热处理的应用范围受到一定限制。

10.3 形变热处理

形变热处理是将压力加工与热处理操作相结合,对金属材料施行形变强化和相变强化的一种综合强化工艺。采用形变热处理不仅可获得由单一的强化方法难以达到的良好强韧化效果,而且还可大大简化工艺流程,使生产连续化,从而带来较大的经济效益。因此,多年来已在冶金和机械制造等工业中得到广泛应用,并也由此而推动了形变热处理理论研究的深入和发展。

10.3.1 形变热处理的分类和应用

形变热处理种类繁多,名称也颇不统一,但通常可按形变与相变过程的相互顺序将其分成三种基本类型,即相变前形变、相变中形变及相变后形变等方法。其中又可按形变温度(高温、低温等)和相变类型(珠光体、贝氏体、马氏体及时效等)分成若干种类。此外,近年来又出现将形变热处理与化学热处理、表面淬火工艺相结合而派生出来的一些复合形变热处理方法等。

现按照分类对其中几种主要形变热处理方法的工艺特点及其应用情况作简要介绍。

(一)相变前形变的形变热处理

1. 高温形变热处理

它主要包括高温形变淬火和高温形变等温淬火等。

高温形变淬火是将钢加热至奥氏体稳定区(A_{c_3}以上)进行形变,随后采取淬火以获得马氏体组织(见图 10－21(a))。锻后余热淬火、热轧淬火等皆属此类。高温形变淬火后再于适当温度回火,可以获得很高的强韧性,一般在强度提高 10％～30％的情况下,塑性可提高 40％～50％,冲击韧性则成倍增长,并具有高的抗脆断能力。这种工艺不论对结构钢或工具钢、碳钢或合金钢均适用。

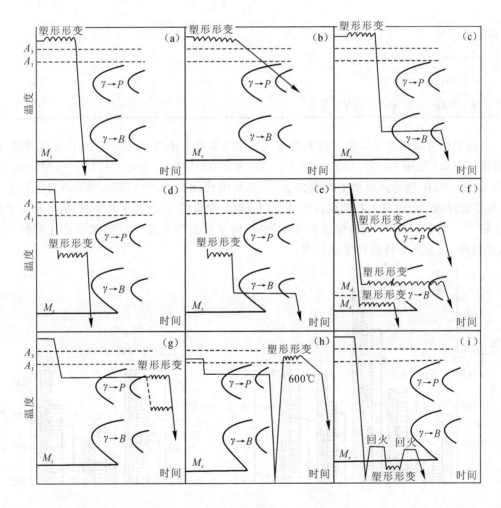

图 10－21　形变热处理分类示意图

高温形变正火的加热和形变条件均与上者相同,但随后采取空冷或控制冷却,以获得铁素体＋珠光体或贝氏体组织。这种工艺也称为"控制轧制"(见图 10－21(b))。从形式上看它很像一般轧制工艺,但实际上却与之有区别,主要表现在其终轧温度较低,通常都在 A_{r_3} 附近,有时甚至在 α＋γ 两相区(即 800～650 ℃),而一般轧制的终轧温度都高于 900 ℃;另外,控制轧制要求在较低温度范围应有足够大的形变量,例如对低合金高强度钢规定在 900～950 ℃ 以下要有大于 50% 的总形变量。此外,为细化铁素体组织和第二相质点,要求在一定温度范围内控制冷速[10]。采用这种工艺的主要优点在于可显著改善钢的强韧性,特别是可大大降低钢的韧脆转化温度,这对含有微量铌、钒等元素的钢种来说,尤为有效。表 10-3 表示按一般轧制与控制轧制工艺生产的钢材力学性能的对比[10]。

表 10-3 两种轧制工艺生产的钢材力学性能的对比

钢的成分	一般轧制		控制轧制	
	$\dfrac{\sigma_{0.2}}{MPa}$	韧脆转化温度 $\dfrac{FATT}{℃}$	$\dfrac{\sigma_{0.2}}{MPa}$	韧脆转化温度 $\dfrac{FATT}{℃}$
0.14C+1.3Mn	313.6	+10	372.4	-10
0.14C+1.3Mn+0.034Nb	392	+50	441	-50
0.14C+1.3Mn+0.08V	421.4	+40	450.8	-25
0.14C+1.3Mn+0.04Nb+0.06V			539	-76

高温形变等温淬火是采用与前两者相同的加热和形变条件,但随后在贝氏体区等温,以获得贝氏体组织(见图 10-21(c))。图 10-22 为 55ХГСТР(0.54C-1.1Cr-1Mn-0.55Si-0.05Ti-0.003B)钢经高温形变等温淬火(950 ℃ 奥氏体化,800 ℃ 形变 25%,285 ℃ 等温转变)与普通淬火-回火(800 ℃ 淬火,380 ℃ 回火)和一般等温淬火(380 ℃ 等温)后各种力学性能的比较[16]。可以看出,在抗拉强度水平相同时,除了形变等温淬火后的规定非比例伸长应力 $\sigma_{p0.2}$ 略低外,其余所有性能均优越得多。

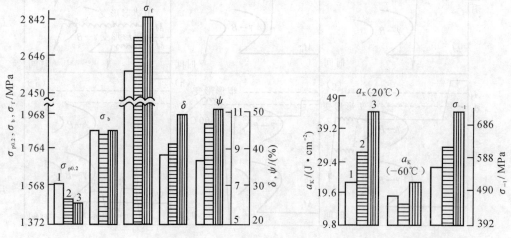

图 10-22 经不同方法热处理后 55ХГСТР 钢的各种力学性能比较
1—普通淬火-回火;2—等温淬火;3—高温形变等温淬火

2. 低温形变热处理

它主要包括低温形变淬火和低温形变等温淬火等。

低温形变淬火是在奥氏体化后速冷至亚稳奥氏体区中具有最大转变孕育期的温度(500～

600 ℃)进行形变,然后淬火,以获得马氏体组织(见图 10-21(d))。它可在保证一定塑性的条件下,大幅度地提高强度。例如,可使高强度钢的抗拉强度由 180 MPa 提高到250~280 MPa,适用于要求强度很高的零件,如固体火箭壳体、飞机起落架、汽车板簧、炮弹壳、模具、冲头等。

低温形变等温淬火是采用与上者相同的加热和形变条件,但随后在贝氏体区进行等温淬火,以获得贝氏体组织(见图 10-21(e))。采用这种工艺可得到比低温形变淬火略低的强度,但其塑性却较高,适用于热作模具及高强度钢制造的小型零件。

(二)相变中进行形变的形变热处理

1. 等温形变处理

它是将钢加热至 A_{c_3} 以上温度奥氏体化,然后速冷至 A_{c_1} 以下亚稳奥氏体区,在某一温度下同时进行形变和相变(等温转变)的工艺。根据形变和相变温度的不同,可将其分为获得珠光体的等温形变处理和获得贝氏体的等温形变淬火(见图 10-21(f))。

一般说来,获得珠光体组织的等温形变处理,在提高强度方面效果并不显著,但却可大大提高冲击韧性和降低韧脆化温度。如 En18 钢(0.48C-0.98Cr-0.18Ni-0.86Mn)经 960 ℃奥氏体化后速冷至 600 ℃,进行形变量为 70%的等温形变处理后,与普通热轧空冷工艺相比,其 $\sigma_{p0.2}$,δ 和 ψ 值等均有相当提高,特别是夏氏冲击功竟提高达 30 倍之多(由 6.8 J 增到 217 J)[17]。

对于获得贝氏体组织的等温形变淬火来说,在提高强度方面的效果要比前者显著得多,而塑性指标却与之相近。这种工艺主要适用于通常进行等温淬火的小零件,例如轴、小齿轮、弹簧、链节等[18]。

2. 马氏体相变中进行形变的形变热处理

这是利用钢中奥氏体在 $M_d \sim M_s$ 温度之间接受形变时可被诱发形成马氏体的原理使之获得强化的工艺(见图 10-21(f))。目前生产中主要在两方面得到应用:

(1)对奥氏不锈钢在室温(或低温)下进行形变,使奥氏体加工硬化,并且诱发生成部分马氏体,再加上形变时对诱发马氏体的加工硬化作用,将使钢获得显著的强化效果。图10-23所示为 18-8 奥氏体不锈钢在不同形变温度下形变量对力学性能的影响[19]。可见,形变量愈大,强度愈高,而塑性愈低;并且形变温度愈低,上述现象愈强烈。

(2)诱发马氏体的室温形变,即利用相变诱发塑性(TRIP)现象使钢件在使用中不断发生马氏体转变,从而兼有高强度与超塑性。具有上述特性的钢被称为变塑钢,即所谓 TRIP 钢。这种钢在成分设计上保证了在经过特定的加工处理后使其 M_s 点低于室温,而 M_d 点高于室温,这样,钢在室温使用时便能具备上述优异性能。变塑钢的加工处理方法示于图 10-24[20],即先经 1 120 ℃固溶处理后冷至室温,得到完全的奥氏体组织(M_s 点低于室温),随后在450 ℃(高于 M_d 点)进行大量形变(温加工❶)并在-196 ℃冷处理,但由于 M_s 点较低,此时所形成的马氏体量较少,为了增加马氏体的体积分数,又在室温下进行形变。这样,不仅可诱发形成一部分马氏体,而且也使奥氏体进一步加工硬化,从而达到调整强度和塑性的目的。此时其 σ_b 达1 382~2 068 MPa,δ 达 25%~80%。对变塑钢有时在室温形变后还进行 400 ℃的最终回火。经上述处理后,钢的组织大部分是奥氏体,少部分是马氏体。

---

❶ 在低于基体组织的再结晶温度下进行的形变加工称为温加工。

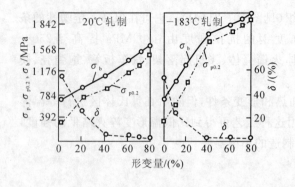

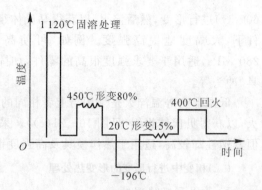

图 10-23 18-8 不锈钢在不同形变温度下　　　　图 10-24 变塑钢的加工处理方法
形变量对力学性能的影响

(三)相变后形变的形变热处理

这是一类对奥氏体转变产物进行形变强化的工艺。这种转变产物可能是珠光体、贝氏体、马氏体或回火马氏体等,形变温度由室温到 A_{c_1} 以下皆可,形变后大都需要再次进行回火,以消除应力。目前工业上常见的主要有珠光体冷形变和温加工(形变)、回火马氏体的形变时效等。

1. 珠光体的冷形变

钢丝铅淬冷拔即属此类,它是指钢丝坯料经奥氏体化后通过铅浴进行等温分解,获得细密而均匀的珠光体组织,随后进行冷拔❶(见图 10-21(g))。铅浴温度愈低(珠光体片层间距愈小)和拉拔形变量愈大,则钢丝强度愈高。这是由于细密的片状珠光体经大形变量的拉拔后,使其中渗碳体片变得更细小,且使铁素体基体中的位错密度提高。

2. 珠光体的温加工

轴承钢珠光体的温加工即属此类,它是一种被用来进行碳化物快速球化的工艺,亦即将经等温退火后的钢加热至 $700 \sim 750$ ℃进行形变,然后慢速冷至 600 ℃左右出炉(见图 10-21(h))。采用这种工艺比普通球化退火要快 15~20 倍,而且球化效果较好。

3. 回火马氏体的形变时效

这是获得高强度材料的重要手段之一(见图 10-21(i))。一般说来,形变后在使钢强度提高的同时,总是使塑性、韧性降低。但当形变量很小时,塑性降低较少,因此只能采用小量形变。形变之所以能产生显著的强化效果,除了由于形变使回火马氏体基体中位错密度增高外,还由于碳原子对位错的钉扎作用(即发生时效过程)。这时碳原子可由过饱和 α 固溶体和固溶的 ε 碳化物来提供[21]。如在形变后再进行最终的低温回火,则将更有利于 ε 碳化物的固溶发生,以致使形变时引入的位错得到更高程度的钉扎,从而造成回火后规定非比例伸长应力 $\sigma_{p0.2}$ 的进一步增高。但如继续提高回火温度,将会由于碳化物的沉淀和聚集长大以及 α 相的回复而导致强化效果的减弱。图 10-25 表示超高强度钢 300M($0.4C-0.8Mn-1.5Si-0.8Cr-1.7Ni-0.3Mo-0.1V$)回火马氏体组织(315 ℃回火)经小量形变后的力学性能变化和最终回火温度对强化效果的影响[22]。

---

❶ 这种工艺也称为派登(Patent)处理。

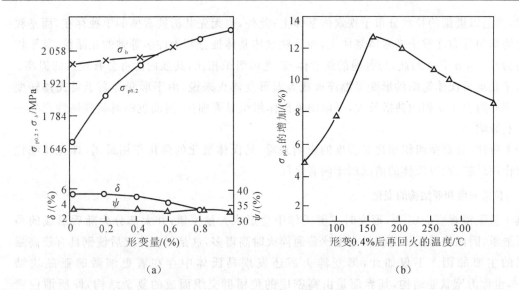

图 10 - 25　300M 钢回火马氏体组织经小量形变后的力学性能变化(a)
和最终回火温度对强化效果的影响(b)

10.3.2　形变热处理强韧化的机理

形变热处理后钢之所以能获得良好的强韧性是由其显微组织和亚结构的特点所决定的。虽然形变热处理的种类繁多,处理的工艺条件各异,但在强韧化机理上却有许多共同之处,大体上可归结于以下几方面:

(一)显微组织细化

不论高温形变淬火或低温形变淬火均能使马氏体细化,并且其细化程度随形变量增大而增大。一般认为,低温形变淬火时使马氏体细化的原因是由于亚稳奥氏体形变后为马氏体提供了更多的形核部位,并且由形变而造成的各种缺陷和滑移带能阻止马氏体片的长大。对高温形变淬火来说,在不发生奥氏体再结晶的条件下,由于奥氏体晶粒沿形变方向被拉长,使马氏体片横越细而长的晶粒到达对面晶界的距离缩短,因而限制了马氏体片的长度,但这对马氏体的细化程度是有限的,只有在当形变奥氏体发生起始再结晶的条件下,使奥氏体晶粒显著细化,才能导致马氏体的高度细化。一般来说,低温形变淬火对马氏体的细化作用要超过高温形变淬火。研究表明[23],低温形变淬火钢的断裂强度 σ_f 及规定非比例伸长应力 $\sigma_{p0.2}$ 与马氏体片尺寸 d 间符合 Hall - Petch 关系式:

$$\sigma_f = \sigma_0 + Kd^{-1/2} \tag{10-10}$$

$$\sigma_{p0.2} = \sigma_0 + K'd^{-1/2} \tag{10-11}$$

式中,σ_0,K 及 K' 均为常数。

用马氏体细化可以很好地解释低温形变淬火钢在强度增高时仍能维持良好塑性和韧性的现象。但总的来说,马氏体组织的粗细对钢强度的影响不甚显著。

对于获得珠光体组织的形变等温处理(先形变后相变)或等温形变处理(在相变中进行形变)来说,均能得到极细密的珠光体,特别是后一工艺可使碳化物的形态发生巨大变化,即不再是片状,而是以极细的粒状分布于铁素体基体上;此外,也无先共析铁素体的单独存在,而是粒状碳化物均匀分布在整个铁素体基体上,而且铁素体基体被分割为许多等轴的亚晶粒,其平均直径约为 $0.3~\mu m$[17]。因此,与普通的铁素体-珠光体组织相比,其强韧性将会有较大的提高。

对于获得贝氏体组织的形变等温淬火或等温形变淬火来说,由于形变提高了贝氏体转变的形核率并阻止了 α 相的共格长大,可以使贝氏体组织显著细化,因而也将对其强韧性产生一定的有利影响。

综上所述,就显微组织细化对强度的影响来看,马氏体细化的强化作用最弱,珠光体细化的强化作用最强,而贝氏体的情况居于两者之间。

(二)位错密度和亚结构的变化

电子显微镜观察证实[24],形变时在奥氏体中会形成大量位错,并大部分为随后形成的马氏体所继承,因而使马氏体的位错密度比普通淬火时高得多,这是形变淬火后使钢具有较高强化效果的主要原因。不仅如此,形变淬火后还发现马氏体中存在着更细微的亚晶块结构[25,26],也称为胞状亚结构,其界面是由高密度的位错群交织而成的复杂结构,即所谓位错"墙"。这是由于形变奥氏体中存在的大量不规则排列的位错,通过交滑移和攀移等方式重新排列而堆砌成墙,形成亚晶界(即发生多边化),即使经淬火得到马氏体后,它依然保持着,结果便得到这种亚晶块结构。由于亚晶块之间有着一定的位向差,加之又有位错墙存在,故可把亚晶块视为独立的晶粒。无疑,这种亚晶块的存在,必然对钢的强化有着相当的贡献。随形变量的增大,亚晶块的尺寸愈趋减小,由之引起的强化效果就愈大。文献[18]指出,形变淬火后钢的规定非比例伸长应力 $\sigma_{p0.2}$ 与亚晶块尺寸 d_s 之间存在某种线性关系,即符合 Hall - Petch 关系。应当说明,亚晶块的存在不仅有强化作用,而且也是使钢维持良好塑性和韧性的原因之一。但是与低温形变淬火相比,高温形变淬火时由于形变奥氏体中发生了较强的回复过程,使其位错密度有所下降,而且也有利于应力集中区的消除,故虽其强化效果较低,但塑性和韧性却较优越。

对于形变等温处理或等温形变处理所得珠光体来说,由于珠光体转变的扩散性质,奥氏体在形变中所得到高密度的位错虽能促进其转变过程,但却难以为珠光体继承而大部分消失,因而不存在任何强化作用。但贝氏体的情况居于马氏体和珠光体之间。由于贝氏体转变的扩散性和共格性的双重性质,形变奥氏体中高密度的位错能部分地被贝氏体所继承,因而在形变等温淬火或等温形变淬火所得贝氏体中,位错密度的增高仍是一个不容忽视的强化因素。

(三)碳化物的弥散强化作用

一些文献表明[27,28],在奥氏体形变过程中会发生碳化物的析出。这是因为形变时产生的高密度位错为碳化物形核提供了大量的有利部位,又加速了碳化物形成元素的置换扩散,同时在压应力下还使碳在奥氏体中的固溶度显著下降;而碳化物在位错上沉淀,会对位错产生强烈的钉扎作用,以致在进一步形变时能使位错迅速增殖,从而又提供了更多的沉淀部位,如此往复不已,最后便在奥氏体中析出大量细小的碳化物。钢形变淬火后,这种大量细小的碳化物便分布于马氏体基体中,具有很大的弥散强化作用。与普通淬火相比,低温和高温形变淬火钢中由于有碳化物的析出而使马氏体中的碳含量降低,因而具有较高的塑性和韧性。

由于这里所述碳化物的析出是指在奥氏体形变过程中发生的,与奥氏体随后转变为何种组织无关,因此碳化物的弥散强化作用不论对形变淬火马氏体、贝氏体或珠光体来说都是相同的。

10.3.3　影响形变热处理强韧化效果的工艺因素

形变热处理的强韧化效果与采用何种形变热处理方法密切相关。众所周知,奥氏体在高温下形变时将因位错密度增加而引起加工硬化,同时又因发生回复和多边化而引起软化。由于后一过程是在形变过程中发生的,故称为动态回复或动态多边化。如果形变温度较高,由于位错密度增大而积累的能量达到足以能形成再结晶核心时,便会发生边形变边再结晶的现象,称为动态再结晶。动态再结晶的发生会使更多的位错消失,因而是一种更强烈的软化过程。不同的形变热处理方法之所以具有不同的强韧化效果,正是由在整个处理过程中发生的强化和软化两种作用的综合结果所决定的,而这一结果又受到许多工艺因素的影响,其中主要的是形变温度、形变量、形变后停留时间等,现分别简述如下。

1. 形变温度

一般说来,当形变量一定时,形变温度愈低,强化效果愈好,但塑性和韧性却有所下降。这一规律不论对高温或低温形变淬火都适用。显然,这是由于形变温度愈高愈有利于回复、多边化甚至再结晶过程的发生和发展。

2. 形变量

形变量对低温形变淬火和高温形变淬火后强韧性的影响有着一定的差异。图 10-26 表示形变量对 0.3C-3Cr-1.5Ni 钢低温形变淬火后力学性能的影响[29]。可以看出,在低温形变淬火时,形变量愈大,强化效果愈显著,而塑性有所下降(δ 值基本不变)。因此,为获得满意的强化效果,通常要求形变量在 60%～70% 以上。

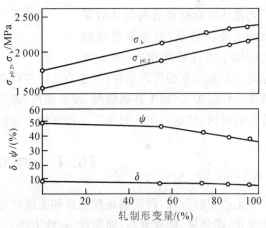

图 10-26　形变量对 0.3C-3Cr-1.5Ni 钢力学性能的影响

至于形变量对高温形变淬火钢力学性能的影响,可大致归结为两种类型:一种是力学性能随形变量增大而单调地增或减;另一种是在力学性能与形变量关系曲线上出现一个极值(极大或极小)。上述两种不同类型的性能变化规律的原因可作如下解释[18]:铬、钼、钨、钒、锰、镍和硅等合金元素有延缓再结晶的作用,故当钢中这些元素含量较多时(如 45CrMnSiMoV 钢),即使在较大的形变量下,再结晶过程也不易进行,这样,形变强化过程将一直占主导地位,从而造成性能随形变量呈单调变化的规律。但对于一般钢种来说,由于形变强化效果随形变量的增大而逐渐趋于减弱,加之一次性的较大形变量所造成的材料的内热会使温度升高而促使再结晶过程易于进行,从而使强化效果下降。

关于形变量对回火马氏体、贝氏体强韧性的影响可参阅文献[18],这里不再赘述。

3. 形变后淬火前的停留时间

在低温形变淬火时,人们发现[30],在亚稳奥氏体形变后将钢再加热至略高于形变温度,并适当保持数分钟使奥氏体发生多边化过程(称为多边化处理),然后淬火和回火,可以显著地提高钢的塑性。随多边化处理温度的提高和停留时间的延长，塑性将不断地提高，而强度则略有下降。

对高温形变淬火来说，由于形变温度高于奥氏体的再结晶温度，所以形变后的停留必然会影响形变淬火钢的组织和性能。人们发现，低合金钢和中合金钢的力学性能随停留时间的变化不是单调的，如图 10-27 所示[31]，图中 a~b 段为回复阶段；b~c 段为多边化阶段；c~d 段为再结晶初期阶段。可见，为了获得最好的强韧性，正确选择停留时间至关重要。

最后还应说明，采用形变热处理工艺虽然可取得显著的强化效果和较好的经济效益，但是欲将这种工艺应用于实际生产中时，就必须

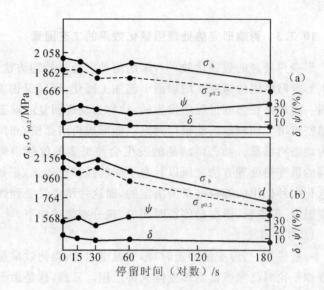

图 10-27　停留时间对高温形变淬火 60Si2V 钢力学性能的影响（400 ℃回火 1 h）
(a)形变量 20%；(b)形变量 50%

考虑是否具备应有的生产条件（如适当的形变设备、工艺装备和设备布局等）以及经处理后还能否进行切削加工（因毛坯的强度、硬度很高，难于加工）等实际问题。目前生产中往往由于上述方面的原因，使这一工艺的推广应用受到一定限制。

10.4　钢　的　时　效

在生产中曾发现，低碳钢板材经热加工或冷形变后在室温下放置一定时间，其力学性能会发生变化，即强度、硬度升高，而塑性、韧性下降。又如马氏体时效钢淬火后，加热至某一温度（通常是 480 ℃）并经一定时间保温，在室温下同样可获得类似的性能变化规律。人们常常把金属材料的力学性能随时间而变化的现象称为时效。时效现象不仅在钢中存在，在许多有色合金中也普遍存在，但本节仅讨论钢中的时效现象及其一般规律。

10.4.1　时效过程的一般原理

钢（或合金）经固溶处理（加热固溶化后快冷，也称淬火）后，其固溶体中的溶质元素（合金元素）将处于过饱和状态，如果在室温或某一定高温下溶质原子仍具有一定的扩散能力，那么随时间的延续，过饱和固溶体中的溶质元素将发生脱溶（或析出），从而使钢（或合金）的力学性能发生变化，此即时效，如图 10-28 所示。如果这一变化过程是在室温下发生的就称为自然时效，如果是在某一定高温下发生的就称为人工时效。可见，要发生时效必须具备下列条件：①溶质元素在固溶体中应具有一定的固溶度，并随温度下降而减小；②经高温固溶处理后溶质元素处于过饱和状态；③在较低温度（室温或高于室温）下，溶质原子仍具有一定的扩散能力。

时效过程就其本质来说是一个由非平衡状态向平衡状态转化的自发过程。但是这种转化

在达到最终平衡状态前,往往要经历几个过渡阶段。其一般规律是:先在过饱和固溶体中形成介稳的偏聚状态,如溶质原子偏聚区(亦称 G-P 区)、柯氏气团;继之形成介稳过渡相;最后则形成平衡(稳定)相。G-P 区与基体(过饱和固溶体)是完全共格的,其晶体结构也与基体相同,故不能当做"相";介稳相与基体可能是完全或部分共格,并具有一定的化学成分,其晶体结构与基体不同,依钢(或合金)的成分不同,这种介稳过渡相可能不止一种,常以 θ'、θ''、…表示;平衡相也具有一定的化学成分和晶体结构,常以 θ 表示,它与基体呈非共格关系。既然 G-P 区、过渡相和平衡相是不同阶段的析出物,它们就应有各自的固溶度曲线。现根据析出物的介稳程度,将其固溶度曲线依次排列在亚平衡相图上,并与平衡相图相重叠,如图 10-29 所示。可见,G-P 区的固溶度最大,平衡相的固溶度最小。由此不难推断,在形成 G-P 区时,它与基体相之间的溶质元素浓度差最小,而析出平衡相时,它与基体相之间的溶质元素浓度差最大。

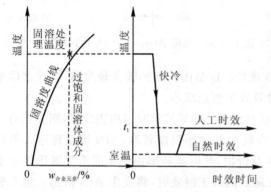

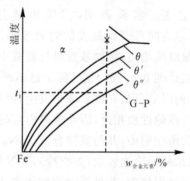

图 10-28　固溶处理后时效的工艺过程(示意图)　　　图 10-29　各种析出物的固溶度曲线

由于 G-P 区与基体相呈完全共格,界面能较小,使其形核功较小,加之它与基体相间的溶质元素浓度差小,使之较易通过扩散而形核和长大,所以尽管从热力学上看,其相变驱动力与析出平衡相时相比为小,但在整个时效过程中,其析出的次序一般总是:G-P 区→介稳过渡相(θ''、θ')→平衡相(θ)。可见,随时间的延续,合金的显微结构将不断发生变化。

但是,如果时效温度高于 G-P 区完全固溶的最低温度(如图 10-29 中的 t_1),则时效过程一开始即形成过渡相 θ',而无形成 G-P 区的阶段。这表明,时效温度愈高,即固溶体过饱和度愈小,则时效过程的阶段数便愈少。

在时效过程中,G-P 区虽比过渡相、平衡相易于形成,但也易于溶解。对于已经过时效(处于 G-P 区阶段)的合金,只需加热至高于 G-P 区固溶度曲线以上的温度,就可使之再度溶解,这时如立即快冷,即可使合金恢复到时效前的状态,这种现象称为回归。

10.4.2　影响时效的因素

1. 时效温度和时效时间

时效温度是影响时效过程的重要因素,这主要表现在对时效机理、动力学以至对合金的显微组织、亚结构和性能产生显著影响。时效时间虽对时效过程也产生影响,但却占次要地位。图 10-30 为淬火低碳钢的时效硬化曲线[32],可以看出,随时效时间延续,硬度先升后降(在0 ℃时效时例外);随时效温度升高,时效加速,出现硬度峰值的时间愈短,且硬度峰值愈低。研究表明,淬火钢中所含碳、氮等间隙原子在室温下都具有一定的扩散能力,所以它们极易在位错等缺陷附近偏聚,形成柯氏气团;如时效温度较高,还将以碳、氮化物的形式从固溶体中析出。上述过程均会引起较大的强化效果。但是随温度的升高或时间延续,时效过程将继续发展,使碳、氮化物相发生聚集长大,从而导致强化效果的减弱。一般钢在时效后,在强度、硬度提高的同时,总是引起塑性、韧性的下降,这是很不利的一方面。

2. 碳及合金元素

钢中固溶的间隙元素是引起时效的基本元素。在铁素体中固溶的碳量愈多,时效强化效果就愈显著。实践表明,当碳质量分数为 0.025% 左右时可获得最大的时效效果。如钢的碳含量继续增高,则时效效果反而减小;当碳

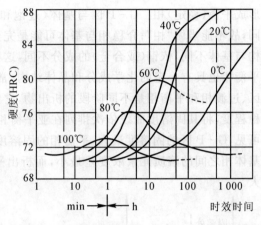

图 10-30 低碳钢($w_C = 0.06\%$)的时效硬化曲线

质量分数达到 0.6% 时,钢实际上已不产生时效现象。这是因为钢的碳含量愈高,其铁素体量就愈少,而时效只是在铁素体中发生,因而使时效效果愈趋减小。

氮与碳的性质相近,因而也是引起时效的基本元素。如果炼钢时采用铝脱氧,则必然有残余的铝保留在钢中,并与氮结合成 AlN。由于在轧前的加热温度较高,AlN 可全部溶入奥氏体中,如果轧后冷速较快(如空冷),AlN 则来不及析出,此时氮和铝由原来固溶于奥氏体中变为固溶于铁素体中,并处于过饱和状态,因此在随后的人工时效时,将发生 AlN 析出。但在轧后采取缓冷或轧后重新加热退火,则 AlN 将充分析出,从而使铁素体中氮的过饱和度降低,以致大大降低对时效的敏感性。

除铝外,当钢中含有铬、钛、钼、铌等碳、氮化合物形成元素时,如轧后缓冷,将同样由于碳、氮化物的析出而降低对时效的敏感性。合金元素的存在还直接影响铁素体中碳、氮的固溶度和碳、氮原子的扩散速度,这些也都将对碳、氮的时效效果产生影响。

3. 固溶处理后、时效前的冷形变

冷形变会使钢中的位错密度增大,易于形成更多的柯氏气团,同时形变还能加速扩散,因此,冷形变不仅可加速时效过程,还可使时效后的硬度升高。

10.4.3 低碳钢的形变时效

对低碳钢来说,即使从高温状态缓慢冷下来得到平衡组织,如经冷形变后,在室温或较高一些的温度下,随时间延续,也会引起力学性能的变化,这种现象称为形变时效。形变时效后所发生的力学性能变化规律同淬火时效相似,即强度、硬度增高,塑性、韧性降低。

形变时效的产生也与固溶于铁素体中的碳、氮原子的作用密切相关。因为冷形变使铁素体中的位错密度增加,因而其中的碳、氮原子可以发生偏聚,以更短的路程扩散至位错处而形成柯氏气团,从而使强度、硬度升高。一般用硅脱氧的半镇静钢或沸腾钢中,由于不含铝,不存在 AlN 的析出过程,故钢中固溶的氮量较高。正因如此,它们比用铝脱氧的镇静钢更易于发生形变时效脆化,同时因其在形变时效时不发生 AlN 的析出和聚集长大过程,故随时效时间的延续,不会出现强度、硬度降低的现象。这是与淬火(固溶处理)时效相区别的本质原因。

实验表明,低碳(沸腾)钢经冷形变后(未经时效),立即进行拉伸试验,不会出现明显的屈服现象,但经时效后却具有明显的屈服现象。正如图 10-31[33] 所示,图中 a 表示时效后进行拉伸试验的情况;c 表示在 Y 点卸载后作停留(即相当于进行时效),再加载时又会出现屈服现象,并出现了屈服点应力增量 $\Delta\sigma$。同时还发现,经冷形变后,随时效时间的延续,屈服点应力的增量 $\Delta\sigma$ 增大,如图 10-32 所示[34]。

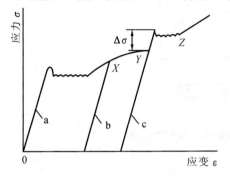

图 10-31　显示低碳钢形变时效特性的应力-应变曲线
　　　　　a—原材料拉伸时开始出现的屈服现象;
　　　　　b—在 X 点卸载后,又立即加载不出现屈服现象;
　　　　　c—在 Y 点卸载后时效,再加载又出现屈服现象

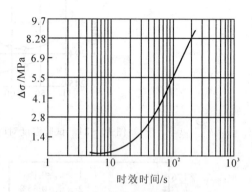

图 10-32　$w_{C,N}$=0.114%的铁在形变后时效(初期)时间与屈服点应力增量间的关系

生产中在对低碳沸腾钢板进行冷冲压时,由于存在明显的屈服现象,会在局部承受应力较大的地区发生突然的屈服延伸,使形变和未形变部分之间形成明显的分界,以致在钢板表面上出现皱纹。这种皱纹的存在既影响产品外观,又降低了产品质量。为了避免形变时效的有害影响,可在冷冲压前对钢板进行小形变量的轧制(以消除屈服现象),随后立即冲压;如不能及时冲压,可将钢板储存在零下温度,以抑制或减缓时效过程。图 10-33[34] 表示纯铁冷形变后在不同温度下时效时间对屈服点应力增量 $\Delta\sigma$ 的影响。可见,温度愈低,时效过程愈慢。综上所述,形变时效实际上是形变、时效温度和时效时间三者综合作用的结果。通常把先形变而后进行时效称为静态形变时效。如果形变是在较高的温度进行,则时效可在形变过程中同时进行,这种时效称为动态形变时效。可见,对形变时效较敏感的钢来说,在较高温度下测定其力学性能实际上就是一个动态形变时效过程。图 10-34[10] 表示试验温度对两种具有不同时效敏感性的钢的抗拉强度的影响。可以看出,随试验温度升高,沸腾钢的抗拉强度在微微降低后又回升,约在 230 ℃达到峰值,此后又再次降低。这种现象正是由动态时效所造成的。在强度变化的同时,塑性一般都随之呈相反趋势的变化。图10-35[10] 表示几种碳质量分数的钢

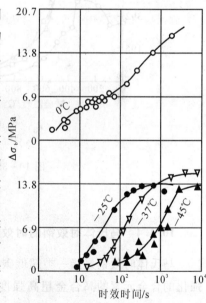

图 10-33　$x_{C,N}$ 为 0.057%的铁形变后在不同温度下时效时间与屈服点应力增量 $\Delta\sigma$ 的关系

在不同试验温度下强度和塑性的变化。可以看出,在 150~350 ℃范围内抗拉强度较高,而断后伸长率较低。由于在钢呈现上述脆性特征的温度下零件表面总是覆盖一层青蓝色的氧化膜,故常称为蓝脆。蓝脆的存在,对于在该温度范围工作的零件如锅炉中的螺栓、铆钉、焊缝等将带来很大危害。为避免蓝脆发生,应从正确选材和确定热处理状态入手。

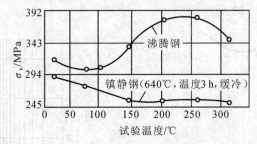

图 10-34　试验温度对时效钢和不时效钢抗拉强度的影响

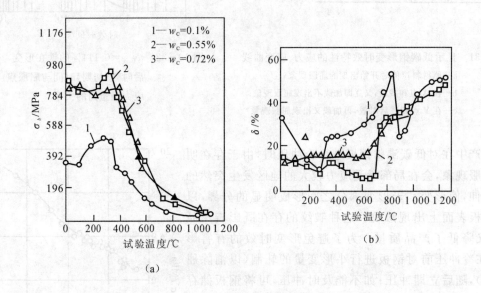

(a)

图 10-35　试验温度对钢强度和塑性的影响

(a)强度;(b)塑性

10.4.4　马氏体时效钢的时效[35]

马氏体时效钢是指一类超低碳($w_C \leqslant 0.03\%$)高镍(18%~25%)并加有某些能引起时效强化的合金元素的高合金超高强度钢。其中最典型的是 18Ni 型钢,它大致含有 17~19Ni,7~9Co,4.5~5Mo,0.5~0.9Ti,0.1~0.25Al 等合金元素。这种钢中由于含有大量的镍,奥氏体很稳定,故淬透性极好,经奥氏体化(820 ℃)后空冷至 M_s(约 200 ℃)以下即可获得马氏体,而且由于其碳含量极低,加上多种合金元素的影响,使其得到完全的板条状马氏体组织。另一方面由于该钢的热滞性较大,其 A_s 点高于 500 ℃,因此,人们可以利用这一特点,正火后于 500 ℃以下(通常为 425~485 ℃)进行时效处理。由于马氏体中有较高的位错密度,易于形成柯氏气团,继之以此为核心从马氏体基体中析出大量部分共格的弥散的金属间化合物(如

Ni$_3$Mo，Ni$_3$Ti 等），从而使钢获得显著的强化效果。有关这方面的详细内容将在"合金钢与高温合金"课程中再作介绍。

复习思考题

1. 试简述感应加热表面淬火的基本原理及其优点。

2. 高频感应加热时钢的相变有何特点？

3. 为何钢经高频感应表面淬火后，其表面硬度一般要比普通淬火的高？

4. 试简述高频感应表面淬火工艺参数的选择原则。

5. 表面淬火用钢的成分有何特点？

6. 激光热处理有何特点？

7. 真空热处理时有什么特异效果和伴生现象？

8. 真空热处理后钢的力学性能有何改善？真空热处理时应注意哪些问题？

9. 形变热处理怎样分类？

10. 简述形变热处理的强韧化机理。

11. 简述时效过程的一般原理和影响因素。

12. 什么叫做形变时效？为什么半镇静钢和沸腾钢都比镇静钢更易于发生形变时效硬化？

参 考 文 献

[1]　高洛文，查美特宁．高频热处理．北京：中国工业出版社，1971：11

[2]　М. Ф. 阿列克森科，Л. С. 里弗西兹．钢的热处理感应加热．北京：机械工业出版社，1978.

[3]　北京航空学院，西北工业大学．钢铁热处理（中册），1973.

[4]　西安交通大学．金属材料及强度专辑（第二集），1973：233，245.

[5]　Гуляев А П．Термическая Обработка Стали，Машгиз，1960：368.

[6]　赵忠达．激光及其应用．沈阳：辽宁人民出版社，1979.

[7]　铁道科研院金化所．激光热处理．北京：国防工业出版社，1978.

[8]　山中久彦．真空热处理．北京：机械工业出版社，1975.

[9]　何英介．金属材料的光亮热处理．上海：上海人民出版社，1976.

[10]　刘永铨．钢的热处理．北京：冶金工业出版社，1981.

[11]　刘炳熙．金属热处理，1983（9）：16.

[12]　Ruffle T W，Byrns Jr. E R．Heat Treatment of Metals，1979（6）：4，81.

[13]　何英介．金属材料的真空热处理．上海：上海科学技术出版社，1981：69.

[14]　安运铮．热处理工艺学．北京：机械工业出版社，1981.

[15]　一机部情报所．真空热处理与渗碳气氛碳势的自动控制．北京：机械工业出版社．

[16]　Зонов П Н и др.，Митом，1972（9）：76.

[17]　Irani JJ. JISI，1968（206）：363.

[18]　雷廷权，等．钢的形变热处理．北京：机械工业出版社，1979.

[19]　小高良平．日本金属学会誌，1954（18）：455.

[20]　Zackay V F，et al．Trans. ASM，1967（60）：252.

[21]　Wilson D．Acta Met.，1957，5（6）：41.

[22]　Yount R E．Materials in Design Engineering，1963，58（1）No. 1：64.

［23］ Shyne J C，et al. Trans ASM，1960(52)：346.

［24］ Thomas G，et al. High Strength Materials，1965：251.

［25］ 渡边敏，等. 铁と钢，1969(55)：797.

［26］ 田村今男，等. 日本金属学会誌，1964(28)：63.

［27］ McEvily A J，et al. Trans ASM，1963(56)：753.

［28］ 安中蒿，等. 日本金属学会誌，1967(31)：1058.

［29］ Justusson W E，et al. Trans. ASM. Quart.，1962(55)：640.

［30］ Шоршоров М Х，и др. Митом，1966(9)：30.

［31］ Бериштейн М Л，Сталъ，1972(2)：157.

［32］ Meh1 R F，et al. 转引自北京钢铁学院编《金属热处理》：143［1］.

［33］ Dieter G E，Mechanical Metallurgy：135.

［34］ 安藤卓雄. 合金の时效(竹山太郎等编集)：323.

［35］ 俞宝罗，胡光立. 合金钢与高温合金. 北京：国防工业出版社，1981：105.

附 录

附录一 常用钢临界点、淬火加热温度及 M_s 点

牌 号	临界点/℃				淬火加热温度/℃	M_s/℃
	A_{c_1}	A_{c_3} 或 $A_{c_{cm}}$	A_{r_1}	A_{r_3}		
10	725	870	682	850	900～920（水）或不热处理	450
10Mn2A	720	830	620	714	850～857（水）	—
12CrNi3A	695	800	659	726	860（油） 780～810（油）	(420)
100CrNi3A	680	—	—	—	860（油） 780～810（油）	150
12Cr2Ni4A	670	780	575	660	860（油） 780（油）	400
100Cr2Ni4A	670	—	—	—	880（油） 780（油）	125
15	725	870	685	850	890～920（水）	450
15Mn	735	863	685	840	850～900（水）	410
15SiMn2MoVA	722	848	491	—	880（油）	275
15Cr	735	870	720	—	860（油） 780～810（油）	—
15CrMnA	750	848	—	—	840～870（油） 810～840（油）	400
15CrMnMoVA	765	870	—	—	965～985（空气或油）	372
18Mn2CrMoB	741	854	—	—	920（空气或油）	320
18Cr2Ni4WA	695	800	350	—	950（空气） 860～870（油）	310
100Cr2Ni4WA	655～695	—	—	—	—	75
20	735	855	680	835	900～950（水）	425
20Mn	735	854	682	835	850～900（水）	(420)
20Mn2	690	820	(610)	(760)	860～880（水） 880～910（油）	370
20Mn2B	730	835	613	730	860～880（油）	—
20MnVB	720	840	635	770	860～880（油）	230
20MnTiB	(720)	843	625	795	860～890（油）	—
20MnMoB	738	850	693	750	850～890（油）	

续 表

牌 号	临界点/℃				淬火加热温度/℃	M_s/℃
	A_{c_1}	A_{c_3} 或 $A_{c_{cm}}$	A_{r_1}	A_{r_3}		
20Cr	766	838	702	799	860~880(油)	(390)
20CrV	768	840	704	782	870~900(油)	—
20CrMnB	—	890	622	749	860~880(油或水)	—
20CrNi	735	805	660	790	840~880(水或油)	(410)
20CrNi3A	710	790	—	—	820~840(油)	(340)
20Cr2Ni4A	705	770	575	660		(330)
22CrMnMo	710	830	620	740	830~850(油)	—
30	732	813	677	796	850~890(水或油)	380
30Mn2	718	804	627	727	820~840(水) 830~850(油)	340
30Mn	734	812	675	796	850~900(水或油)	355
30SiMnMoV	740	845	—	—	850~890(油)	—
30Si2Mn2MoWV	739	798	—	—	950(油)	310
30CrMnSi	760	830	670	705	870~890(油)	320
30CrMo	757	807	693	763	850~880(水或油)	345
30CrMnTi	765	790	500	740	870~890(油)	—
30CrMnSiNi2A	750~760	805~830	—	—	890~900(油)	314
30CrNi3	705	750	—	—	830(油)	305
35SiMn	750	830	645	—	880~900(油)	(330)
35CrMoV	755	835	600	—	900~920(油或水)	—
35CrMo	755	800	695	750	820~840(水) 830~850(油)	271
35CrMnSi	760	830	670	705	850~870(油)	—
38Cr	740	780	693	730	860(油)	250
38CrMoAl	800	840	730	—	930~950(油)	(370)
37CrNi3	710	770	640	—	820(油)	(280)
38CrSi	763	810	680	755	900~920(油或水)	(330)
40	724	790	680	760	830~880(水或油)	(340)
40Mn	726	790	689	768	820~860(水或油)	—
40Mn2	713	766	627	704	810~850(油)	340
40MnB	730	780	650	700	820~860(油)	—
40MnVB	730	774	639	681	830~870(油)	—
40Cr	743	782	693	730	830~860(油)	(355)

续　表

牌　号	临界点/℃				淬火加热温度/℃	M_s/℃
	A_{c_1}	A_{c_3} 或 $A_{c_{cm}}$	A_{r_1}	A_{r_3}		
40CrV	755	790	700	745	880（油）	218
40CrMnMo	735	780	680	—	840～860（油）	—
40CrSi	755	850	—	—	900～920（油或水）	（320）
40CrMnSiMoV	780	830	—	—	920（油）	290
40CrMnSiMoVRe	725	850	625	715	930（油）	300～305
40Cr5Mo2VSi	853	915	720	830	1000（空气）	325
40SiMnMoVRe	765	900	625	730	930（油）	270
40CrNi	731	769	660	702	820～840（油）	271
40CrNiMo	710	790	—	—	850（油）	320
40CrMo	730	780	—	—	820～840（水） 830～850（油）	360
45	724	780	682	751	780～860（油或水）	（345）
45Mn2	715	770	640	720	810～840（油）	320
45Mn2V	725	770	—	—	840～860（水）	310
45Cr	721	771	660	693	820～840（油）	（355）
50	720	765	690	720	820～850（水或油）	（320）
50Mn	720	760	660	—	780～840（水或油）	320
50Mn2	710	760	596	680	810～840（油）	325
50Cr	721	771	660	692	820（油）	250
50CrV	752	788	688	746	860（油）	（270）
50CrMn	750	775	—	—	840～860（油）	（250）
55	727	774	690	755	790～830（水） 820～850（油）	（290）
55Si2Mn	775	840	—	—	850～880（水或油）	（280）
55Si2MnB	764	794	—	—	870（油）	—
55Si2MnVB	765	803	—	—	880（油）	—
60	727	766	690	743	780～830（水或油）	270
60Mn	727	765	689	741	790～820（油或160℃硝盐）	270
60Si2Mn	755	810	700	770	840～860（水或油）	305
65	727	752	696	730	780～830（水或油）	270
65Mn	726	765	689	741	790～820（油或160℃硝盐）	270
70	730	743	693	727	780～830（水或油）	230
85	723	737	—	695	780～820（油或水）	220

续 表

牌 号	临界点/℃				淬火加热温度/℃	M_s/℃
	A_{c_1}	A_{c_3} 或 $A_{c_{cm}}$	A_{r_1}	A_{r_3}		
T7	730	770	700	—	800～820(水)	250～300
T8	730	—	700	—	780～820(水)	225～250
T10	730	800	700	—	770～790(水)	175～210
T11	730	810	700	—	770～790(水)	200
T12	730	820	700	—	770～790(水)	—
SiMn	760	865	708	—	780～840(水、油或硝盐)	(250)
9SiCr	770	870	730	—	860～870(油)	(170)
CrWMn	750	940	710	—	800～830(油)	(250)
3Cr2W8V	820	1 100	790	—	1 050～1 100(油)	(340)
3Cr2W8	810	1 100	—	—	1 075～1 130(油)	330
W18Cr4V	820	1 330	760	—	1 280～1 300(油)	(220)
W9Cr4V2	810	—	760	—	1 225～1 240(油)	(200)
3Cr3Mo3VNb	836～948		771～923	—	1 060～1 090(油)	385
Cr12V	810	—	760	—	1 040～1 080(油)	180
Cr12MoV	815	—	—	—	1 040～1 050 1 120～1 130(空气或油)	(<185)
Cr12Mo	810	1 200	760	—	950～1 000(油)	(225)
5CrMnMo	710	760	650	—	820～850(油)	(220)
5CrNiMo	710	770	680	—	830～860(油)	(220)
GCr15	745	900	700	—	820～850(油)	(240)
GCr15SiMn	770	872	708	—	820～840(油)	(240)
1Cr13	730	850	700	820	980～1 050(油)	(350)
2Cr13	820	950	780	—	980～1 050(油)	320
3Cr13	780～850	—	—	—	980～1 050(油)	(240)
4Cr13	790～850	—	—	—	980～1 050(油)	270～145
Cr17Ni2	810	—	710	—	950～970(油)	357
9Cr18	830	—	810	—	1 050～1 075(油)	—
4Cr9Si2	900	970	810	870	1 000～1 050(油)	—
4Cr10Si2Mo	850	950	700	845	1 010～1 050(油或空气)	—
Mn13	—	—	—	—	1 050(油或水)	200

注 1. 表中带括号的数据有待进一步研究,原因是:①不同资料对同一钢种提供的数据不同,而本表只选了一个;②原资料
　　曾说明所提供的数据不十分准确;③同一钢种的数据是由不同资料汇集而来。

　　2. 表中画"—"符号处表示缺少数据。

附录二　钢的硬度与强度换算表

洛氏硬度		表面洛氏硬度	布氏硬度		维氏硬度 HV	抗拉强度/MPa					抗拉强度近似值(不分钢种)/MPa
HRC	HRA	HR15N	压痕直径 $d_{10/3\,000}$/mm	HB		碳钢	铬镍钢	铬镍钼钢	铬锰硅钢	超高强度钢	
70.0	86.6				1 037						
60	86.1				997						
68	85.5				959						
67	85.0				923						
66	84.4				889						
65	83.9	92.2			856						
64	83.3	91.9			825						
63	82.8	91.7			795						
62	82.2	91.4			766						
61	81.7	91.0			739						
60	81.2	90.6			713					2 639.1	2 556.7
59	80.6	90.2			688					2 508.6	2 447.8
58	80.1	89.8			664					2 390.9	2 344.9
57	79.5	89.4			642					2 281.1	2 248.7
56	79.0	88.9			620					2 181.1	2 158.5
55	78.5	88.4			599		2 057.5		2 045.7	2 089.9	2 074.2
54	77.9	87.9			579		1 985.9		1 971.2	2 005.5	1 994.7
53	77.4	87.4			561		1 917.3	1 946.7	1 900.6	1 929.0	1 919.2
52	76.9	86.8			543		1 850.6	1 881.0	1 833.9	1 857.4	1 848.6
51	76.3	86.3	2.73	510	525		1 785.9	1 818.2	1 769.2	1 791.7	1 781.9
50	75.8	85.7	2.77	488	509	1 710.3	1 724.1	1 758.4	1 708.4	1 730.9	1 719.2
49	75.3	85.2	2.81	474	493	1 653.4	1 665.2	1 699.6	1 650.5	1 674.1	1 659.3
48	74.7	84.6	2.85	461	478	1 699.5	1 608.3	1 643.7	1 595.6	1 620.1	1 603.4
47	74.2	84.0	2.886	449	463	1 550.4	1 553.4	1 588.7	1 542.6	1 569.1	1 550.5
46	73.7	83.5	2.927	436	449	1 503.4	1 501.5	1 537.8	1 492.6	1 520.1	1 499.5
45	73.2	82.9	2.967	424	436	1 459.3	1 451.4	1 486.7	1 445.6	1 473.0	1 451.4
44	72.6	82.3	3.006	413	423	1 417.1	1 403.4	1 438.7	1 399.5	1 426.9	1 406.3
43	72.1	81.7	3.049	401	411	1 377.9	1 358.3	1 392.5	1 357.3	1 381.8	1 362.2
42	71.6	81.1	3.087	391	399	1 340.6	1 314.1	1 348.5	1 316.1	1 335.7	1 321.0
41	71.1	80.5	3.130	380	388	1 305.3	1 272.9	1 305.3	1 276.9	1 289.6	1 281.8
40	70.5	79.9	3.171	370	377	1 271.0	1 232.7	1 265.1	1 239.6	1 242.5	1 243.5
39	70.0	79.3	3.214	360	367	1 238.6	1 195.5	1 225.9	1 204.3	1 194.5	1 208.2
38	69.5	78.7	3.258	350	357	1 207.2	1 159.2	1 188.6	1 171.0	1 144.5	1 173.8
37	69.0	78.1	3.299	341	347	1 176.8	1 125.8	1 153.3	1 138.6	1 092.5	1 140.6
36	68.4	77.5	3.343	332	338	1 147.4	1 093.5	1 119.0	1 108.2	1 038.6	1 109.2
35	67.9	77.0	3.388	323	329	1 119.0	1 063.1	1 086.6	1 079.8	980.7	1 078.8
34	67.4	76.4	3.434	314	320	1 091.5	1 033.7	1 056.2	1 052.3	—	1 049.3
33	66.9	75.8	3.477	306	312	1 065.0	1 007.2	1 026.8	1 052.8	—	1 021.9
32	66.4	75.2	3.522	298	304	1 039.5	981.7	998.4	1 000.3	—	995.4
31	65.8	74.7	3.563	291	296	1 014.0	957.2	971.9	976.8	—	969.9

续 表

洛氏硬度		表面洛氏硬度	布氏硬度		维氏硬度	抗拉强度/MPa					抗拉强度近似值（不分钢种）/MPa
HRC	HRA	HR15N	压痕直径 $d_{10/3\,000}$/mm	HB	HV	碳钢	铬镍钢	铬镍钼钢	铬锰硅钢	超高强度钢	
30		74.1	3.611	283	289	989.5	934.6	947.4	954.2	—	945.4
29	65.3	73.5	3.655	276	281	965.0	912.1	922.8	932.6	—	921.0
28	64.8	73.0	3.701	269	274	942.5	894.4	900.3	912.1	—	899.7
27	63.8	72.4	3.741	263	268	918.9	875.8	879.7	892.4	—	877.7
26	63.3	71.9	3.783	257	261	896.4	859.1	859.1	874.8	—	857.1
25	62.8	71.4	3.826	251	255	874.8	843.4	—	857.1	—	837.5
24	62.2	70.8	3.871	245	249	853.2	828.7	—	839.5	—	818.9
23	61.7	70.3	3.909	240	243	832.6	815.0	—	823.8	—	800.3
22	61.2	69.8	3.957	234	237	813.0	803.2	—	809.1	—	783.6
21	60.7	69.3	3.998	229	231	793.4	791.4	—	794.4	—	766.9
20	60.2	68.8	4.032	225	226	774.8	781.6	—	780.6	—	752.2
19	59.7	68.3	4.075	220	221	756.1	772.8	—	766.9	—	737.5
18	59.2	67.8	4.111	216	216	738.5	764.0	—	754.2	—	722.8
17	58.6	67.3	4.157	211	211	721.8	757.1	—	742.4	—	710.0
16	58.1	66.8	4.19	208		706.1	750.2	—	730.6	—	697.3
15	57.6	66.4	4.21	205		690.4	744.4	—	719.8	—	685.5
	57.1	65.9	4.25	201							674.7
	56.6	65.5	4.28	198							663.9
	56.1	65.0	4.32	195							654.1

附录三　常用物理单位换算系数

长　度

1 kX 单位＝1 000 X 单位＝1.002 020 Å（埃）

1 Å＝1×10⁻¹ nm（纳米）＝1×10⁻⁴ μm（微米）＝1×10⁻⁵ cmm（忽米）＝

　　　1×10⁻⁶ dmm（丝米）＝1×10⁻⁷ mm（毫米）＝1×10⁻⁸ cm（厘米）

1 mil（密耳）＝10⁻³ in（英寸）＝25.4 μm

1 in＝25.4 mm

1 ft（英尺，＝12 in）＝30.48 cm

1 yd（码，＝3 ft）＝0.914 4 m（米）

面积、体积

1 in²（英寸²）＝6.451 63 cm²（厘米²）

1 ft²（英尺²，＝144 in²）＝0.092 903 m²（米²）

1 yd²（码²＝9 ft²）＝0.836 1 m²

1 in³（英寸³）＝16.887 16 cm³（厘米³）

1 ft³（英尺³）＝2.831 7×10⁻² m³（米³）＝28.32 L（升）

重量、质量

1 dr(打兰)＝1.771 g(克)

1 oz(盎司,＝16 dr)＝28.349 g

1 lb(磅,＝16 oz)＝0.453 592 kg(千克)

1 t[英制](英吨或长吨,＝2 240 lb)＝1.016 05 t(公吨)

1 t[美制](美吨或短吨,＝2 000 lb)＝0.907 18 t(公吨)

密　度

1 lb/in³(磅/英寸³)＝27.68 g/cm³(克/厘米³)

1 lb/ft³(磅/英尺³)＝0.016 02 g/cm³

应力、压力

1 t[英制]/in² 或 tsi(英吨/英寸²)＝15.44 MN/m²(兆牛顿/米²)＝15.44 MPa(兆帕)＝1.5749 kg/mm²(公斤/毫米²)

1 t[美制]/in²(美吨/英寸²)＝13.79 MN/m²＝1.406 13 kg/mm²

1 ksi(千磅/英寸²)＝0.703 08 kg/mm²

1 kg/mm²＝98.07×10⁶ dyn/cm²(达因/厘米²)＝98.07 bar(巴)＝9.807 MPa

1 atm(标准大气压)＝1.033 3 kg/mm²＝760 mmHg(毫米汞柱)＝760 Torr(托)＝10 132 Pa(帕)

1 Torr(托)＝133.322 4 Pa(帕)

热量、功、功率

1 Btu[英制热量单位]＝0.252 kcal(千卡)＝1.055×10³ J(焦耳)＝2.930×10⁻⁴ kW・h (千瓦・小时)

1 kg・m(公斤・米)＝9.807 N・m(牛吨・米)＝9.807 J

1 ft・1b(英尺・磅)＝3.241×10⁻⁴ kcal＝0.138 26 kg・m

1 HP・h(英制马力・小时)＝274 000 kg・m＝0.746 kW・h

1 HP・h(公制马力・小时)＝270 200 kg・m＝0.735 5 kW・h

1 HP(英制马力)＝0.745 65 kW＝76 kg・m/s(千克・米/秒)

1 HP(公制马力)＝0.734 45 kW＝75 kg・m/s

断 裂 韧 性

1 ksi・$\sqrt{in}$[英制](千磅・$\sqrt{英寸}$/英寸²)＝1.10 MPa・$\sqrt{m}$(兆帕・$\sqrt{米}$)≈3.5 kg/mm³ᐟ²(千克/毫米³ᐟ²)

1 MPa・$\sqrt{m}$＝3.18 kg/mm³ᐟ²

温　度

℃(摄氏)＝273.16 K(开尔文或开氏,绝对温度)

℉(华氏)＝$\dfrac{9}{5}$×℃＋32

℃＝$\dfrac{5}{9}$(℉－32)